国家中等职业教育改革发展示范校教材

福建园林植物病虫害防治

丁莉萍 主编

中国林业出版社

图书在版编目（CIP）数据

福建园林植物病虫害防治／丁莉萍主编. －北京:中国林业出版社，2014.7
国家中等职业教育改革发展示范校教材
ISBN 978-7-5038-7465-9

Ⅰ.①福… Ⅱ.①丁… Ⅲ.①园林植物－病虫害防治－中等专业学校－教材
Ⅳ.①S436.8

中国版本图书馆 CIP 数据核字（2014）第 088936 号

中国林业出版社·教材出版中心

责任编辑： 田　苗
电　话：83228701　　传真：83220109

出版发行： 中国林业出版社 （100009　北京市西城区德内大街刘海胡同 7 号）
　　　　　　E-mail：jiaocaipublic@163.com　电话：（010）83224477
　　　　　　http：//lycb.forestry.gov.cn
经　　销：新华书店
印　　刷：北京中科印刷有限公司
版　　次：2014 年 7 月第 1 版
印　　次：2014 年 7 月第 1 次印刷
开　　本：787mm×960mm　1/16
印　　张：23.25
字　　数：417 千字
定　　价：48.00 元

教材编审委员会

主　任：黄云鹏

副主任：聂荣晶　范繁荣

成　员：陈基传　曾凡地　赖晓红　曾文水

　　　　李永武　丁莉萍　沈琼桃　刘春华

　　　　裘晓雯　黄清平

编写人员

主　　编：丁莉萍

副 主 编：江　斌　乐克辉

编写人员：（按姓氏拼音顺序）

丁莉萍（福建三明林业学校）

乐克辉（福建三明林业学校）

江　斌（福建三明清流县林业局花卉种苗站）

陈贤湖（福建三明林业学校）

郑开红（福建三明清流县向阳红农林科技发展

　　　　有限公司）

黄文玲（福建三明市三元林业局森防站）

前言

"园林植物病虫害防治"是园林专业的必修课，本教材编写针对园林生产岗位要求与中等职业学校人才培养目标，以培养技能型、应用型人才为目标，达到教学与生产相结合的目的。本教材打破传统教材的编写体例，引入项目法任务驱动式教材体例，在介绍病虫害基础知识和防治基本原理的基础上，强化对学生技能的培养，将技能培养融入理论教学中，围绕任务展开教学，突出能力的培养，力求达到"理论够用，技能到位"的目标。并针对福建以及其他南方地区园林植物常见病虫害的种类、特征、危害特点、生活习性或发病规律，以及防治方法进行较详细的介绍，对园林生产上病虫害防治具有一定的指导意义。

本教材由丁莉萍担任主编，江斌、乐克辉担任副主编，由丁莉萍负责制定编写大纲和统稿。具体分工如下：

丁莉萍：课程导入、项目一、项目二；

黄文玲：项目三；

乐克辉：项目四、项目六；

江　斌：项目五；

陈贤湖：项目七；

郑开红：图片提供。

本教材由行业专家和专业人士参与编写，突出实践性和实用性，内容较新，可作为中等农林职业学校园林专业教材，也可作为广大绿化人员、园林植物栽培与养护管理人员以及花卉生产经营者和养花爱好者的参考用书。

本教材在编写过程中，得到福建三明林业学校校领导、清流县花卉种苗站、清流向阳红农林科技发展有限公司等单位的大力支持；同时，参考了许多相关教材，在此一并表示衷心的感谢！

由于我国地域辽阔，自然条件差异大，园林植物病虫害种类繁多、涉及面广，编者水平有限，书中不足、不妥之处在所难免，敬请读者批评指正，以便今后进一步完善。

编　者
2014 年 3 月

目 录

课程导入

【知识目标】

了解园林植物病虫害防治在园林绿化中的重要性，以及园林植物病虫害防治的特点、内容和任务。

【技能目标】

能掌握园林植物病虫害防治在园林生产中的作用，了解本课程的主要学习内容和学习方法。

任务一　认识课程

【任务目标】

1. 激发学习兴趣。
2. 明确本课程在园林生产上的作用。
3. 了解本课程的主要学习内容和任务。
4. 了解本课程的学习方法和成绩评定办法。

【任务分析】

围绕以下 3 个问题进行学习：①为什么要学习本门课程？②本门课程学习的主要内容是什么？③怎样学好本门课程？

通过认识实习的方式，让学生列举生活中所了解的园林病虫害的实例，教师讲述国内外园林植物病虫害的实例，启发学生思考园林植物病虫害给园林生产带来的危害。结合教材目录讲解课程教学内容，指出本门课程的学习任务及学习方法。

【知识导入】

一、园林植物病虫害防治的意义和任务

随着我国国民经济的增长和国力的增强，人们对生活质量的要求越来越高。人们利用丰富的园林植物资源对环境进行绿化和美化，为人类生活创造优美环境，并取得较好的经济效益。然而，园林植物在生长发育过程中，常遭受各种病虫害的危害，轻者影响生长，降低观赏性和绿化效果；重者植株枯萎死亡，造成生态环境受破坏和重大经济损失。病虫害给园林植物造成重大危害的例子很多，如月季黑斑病、菊花褐斑病（斑枯病）、芍药和牡丹红斑病、香石竹叶斑病等在我国普遍发生且严重。南方各地园林花圃中发生的菊花叶枯线虫病是菊花等花卉植物的重要病害之一，严重影响菊属等鲜切花生产。松材线虫在我国很多省份已发现并流行成灾，造成巨大的经济损失。病毒病在花卉上的发生也极其普遍，我国12种（类）重要花卉几乎都有病毒病。在花卉害虫中，以介壳虫、蚜虫、蓟马、粉虱、叶螨这5类刺吸式口器的害虫和害螨危害严重且防治效果不稳定，它们不仅直接造成园林植物枯死，还会传播、诱发植物病害，造成园林生产上的重大损失。

在园林绿化中，要达到绿化、美化、香化环境的效果，仅仅注重种植和造景是不够的，还要注重园林植物的有效管理，充分发挥园林植物的生态功能和绿化效益，因此，病虫害防治是不可缺少的环节。事先预防、及时发现、准确诊断、弄清病虫种类、进行科学防治是城市绿地植物、风景园林植物正常发挥效果的重要保证。

园林植物病虫害防治的任务：首先是保护城市绿化面貌，保护园林植物不受外界自然因素和病菌的危害，使园林植物能正常生长、发育，充分发挥应有的绿化功能，以及保证花、果、叶等可以直接利用部分的高产丰收；其次是使花卉、盆景和其他园林植物能顺利出口，为国家换取外汇；三是在引种驯化和种子种苗的交流过程中，防止危险性病害传播、蔓延；四是保护风景区、旅游点的固有特色和自然环境，促进旅游事业的发展等。

二、园林植物病虫害发生的特点

（1）城镇园林植物病虫害的特点包括以下几点：

①人的活动多，植物品种丰富，生长周期长，立地条件复杂，小环境、

小气候多样化，生态系统中一些生物种群关系常被打乱。

②城镇郊区与蔬菜、果树、农作物相连接，除了园林植物本身特有的病虫害外，还有许多来自蔬菜、果树、农作物上的病虫害，有的长期落户，有的则互相转主危害或越夏越冬，因而病虫害种类多，危害严重。

(2)盆花或鲜切花(含切叶、切枝植物等)病虫害的特点包括：品种单一，种植密集，且大都位于保护地内栽培，环境湿度大，病害重且易流行，防治难度大。由于花农缺乏栽培、管理经验，导致花卉生长发育不良，各种生理性病害时常发生，同时也加重了侵染性病害的发生。

(3)园林植物的配植易引起交叉感染。如松柏、圆柏与梨、苹果、海棠配植；松树与栎树混植易感染锈病。蚜虫、介壳虫、粉虱、叶蝉等吸汁类害虫寄主范围广泛，易大量发生危害，且传播病毒病。

(4)植物种类多，病虫复杂，全国普查已知我国园林植物病害约5500种，虫害约8265种。

三、园林植物病虫害防治的特点

园林植物病虫害防治既不同于农业，又不同于林业，主要有以下几个特点：

(1)园林植物病虫害防治的基本原则概括起来是"以综合治理为核心，实现对园林植物病虫害的可持续控制"。园林植物的群落都有一定的设计、配置，有一定的组合结构，不论公园、庭园、绿地行道树，都有一个相对稳定的生态环境。为此，园林植物病虫害防治，必须本着"从城市环境的整体观点出发，以预防为主，综合治理"的指导思想，协调应用适合于不同城市、不同园林特点的各种有效办法。

(2)园林植物的经济价值高，对防治技术要求高。对一些特殊价值的珍贵树种，要不惜代价抢救。如著名风景名胜地黄山上的黄山松、天坛公园的古柏采用一些假枝和修补手术；在苏州园林中常见古树植皮术、支撑保护等措施。

(3)根据园林植物分布的特殊性，采取的防治措施要高效、安全。城市人口稠密，园林植物的花卉、果实香料、草药等与人的关系密切，接触频繁，部分还要直接食用。对于园林植物病虫害防治，应选择对人体健康无影响、低毒、无怪味、不污染环境的技术措施和药物。化学防治虽快，但会污染环境，影响游人健康，因此提倡采用生物防治。

四、学习本课程的任务与方法

园林植物病虫害防治以园林植物病害和虫害为主要防治对象，是研究园林植物病害症状类型、鉴别特征、发病规律及害虫形态特征、生活习性、预测预报、杂草识别特征及病虫害防治方法的一门科学。因此，学习本课程的主要任务就是学会识别园林植物病虫害的种类特征，掌握病虫害发生规律及其防治方法，从而在今后的园林工程设计、施工和养护过程中，能够有的放矢地采取防治措施，以避免、消除或减少病虫害对植物的危害，将病虫害控制在最低水平，保持优美的园林景观，充分发挥园林的生态效益，改善生态环境。

本课程具有较强的直观性与实践性，因此学习时以应用为主，以强化技术应用能力为切入点，按照辨证唯物主义的观点和方法，分析研究病虫害发生发展的规律，重视基础理论学习，加强实验技能的训练，积极参加园林植物病虫害防治的实践活动，不断提高防治园林植物病虫害的理论水平和操作技能。从生态学观点出发，采取科学的园林植物病虫害防治措施，以维护城市生态系统的平衡，达到城市生态系统的良性循环。

【任务准备】

材料：教材、园林植物病虫害实例的相关图片、PPT、影像资料等。

场所：校园、教学实训场。

【任务实施】

1. 课堂教师介绍、学生讨论，认识园林植物病虫害防治在园林生产中的重要性。

2. 参观校园及病虫标本室，了解园林植物病虫害发生的特点。

3. 针对校园发生的病虫害，每位同学写一份实习报告。

【任务评价】

任务完成后，教师指出学生在任务完成过程中存在的问题，并根据以下4个方面进行任务评价。

序号	评价组成	评价内容	参考分值
1	学生自评	是否认真完成任务，上交调查报告，指出不足和收获	20
2	教师测评	课堂表现；现场操作是否规范、准确；实习报告的完成情况及任务各个步骤的完成情况	40
3	学生互评	互相学习、协作，共同完成任务情况	10
4	综合评价	学习态度、参与程度、团队合作能力、小组任务完成情况等	30
合　计			100

【巩固训练】

1. 举例说明园林植物病虫害防治在园林绿化中的重要性。
2. 园林植物病虫害防治的主要内容和任务是什么？

1 项目一
园林植物昆虫识别

【知识目标】

1. 认识昆虫的一般形态特征。
2. 了解昆虫的生物学特性以及与害虫防治的关系。
3. 掌握园林植物主要害虫所属目、科的分类特征。
4. 熟悉昆虫的习性，并利用其来防治害虫。
5. 了解外界环境因素对昆虫生长发育的影响。

【技能目标】

1. 能认识昆虫体躯外部形态的基本构造和特征。
2. 能区别昆虫与其他节肢动物。
3. 能认识昆虫不同发育阶段各虫态的特征及其与害虫防治的关系。
4. 能对常见的园林植物害虫进行分类识别。
5. 能野外采集和室内整理昆虫标本。

任务一　观察昆虫外部形态

【任务目标】

1. 了解昆虫的特征，能区分昆虫与其他节肢动物。
2. 掌握昆虫触角、眼、口器、足、翅、外生殖器、尾须的构造，能判别常见的类型。

3. 了解实体显微镜的构造，能使用实体显微镜观察昆虫构造。

【任务分析】

　　昆虫的认识主要是从外部形态着手进行的，昆虫的附肢、附器类型是昆虫外部形态的主要特征，本任务要求完成昆虫外部形态观察以及常见昆虫触角、口器、足、翅、外生殖器类型的判别。

　　完成常见昆虫形态观察，以及附肢附器类型的判别任务。分阶段进行，每个阶段按教师讲解——→学生训练——→判别的顺序进行。以 4~6 人一组完成任务。

【知识导入】

一、昆虫纲的特征

　　昆虫属于节肢动物门昆虫纲，它是无脊椎动物中最大的类群。已知昆虫的种类有逾 100 万种，约占动物种类的 80%。

（一）昆虫纲的特征（图 1-1）

　　（1）成虫体躯分为头、胸、腹 3 个体段。

　　（2）头部具有触角、口器、复眼和单眼，是昆虫感觉和取食的中心。

　　（3）胸部具有 3 对足、2 对翅，是昆虫运动的中心。

　　（4）腹部通常由 9 ~ 11 个体节组成，内含大部分内脏器官系统，腹末具外生殖器和尾须，是昆虫生殖和代谢的中心。

　　（5）昆虫在生长发育过程中，通常需经过一系列内部及外部体态上的变化，即变态。

　　（6）昆虫具有外骨骼。

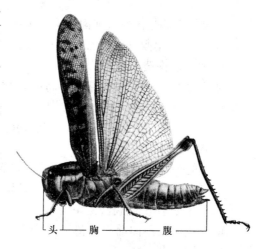

图 1-1　昆虫的体躯构造（陈树椿，2003）

（二）昆虫纲与其他节肢动物的区别

在节肢动物门中，除昆虫纲外，还有 6 个比较重要的纲，它们与昆虫纲的主要区别见表 1-1。

表 1-1　节肢动物门主要纲的区别

纲名	体躯分段	复眼	单眼	触角	足	翅	生活环境	代表种
昆虫纲	头、胸、腹	1 对	0~3 个	1 对	3 对	2 对或 0~1 对	陆生或水生	蝗虫
蛛形纲	头胸、腹	无	2~6 对	无	2~4 对	无	陆生	蜘蛛
甲壳纲	头胸、腹	1 对	无	2 对	至少 5 对	无	水生、陆生	虾、蟹
唇足纲	头、胴	1 对	无	1 对	每节 1 对	无	陆生	蜈蚣
重足纲	头、胴	1 对	无	1 对	每节 2 对	无	陆生	马陆

二、昆虫的外部形态特征

昆虫种类繁多，体躯外形复杂，昆虫的外部形态特征是识别昆虫种类和防治害虫的基础。

（一）昆虫的头部

昆虫的头部是体躯最前面的 1 个体段，着生有 1 对复眼、1 对触角，有的还有 1~3 个单眼等感觉器官和取食的口器，是昆虫感觉和取食的中心。

1. 头壳的构造

昆虫的头部是一完整的体壁高度骨化的坚硬颅壳，没有分节的痕迹，但是有一些与分节无关的后生的沟，沟内有相应的内脊和内突形成头部的内骨骼。由于头壳上沟缝的存在，把头壳分成若干区（图 1-2）。

2. 昆虫的头式

昆虫的头式常以口器在头部着生的位置而分成 3 类（图 1-3）：

下口式：口器向下，约与身体的纵轴垂直。如蝗虫、蟋蟀、蛾蝶类幼虫等，大多见于植食性昆虫。

前口式：口器向前，与身体纵轴平行。如步行虫、草蛉幼虫等，大多见于捕食性昆虫。

后口式：口器向后，头部和体躯纵轴成一锐角，不用时常弯贴在身体腹面。如蝽象、蝉、蚜虫等。多见于刺吸式口器害虫。

3. 触角

大多数昆虫都具有 1 对触角。触角一般着生在头部的额区，有的位于复

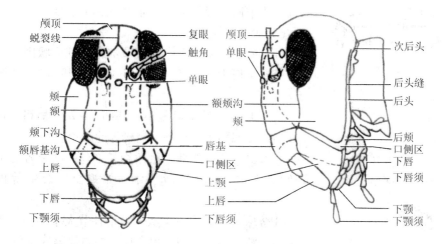

图1-2 昆虫头壳的构造

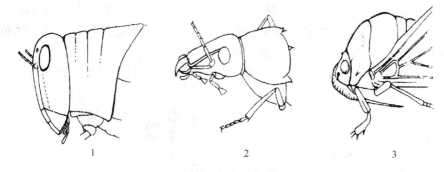

图1-3 昆虫的头式

1. 下口式 2. 前口式 3. 后口式

眼之前，有的位于复眼之间。但多数幼虫和若干种类成虫的触角前移到头部前侧方的上颚前关节附近。

（1）触角的构造和功能

触角是分节的构造，由基部向端部通常可分为柄节、梗节和鞭节3个部分（图1-4）。柄节是触角基部的一节，短而粗大，着生于触角窝内，四周有膜相连；梗节是触角的第二节，较柄节小；鞭节是触角的端节，又由许多亚节组成，一般昆虫触角的变化是在梗节和鞭节上。

触角是昆虫重要的感觉器官，表面上有许多感觉器，它的功能主要是嗅觉和触觉，有的也有听觉作用。如赤眼蜂产卵时，用触角拍打寻找产卵场所（触觉），菜粉蝶通过芥子油味引导选择十字花科植物产卵（嗅觉），雄蚊触角梗节上有姜氏器（听觉），寻找雌性交配。有的昆虫的触角还有抱握、

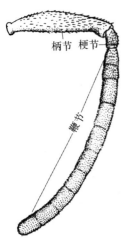

图1-4　触角的基本构造
（徐明慧，1993）

保持身体平衡、吸收空气、捕食小虫等作用。

（2）触角的类型

触角的变化主要发生在鞭节部分，其形状因种类不同而变化很大，大致可分为下列常见基本类型（图1-5）。

①刚毛状　触角很短小，基部1～2节稍粗，鞭节纤细，类似刚毛。如蝉、蜻蜓等的触角。

②丝状　又称线状。触角细长如丝，鞭节各亚节大致相同，向端部逐渐变细。如蝗虫、天牛等的触角。

③念珠状　又称串珠状。触角各节大小相似，近于球形，整个触角形似一串念珠。如白蚁等的触角。

④栉齿状　又称梳状。鞭节各亚节向一侧突出成梳齿，整个触角形如梳子。如绿豆象雄虫等的触角。

⑤锯齿状　简称锯状。鞭节的各亚节向一侧突出成三角形，整个触角形似锯条。如芫菁和叩头虫雄虫的触角。

⑥球杆状　又称棒状。鞭节基部若干亚节细长如丝，端部数节逐渐膨

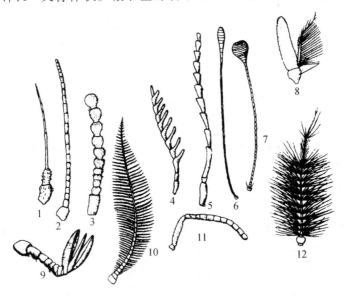

图1-5　触角的类型（武三安，2007）

1. 刚毛状　2. 线状　3. 念珠状　4. 栉齿状　5. 锯齿状　6. 球杆状

7. 锤状　8. 具芒状　9. 鳃片状　10. 羽毛状　11. 膝状　12. 环毛状

大如球，像一棒球杆。如蝶类的触角。

⑦锤状 类似球杆状，但端部数节突然膨大，末端平截，形状如锤。如部分瓢甲、郭公甲等的触角。

⑧具芒状 触角较短，一般分为3节，端部一节膨大，其上生有一刚毛状的构造，称为触角芒，芒上有时还有许多细毛。如蝇类的触角。

⑨鳃片状 鞭节的端部数节(3~7节)延展成薄片状迭合在一起，状如鱼鳃。如金龟甲的触角。

⑩羽毛状 又称双栉齿状。鞭节各亚节向两侧突出成细枝状，整个触角形如篦子或羽毛。如大蚕蛾、家蚕蛾等的触角。

⑪膝状 又称肘状或曲肱状。柄节特别长，梗节短小，鞭节由若干大小相似的亚节组成，基部柄节与鞭节之间呈膝状或肘状弯曲。如胡蜂、象甲等的触角。

⑫环毛状 除触角的基部两节外，鞭节的各亚节环生一圈细毛，越靠近基部的细毛越长，渐渐向端部逐减。如蚊类的触角。

（3）了解昆虫触角类型和功能的意义

了解昆虫触角类型和功能对园林生产实践有十分重要的意义。触角的形状、分节数目、着生位置以及触角上感觉孔的数目和位置等，随昆虫种类不同而有差异，因此，触角常作为昆虫分类的重要特征。有许多昆虫种类雌雄性别的差异，常常表现在触角的形状上，因此可以通过触角鉴别昆虫的雌雄。利用昆虫触角对某些化学物质有敏感的嗅觉功能，可进行诱集或驱避。

4. 复眼和单眼

昆虫的视觉器官包括复眼和单眼两大类。

（1）复眼

昆虫的成虫和不全变态的若虫及稚虫一般都具有1对复眼。复眼位于头部的侧上方（颅侧区），大多数为圆形或卵圆形，也有的呈肾形（如天牛）。低等昆虫、穴居昆虫及寄生性昆虫的复眼常退化或消失。复眼是由若干个小眼组成的。复眼是昆虫的主要视觉器官，在昆虫的取食、栖息、繁殖、避敌、决定行动方向等活动中起着重要作用。

（2）单眼

昆虫的单眼又可分为背单眼和侧单眼两类。单眼只能辨别光的方向和强弱，而不能形成物像。背单眼可增加复眼感受光线刺激的反应，某些昆虫的侧单眼能辨别光的颜色和近距离物体的移动。

（3）了解昆虫眼类型的意义

单眼的有无、数目和位置常被用作分类特征。复眼的大小、形状、小眼面的数量也是昆虫分类的重要依据。

5. 昆虫的口器

口器是昆虫的摄食器官。一般由上唇、上颚、下颚、下唇和舌五部分组成。上唇和舌属于头壳的构造，上颚、下颚和下唇是头部的3对附肢。

（1）口器的类型

各种昆虫因食性和取食方式不同，形成了不同的口器类型。咀嚼式口器是最基本、最原始的类型，其他类型口器都是由咀嚼式口器演化而来的。

①咀嚼式口器　主要特点是具有坚硬而发达的上颚，用以咬碎食物，并将其吞咽下去。咀嚼式口器的构造包括：上唇、上颚、下颚、下唇、舌（图1-6）。

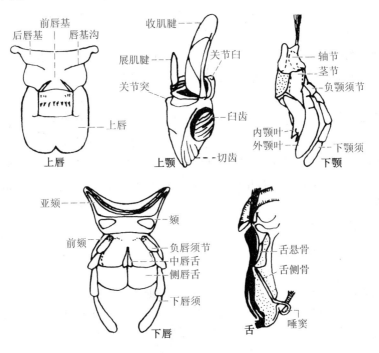

图1-6　咀嚼式口器各部位的构造

②刺吸式口器　不仅具有吮吸液体食物的构造，还具有刺入动植物组织的构造，因而能刺吸动物的血液或植物的汁液。半翅目、同翅目及双翅目蚊类等的口器属于刺吸式口器。刺吸式口器的主要特点是：上颚和下颚延长，特化为针状的构造，称为口针；下唇延长成分节的喙，将口针包藏于其中，食窦和前肠的咽喉部分特化成强有力的抽吸机构——咽喉唧筒（图1-7）。

③锉吸式口器 为蓟马类昆虫所特有，能吸食植物的汁液或软体动物的体液，少数种类也能吸人血。

④嚼吸式口器 兼有咀嚼固体食物和吸食液体食物两种功能，为一些高等蜂类所特有。

⑤虹吸式口器 为多数鳞翅目成虫所特有(图1-8)。

⑥舐吸式口器 为双翅目蝇类所特有，如家蝇、花蝇、食蚜蝇等。

(2)昆虫口器类型与害虫防治的关系

昆虫的口器类型不同，危害方式也不同，因此对其采取防治的方法也应不同。掌握昆虫口器的构造类型，不仅可以了解害虫的危害方式，而且对于正确选用农药及合理施药也有重要意义。

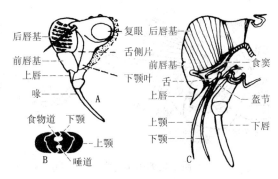

图 1-7　蝉的刺吸式口器
A. 侧面观　B. 纵切面　C. 口针横断面

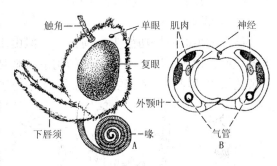

图 1-8　鳞翅目成虫的虹吸式口器
A. 侧面观　B. 喙的横切面(仿彩万志，Eidmann)

(二)昆虫的胸部

胸部是昆虫的第2体段，由3个体节组成。

1. 胸部的基本构造

胸部由前向后依次分别称为前胸、中胸和后胸，每一胸节各具足1对，分别称为前足、中足和后足。大多数昆虫在中、后胸上还各具有1对翅，分别称为前翅和后翅。中、后胸由于适应翅的飞行，互相紧密结合，内具发达的内骨和强大的肌肉。昆虫胸部每一胸节都是由4块骨板构成，即背板、腹板和两个侧板。骨板按其所在胸骨片部位而各有名称，如前胸背板、中胸背板、后胸背板等。前胸背板在各类昆虫中变异很大，中、后胸背板为具翅胸节背板。侧板是胸部体节两侧背、腹板之间的骨板。腹板为胸节腹面两侧板之间的骨板。多数昆虫的前胸腹板一般都不发达，多为一块小型

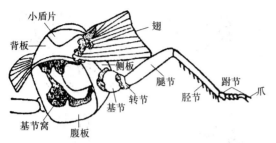

图 1-9　昆虫足的构造(武三安，2007)

的骨片。各骨板又被若干沟划分成一些骨片，这些骨片也各有名称，如小盾片等，其形状、大小常作为昆虫分类的依据。

2. 胸足

（1）胸足的构造（成虫）

昆虫的胸足是胸部行动的附肢，着生在侧板与腹板之间，基部与体壁相连，形成一个膜质的窝，称为基节窝。成虫的胸足一般由 6 节组成，自基部向端部依次分为基节、转节、腿节、胫节、跗节和前跗节(图 1-9)。

（2）胸足的类型

昆虫胸足的原始功能为行动器官，但由于适应不同的生活环境和生活方式，而特化成了许多不同功能的构造。胸足的构造类型可以作为分类和了解昆虫生活习性的依据之一。常见的昆虫胸足类型有以下几种(图 1-10)。

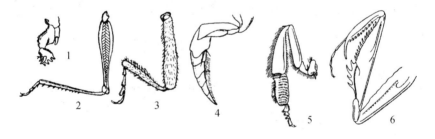

图 1-10　昆虫足的类型(李成德，2004)

1. 开掘足　2. 跳跃足　3. 步行足　4. 游泳足　5. 携粉足　6. 捕捉足

①开掘足　形状扁平，粗壮而坚硬。如蝼蛄、金龟子等在土中活动的昆虫的前足。

②跳跃足　其腿节特别发达，跳跃足多为后足所特化，用于跳跃。如蝗虫、螽蟖等的后足。

③步行足　是昆虫中最普通的一类胸足。一般比较细长，适于步行。

④游泳足　多见于水生昆虫的中、后足，呈扁平状，生有较长的缘毛，用以划水。如龙虱、仰蝽、负子蝽等的后足。

⑤携粉足　这是蜜蜂类用以采集和携带花粉的构造，由工蜂后足特化而成。

⑥捕捉足　其基节通常特别延长，用以捕捉猎物、抓紧猎物，防止其逃脱。如螳螂、螳蛉、猎蝽等的前足。

⑦抱握足 为雄性龙虱所特有。

⑧攀缘足 为虱类所特有。

此外，蜂类的前足尚有清洁触角的净角器。

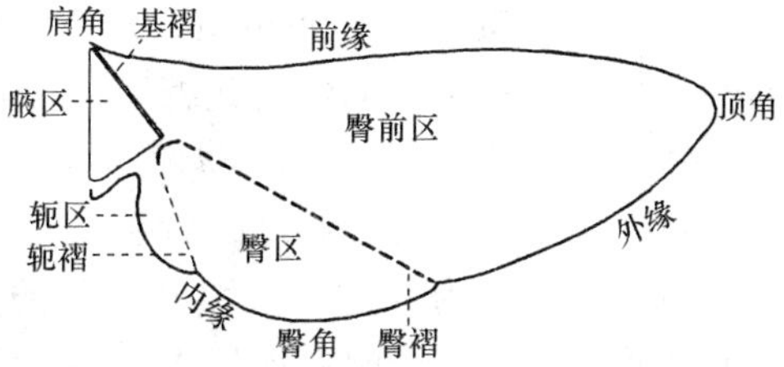

3. 翅

（1）翅的基本构造

图 1-11 昆虫翅的构造（李成德，2004）

昆虫的翅通常呈三角形，具有 3 条边和 3 个角。翅展开时，靠近头部的一边，称为前缘；靠近尾部的一边，称为内缘；在前缘与内缘之间、同翅基部相对的一边，称为外缘。前缘与内缘间的夹角，称为肩角；前缘与外缘间的夹角，称为顶角；外缘与内缘间的夹角，称为臀角（图 1-11）。

（2）翅的类型

昆虫翅的主要作用是飞行，一般为膜质。但不少昆虫由于长期适应其生活条件，前翅或后翅发生了变异，或具保护作用，或演变为感觉器官，质地也发生了相应变化。翅的质地类型是昆虫分目的重要依据之一。翅的主要类型有以下几种（图 1-12）。

①复翅 质地较坚韧似皮革，翅脉大多可见，但一般不司飞行，平时覆盖在体背和后翅上，有保护作用。蝗虫等直翅目昆虫的前翅属此类型。

②半鞘翅 基半部为皮革质，端半部为膜质，膜质部的翅脉清晰可见。蝽类的前翅属此类型，故蝽类昆虫在分类上统称为半翅目。

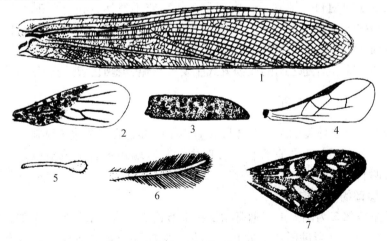

图 1-12 翅的主要类型（武三安，2007）

1. 复翅 2. 半鞘翅 3. 鞘翅 4. 膜翅 5. 平衡棒 6. 缨翅 7. 鳞翅

③鞘翅　质地坚硬如角质，翅脉不可见，不司飞翔作用，用以保护体背和后翅。甲虫类的前翅属此类型，故甲虫类在分类上统称为鞘翅目。

④膜翅　质地为膜质，薄而透明，翅脉明显可见。如蜂类、蜻蜓等的前后翅，甲虫、蝗虫、蟑等的后翅。

⑤平衡棒　为双翅目昆虫和雄蚧的后翅退化而成，形似小棍棒状，无飞翔作用，但在飞翔时有保持体躯平衡的作用。

⑥缨翅　质地也为膜质，翅脉退化，翅狭长，在翅的周缘缀有很长的缨毛。如蓟马的前、后翅，该类昆虫在分类上称为缨翅目。

⑦鳞翅　质地为膜质，但翅面上覆盖有密集的鳞片。如蛾、蝶类的前、后翅，故该类昆虫在分类上统称为鳞翅目。

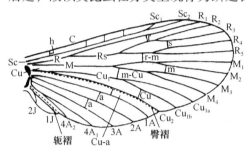

图1-13　翅的假想原始脉序(李成德，2004)

（3）翅脉和翅室

翅面在分布有气管的部位加厚，就形成了昆虫的翅脉。翅脉可分为纵脉和横脉两种，它的主要作用是加固翅膜。翅面被翅脉划分成的小区称为翅室。翅脉在翅面上的分支与排列形式称为脉序或脉相（图1-13）。昆虫的脉序是分类鉴定的重要依据。

（4）翅的连锁

前翅发达，并用作飞行器官的昆虫，如同翅目、鳞翅目、膜翅目等，后翅不发达，在飞行时，后翅必须以某种构造挂连在前翅上，用前翅来带动后翅飞行，二者协同动作。将昆虫的前、后翅连锁成一体，以增进飞行效率的各种特殊构造称为翅的连锁器。昆虫前、后翅之间的连锁方式主要有翅轭、翅缰、翅钩、翅褶等。

（三）昆虫的腹部

腹部是昆虫体躯的第3个体段，紧连于胸部之后。消化、排泄、循环和生殖系统等主要内脏器官都位于腹腔内，其后端还生有生殖附肢，因此是昆虫代谢和生殖的中心。

1. 腹部的基本构造

昆虫腹部多为圆筒形，通常由9~11节构成，腹部节间伸缩自如，并可膨大和缩小，以帮助呼吸、脱皮、羽化、交配、产卵等活动。腹节有发达的背板和腹板，侧板为膜质构造。在多数种类的成虫中，腹部的附肢大部分都已退化，但第8、9腹节常保留有特化为外生殖器的附肢。

2. 腹部的附肢

成虫腹部的附肢是外生殖器和尾须。雌虫的外生殖器称为产卵器，雄性外生殖器称为交配器。

（1）雌性外生殖器（产卵器）

雌性外生殖器着生于第8、9腹节上，是昆虫用以产卵的器官，故称为产卵器。它是由第8、9腹节的生殖肢特化而成的。产卵器一般为管状构造，通常由3对产卵瓣组成。着生在第8腹节上的为腹产卵瓣（腹瓣），着生在第9腹节的为内产卵瓣（内瓣），在内产卵瓣上向后伸出的1对瓣状外长物称为背产卵瓣（背瓣）（图1-14）。

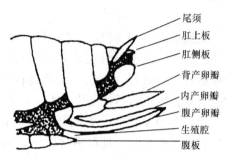

图 1-14　雌性外生殖器
（武三安，2004）

不同昆虫产卵器的形态和结构有差异，如蝗虫类的产卵瓣略呈锥状，将卵产在土内适当的位置。螽蟖和蟋蟀类的产卵器为刀状、剑状或矛状，长而坚硬，可将卵产于植物组织或土壤中。同翅目昆虫中除蚜虫类、蚧类外，都有发达的产卵器。产卵时，产卵器从鞘中脱出，将卵产于植物组织内。膜翅目昆虫产卵器的构造与同翅目昆虫基本相似。姬蜂类等寄生蜂的产卵器十分细长，可将卵产于寄主体内，胡蜂、蜜蜂等的产卵器呈针状，基部与毒液腺相通，特化成能注射毒汁的螫针，这类产卵器通常已失去产卵作用。鳞翅目、鞘翅目、双翅目昆虫的雌虫为伪产卵器，所以这类昆虫的卵只能产在缝隙或动植物体表面。根据昆虫产卵器的形状和构造的不同，不仅可以了解害虫的产卵方式和产卵习性，从而采取针对性的防治措施，同时还可作为重要的分类特征。

（2）雄性外生殖器（交配器）

多数雄性昆虫的交配器由将精子输入雌体的阳具及交配时挟持雌体的1对抱握器两部分组成，但构造较为复杂且多有变化。

阳具包括一个阳茎和1对位于基部两侧的阳茎侧叶。阳茎多是单一的骨化管状构造，是有翅昆虫进行交配时插入雌体的器官（图1-15）。

抱握器大多属于第9腹节的附肢。抱握器的形状有很多变化，常见的有宽叶状、钳状和钩状等。抱握器多见于蜉蝣目、脉翅目、长翅目、半翅目、鳞翅目和双翅目昆虫中。有些昆虫的抱握器十分发达，而有些种类则没有特化的抱握器。各类昆虫的交配器构造复杂，种间差异也十分明显，但在同一类群或虫种内个体间比较稳定，因而可作为鉴别虫种的重要特征。

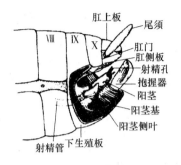

图1-15　雄性外生殖器

（武三安，2004）

（3）尾须

尾须是由第11腹节附肢演化而成的1对须状外突物，存在于部分无翅亚纲和有翅亚纲中的蜉蝣目、蜻蜓目、直翅类及革翅目等较低等的昆虫中。尾须的形状变化较大，有的不分节，有的细长多节呈丝状，有的硬化成镊状。尾须上生有许多感觉毛，具有感觉作用。但在革翅目昆虫中，由尾须骨化成的尾镊，具有防御敌害和帮助折叠后翅的功能。

（四）昆虫的体壁及衍生物

昆虫等节肢动物的外骨骼长在身体的外面，而肌肉着生在骨骼内侧，因此，昆虫的骨骼系统称为外骨骼，也称体壁。体壁的功能是：构成昆虫的躯壳，着生肌肉，保护内脏，防止水分蒸发以及微生物和其他有害物质的入侵，起保护性屏障作用。同时还是营养物质的贮存库，色彩和斑纹的载体。此外，体壁可特化成各种感觉器官和腺体等，参与昆虫的生理活动。

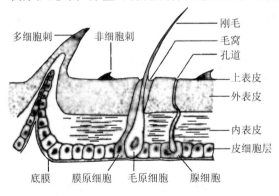

图1-16　昆虫体壁的模式结构

1. 体壁的构造

由里向外可分为：底膜、皮细胞层和表皮层（图1-16）。

（1）底膜

底膜又称基膜，皮细胞层下的一层薄膜。

（2）皮细胞层

皮细胞层是活细胞层，又称真皮层，是连续的单细胞层。主要功能是控制昆虫的蜕皮、分泌、吸收、合成等。

（3）表皮层

表皮层是构造最复杂的一层，自外向内可区分为上表皮、外表皮和内表皮3层。

2. 体壁的特性

昆虫体壁特性主要表现为延展性、坚硬性和不透性。因体壁含有蜡质，因此具有疏水性，能阻止病原微生物和杀虫剂的侵入。生产上在杀虫剂中加入对脂肪及蜡层有溶解作用的有机溶剂，或在粉剂中选用对蜡层有破坏作用的惰性粉作为填充剂，都能破坏体壁的不透性，从而提高农药的杀虫效果。

3. 昆虫体壁的衍生物

昆虫的体壁常常向外突出或向内凹入，形成体壁的外长物。可分为细胞性外长物和非细胞性外长物。

（1）细胞性外长物

细胞性外长物是有皮细胞参与形成的外长物。

单细胞性外长物主要有刚毛、鳞片、毒毛和感觉毛等。

多细胞性外长物有刺和距。刺固定在体壁上不能活动；距的基部与体壁相连，可以活动。

（2）非细胞性外长物

非细胞性外长物指没有皮细胞参与，仅由表皮层外突形成的外长物（小毛、小刺和仅由外表皮形成的固毛等）（图1-17）。

（3）皮细胞腺

皮细胞腺昆虫体壁的皮细胞，一般都有一定的分泌作用。有些昆虫在虫体某些部位的皮细胞特化为某种腺体，按照腺体的分泌物和功能可分为

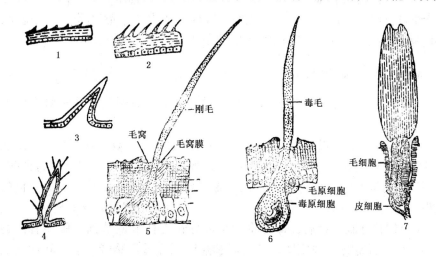

图1-17　昆虫体壁的衍生物

1、2. 非细胞表皮突起　3. 刺　4. 距　5. 刚毛　6. 毒毛　7. 鳞片

以下几种：

①涎腺　为一对多细胞腺体，位于头内或伸至中胸，能分泌涎液湿润和消化食物。

②丝腺　鳞翅目幼虫的丝腺由涎腺特化而来，能分泌丝质，如家蚕、柞蚕等。

③蜡腺　在同翅目昆虫中，不少种类具有蜡腺，几乎分布于全身各部分。

④胶腺　紫胶虫是我国有名的产胶昆虫，身体上具有胶腺，能分泌虫胶或紫胶，在工业上用途广泛。

⑤毒腺和臭腺　有些昆虫在遇到敌害时，能分泌毒液或臭液以抵御敌人。如胡蜂的螯针，内连毒腺，可以蜇刺外敌。

⑥蜕皮腺　昆虫的幼虫期，在皮细胞层内有皮细胞特化而成的蜕皮腺。在幼虫蜕皮之前，此腺体因受到前胸腺分泌蜕皮激素的激化，致使腺体膨大并分泌蜕皮液，其中含有蛋白分解酶，能消化大部分内表皮消化溶解，以便脱去旧表皮。

三、实体显微镜的使用与保养知识

实体显微镜用双目观察，工作距离大，视野宽广，被观察物呈正视立体放大像，便于在镜下进行显微操作，是园林植物病虫害观察的重要工具。

实体显微镜虽有很多类型，但基本结构相似。实体显微镜由镜架部分和光学部分组成。镜架部分包括镜座、镜柱、载物台；光学部分包括镜筒、接目镜、接物镜。此外，有的附有照明装置（图1-18、图1-19）。

（一）实体显微镜的使用方法

(1)实体显微镜应安放在明亮的位置，或采用照明装置使视野内清晰明亮。

(2)选择倍数。根据标本大小，选用不同的放大倍数。观察小的昆虫或细的特征时选用高倍的接目镜、接物镜；观察大的昆虫或较显著的特征时，选用低倍的接目镜、接物镜，所放大的倍数为接目镜、接物镜的放大倍的乘积。如接目镜为16×，接物镜为2.5×，则放大倍数为16×2.5＝40。

(3)调整好眼间距后，即可将镜头部分在支柱上调节到左眼能看清物像，再转动右镜筒的视度圈，使右眼和左眼同样看清物像，然后转动调焦螺旋使物像清楚，方能正式进行工作。

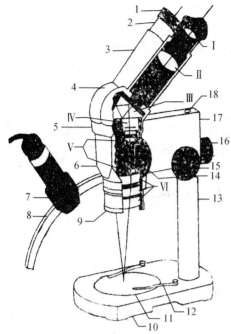

图 1-18　MS₁ 型实体显微镜

Ⅰ. 目镜的接目透镜　Ⅱ. 目镜的场镜　Ⅲ. 五角棱镜　Ⅳ. 小物镜　Ⅴ. 变倍物镜　Ⅵ. 大物镜透镜组

1. 眼罩　2. 目镜　3. 目镜筒　4. 棱镜盒　5. 接目镜筒紧固螺丝　6. 物镜组　7. 投光灯　8. 投光灯支架　9. 大物镜　10. 底座　11. 载物园盘　12. 卡子　13. 支柱　14. 变倍物镜转换器　15. 升降旋钮　16. 紧固螺丝　17. 升降滑槽　18. 拉轴

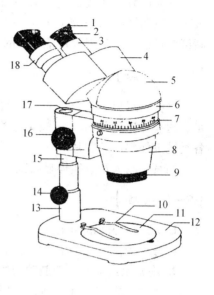

图 1-19　XTB-01 型实体显微镜

1. 眼罩　2. 目镜　3. 目镜筒　4~5. 棱镜盒　6. 变倍物镜旋转器　7. 变倍数值度盘　8. 物镜套筒　9. 大物镜　10. 卡子　11. 载物园盘　12. 底座　13. 弹簧支柱套筒　14. 弹簧支柱紧固螺丝　15、17. 轴拉轴　16. 调焦螺旋　18. 视调整装置

　　(4)观察标本若为小型昆虫或幼虫时，或将虫体置于底部敷以棉花的小型培养皿内，注以清水、酒精或甘油等进行观察，则效果更佳。

(二)实体显微镜使用时应注意的问题

1. 调焦距

　　首先应了解使用镜的明视工作距离，即物镜与观察物的距离有多大。先粗调后细调、先低倍后高倍来寻找观察物。调焦螺旋内的齿轮有一定的上下活动范围，扭不动时不强扭，谨防损坏齿轮。

2. 放大倍数的选择

放大倍数一般按物镜倍数与目镜倍数的乘积计算，但在选择高倍率放大时，应选择高倍率物镜为主，当最高倍物镜仍不能解决问题时，再选择高倍率目镜。这是因为目镜放大的是虚像，对提高分辨率不起作用。

【任务准备】

材料：蝗虫、蜘蛛、虾、马陆、蜈蚣等浸渍标本；各类触角、口器、足、翅、外生殖器标本；蛾类雄性外生殖器玻片标本；蝶类生活史标本；各类昆虫外部形态图片。

用具：放大镜、实体显微镜、镊子、培养皿、大头针、蜡盘。

【任务实施】

1. 观察昆虫纲的特征

以蝗虫为例，观察昆虫的躯体外部形态特征。

2. 观察昆虫与其他节肢动物的区别

取蝗虫、蜘蛛、虾、马陆、蜈蚣等浸渍标本，观察其身体分节以及附肢附器的特征。

3. 观察昆虫头部的一般构造、头式及头部的附肢附器特征

(1)取粉蝶、天蛾、家蝇、蜜蜂、白蚁、金龟甲、蝉等标本，再对照教材图，观察触角的基本结构，并判别其类型。

(2)以蝗虫为例观察咀嚼式口器的构造；以蝉为例观察刺吸式口器的构造；以蓟马为例观察锉吸式口器的构造；以蝶类为例观察虹吸式口器的构造；以蜜蜂为例观察嚼吸式口器的构造；以蝇类为例观察舐吸式口器的构造。

4. 观察昆虫胸部的一般构造及胸部的附肢附器特征

(1)取蝼蛄、螳螂、蝗虫、蜜蜂、水龟甲、步甲，观察它们的前足或后足各属何类型。

(2)观察蜜蜂、蝗虫、蝽象、金龟子、蝶类、家蝇、蓟马的翅，注意它们的质地以及翅上的附属物。

5. 观察昆虫腹部的一般构造及腹部的附肢特征

观察蝗虫腹部的基本结构、节数、听器、气门及产卵器、交配器的类型，尾须的特征。

【任务评价】

任务完成后，教师指出学生在任务完成过程中存在的问题，并根据以下 4 个方面进行任务评价。

序号	评价组成	评价内容	参考分值
1	学生自评	是否认真完成任务，上交实训报告，指出不足和收获	20
2	教师测评	现场操作是否规范；昆虫纲特征及昆虫各附肢附器的识别是否准确；实训报告的完成情况及任务各个步骤的完成情况	40
3	学生互评	互相学习、协作，共同完成任务情况	10
4	综合评价	学习态度、参与程度、团队合作能力、小组任务完成情况等	30
		合　计	100

【巩固训练】

1. 昆虫具有哪些特征？与其他节肢动物的区别特征有哪些？
2. 昆虫的口器有哪些类型？了解昆虫口器类型在害虫防治上有何意义？

任务二　识别昆虫变态类型及各虫态

【任务目标】

1. 掌握昆虫各变态类型的特点，能判别昆虫的变态类型。
2. 了解昆虫的主要繁殖方式、产卵场所。
3. 掌握幼虫、蛹各类型的特征，能判别幼虫、蛹类型。

【任务分析】

认识昆虫种类不仅要掌握其成虫的形态特征，而且要认识其不同阶段的形态特征。不同变态类型的昆虫经过的阶段是不一样的，昆虫的虫态除了有成虫外还有卵、幼虫，有的还有蛹。本任务要求学生能判断常见昆虫的变态类型和幼虫、蛹的类型。

围绕判别变态、幼虫、蛹类型的工作任务，分阶段按教师讲解→学生训练→判别的过程进行。4~6 人为一小组完成任务。

【知识导入】

昆虫生物学是研究昆虫生命活动的一门科学，即研究昆虫从生殖、生长发育到成虫的生命活动，或个体发育史。此外，还包括昆虫在一年内的发生经过和行为习性，即年生活史。

一、昆虫的生殖方式

绝大多数昆虫为雌雄异体，进行两性生殖。此外还有若干特殊的生殖方式，如孤雌生殖、幼体生殖和多胚生殖等。

1. 两性生殖

绝大多数昆虫经过雌雄交配后，产下的受精卵直接发育成新个体的生殖方式，称为两性生殖。如蝗虫、蛾蝶类昆虫。

2. 孤雌生殖

孤雌生殖又称为单性生殖，雌虫所产生的卵不经过受精而发育成新个体的现象称孤雌生殖。一般可分为以下 3 种类型：

①偶发性孤雌生殖　是指某些昆虫在正常情况下行两性生殖，但雌成虫偶尔产出的未受精卵也能发育成新个体的现象。常见的如飞蝗、家蚕、一些毒蛾和枯叶蛾等，都能进行偶发性的孤雌生殖。

②经常性孤雌生殖　又称永久性孤雌生殖。其特点是，雌成虫产下的卵有受精卵和未受精卵两种，前者发育成雌虫，后者发育成雄虫。如膜翅目的蜜蜂和小蜂总科的一些种类。

③周期性孤雌生殖　又称循环性孤雌生殖。这种生殖方式的特点是，昆虫通常在进行 1 次或多次孤雌生殖后，再进行 1 次两性生殖。这种以两性生殖与孤雌生殖随季节变化交替进行的方式繁殖后代的现象，又称为异态交替或世代交替。如蚜虫。

3. 多胚生殖

1 个成熟的卵细胞可产生 2 个或 2 个以上的个体的生殖方式称为多胚生殖。这种现象多见于膜翅目一些寄生蜂类。

4. 胎生

多数昆虫为卵生，但一些昆虫的胚胎发育是在母体内完成的，由母体所产出来的不是卵而是幼体，这种生殖方式称为胎生。

5. 幼体生殖

少数昆虫在幼虫期就能进行生殖的现象，称为幼体生殖。如瘿蚊。

二、昆虫的个体发育及变态

昆虫的个体发育是指由卵发育到成虫的全过程。在这个过程中，包括胚前发育期、胚胎发育期和胚后发育期 3 个连续的阶段。胚前发育期是指生殖细胞在亲体内形成，以及完成授精和受精的过程；胚胎发育期是指从受精卵内的合子开始卵裂，至发育为幼虫为止的过程，其中又有卵生、卵胎生和多胚发育等几种类型；胚后发育期是指从幼虫孵化后到成虫性成熟的整个发育过程。在胚后发育过程中，昆虫自卵中孵出后，要经过一系列外部形态和内部组织器官等方面的变化才能转变为成虫，这种现象称为变态。

昆虫在进化过程中，随着成虫与幼虫体态的分化、翅的获得，以及幼虫期对生活环境的特殊适应和其他生物学特性的分化，形成了各种不同的变态类型。与园林植物关系密切的昆虫的变态类型主要为不完全变态、完全变态。

1. 不完全变态

不完全变态指昆虫的一生经过卵、幼虫（若虫）、成虫 3 个虫态，是有翅亚纲外生翅类（除蜉蝣目外）的各目昆虫具有的变态类型（图 1-20）。其特点是：这类昆虫的幼虫期和成虫期在外部形态和生活习性上大体相似，不同之处是幼虫期翅未发育完全、生殖器官尚未成熟。如蝗虫、蟋蟀、蝽象等。

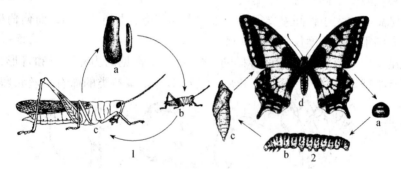

图1-20　两种常见的变态类型（武三安，2004）

1. 不完全变态（蝗虫）：a. 卵　b. 若虫　c. 成虫
2. 完全变态（金凤蝶）：a. 卵　b. 幼虫　c. 蛹　d. 成虫

2. 完全变态

完全变态指昆虫一生经过卵、幼虫、蛹、成虫 4 个虫态，是有翅亚纲内生翅类各目昆虫所具有的变态类型（图 1-20），如鞘翅目、鳞翅目、膜翅目、双翅目等。其特点是：幼虫与成虫不仅外部形态和内部器官很不相同，而且生活习性也完全不同，幼虫在化蛹脱皮时，各器官芽形成的构造同时翻出体外，因此，蛹已具备有待羽化时伸展的成虫外部构造。

三、昆虫各虫期特点

（一）卵期

1. 卵的基本构造

卵实际上是一个大型细胞。昆虫的卵外包有一层起保护作用的卵壳，卵壳下面为一薄层卵黄膜，其内为原生质和卵黄。卵的前端有 1 个或若干个贯通卵壳的小孔，称为卵孔，是精子进入卵内的通道，因而也称为精孔或受精孔。在卵孔附近区域，常有放射状、菊花状等刻纹，可作为鉴别不同虫种卵的依据之一。

2. 卵的类型

昆虫卵的大小、形状、产卵方式因种类不同而异，因而在鉴别昆虫种类和害虫防治上都具有一定的实践意义。

昆虫卵的大小种间差异很大，较大者如蝗卵，长 6～7mm；而葡萄根瘤蚜的卵则很小，长度仅 0.02～0.03mm。

昆虫卵的形状也是多种多样的（图 1-21），常见的为卵圆形和肾形，此外还有半球形、球形、桶形、瓶形、纺锤形等。草蛉类的卵有一丝状卵柄，

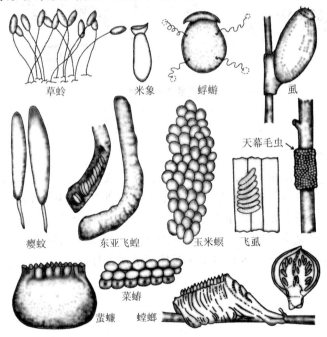

草蛉　米象　蜉蝣　虱

天幕毛虫

瘿蚊　东亚飞蝗　玉米螟　飞虱

菜蝽

蚩蠊　螳螂

图 1-21　昆虫卵的类型

蜉蝣的卵上有多条细丝，蟒的卵还具有卵盖。有些昆虫在卵壳表面有各种各样的脊纹，或呈放射状（如一些夜蛾），或在纵脊之间还有横脊（如菜粉蝶），以增加卵壳的硬度。

卵的颜色初产时一般为乳白色，此外还有淡黄色、黄色、淡绿色、淡红色、褐色等，至接近孵化时，通常颜色变深。

3. 产卵方式

昆虫的产卵方式多种多样，有单个分散产的，有许多卵粒聚集排列在一起形成各种形状的卵块的。有的将卵产在物体表面，有的产在隐蔽的场所甚至寄主组织内。

（二）幼虫期

昆虫幼虫或若虫从卵内孵化、发育到蛹（全变态昆虫）或成虫（不全变态昆虫）之前的整个发育阶段，称为幼虫期或若虫期。

幼虫期的显著特点是大量取食，获得营养，进行生长发育，迅速增大体积。对园林害虫来说，幼虫期是危害最严重的时期，因此是防治的重点时期。

1. 孵化

昆虫胚胎发育到一定时期，幼虫或若虫冲破卵壳而出的现象，称为孵化。

初孵化的幼虫，体壁的外表皮尚未形成，身体柔软，色淡，抗药能力差。随即吸入空气或水（水生昆虫）使体壁伸展。一些夜蛾、天蛾等的初孵幼虫，常有取食卵壳的习性。有些种类在幼虫孵化后，并不马上开始取食活动，而常常停息在卵壳上或其附近静止不动。此期还可继续利用包在中肠内的胚胎发育的残余卵黄物质。

2. 生长和蜕皮

幼虫体外表有一层坚硬的表皮限制了它的生长，所以当生长到一定时期，就要形成新表皮，蜕去旧表皮，这种现象称为蜕皮。蜕下的旧表皮称为蜕。幼虫的生长与蜕皮呈周期性交替进行，每蜕皮1次，身体即有一定程度的增大。

从卵内孵化出的幼虫称为第一龄幼虫，又称初孵幼虫，以后每蜕一次皮增加1龄，即虫龄＝蜕皮次数＋1。相邻两龄之间的历期，称为龄期。最后一次蜕皮后变成蛹（若虫和稚虫则变为成虫）。昆虫蜕皮次数，种间各异，但同种昆虫是相对稳定的。如直翅目和鳞翅目幼虫一般蜕皮4~5次，金龟幼虫和草蛉幼虫蜕皮2次，瓢虫幼虫蜕皮3次。

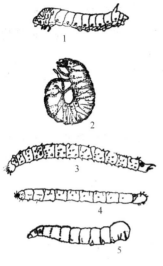

图 1-22　完全变态类幼虫的类型

（武三安，2004）

1. 多足型　2. 寡足型　3. 无足型
（全头）　4. 无足型（半头）　5. 无
足型(无头)

3. 幼虫的类型

幼虫属于何种类型，主要取决于其胚胎发育终止于原足期、多足期还是寡足期，此外还与适应食性分化及生活环境所产生的形态变异有关。全变态昆虫种类多，幼虫形态差异显著，根据幼虫足的数目可分为以下几种类型（图 1-22）。

（1）多足型

多足型幼虫的主要特点是：除具有 3 对胸足外，还具有数对腹足。如鳞翅目和膜翅目的叶蜂类幼虫。鳞翅目幼虫有腹足 2～5 对，腹足末端具有趾钩，称为躅型幼虫。而膜翅目叶蜂类幼虫的腹足多于 5 对，其末端不具趾钩，称为伪躅型幼虫。

（2）寡足型

寡足型幼虫的主要特点是：有发达的 3 对胸足，无腹足和其他附肢。常根据其体型和胸足的发达程度分为蛃型、蛴螬型、蠕虫型。如步行虫、金龟甲、叩头甲幼虫。

（3）无足型

无足型幼虫的特点是：既无胸足，又无腹足。如天牛、蚊、蝇类的幼虫。

（三）蛹期

自末龄幼虫蜕去表皮起至变为成虫时止所经历的时间，称为蛹期。蛹是全变态类昆虫在胚后发育过程中，由幼虫转变为成虫时，必须经过的一个特有的静止虫态。

1. 化蛹

蛹的生命活动虽然是相对静止的，但其内部却进行着将幼虫器官改造为成虫器官的剧烈变化。老熟幼虫在经历前蛹期后，末龄幼虫蜕去最后的皮称化蛹。

蛹的抗逆力一般都比较强，且多有保护物或隐藏于隐蔽场所，所以许多种类的昆虫常以蛹的虫态躲过不良环境或季节，如越冬等。

2. 蛹的类型

根据蛹的翅和触角、足等附肢是否紧贴于蛹体上，以及这些附属器官

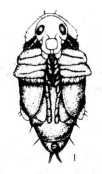

图1-23 全变态类蛹的类型（武三安，2004）
1. 离蛹 2. 被蛹 3. 围蛹 4. 围蛹的透视

能否活动和其他外形特征，可将蛹分为离蛹、被蛹和围蛹3种类型（图1-23）。

（1）离蛹

离蛹又称为裸蛹。其特点是翅和附肢除在基部着生外与蛹体分离，可以活动，腹部各节间也能自由扭动。长翅目、鞘翅目、膜翅目等的蛹均为此种类型。

（2）被蛹

被蛹的特点是翅和附肢都紧贴于身体上，不能活动，大多数腹节或全部腹节不能扭动。鳞翅目、鞘翅目的隐翅虫、双翅目的虻、瘿蚊等的蛹均属此类，其中以鳞翅目的蛹最为典型。

（3）围蛹

围蛹为双翅目蝇类所特有。围蛹体实为离蛹，但是在离蛹体外被有末龄幼虫未蜕去的蜕。如蝇类的蛹。

（四）成虫期

成虫是昆虫个体发育的最后一个虫态和最高级阶段，该虫态具有判别系统发生和分类地位的固定特征，感觉器官和运动器官达到最高程度的发展，是完成生殖和使种群得以繁衍的阶段。昆虫发育到成虫期，雌雄性别已明显分化，具有生殖能力，所以，成虫的主要任务是交配、产卵、繁殖后代。成虫期是性成熟并具有生育能力的时期，是唯一具有飞行能力的虫态，感觉器官较发达。

1. 羽化

成虫从它的前一虫态（蛹或末龄若虫和稚虫）蜕皮而出的现象，称为羽化。初羽化的成虫色浅而柔软，待翅和附肢伸展，体壁硬化后，便开始活动。

2. 性成熟和补充营养

大部分昆虫在羽化后，性器官已经成熟，不需要再取食即可交尾、产卵，这类成虫口器一般都退化，寿命很短。大多数昆虫羽化为成虫时，性器官还未完全成熟，需要继续取食，才能达到性成熟。这种对性细胞发育不可缺少的成虫期营养，称为"补充营养"。

3. 性二型

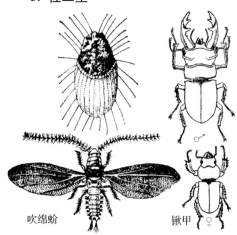

吹绵蚧　　　　　　　锹甲♀

图1-24　昆虫的性二型现象

昆虫雌雄个体之间除内、外生殖器官（第1性征）不同外，许多种类在个体大小、体型、体色、构造等（第二性征）方面也常有很大差异，这种现象称为雌雄性二型（图1-24）。如蚧类、蓑蛾等的雄虫有翅，雌虫无翅；蚧类雄虫口器退化；蛾的雄虫触角发达，羽毛状，雌虫则为环毛状；多数种类的蝗虫、天牛等雌虫身体显著大于雄虫；蟋蟀、螽蟖、蝉的雄虫有发音器；许多蝶类雌虫与雄虫的翅，在色泽、花纹上多不同。了解和掌握某些昆虫的性二型现象，具有重要的实践意义。

4. 多型现象

同种昆虫在同一性别上具有两种或两种以上的个体的现象，称多型现象。这种现象主要出现在成虫期，但有时也可以出现在幼虫期。

多型现象常有不同的成因。在鳞翅目昆虫中往往有因季节变化而出现变型的，如黄峡蝶有夏型和秋型之分，夏型色泽较深而鲜明，翅缘的缺刻较钝圆。同翅目中的蚜虫、飞虱也有多型现象。蚜虫在同一季节里，胎生雌蚜有无翅和有翅两个类型。稻飞虱在不利的环境条件下，出现长翅型，而在有利的环境条件下，则出现短翅型。

多型现象在"社会性"昆虫中更为典型。如膜翅目的蜜蜂、蚂蚁及等翅目的白蚁等。蜜蜂的雌性个体中，有负责生殖的蜂后（蜂王）和失去生殖能力而担负采蜜、筑巢等职责的工蜂。蚂蚁的类型更多，有的种类中分化出20多种类型，其中常见的主要有有翅和无翅的蚁后，有翅和无翅的雄蚁，还有工蚁、兵蚁等。在等翅目同一群体的白蚁中，常可见到6种主要类型，包括雌性生殖型 3 种(长翅型、辅助生殖的短翅型和无翅型),专门负责交配的雄蚁,两种无生殖能力的类型(工蚁和兵蚁)。

了解昆虫的多型现象,不仅可以帮助我们正确区分昆虫的种类和性别,同时对昆虫发生数量的预测预报,以及防治害虫、保护利用益虫等都有重要意义。

【任务准备】

材料:各变态类型的生活史标本;各类卵标本;各类幼虫标本;各类蛹标本;成虫性二型和多型性标本;昆虫变态、卵、幼虫、蛹、成虫图片。

用具:放大镜、双目实体显微镜、镊子、培养皿、大头针、蜡盘。

【任务实施】

1. 观察昆虫的变态类型

(1)以蝗虫、蝽象的生活史标本为材料,观察不完全变态昆虫所经历的虫期,比较若虫和成虫在形态上的差异。掌握不完全变态昆虫的特点。

(2)以蛾蝶类、甲虫类等生活史标本为材料,观察全变态昆虫所经历的虫期,比较幼虫和成虫的体形和附器的差别。掌握全变态昆虫的特点。

2. 观察卵的类型

观察实验材料中各种昆虫卵,注意它们在形态、大小、颜色、附属物、产卵方式等的差异。

3. 观察幼虫的类型

(1)观察蛾类幼虫和叶蜂幼虫的腹足,判别其数目及位置各有何不同,比较腹足趾钩的特点,并鉴别所属幼虫的类型。掌握多足型幼虫的特征。

(2)观察步甲、金龟甲等幼虫的体形特征,注意它们胸部和腹部有何附肢以及附肢的数目,并鉴别所属幼虫的类型。掌握寡足型幼虫的特征。

(3)观察天牛、象甲、蝇等幼虫的体形特征,注意它们的胸部和腹部有何附肢以及附肢的数目,并比较它们的头式,鉴别所属幼虫的类型。掌握无足型幼虫的特征。

4. 观察蛹的类型

(1)观察金龟子、蜂类的蛹的形态特征,注意蛹体各附肢是否外露,蛹体上的附肢是否能活动,并鉴别所属蛹的类型。掌握离蛹的特征。

(2)观察蝶、蛾类蛹的形态特征,注意蛹体各附肢是否外露,蛹体上的附肢是否能活动,并鉴别所属蛹的类型。掌握被蛹的特征。

(3)观察蝇类蛹的形态特征,注意蛹体各附肢是否外露,蛹体上的附肢是否能活动，并鉴别所属蛹的类型。掌握围蛹的特征。

5. 观察成虫的性二型和多型现象

（1）观察毒蛾、尺蛾、松毛虫等雌雄成虫标本，掌握成虫的性二型特征。

（2）观察白蚁、蜂、蚂蚁等成虫的多型性标本，掌握成虫的多型现象。

【任务评价】

任务完成后，教师指出学生在任务完成过程中存在的问题，并根据以下4个方面进行任务评价。

序号	评价组成	评价内容	参考分值
1	学生自评	是否认真完成任务，上交实训报告，指出不足和收获	20
2	教师测评	现场操作是否规范；昆虫变态类型及幼虫、蛹不同类型的识别是否准确；实训报告的完成情况及任务各个步骤的完成情况	40
3	学生互评	互相学习、协作，共同完成任务情况	10
4	综合评价	学习态度、参与程度、团队合作能力、小组任务完成情况等	30
		合　计	100

【巩固训练】

1. 昆虫的变态与各虫态类型对害虫防治有什么意义？

2. 根据上述任务的观察结果写出供试材料中的幼虫、蛹各属哪种类型？并说明其主要特点。

任务三　认识园林昆虫生活史和习性

【任务目标】

1. 掌握昆虫生活史的概念，会识别昆虫生活史图表。

2. 熟悉昆虫的行为，能利用昆虫的行为进行害虫防治。

【任务分析】

要进行害虫防治首先要了解害虫的生活史和习性，从而根据害虫在一年中发生的状况，抓住防治的有利时机，制订有效的防治方案。本任务为校园某一昆虫生活史观察和习性观察。

围绕观察昆虫生活史和习性的任务，分阶段按教师讲解→学生训练→实施的过程进行。4~6人为一小组完成任务。

【知识导入】

一、昆虫的世代和年生活史

1. 昆虫的世代

昆虫的卵或若虫，从离开母体发育到成虫性成熟并能产生后代为止的个体发育史，称为一个世代。一个世代通常包括卵、幼虫、蛹及成虫等虫态，习惯上常以卵或幼体产离母体作为世代的起点。

昆虫一年发生的代数多是受种的遗传性所决定的。一年发生一代的昆虫，称为一化性昆虫，如大地老虎、大豆食心虫、天幕毛虫、梨茎蜂、舞毒蛾等。一年发生两代及其以上的昆虫，称为多化性昆虫，如东亚飞蝗、二化螟一年发生两代。也有一些昆虫需两年或多年才能完成一代。

一年发生多代的昆虫，由于成虫发生期长和产卵期先后不一，同一时期内，在一个地区可同时出现同一种昆虫的不同虫态，造成上下世代间重叠的现象，称为世代重叠。

2. 昆虫的年生活史

昆虫的生活史又称为生活周期，是指昆虫个体发育的全过程，又称为年生活史或生活年史。年生活史是指昆虫从越冬虫态(卵、幼虫、蛹或成虫)开始活动(越冬后复苏)起，至翌年越冬结束止的全过程。

一年发生1代的昆虫，其年生活史与世代的含义是相同的。一年发生多代的昆虫，其年生活史就包括几个世代。多年发生完成1代的昆虫，其生活史需多年完成，而年生活史则只包括部分虫态的生长发育过程。一些多化性昆虫，其年生活史较为复杂，如棉蚜等完成其年生活史需要世代间的寄主交替(越冬寄主和夏季寄主)和生殖方式的交替(有性生殖和无性生殖)，从而形成了年生活史的世代交替现象。

昆虫的年生活史，可以用文字记载，也可以用图或表表示，以绘制成年生活史图或发生历斯。如木兰青凤蝶在浙江丽水的年生活史(表1-2)。

表 1-2　木兰青凤蝶在浙江丽水的年生活史

世代	1~3	4	5	6	7	8	9	10	11	12
越冬代	○○○	○○○ + + +	+							

（续）

世代	1~3	4	5	6	7	8	9	10	11	12
第一代		· · - -	· · ○○ +	○○○ + + +	+					
第二代			○	· · - - ○○○ + + +	· · - - ○○○ + + +	- ○○○ + + +	○○○ + +			
第三代				· · - -	· · - - ○○○ + +	- ○○○ + + +	+			
第四代						·	· · · - - ○	· · - ○○○	- - ○○○	○○○

注：表中·为卵；－为幼虫；○为蛹；+为成虫。

二、休眠和滞育

昆虫在一年的生长发育过程中，常出现生长发育或生殖暂时停止现象，这种现象多发生在严冬和盛暑来临之前，故称越冬或越夏。从其本身的生物学和生理学特性来看，可分为休眠和滞育两类。

1. 休眠

休眠是由不良的环境条件直接引起的昆虫暂时停止发育现象，当不良环境消除后，昆虫就可恢复生长发育。引起昆虫休眠的环境因子主要是温度和湿度，休眠发生在严冬季节者称为冬眠（或越冬），休眠发生在火热的夏季称为夏蛰（或越夏）。如温带或寒温带地区秋冬季节的气温下降、食物枯熟，或热带地区的高温干旱季节，都可以引起一些昆虫的休眠。具有休眠特性的昆虫，其休眠虫态不一，有的需在一定的虫态休眠，有的则任何虫态都可休眠。

2. 滞育

滞育是由外界环境条件和昆虫的遗传稳定性支配，造成昆虫的生长发育暂时中止的现象。当昆虫进入滞育后，即使给予最适宜的条件，也不能解除滞育，必须在一定的温度或其他条件刺激下，经过一定时间才能结束滞育状态。所以滞育具有一定的遗传稳定性，它与休眠不同。滞育性越冬和越夏的昆虫一般有固定的滞育虫态。

了解昆虫越冬或越夏属于休眠类型还是滞育类型，对分析昆虫的习性、种群数量动态，以及害虫的测报、益虫的繁殖等都有重要的实践意义。

三、昆虫习性

昆虫的习性和行为，是昆虫的生物学特性的重要组成部分。昆虫的某些行为和习性，是以种或种群为表现特征的，所以并非存在于所有的昆虫种类中。

1. 昆虫活动的昼夜节律

绝大多数昆虫的活动，如交配、取食和飞翔，甚至孵化、羽化等都与白天和黑夜密切相关，其活动期、休止期常随昼夜的交替而呈现一定节奏的变化规律，这种现象称为昼夜节律，即与自然界中昼夜变化规律相吻合的节律。这些都是种的特性，是对物种有利的生存和繁育的生活习性。根据昆虫昼夜活动节律，可将昆虫分为：日出性昆虫，如蝶类、步甲等，它们均在白天活动；夜出性昆虫，如小地老虎等绝大多数蛾类，它们均在夜间活动；昼夜活动的昆虫，如某些天蛾和蚂蚁等，它们白天黑夜均可活动。有的还把弱光下活动的昆虫称为弱光性昆虫，如蚊子等常在黄昏或黎明时活动。

由于大自然中昼夜的长短变化是随季节而变化的，所以很多昆虫的活动节律也表现出明显的季节性。多化性昆虫，各世代对昼夜变化的反应也不相同，明显地表现在迁移、滞育、交配、生殖等方面。

2. 昆虫的食性

不同种类的昆虫，取食食物的种类和范围不同，同种昆虫的不同虫态也不会完全一样，甚至差异很大。昆虫在长期演化过程中，对食物形成的一定选择性，称为食性。

根据昆虫所取食的食物性质可将其食性分为植食性、肉食性、腐食性和杂食性4类。

植食性：是以植物的各部分为食料，这类昆虫约占昆虫总数的40% ~ 50%，如蝗虫、小地老虎均属此类。

肉食性：是以其他动物为食料，又可分为捕食性和寄生性两类，如七星瓢虫、草蛉、寄生蜂、寄生蝇等，它们在害虫生物防治上有着重要意义。

腐食性：是以动物的尸体、粪便或腐败植物为食料，如粪金龟、果蝇等。

杂食性：是兼食动物、植物等，如蝥蠊。

根据昆虫所取食食物范围的广狭可将其食性分为单食性、寡食性和多

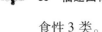

食性 3 类。

单食性：是以某一种植物为食料，如三化螟只取食水稻，豌豆象只取食豌豆等。

寡食性：是以 1 个科或少数近缘科植物为食料，如菜粉蝶取食十字花科植物，棉大卷叶螟取食锦葵科植物等。

多食性：是以多个科的植物为食料，如地老虎可取食禾本科、豆科、十字花科、锦葵科等各科植物。

3. 昆虫的趋性

趋性是指昆虫对外界刺激（如光、温度、湿度和某些化学物质等）所产生的趋向或背向行为活动。趋向活动称为正趋性，背向活动称为负趋性。昆虫的趋性主要有趋光性、趋化性、趋温性、趋湿性等。

①趋光性　这是指昆虫对光的刺激所产生的趋向或背向活动。趋向光源的反应，称为正趋光性；背向光源的反应，称为负趋光性。多数夜间活动的昆虫，对灯光表现为正趋性，特别是对黑光灯的趋性尤强。

②趋化性　这是昆虫对一些化学物质的刺激所表现出的反应，其正、负趋化性通常与觅食、求偶、避敌、寻找产卵场所等有关。如有些夜蛾，对糖醋酒混合液发出的气味有正趋性；菜粉蝶喜趋向含有芥子油的十字花科植物上产卵。

③趋温性、趋湿性　这是指昆虫对温度或湿度刺激所表现出的定向活动。

4. 昆虫的群集性

同种昆虫的大量个体高密度地聚集在一起生活的习性，称为群集性。许多昆虫具有群集习性。

5. 昆虫的扩散和迁飞

（1）昆虫的扩散

扩散是指昆虫个体经常或偶然、小范围内的分散或集中活动，也称为蔓延、传播或分散等。昆虫的扩散一般可分为如下几种类型。

①完全靠外部因素传播　即由风力、水力、动物或人类活动引起的被动扩散活动。许多鳞翅目幼虫可吐丝下垂并靠风力传播，如斜纹夜蛾、螟蛾等第 1 龄幼虫，从卵块孵化后常先群集危害，再吐丝下垂，靠风力传播扩散。

②由虫源地（株）向外扩散　有些昆虫或其某一世代有明显的虫源中心，常称之为"虫源地（株）"。

③由于趋性所引起的分散或集中　如一些鳞翅目成虫有取食花蜜的习

性，白天常分散到各种蜜源植物上取食，而后又飞到适宜产卵的场所产卵。

（2）昆虫的迁飞

迁飞又称迁移，是指一种昆虫成群地从一个发生地长距离地转移到另一个发生地的现象。是种在进化过程中长期适应环境的遗传特性，是一种种群行为。

6. 昆虫的假死性

假死是指昆虫受到某种刺激而突然停止活动、佯装死亡的现象。如金龟子、象甲、叶甲、瓢虫的成虫以及黏虫的幼虫，当受到突然刺激时，身体蜷缩，静止不动或从原栖息处突然跌落下来呈"死亡"状，稍后又恢复常态而离去。假死是许多鞘翅目成虫和鳞翅目幼虫的防御方式，因为许多天敌通常不取食死亡的猎物，所以假死是这些昆虫躲避敌害的有效方式。

7. 昆虫的隐蔽

隐蔽是昆虫为了躲避敌害、保护自己而将自己隐藏起来的现象，包括拟态、保护色和伪装。

①拟态　是一种动物在外形、姿态、颜色、斑纹或行为等方面"模仿"其他种生物或非生命物体，以躲避敌害、保护自己的现象。如竹节虫常具拟态现象。

②保护色　又称隐藏色，是指一些昆虫的体色与其背景色非常相似，从而躲过捕食性动物的视线而获得保护自己的效果，这种与背景相似的体色称为保护色。如枯叶蝶停息时双翅竖立，翅背面极似枯叶，甚至有树叶病斑状的斑点。

③警戒色　是指昆虫具有的使其天敌不敢贸然取食或厌恶的鲜艳色彩或斑纹，这在鳞翅目、螳螂目、半翅目、鞘翅目和双翅目等昆虫中较常见。

④伪装　是指昆虫利用环境中的物体伪装自己的现象。伪装多见于同翅目、半翅目、脉翅目、鞘翅目、鳞翅目等昆虫的幼期。如沫蝉的若虫利用泡沫隐藏自己。

掌握昆虫的生活习性和行为，可以更好地利用害虫的某些薄弱环节，制定出有效的防治措施。

【任务准备】

材料：昆虫生活史图表、多媒体课件和图片。
场所：校园、校外教学实训场。

【任务实施】

1. 通过昆虫的生活史图表，识别昆虫的世代和年生活史。

2. 观察昆虫的习性和行为，包括：休眠和滞育、昆虫活动的昼夜节律、昆虫的食性、昆虫的趋性、昆虫的群集性、昆虫的扩散和迁飞、昆虫的假死和隐蔽。

【任务评价】

任务完成后，教师指出学生在任务完成过程中存在的问题，并根据以下 4 个方面进行任务评价。

序号	评价组成	评价内容	参考分值
1	学生自评	是否认真完成任务，上交实训报告，指出不足和收获	20
2	教师测评	现场操作是否规范；观察昆虫行为记录是否准确；实训报告的完成情况及任务各个步骤的完成情况	40
3	学生互评	互相学习、协作，共同完成任务情况	10
4	综合评价	学习态度、参与程度、团队合作能力、小组任务完成情况等	30
合　计			100

【巩固训练】

昆虫的哪些生活习性可被利用来防治害虫？

任务四　鉴别常见园林植物害虫类群

【任务目标】

1. 了解检索表的编制方法，能正确使用昆虫检索表。
2. 了解昆虫分类的一般知识。
3. 掌握园林昆虫八大目的主要特征，能鉴别直翅目、等翅目、半翅目、缨翅目、鞘翅目、鳞翅目、膜翅目、双翅目的主要科。

【任务分析】

昆虫种类鉴别是园林植物害虫防治工作中的首要问题，只有弄清种类才能对症下药，采取有针对性的措施。昆虫的鉴别一般以检索表为工具，由纲到目，由目到科，直至检索到具体的种类。本任务是学会鉴别常见园林植物昆虫所属的科以及主要代表种类。

实施知识讲解和实验实训一体化，上课场所从教室转移到实训室，先由教师讲解园林植物八大目昆虫的特征，学生 4~6 人组成一个学习小组，围绕完成供试标本的鉴别，分阶段按教师讲解→学生训练→鉴别的过程进行。

【知识导入】

一、昆虫分类的基本概念

昆虫分类是认识昆虫的一种基本方法，它是通过分析对比与归纳的手段，正确地反映昆虫历史演化的过程、类群间的亲缘关系、种间的形态、习性等方面的差异。昆虫分类的依据是昆虫的形态、生理、生态等特征、特性。

（一）分类单元

昆虫分类单元包括界、门、纲、目、科、属、种，种是分类的基本单位。昆虫属动物界节肢动物门中的昆虫纲，为了详尽起见，在纲、目、科、属下设"亚"级，如亚纲、亚目、亚科、亚属；也有在目、科上加"总"，如总目、总科等。

目前地球上已知的昆虫约有 100 万种，未命名的更多。如此众多的种类，必须有科学的分类系统，才能对它们进行正确的识别、分类和利用。

分类阶元	分类单元
界 kingdom	动物界 Animalia
门 phylum	节肢动物门 Arthropoda
纲 class	昆虫纲 Insecta
目 order	膜翅目 Hymenoptera
科 family	蜜蜂科 Apidae
属 genus	蜜蜂属 Apis
种 species	意大利蜜蜂 Apis mellifera L.

（二）命名法

1. 双名法

一种昆虫的种名(种的学名)由两个拉丁词构成，第 1 个词为属名，第 2 个为种名，即"双名"。如菜粉蝶(*Pieris rapae* L.)。分类学著作中，学名后面还常常加上定名人的姓，但定名人的姓氏不包括在双名内。

2. 三名法

一个亚种的学名由 3 个词组成，即属名 + 种名 + 亚种名，即在种名之后再加上 1 个亚种名，就构成了"三名"。如东亚飞蝗(*Locusta migratoria ma-*

nilensis）。

种级学名印刷时常用斜体，以便识别。属名的第 1 个字母须大写，其余字母小写，种名和亚种名全部小写；定名人用正体，第 1 个字母大写，其余字母小写。有时定名人前后加括号，表示种的属级组合发生了变动。

（三）检索表的编制和应用

在进行昆虫分类工作时，通常要使用检索表来鉴定昆虫的种类和区别不同等级分类阶元的所属地位。它的编制是用对比分析和综合归纳的方法，从不同种类的昆虫中，选定比较重要的稳定的特征，做成简短的文字条文排列而成。因此，检索表的编制和运用是昆虫分类工作重要的基础。

常用的检索表为双项式。下面以与园林生产密切相关的 8 个目进行说明。

与园林植物生产密切相关的 8 个目检索表

1. 翅一对，后翅退化为平衡棒 ………………………………………… 双翅目
   翅 2 对 …………………………………………………………………… 2
2. 口器刺吸式 ……………………………………………………………… 半翅目
   口器非刺吸式 …………………………………………………………… 3
3. 口器虹吸式，体、翅密被鳞片或毛 …………………………………… 鳞翅目
   口器为咀嚼式、嚼吸式或锉吸式 ……………………………………… 4
4. 前后翅膜质狭长，边缘有长的缨毛，口器锉吸式 …………………… 缨翅目
   前后翅无长的缨毛，口器非锉吸式 …………………………………… 5
5. 前翅为鞘翅或复翅，后翅膜质 ………………………………………… 6
   前后翅均为膜质 ………………………………………………………… 7
6. 前翅为鞘翅，其上无翅脉 ……………………………………………… 鞘翅目
   前翅为复翅，脉纹大多直，后足多为跳跃足 ………………………… 直翅目
7. 前后翅形状、大小及脉相均相似，触角念珠状 ……………………… 等翅目
   前翅大，后翅小，脉纹奇特，触角膝状 ……………………………… 膜翅目

（四）昆虫纲的分类系统

1. 分类依据

昆虫分类的依据主要有形态学特征、生物学和生态学特征、地理学特征、生理学和生物化学特征、细胞学特征、分子生物学特征。根据目前的分类科学水平，主要采用的是形态特征。分亚纲和目所应用的主要特征是翅的有无、形状、对数、质地，口器的类型，触角、足、腹部附肢的有无及形态。

2. 昆虫纲的分类

昆虫在高级阶元的分类上，分歧较大。以往通常将昆虫纲分为两个亚纲和33或34个目，即无翅亚纲和有翅亚纲。我国著名的昆虫分类学家蔡邦华教授将昆虫纲分为两个亚纲，34个目。

二、园林植物害虫主要目、科概述

与园林植物关系密切的目有：等翅目、直翅目、缨翅目、半翅目、鞘翅目、鳞翅目、膜翅目和双翅目等。

（一）等翅目 Isoptera

通称白蚁，体小至中型，一般较柔弱。头部前口式，口器咀嚼式，触角念珠形；在有些类群中，头部的额的中央有一腺口（称为囟）。在一个群体中，有长翅型、短翅型和无翅型之分。长翅型有2对形状和翅脉均相似的翅（图1-25）。

白蚁是典型的社会性巢居昆虫，在绝大多数种类中，一个种群内一般具有形态和功能均不同的3个以上的渐变态，具多型性。

等翅目中黑翅大白蚁和家白蚁等是危害园林植物的种类。

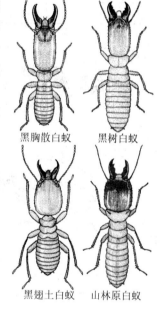

黑胸散白蚁　　黑树白蚁

黑翅土白蚁　　山林原白蚁

图1-25　等翅目各科兵蚁

1. 鼻白蚁科 Rhinotermitidae

头部有囟，兵蚁的前胸背板扁平，窄于头；有翅成虫一般有单眼；触角13～23节；前翅鳞显然大于后翅鳞；跗节4节；尾须2节。土木栖。危害植物、建筑物等，常见的有台湾乳白蚁。

2. 白蚁科 Termitidae

头部有囟。成虫一般有单眼；前翅鳞略大于后翅鳞，两者距离仍远；兵蚁的前胸背板前中部隆起；跗节4节。尾须1～2节。土栖为主。危害植物、建筑物等，常见的有黑翅土白蚁。

（二）直翅目 Orthoptera

通称蝗虫、蟋蟀、蝼蛄等，头下口式，口器咀嚼式；前胸发达，前翅革质，后翅膜质；一般产卵器发达；多数种类具发音器和听器。渐变态；两性生殖，卵多产于土中或植物中；多植食性；多白天活动，蟋蟀和蝼蛄

表1-3　直翅目重要科比较

	蝗科	螽蟖科	蟋蟀科	蝼蛄科
触角	比体短	比体长	比体长	比体短
听器	腹一节两侧	前足胫节上	前足胫节上	前足胫节上
产卵器	锥状	刀状、剑状	针状、矛状	不发达
跗节式	3-3-3	4-4-4	3-3-3	3-3-3
足	后足为跳跃足	同前	同前	前足为开掘足
翅	前后翅基本等长	前后翅基本等长	前翅短后翅纵卷伸出腹末	前翅短后翅纵卷伸出腹末
发音器	有	有	有	无
主要害虫种类	黄脊竹蝗、棉蝗	绿螽蟖	大蟋蟀	东方蝼蛄

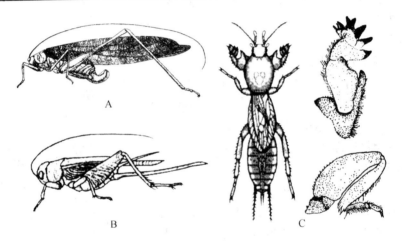

图1-26　直翅目主要科

A. 螽蟖科（仿周尧）　B. 蟋蟀科（李成德，2004）　C. 蝼蛄科（徐明慧，1993）

夜晚活动；除飞蝗外，一般飞翔力不强。多为植食性害虫。园林植物上常见的有以下4个科（表1-3、图1-26）。

（三）缨翅目 Thysanoptera

通称蓟马，体微小至小型；口器锉吸式；翅狭长，膜质透明，缘毛长，翅脉退化，最多2～3条纵脉；产卵器管状或锯状。过渐变态；具雌雄二型性或多型性现象；多为卵生，少数为卵胎生或孤雌生殖；卵产于组织内或植物表面；多为植食性，少数为捕食性，捕食蚜虫、介壳虫、螨类、粉虱及其他蓟马；喜干怕湿。危害园林植物的主要有以下科（图1-27）。

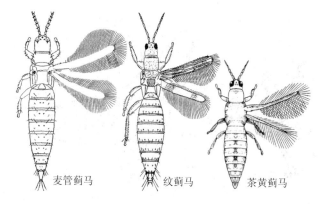

麦管蓟马　　　纹蓟马　　　茶黄蓟马

图 1-27　缨翅目各科代表

1. 管蓟马科 Phlaeothripidae

体黑色或暗色，触角 3～4 节上具锥状感觉器；翅面光滑无毛，无翅脉；腹末管状，有长毛，无特化的产卵器。多为植食性，如中华蓟马。

2. 纹蓟马科 Aeolothripidae

触角 3～4 节上具带状感觉器；翅阔，末端圆形有缘毛，有明显的纵脉和横脉圆锥状；腹末锯状，尖端上曲。纹蓟马属均为捕食性，种类最多，开展生物防治具有重要意义。

3. 蓟马科 Thripidae

体略扁平，触角 6～9 节，第 3～4 节上具带状感觉器；多数有翅，少数无翅。有翅种类翅端狭长且尖锐。雌虫产卵器发达，笔直和向下弯曲。均为植食性，是缨翅目昆虫中危害最严重的科。如温室蓟马，榕管蓟马、烟蓟马等。

（四）半翅目 Hemiptera

通称蝽象、蝉、蚜、蚧、木虱等，体小到大型。单眼 2～3 个或无，复眼发达或退化，触角丝状或刚毛状。口器为刺吸式，下唇延长形成分节的喙，通常 3～4 节。前胸背板发达，中胸小盾片可见。有 2 对翅，前翅为半鞘翅、复翅或膜翅，后翅膜翅，部分种类只有 1 对翅或无翅。有些种类雄虫具发音器，雌虫具发达的产卵器。不少种类具臭腺、蜡腺或蜜腺（图 1-28）。渐变态，卵生，大多陆生，少数水生和寄生，杂食性，但多为植食性。

1. 蝉科 Cicadidae

体中至大型；触角刚毛状；具 3 个单眼；腹部第一节腹面具发音器或听器；产卵器发达。蝉科成虫产卵于幼嫩的枝梢上，幼虫食根，成虫与若虫

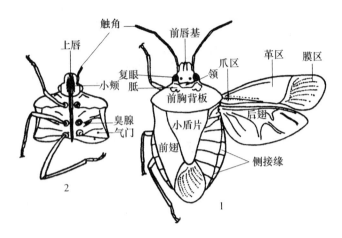

图 1-28 半翅目(蝽科)形态特征(仿周尧)

1. 背面观 2. 腹面观

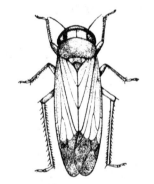

图 1-29 叶蝉科

(李成德，2004)

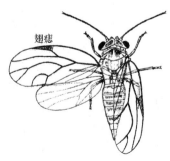

图 1-30 木虱形态特征

(仿周尧)

均刺吸植物汁液。常见的有蚱蝉等。

2. 叶蝉科 Cicadellidae

体小至中型；触角刚毛状；前翅革质，后翅膜质；后足胫节具两列刺(图 1-29)。趋光性强，多食性，产卵于寄主的组织内，有些种类是重要的园林植物害虫。如黑尾叶蝉、大青叶蝉等。

3. 沫蝉科 Cereopidae

体小至中型；后足胫节中部有 1～2 个粗刺，端部有一群刺。植食性。

4. 蜡蝉科 Fulgoridae

体中至大型，体色美丽；头圆或伸长似象鼻状；前翅端区脉多分叉，横脉多呈网状；后翅臀区翅脉也呈网状。多数种类可分泌蜡质，故称为蜡蝉。常见的有斑衣蜡蝉。常见的有斑衣蜡蝉。

5. 粉虱科 Aleyrodidae

体小善跳；触角短锥状；前、后翅均膜质；后足胫节末端有一大距。有趋光性；产卵于寄主的组织内；繁殖快；具二型性；寡食性。常见有黑刺粉虱、温室白粉虱等。

6. 木虱科 Psyllidae

体小型；触角丝状、端部分叉；翅脉简单无横脉，前翅 R、M、Cu 共柄（图1-30）。若虫分泌蜡质，并具有群集性；以成虫越冬。如梨木虱等。

7. 蚜科 Aphididae

体小型；触角一般 6 节，感觉圈为圆形或卵形；腹管和尾片发达。生活史复杂；可进行两性生殖和孤雌生殖；具有多型现象（图1-31）。是园林植物重要的害虫，如桃蚜、月季长管蚜等。

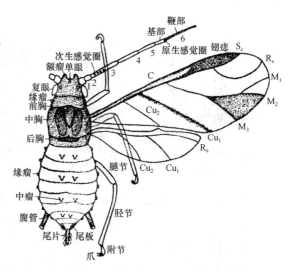

图1-31　蚜科（徐明慧，1993）

8. 蚧总科 Coccoidea

通称介壳虫。雌雄形态差异大，雌体肥大，分节明显，外被有绵状蜡丝；雄成虫平衡棒上有刚毛4～5 条。雌雄异型；繁殖力强；雌虫营固定生活；多能分泌露；一般为多食性。本科很多是重要的园林植物害虫，且为检疫对象，如日本松干蚧、松突圆蚧等。

9. 蝽科 Pentatomidae

体小至大型；扁平椭圆形；体色变化大；触角一般 5 节，喙 4 节；中胸小盾片大，超过前翅爪片；前翅膜区基部有 1 条横脉，由此发出多条纵脉（图1-32A）。植食性；栖息于植物上。多为农、林害虫。如荔枝蝽、麻皮蝽等。

10. 网蝽科 Tingidae

俗名军配虫、白纱娘。体小而扁；前胸背板中央常向上突出成一罩状；头顶、前胸背板及前翅具网状花纹（图1-32B）。植食性害虫。常见的有梨网蝽、杜鹃冠网蝽等。

11. 猎蝽科 Reduviidae

小至中型，红色或黑色；喙3 节，粗短而弯曲，不贴于腹部；前翅膜区基部有 2 个基室，由此发出 2 条纵脉。头小而有颈；前胸背板上有一横沟（图1-32C）。捕食性，少数吸人血；活动在灌木、田间、果树、草丛中。可作为昆虫天敌利用。

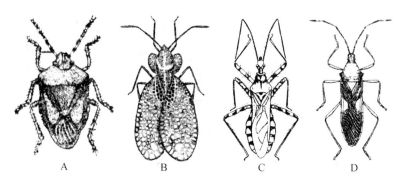

图 1-32　半翅目主要科（李成德，2004）

A. 蝽科　B. 网蝽科　C. 猎蝽科　D. 缘蝽科

12. 缘蝽科 Coreidae

体小至大型；扁平或狭长，褐色或绿色；触角 4 节，喙 4 节；中胸小盾片小，短于前翅爪片；前翅膜区基部有 1 条横脉，由此发出多条分叉或平行的纵脉；不少种类前胸后缘有尖突，或后足腿节与胫节或其中一节膨大（图1-32D）。植食性；栖息于植物上；吸食植物幼嫩组织或果实浆液。多为园林植物害虫。

（五）鞘翅目 Coleoptera

通称甲虫，体壁坚硬，前翅角质化；口器咀嚼式；触角形状多变，通常为丝状、鳃片状、膝状等。一般为全变态，部分为复变态；幼虫体型变化较大，有蛴型、蛴螬型、象甲型等；多数种类雌雄异型；裸蛹；一般一年多代；食性有植食性（多数）、肉食性、寄生性、腐食性（粪食性和尸食性）；多具假死性。多为农、林、园艺、贮粮害虫，不少为益虫，与人类关系较为密切（图1-33）。

1. 步甲科 Carabidae

体色较暗，有的鞘翅上具有刻点、条纹或斑点；复眼小不太发达；触角间的距离大于唇基宽度。肉食性；成虫和幼虫栖息于砖石、落叶、土中，昼伏夜出。本科为益虫，捕食昆虫、蜘蛛或软体动物。如金星步甲等。

2. 虎甲科 Cicindelidae

体色鲜艳并具金属光泽；复眼大而突出；触角间的距离小于唇基宽度。肉食性；成虫能短距离飞行，白天活动，喜在田坎、河边捕食小虫；幼虫穴居。为益虫，捕食小虫和蜘蛛。如中华虎甲等。

3. 叩甲科 Elateridae

体小至中型；体色暗，多为灰、褐、棕色；前胸背板后侧角尖锐，与

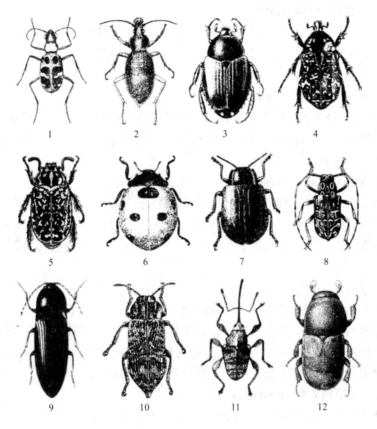

图 1-33　鞘翅目（李成德，2004）

1. 虎甲科　2. 步甲科　3. 丽金龟科　4. 花金龟科　5. 鳃金龟科　6. 瓢甲科
7. 叶甲科　8. 天牛科　9. 叩甲科　10. 吉丁甲科　11. 象甲科　12. 小蠹科

鞘翅相接不紧密；前胸腹板突尖锐，插入中胸腹板的凹沟内，能动。植食性；幼虫"金针虫"生活于土中。有些种类是主要地下害虫，如沟金针虫等。

4. 吉丁甲科 Buprestidae

体色鲜艳，多具金属光泽；前胸背板后侧角较钝，与鞘翅紧密相接；前胸腹板突扁平，嵌入中胸腹板的凹沟内，不能动。植食性；幼虫"串皮虫"在树木形成层中，串成曲折的隧道，取食危害。多为果树和林木害虫。如梨金缘吉丁虫、柑橘小吉丁虫等。

5. 鳃金龟科 Melolonthidae

体色多暗，黑色或棕色；3 对足的两爪大小相等，或后足爪相似。成虫植食性；幼虫生活于土中，植食性。成虫危害植物地上部分，幼虫是主要地下害虫。

6. 丽金龟科 Rutelidae

鲜艳，具蓝、绿、黄等金属光泽；3对足的爪不等，大爪端部常分裂；鞘翅基部外缘不凹入。成虫植食性；幼虫生活于土中植食性。成虫危害植物地上部分，幼虫是主要地下害虫。

7. 花金龟科 Cetoniidae

体色色泽鲜艳，多具星状花斑；3对足爪大小相等；鞘翅基部外缘凹入。成虫植食性；幼虫生活于土中植食性。成虫危害植物地上部分，幼虫是主要地下害虫。

8. 象甲科 Curculionidae

体微小至大型；喙长短不一；触角膝状；复眼无缺刻；鞘翅长，腹部末节不外露。成虫和幼虫均为植食性，危害植物的根、茎、花果实及种子；成虫不善飞，成虫、幼虫取食时，蛀入植物组织内。不少种类为园林植物害虫。

9. 小蠹科 Scolytidae

体小，体长很少超过9mm，圆筒形，色暗。触角短而呈锤状；头部为前胸背板所覆盖；前胸背板大，常长于体长的1/3，与鞘翅等宽；前足胫节外缘具成列小齿。成虫和幼虫蛀食树皮和木质部，构成各种图案的坑道系统。重要的园林植物害虫，其中部分种类为主要的检疫性害虫。

10. 叶甲科 Chrysomelidae

体小至中型，椭圆形，体鲜艳或有金属光泽，有金花虫之称。头前口式或下口式；触角11节，线状；鞘翅盖住腹部末端或短缩；跗节隐5节。成虫和幼虫均为植食性，主要食叶，少数蛀茎或咬根，成虫常在叶片上危害，幼虫除在叶面取食外，还可潜叶、入土食根。部分种类为常见的园林植物害虫。

11. 天牛科 Cerambycidae

体小至大型，大多体长形略扁，体色多样；复眼一般肾形；触角11节，一般很长，后披。前胸背板侧缘常有侧刺突。跗节隐5节。成虫多白天活动，在树缝和植物组织内产卵，取食植物柔嫩部分、花、汁液或菌类；幼虫多蛀食树木的根和树干，深入到木质部，形成不规则的隧道，隧道孔通向外面。主要的园林植物害虫，严重影响树木生长，甚至可以导致树木死亡。

12. 瓢甲科 Coccinellidae

体小型至中型，半球形或长卵形，体色多变，有金属光泽，常有明显斑纹。头小，部分嵌入前胸；触角11节，棒状；足常不超出体缘；跗节隐4节。多为捕食性。捕食蚜虫、介壳虫和螨类等，对压低害虫种群数量很重要。

（六）鳞翅目 Lepidopera

鳞翅目包括蛾蝶类。口器虹吸式；触角多变，线状、栉状、羽状、棍棒状等，很多蛾类雌雄触角类型不同；翅两对、膜质，其上被有鳞毛。全变态；成虫取食花蜜、果汁、树汁；幼虫多为植食性，少为捕食性（如灰蝶）和寄生性（寄蛾科）；陆生；蛾类多夜晚活动，蝶类白天活动；蛾类具趋光性，具趋化性，雌雄二型性；部分蛾、蝶具有迁飞和拟态习性；蛹多为被蛹（图1-34）。全世界已知约20多万种；中国已记载近8000种；分属3～5个亚目、28个总科、158个科。

1. 木蠹蛾科 Cossidae

前后翅中脉主干与分叉在中室内完全发达。前翅胫脉造成一小翅室。没有喙管。幼虫蛀食树木中，通常白色、黄色或红色。体肥胖。趾钩2～3序，环式。如芳香木蠹蛾是园林中常见的害虫。

2. 蓑蛾科 Psychidae

体小到中型，雌雄异型。雄性触角双栉齿状，具翅，翅面被稀疏鳞毛和鳞片，少斑纹，中室内有分支的 M 脉主干，M_2 和 M_3 脉共柄；雌虫通常无翅，幼虫状，触角、口器和足有不同程度退化，羽化后仍留在巢袋内交尾和产卵。幼虫能营造可携带的巢袋。不同种类可营造不同形态的巢袋。幼虫老熟后，将巢袋固定于小枝上，封口，并在其内化蛹。本科多为重要的园林植物食叶性害虫，如大蓑蛾、茶蓑蛾等。

3. 卷蛾科 Tortricidae

体小至中型；前翅肩区发达，外缘平直，顶角常突出，静止时两翅合拢成吊钟状；前翅前缘无黑白相间的横纹；后翅 Cu 脉上无毛。幼虫可卷叶、潜叶、蛀茎、致瘿。许多种类是园林重要害虫，如苹果卷叶蛾。

4. 尺蛾科 Geometridae

体小到大型，触角线状、齿状或双栉齿状，雄性较粗；下唇须上举或平伸。翅宽，常有细波纹。幼虫细长，通常仅第6节和第10节具腹足，行动时一曲一伸，故称尺蛾。幼虫寄主植物广泛，但通常取食树木和灌木的叶片。如油桐尺蛾等。

5. 刺蛾科 Limacodidae

体小到中型，粗短，色彩常鲜艳，鳞毛蓬松。头被稠密的鳞片。翅短宽，三角形，顶角钝，后翅宽圆，与前翅等宽或略窄。幼虫粗短，体有带螯毛的毛瘤或枝刺。幼虫在石灰质茧中化蛹。多为园林植物害虫，如黄刺蛾等。

图 1-34 鳞翅目(李成德，2004)

1. 舟蛾科　2. 卷蛾科　3. 枯叶蛾科　4. 毒蛾科　5. 灯蛾科

6. 螟蛾科　7. 刺蛾科　8. 木蠹蛾科　9. 天蛾科

10. 夜蛾科　11. 凤蝶科　12. 粉蝶科　13. 蛱蝶科

6. 螟蛾科 Pyralidae

体细长，小至中型；下唇须前伸；前翅无副室；后翅 Sc + R$_1$ 与 Rs 在中室前缘平行或在中室中部有一段愈合，或者中室外部愈合或接近。幼虫一般蛀茎、缀叶潜入危害；成虫有趋化性、趋光性，部分昆虫有迁飞性。很多种类为果树和园林植物的重要害虫。

7. 枯叶蛾科 Lasiocampidae

体粗壮，小至大型；触角在两性中均为双栉齿状。翅宽大，前翅 Rs 通常与 M$_1$ 脉共柄，M$_2$ 与 M$_3$ 脉共柄至少基部靠近；后翅肩区发达。雌雄腹部末端常有毛丛。大多数种类取食树叶，一些种类有明显的性二型现象。很多种类为林木的重要害虫，经常造成严重危害。如马尾松毛虫等。

8. 天蛾科 Sphingidae

体粗壮，中至大型；触角线状，粗短，末端弯曲呈小钩状；胸部强壮；前翅狭长，顶角尖，外缘很斜，颜色通常鲜艳，R$_1$ 与 R$_2$ 脉共长柄或完全合并，后翅短小，近三角形。幼虫 1~7 节侧面有斜线，第 8 腹节上有一尾角。幼虫食叶，部分种类为园林植物的常见害虫，多为食叶害虫。如霜天蛾等。

9. 舟蛾科 Notodontidae

中至大型，粗壮，腹末多毛丛；前翅 Cu 脉似为 3 分支；后翅 Sc + R$_1$ 与中室平行，但不接触，有时在中室近 1/4 或 1/2 处有一短脉相连。成虫具趋光性，成虫一般不危害；幼虫食叶时有拟态现象。

10. 毒蛾科 Lymantriidae

体密被鳞片，小至大型；触角通常双栉齿状。前翅通常宽阔，R$_2$ 与 R$_3$ 脉、R$_4$ 与 R$_5$ 脉共柄；后翅圆形，通常与前翅等宽，Sc + R$_1$ 脉在中室前缘 1/3 处与中室接触或接近，然后又分开。有些种类雌性无翅。雌性腹部末端常有毛丛。幼虫第 6、7 腹节有翻缩腺。幼龄幼虫有取食和受到惊扰吐丝下垂的习性。绝大多数为食叶害虫，大多危害树木。如乌桕毒蛾等。

11. 灯蛾科 Arctiidae

体小至大型，色彩鲜艳；触角双栉齿状或线状。前翅三角形或长三角形，R$_2$ 至 R$_5$ 脉共柄，M$_2$ 靠近 M$_3$ 脉；后翅多数宽于前翅，R$_2$ 与 R$_3$ 脉、R$_4$ 与 R$_5$ 脉共柄，Sc + R$_1$ 脉的基部常膨大。有些种类雌性无翅。腹部腹面两侧常有彩色斑点。幼龄幼虫有群居性。食叶害虫，其中美国白蛾是著名的国际性检疫害虫。

12. 夜蛾科 Noctuidae

体粗壮多毛，中至大型；下唇须上曲；前翅有副室；后翅 Sc + R$_1$ 与 Rs 在中室基部有短距离的愈合。多食叶、蛀茎、钻果危害。绝大多数为害虫。

如小地老虎等。

13. 弄蝶科 Hesperiidae

体小至中型，粗壮多毛；触角末端呈钩状；前、后翅脉各自分离，无共柄现象。成虫有性和季节二型现象；飞行迅速；喜欢在山花烂漫的栖境处活动；幼虫常吐丝缀叶作苞，并在苞内食叶危害。

14. 凤蝶科 Papilionidae

体大而美丽；后翅外缘呈波状或有后翅 M_3 部分边缘扩展而成的燕尾；前翅 A 脉 2 支；后翅 A 脉 1 支，肩部有钩状肩脉。成虫有性二型现象；有些种类有季节二型现象；飞行迅速；幼虫前胸背板具 Y 腺，受惊时伸出。幼虫危害芸香科、樟科、伞形花等植物。如柑橘凤蝶等。

15. 粉蝶科 Pieridae

体中型白色或黄色，有黄色或红色斑点；前翅 R 脉 3 或 4 支，A 脉 1 支；后翅 A 脉 2 支。成虫有色彩二型、季节二型现象；飞行较缓慢。幼虫多危害十字花科、豆科、蔷薇科等植物。如菜粉蝶等。

16. 蛱蝶科 Nymphalidae

体中至大型，大多数种类颜色鲜艳，翅表具各种艳丽的色斑；触角锤部特别大；前足退化；前翅 R 脉 5 支，中室多不封闭或者有 1 条不明显的小脉封闭。成虫有性二型现象；飞行速度很快。如大红蛱蝶等。

17. 眼蝶科 Satiridae

体小至中型，体色多暗淡；翅表具眼斑，反面比正面更清晰；前翅基部有 1~3 脉特别膨大。成虫喜欢在阴凉的竹林、树林内飞翔，飞翔能力强。幼虫多危害禾本科植物。

（七）膜翅目 Hymenoptera

膜翅目包括了各种各样的蜂和蚁。它们的共同特点是：成虫具有两对膜质的翅，前翅大，后翅小，以翅钩列相连接（后翅前缘有一列小钩与前翅后缘连锁），翅脉较特化，有不同程度的合并和退化。口器为咀嚼式。腹部第 1 腹节并入后胸，称为并胸腹节。第 2 腹节缩小成"腰"，称为腹柄。雌虫具针状的产卵器，有的种类具有刺螫能力。膜翅目分为两个亚目：广腰亚目和细腰亚目。完全变态。有些种类为园林植物害虫，而有些则为害虫的捕食性和寄生性天敌。膜翅目包括人们常说的蜂和蚁，常见的有蜜蜂、蚂蚁、马蜂、姬蜂、小蜂、叶蜂等（图 1-35）。除叶蜂类危害植物外，大多数种类都是有益昆虫，是著名的资源昆虫、传粉昆虫和天敌昆虫，具有重要的经济意义。

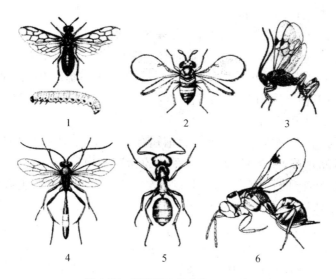

图 1-35　膜翅目（李成德，2004）

1. 叶蜂科　2. 赤眼蜂科　3. 茧蜂科　4. 姬蜂科　5. 蚁科　6. 肿腿蜂科

1. 广腰亚目 Symphyta

腹部不收缩成腰。后翅至少具 3 个基室，各足转节为 2 节，幼虫多足型，腹部常有 6~8 对腹足，无趾钩。基本全是植食性种类。

（1）叶蜂科 Tenthredinidae

触角丝状或棒状，7~15 节，多数为 9 节。翅上具 1~2 个缘室。前足胫节有 2 个端距。产卵器扁锯状。叶蜂幼虫很像鳞翅目的幼虫，但腹足上无趾钩。植食性，许多种穿梭于花间，孤雌生殖普遍。本科已知 5000 多种。我国常见的有樟叶蜂（*Mesoneura rufonota*）等。

（2）三节叶蜂科 Argidae

触角 3 节，第 3 节最长；前足胫节具 2 端距。植食性。如蔷薇三节叶蜂（*Arge geei*）。三节叶蜂科中的部分种类是比较常见的园林植物害虫。

（3）茎蜂科 Cephidae

体细长，腹部没有腰。触角线状，前胸背板后缘平直。前翅翅痣狭长。前足胫节只有 1 距。腹部两侧扁。产卵器短，能收缩。幼虫无足，腹部末端有尾状突起。裸蛹。卵产在植物组织内。幼虫蛀食植物茎干。

2. 细腰亚目 Apocrita

细腰亚目的昆虫腹部和胸部相连的部分收缩成腰状。后翅最多具 2 个基室，绝大多数是寄生性种类，很多是社会性昆虫。本亚目又分为针尾部和锥尾部两大类群。

（1）姬蜂科 Ichneumonidae

体长 3～40mm，触角 16 节以上，呈丝状。前翅有翅痣，翅脉发达，前翅有明显的翅痣，具小翅室，在小翅室下面有一条叫做第二回脉的横脉。幼虫寄生于鳞翅目、鞘翅目、双翅目、膜翅目、脉翅目等全变态类昆虫的幼虫和蛹。世界已知近 30 万种，分布广泛，我国已知约 4000 种，是重要的天敌昆虫。

（2）茧蜂科 Braconidae

形态与姬蜂科相似，区别在于：前翅有 2 个盘室，不具有小翅室，无第二回脉；腹部第 2、3 节背板愈合。幼虫寄生于鳞翅目、鞘翅目、双翅目昆虫，也寄生于半翅目、长翅目昆虫。通常寄生于幼虫和蛹，也有的寄生于鞘翅目和半翅目的成虫。世界已知近十万种，广泛分布，我国已知约 1200 种，是重要的天敌昆虫。

（3）小蜂科 Chalcididae

体小型，常为黑色种类，无金属光泽。触角膝状，分为 5 个部分：柄节、梗节、环节、7 节的索节和膨大的棒节。翅脉退化，翅痣很小。后足腿节膨大，胫节弯曲呈弧形。幼虫为其他昆虫的幼虫或蛹的内寄生蜂。目前已知 4 亚科 1000 余种。我国已知近 170 种。多寄生于鳞翅目或双翅目，少数寄生于鞘翅目、膜翅目和脉翅目。

（4）赤眼蜂科 Trichogrammatidae

本科昆虫身体微小，不足 1mm。触角膝状，两复眼多为红色，两对翅的翅脉退化，翅面上有排列成行的纤毛，所以赤眼蜂科旧称纹翅小蜂科。幼虫在其他昆虫的卵中生活，是一种可以人工大量繁殖，并广泛地应用于农林生产防治多种害虫的寄生蜂。

（八）双翅目 Diptera

体微小至大型，体上多细毛和鬃；头小、复眼发达，雌多为离眼式，雄多为接（合）眼式；口器刺吸式或舐吸式；触角多变，为线状、具芒状、环毛状等；翅仅一对前翅，翅脉简单，后翅特化成平衡棒（图 1-36）。完全变态。幼虫头式有 3 种：全头式（蚊类）、半头式（虻类）、无头式（蝇类）。蛹分两类：裸蛹（蚊类）和围蛹（蝇类）；生殖方式多样，有卵生（一般昆虫）、胎生（蝇、寄蝇等）、孤雌生殖（部分摇蚊和毛蠓）和幼体生殖（部分摇蚊和瘿蚊）；食性杂，可分为植食性、寄生性、捕食性等。

1. 瘿蚊科 Cecidomyiidae

体微小纤细；触角念珠状，每节环生放射状细毛；翅脉极少，纵脉只有 3～5 条。成虫早晚活动，产卵于未开花的颖壳内或花蕾及叶片上；幼虫

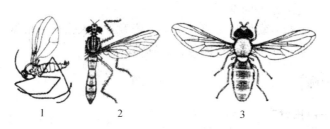

图 1-36 双翅目(李成德，2004)

1. 瘿蚊科 2. 食虫虻科 3. 食蚜蝇科

有捕食性、腐食性和植食性，有些种类危害农作物；一些属连续出现幼体生殖后，幼虫正常化蛹。有些为农业及园林植物害虫。如柳瘿蚊。

2. 食蚜蝇科 Syrphidae

体中型，常有黄、黑相间的横纹，似蜂；翅外缘有与边缘平行的横脉；R 与 M 脉间有一条伪脉。成虫常在阳光下的花朵上聚集，取食花蜜及花粉；幼虫为捕食性或腐食性。幼虫捕食蚜、蚧、叶蝉、蓟马、鳞翅目和脉翅目的小幼虫，少数是腐食性。

3. 实蝇科 Trypetidae

体小至中型，常有黄、棕、橙、黑等色；头大、颈细；翅面上常有云雾状斑；Sc 脉呈直角弯向前缘脉；中室 2 个，臀室三角形，末端成锐角；雌虫产卵器细长。成虫常聚集在植物的花、果实或叶片上，取食花蜜及花粉；幼虫为植食性，多蛀食果实。如柑橘大实蝇。

4. 食虫虻科 Asilidae

体小至大型，细长；触角末节具端刺；喙细长而尖硬；前翅有 4～5 个闭室。成虫捕食性；幼虫陆生肉食性或捕食性。多为益虫。

5. 潜蝇科 Agromyzidae

体微小至小型；体色淡黄、绿或淡黑色；前翅有 1 个缺刻数；有臀室。幼虫植食性，多潜食叶肉，也有些种类取食蚜虫。不少种类为园林植物重要害虫，多钻蛀在草本植物茎及叶片内。

6. 寄蝇科 Tachinidae

体小至中型，暗灰色带褐色斑纹，鬃毛多而明显；触角芒光滑或具短毛；后小盾片发达。幼虫为寄生性。为天敌昆虫。

【任务准备】

材料：蝗虫、蟋蟀、蝼蛄、白蚁、蓟马、蚱蝉、叶蝉、蚜虫、介壳虫、蝽象、凤蝶、蛱蝶、毒蛾、马尾松毛虫、金龟甲、天牛、叶甲、叶蜂、姬蜂、食蚜蝇、食虫虻等标本。

用具：放大镜、实体显微镜、镊子、培养皿、大头针、蜡盘。

场所：教室、实训室、校园或公园绿地等。

【任务实施】

1. 运用昆虫分类检索表

编制和运用双项式和单项式检索表。

2. 观察昆虫纲主要科的特征

(1)观察直翅目及其主要科(蝗科、螽斯科、蝼蛄科、蟋蟀科)的特征。

(2)观察等翅目及其主要科(鼻白蚁科、白蚁科)的特征。

(3)观察半翅目及其主要科(蝉科、叶蝉科、蜡蝉科、木虱科、粉虱科、蚜虫类、蚧虫类、蝽科、缘蝽科、网蝽科、猎蝽科、花蝽科)的特征。

(4)观察缨翅目及主要科(蓟马科、管蓟马科)的特征。

(5)观察鞘翅目及主要科(步甲科、虎甲科、叶甲科、天牛科、小蠹科、瓢甲科、吉丁甲科、叩甲科、金龟科、芫菁科、象甲科)的特征。

(6)观察鳞翅目及主要科(木蠹蛾科、螟蛾科、蓑蛾科、刺蛾科、尺蛾科、枯叶蛾科、天蛾科、毒蛾科、夜蛾科、凤蝶科、蛱蝶科、粉蝶科)的特征。

(7)观察双翅目及主要科(瘿蚊科、实蝇科、种蝇科、食蚜蝇科、食虫虻科)的特征。

(8)观察膜翅目及主要科(叶蜂科、茎蜂科、姬蜂科、茧蜂科、小蜂总科、胡蜂科、蜜蜂科、蚁科)的特征。

【任务评价】

任务完成后，教师指出学生在任务完成过程中存在的问题，并根据以下4个方面进行任务评价。

序号	评价组成	评价内容	参考分值
1	学生自评	是否认真完成任务，上交实训报告，指出不足和收获	20
2	教师测评	现场操作是否规范；园林昆虫八大目及主要科的识别是否准确；实训报告的完成情况以及任务各个步骤的完成情况	40
3	学生互评	互相学习、协作，共同完成任务情况	10
4	综合评价	学习态度、参与程度、团队合作能力、小组任务完成情况等	30
		合　计	100

【巩固训练】

 1. 如何编制昆虫分类检索表？

 2. 结合实验实习识别常见园林植物昆虫。

任务五　认识园林昆虫与生态环境的关系

【任务目标】

 1. 了解影响昆虫生长发育和数量变动的因子种类，掌握主要因子与园林植物昆虫发生的关系。

 2. 能将有效积温法则用于害虫预测预报。

【任务分析】

 害虫作为自然环境中的一类生物，生长发育和数量变动与环境有千丝万缕的联系，了解环境中各生态因子对昆虫的影响，对昆虫的控制有十分重要的意义。本任务为分析校园某一种害虫的发生趋势。由教师讲解影响昆虫的生态因子，学生分析某种害虫今年的发生趋势，形成报告。

【知识导入】

 昆虫的发生发展除与本身的生物学特性有关外，还与环境条件有密切的关系。影响昆虫种群数量的环境因素可分为两大类：一类是非生物因素，即气候因素和土壤因素，主要有温度、湿度、降水、光、风等；另一类是生物因素，主要包括昆虫的食物和天敌以及人类的生产活动对昆虫产生的影响等。

一、气候因素对昆虫的影响

 气候因素主要包括温度、湿度和降雨、光照、气流（风）、气压等，它们可直接影响昆虫的生长、发育、繁殖、存活、分布、行为和种群数量动态等，也能通过对昆虫的寄主（食物）、天敌等的作用而间接影响昆虫。

（一）温度对昆虫的影响

1. 对昆虫生长发育的影响

昆虫是变温动物，体温随环境温度的高低而变化。因此，温度是影响昆虫生长发育的重要环境因子，也是昆虫的生存因子。

昆虫的新陈代谢是在各种酶和激素的作用下进行的一系列生物化学反应，在一定温度范围内，生物化学反应速度随温度的增高而加速。所以昆虫的发育速度也随温度的增高而加快，二者成正比关系；而昆虫的发育时间则随温度的增高而缩短，二者成反比关系。昆虫的发育速度(V)以发育时间(发育日期，N)的倒数表示。即

$$V = 1/N$$

任何一种昆虫都只有在一定的温度范围(温区)内才能进行正常的生长发育，超过这一温度范围，其生长发育将受到抑制，甚至死亡。根据昆虫对温度的反应可划分为 5 个温区：适温区、停育高温区、致死高温区、停育低温区、致死低温区。

不同种或同种昆虫的不同发育阶段(虫期)和不同生理状态(如生长发育期、滞育期)，在不同的环境条件下(如季节、场所、外界温度变化速率等)，其对温度的适应范围是不同的。昆虫对环境温度的变化有一定的适应性。

2. 有效积温法则及其应用

昆虫和其他生物一样，完成一定的发育阶段(一个虫期或一个世代)需要有一定温度的积累，即发育所需时间(N)与发育期内的平均温度(T)的乘积理论上应该是一个常数，这一常数称为积温常数(K')，单位为日度。即

$$K' = NT$$

但昆虫只有在发育起点以上的温度时才能生长发育，因此式中的温度(T)应减去发育起点温度(C)，发育期内在发育始点以上的温度的积累，称为有效积温常数(K)。即

$$K = N(T - C) \quad 或 \quad N = K/(T - C) \quad 或 \quad T = C + KV$$

这个说明温度与发育速度关系的法则，称为有效积温法则。

有效积温法则有如下方面的应用：
①推算昆虫的发育起点温度(C)和有效积温常数(K)。
②估计昆虫在某地一年可能发生的世代数。
③预测害虫的发生期。
④控制昆虫的发育速度。
⑤预测昆虫地理分布北限。
⑥应用于引进天敌昆虫。

(二)湿度和降水对昆虫的影响

湿度实质上就是水的问题。水分是昆虫维持生命活动的介质，同时也

是影响昆虫种群数量动态的重要环境因素。不同种类的昆虫和同种昆虫的不同发育阶段，都有其一定的适湿范围，湿度对其生长发育，特别是对其繁殖和存活影响较大。同时，湿度和降水还可通过天敌和食物间接地对昆虫发生影响。

湿度对昆虫发育速度的影响远不如温度明显，只有在湿度过高或过低而且持续一定时间，其影响才比较明显。如东亚飞蝗卵在 30℃ 时，土壤含水量在 15%~18% 范围内发育正常，但土壤含水量下降至 4% 时，不仅孵化率低，而且孵化时间大大延迟。

湿度对昆虫的繁殖影响显著。如黏虫成虫在 16~30℃ 范围内，湿度越大，产卵越多；当温度为 25℃ 时，在相对湿度 90% 时的产卵量比在相对湿度 60% 以下的产卵量约增加 1 倍。干旱主要影响成虫的交配行为和使其寿命缩短，但干旱有利于蚜、叶螨的营养代谢，使之大量繁殖，造成大发生。

降雨持续日期、次数以及降水量的大小，对昆虫种类数量动态的影响更为密切。降雨对于那些与土壤直接有关的昆虫往往有很大的影响。如春季 3、4 月间适当降雨，对一些休眠幼虫出土有利，常为当年发生危害程度的决定因素。特别是暴雨对一些小型昆虫(如蚜、螨类等)和一些昆虫卵(如棉铃虫等)有机械冲刷和粘着于土表的作用，造成死亡，可导致其种群密度的下降。

(三)温湿度对昆虫的综合影响

在自然界中温度和湿度总是同时存在、相互影响、综合起作用的。而昆虫对温度、湿度的要求也是综合的，不同温湿度的组合，对昆虫的孵化、幼虫的存活、成虫羽化、产卵及发育历期均有不同程度的影响。在害虫的预测预报中，常用温湿系数(或温雨系数)、气候图(或生物气候图)来表示温度和湿度对昆虫的综合影响。对同一种昆虫来说，适宜的温度范围，可因湿度条件而转移，反之亦然。

(四)光对昆虫的影响

在自然界，光和热是太阳辐射到地球上的两种热能状态。昆虫可以从太阳的辐射热中直接吸收热能。植物通过光合作用制造养分，供给植食性昆虫食物，昆虫也可从太阳辐射热中，间接获得能量。所以，光是生态系统中能量的主要来源。此外，光的波长、强度和光周期对昆虫的趋性、滞育、行为等也有重要的影响。

二、土壤环境对昆虫的影响

土壤与昆虫的关系十分密切，它既能通过生长的植物对昆虫发生间接的影响，又是一些昆虫生活的场所。如地下害虫蝼蛄、金针虫、蛴螬、土居天牛等，终生生活在土壤内，或仅个别发育阶段或时期在土外生活、活动。因此，土壤的温度、湿度(含水量)、机械组成、化学性质、生物组成，以及人类的农事活动等直接影响在土壤中生活的昆虫的生命活动。

总之，各种与土壤有关的害虫及其天敌，各有其最适于栖息的土壤环境条件。了解土壤环境与昆虫生存的关系，可以通过土壤耕作、施肥、灌溉等各种措施，改变土壤条件，达到控制害虫的目的。

三、生物因素对昆虫的影响

生物因素是指环境中的所有生物，由于其生命活动，而对某种生物(某种昆虫)所产生的直接和间接影响，以及该种生物(昆虫)个体间的相互影响。生物因素包括食物和天敌等。

(一)食物因素对昆虫的影响

食物的质量和数量影响昆虫的分布、生长、发育、存活和繁殖，从而影响种群密度。

1. 对昆虫生长发育、繁殖和存活的影响

各种昆虫都有其适宜的食物，按昆虫取食的范围可将昆虫分为单食性、寡食性、多食性。按昆虫取食的食物类别可分为植食性、肉食性、杂食性。

研究食性和食物因素对植食性昆虫的影响，在园林生产上有重要的意义。可以据此预测引进新的花卉后，可能发生的害虫优势种类；可以根据害虫的食性的最适范围，改进耕作制度和选用抗虫品种等，以创造不利于害虫的生存条件。

2. 植物的抗虫性

植物抗虫性是指同种植物在某种害虫危害较严重的情况下，某些品种或植株能避免受害、耐害或虽受害而有补偿能力的特性。针对某种害虫选育和种植抗虫性品种，是害虫综合防治中的一项重要措施。

植物抗虫性是害虫与寄主植物之间，在一定条件下相互作用的表现。就植物而言，其抗虫机制表现为不选择性、抗生性和耐害性3个方面。植物的抗虫机制，是其对植食性昆虫在选择食物过程的适应结果。这些抗虫机制，与昆虫选择食物的阶段一样，常互有交错，难以截然分开。

（二）天敌因素对昆虫的影响

昆虫在生长发育过程中，常由于其他生物的捕食或寄生而死亡，这些生物称为昆虫的天敌。昆虫的天敌主要包括致病微生物、天敌昆虫和食虫动物3类，它们是影响昆虫种群数量变动的重要因素。

1. 致病微生物

致病微生物主要有病毒、细菌、真菌等，它们常会引起昆虫感病而大量死亡。

2. 天敌昆虫

天敌昆虫一般可分为捕食性天敌昆虫和寄生性天敌昆虫两大类。

(1)捕食性天敌昆虫

捕食性天敌昆虫种类颇多，最常见的有螳螂、蜻蜓、捕食蝽、草蛉、步行虫、瓢虫、食虫虻、食蚜蝇及多种蜂类。这些天敌昆虫能大量捕食害虫，在害虫控制中具有重要的作用。如引进澳洲瓢虫防治吹绵蚧、应用七星瓢虫防治棉蚜、利用草蛉防治棉铃虫等都取得了较好的效果。

(2)寄生性天敌昆虫

寄生性天敌昆虫的种类也很多，常见的有双翅目和膜翅目中的寄生性昆虫如寄蝇、姬蜂、茧蜂、小蜂、细蜂等。如应用松毛虫赤眼蜂防治马尾松毛虫等。

3. 食虫动物

食虫动物是指天敌昆虫以外的一些捕食昆虫的动物。主要包括蛛形纲、鸟纲和两栖纲中的一些动物，如蜘蛛、鸟类、青蛙和线虫等都可用来防治害虫。

四、人为因素

园林生态系统是人类活动参与下所形成的生态系统，人类的活动对昆虫的繁殖、活动和分布影响很大，归纳起来表现在4个方面：

(1)改变一个地区的生态系统

人类从事园林绿化活动中的植树、栽植草坪、兴建公园、引进推广新品种等，可引起当地生态系统的改变及其中昆虫种群的兴衰。

(2)改变一个地区昆虫种类的组成

人类频繁地调动种苗，扩大了害虫的地理分布范围，如湿地松粉蚧由美国随优良无性系穗条传入广东省台山市红岭种子园并迅速蔓延，对当地的园林绿化造成了极其严重的危害。相反，有目的地引进和利用益虫，可抵制某种害虫的发生和危害，并改变一个地区昆虫的组成和数量。如引进澳洲瓢虫，成功地控制了吹绵蚧的危害。

（3）改变害虫和天敌生长发育和繁殖的环境条件

人们通过中耕除草、灌溉、施肥、整枝、修剪等园林措施，可增强植物的增长势，使之不利害虫而有利于天敌的发生。

（4）直接杀灭害虫

采用园林技术、化学、生物及物理等综合防治措施，人们可直接消灭大量害虫，以保障园林植物的正常生长发育及观赏价值。

【任务准备】

材料：多媒体课件、案例。

场所：校园、公园绿地。

【任务实施】

1. 调查校园危害较严重的某一害虫的发生情况，结合各气候因素和生物因素，分析可能发生的趋势。

2. 调查人为活动对害虫的影响。

【任务评价】

任务完成后，教师指出学生在任务完成过程中存在的问题，并根据以下4个方面进行任务评价。

序号	评价组成	评价内容	参考分值
1	学生自评	是否认真完成任务，上交实训报告，指出不足和收获	20
2	教师测评	现场操作是否规范；分析生态因子对昆虫生长发育的影响是否准确；实训报告的完成情况及任务各个步骤的完成情况	40
3	学生互评	互相学习、协作，共同完成任务情况	10
4	综合评价	学习态度、参与程度、团队合作能力、小组任务完成情况等	30
		合　计	100

【巩固训练】

如何根据调查结果来分析某一害虫的发生趋势？

任务六　园林植物昆虫标本采集、制作与保存

【任务目标】

1. 了解昆虫常用采集工具，会使用昆虫标本采集工具进行昆虫采集。

2. 了解昆虫标本制作工具及使用方法，能进行昆虫干制针插标本的制作。

3. 通过标本采集和鉴定，熟悉当地昆虫种类及形态特征。

【任务分析】

本任务是校园及周边绿地园林昆虫标本采集，并将采集来的昆虫进行标本的制作，分两个阶段进行。教师先进行本次任务的讲解与示范，学生4~6人一组，以小组为单位进行标本的采集与制作。

【知识导入】

一、昆虫标本的采集

1. 采集用具

（1）捕虫网

常用的捕虫网有空网、扫网和水网3种。空网主要用于采集善飞的昆虫。网圈为粗铁丝弯成，直径33cm，网柄长1.33m，为木棍制成。网袋用透气、坚韧、浅色的尼龙纱制成，袋底略圆，以利于将捕获的昆虫装入毒瓶；扫网则用来扫捕植物丛中的昆虫，要求比空网结实。为取虫时方便，网袋可在底端开口；水网用来捕捉水生昆虫。网框的大小和形状不限，以适用为准。网袋要求透水性好，常用铜纱尼龙等制成（图1-37）。

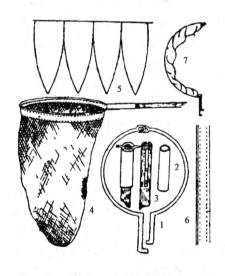

图1-37　捕虫网的构造（黄少彬等，2000）

1. 网框　2. 铁皮网箍　3. 网柄　4. 网袋
5. 网袋剪裁形状　6. 网袋布边　7. 卷折的网袋

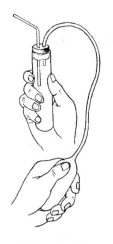

图1-38　吸虫管

（黄少彬等，2000）

图1-39　毒瓶

（黄少彬等，2000）

1. 石膏　2. 木屑

3. 氰化钾溶液 KCN

（2）吸虫管

吸虫管用于采集蚜虫、蓟马、红蜘蛛等微小昆虫。主要利用吸气时形成的气流将虫体带入容器（图1-38）。

（3）毒瓶和毒管

毒瓶和毒管专用于毒杀昆虫。一般由严密封盖的磨口广口瓶或指形管制成。瓶（管）内最下层放毒剂氰化钾（KCN）或氰化钠（NaCN），压实；上平铺一层细木屑，压实，这两层各5～10cm；最上层是一薄层熟石膏粉，压平实后，用滴管均匀地滴入水，使之结成硬块即可。注意熟石膏粉应铺均匀，并尽量压紧实，以免使用时碎裂，影响使用寿命（图1-39）。有时也可制备简易毒瓶，在密封的广口瓶底放一些棉花，滴几滴三氯甲烷（氯仿）或敌敌畏即成。

毒瓶应根据需要准备大小不同的几个。蝶、蛾等鳞翅目成虫应单独使用一个毒瓶，以免将鳞粉脏污或损坏；小虫可用小号毒瓶分装；软体动物一般不用毒瓶进行毒杀。毒瓶要注意清洁，防潮，瓶内可放一层滤纸，经常更换，平时应塞紧瓶塞，以免剧毒气体对人身造成伤害，并可增加毒瓶的使用期限。毒瓶破裂时要注意妥善处理瓶内的毒物。

（4）指形管

指形管用于暂时存放虫体较小的昆虫。管底一般是平的，形状如手指（图1-40），大小规格很多，管口直径一般在10～20mm，管长50～100mm。

（5）采集箱和采集袋

防压的标本和需要及时针插的标本及三角纸包装的标本，可放在木制的采集箱内。外出采集的玻璃用具（如指形管、毒瓶等）和工具（如剪刀、镊子、放大镜、橡皮筋等）、记录本、采集箱等可放于一个有不同规格的分格的采集袋内。其大小可自行设计。

图1-40　指形管

（6）采集盒

通常用于暂时存放活虫。用铁皮制成，盖上有一块透气的铜纱和一个带活盖的孔，大小不同可做成一套，依次套起来，携带方便。

（7）诱虫灯

专门用于采集夜间活动的昆虫。可在市场上购买成品，或自行设计制作。诱虫灯下可设一漏斗并连一毒瓶，以便及时毒杀诱来的昆虫。为保证安全，毒瓶内可用敌敌畏作为毒剂。也可在漏斗下安装纱笼得到活虫，饲养后可得生活史标本。

（8）三角纸袋

常用来暂时存放蝶、蛾类昆虫的标本。一般用坚韧的光面纸，裁成长宽比为3∶2的方形纸片，大小可多备几种，常用的大小有3种：140mm×140mm、10mm×10mm、7mm×7mm，采集时可根据蝶、蛾的大小选择合适的纸袋（图1-41）。

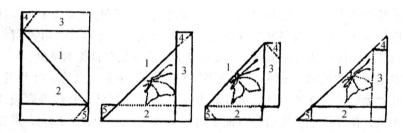

图1-41 三角纸袋（黄少彬等，2000）

2. 采集方法

（1）网捕

网捕用来捕捉能飞、善跳的昆虫。对于飞行迅速的种类，应迎头捕捉，并立即挥动网柄，将网袋下部连虫一并甩到网圈上来。如果捕到的是蝶、蛾类昆虫，应在网外捏压蝶、蛾的胸骨使其骨折，待其失去活动能力后放入毒瓶，以免蝶、蛾与瓶壁相撞损坏和脏污鳞粉；如捕获的是一些中、小型昆虫，且数量很多，可抖动网袋，使昆虫集中于网底，连网放入大口毒瓶内，待昆虫毒死后再取出分装。栖息于草丛中的昆虫应用扫网进行捕捉。采集者应边走边扫，若在扫网底部开口外连一个塑料管，可使虫体直接集中于管底，减少取虫的麻烦，提高效率。

（2）诱集

诱集是利用昆虫的趋性和生活习性设计的招引方法，常用的有灯光诱集和食物诱集等。

　　灯光诱集常用于蛾类、金龟子、蝼蛄等有趋光性的昆虫。黑光灯的诱集效果最好，诱集的昆虫种类较多，也可用普通白炽灯。在闷热、无风、无月的夜晚，诱集效果最好。

　　食物诱集是利用昆虫的趋化性，嗅到食物的气味而飞来取食，夜蛾类、蝇类昆虫常用此类方法。也可利用昆虫的生活习性设置诱集场所，堆草诱集地老虎幼虫等。

　　(3) 振落

　　有许多昆虫，因其常隐蔽于枝丛内，或由于体形、体色与植物相似具有"拟态"，不易发现，此时应轻轻振动树干，昆虫受惊后起飞，有假死性的昆虫则会坠落或叶丝下垂而暴露目标，再行捕捉。

　　(4) 搜索和观察

　　许多昆虫营隐蔽生活，如蝼蛄、金针虫和地老虎的幼虫在土壤中生活；天牛、吉丁虫、茎蜂和螟蛾的幼虫在植物的茎干中钻蛀生活，卷叶蛾的幼虫在卷叶团中生活，蓑蛾的幼虫则躲避在由枝叶织造的长口袋中，沫蝉会分泌白色泡沫，还有很多昆虫在避风向阳的石块下、土缝中、叶片背面化蛹或越冬，在这些场所仔细搜索、观察就会采集到很多种类的昆虫。

　　根据害虫的危害状也可以寻找到昆虫，如植物形成虫瘿、叶片发黄、植物叶片上形成白点等，就可能找到蚜虫、木虱、蓟马、叶螨等刺吸式口器的害虫；在叶片上发现白色弯曲虫道或在植株上找到新鲜虫粪，可能找到潜叶蝇、鳞翅目和叶蜂等咀嚼式口器的害虫。

　　3. 采集时间及地点

　　昆虫要取食和危害各种植物，由于昆虫虫态多样，植物生长发育的时间相差很大，各种昆虫的不同虫态发生时间也有很大的差异。应掌握在各地区昆虫的大量发生期适时采集。

　　另外，采集昆虫还应掌握昆虫的生活习性。

　　采集环境有时也很重要，经常翻耕的田块地下害虫数量少，而果园、荒地虫量相对多，昆虫种类也相对丰富。

　　4. 采集标本时应注意的问题

　　好的昆虫标本个体应完好无损，在鉴定昆虫种类时才能做到准确无误，因此在采集时应耐心细致，特别对于小型昆虫和易损坏的蝶、蛾类昆虫。

　　此外，昆虫的各个虫态及危害状都要采到，这样才能对昆虫的形态特征和危害情况在整体上进行认识，特别是制作昆虫的生活史标本，不能缺少任何一个虫态或危害状，同时还应采集一定的数量，以便保证昆虫标本后期制作的质量和数量。

在采集昆虫时还应作简单的记载，如寄主植物的种类、被害状、采集时间、采集地点等，必要时可编号，以保证制作标本时标签内容的准确和完整。

（二）昆虫标本的制作

昆虫标本在采集后，不可长时间随意搁置，以免丢失或损坏，应用适当的方法加以处理，制成各种不同的标本，以便长期观察和研究。

1. 干制标本的制作用具

（1）昆虫针

昆虫针是制作昆虫标本时必不可少的工具，可以在制作标本前用来固定昆虫的位置，制作针插标本。昆虫针一般用不锈钢制成，型号共7种：00，0，1，2，3，4，5。0~5号针的长度为38.45mm，0号针直径0.3mm，每增加一号，直径相应的增加0.1mm，所以5号针直径0.8mm。00号（微针）与0号粗细相同，但仅为其长度的1/3，用于微型昆虫的固定。

（2）展翅板

常用来展开蝶、蛾类、蜻蜓等昆虫的翅。用硬泡沫塑料板制成的展翅板造价低廉，制作方便。展翅板一般长为33cm，宽8~16cm，厚4cm，在展翅板的中央可挖一条纵向的凹槽，也可用烧热的粗铁丝烫出凹槽，凹槽的宽深各为5~15mm（见图1-42）。

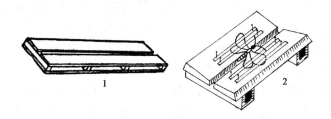

图1-42　展翅板

1. 未放标本　2. 已放标本

（3）还软器

还软器是对于已干燥的标本进行软化的玻璃器皿。一般使用干燥器改装而成。使用时在干燥器底部铺一层湿沙，加少量苯酚以防止霉变。在瓷隔板上放置要还软的标本，加盖密封，一般用凡士林作为密封剂。几天后干燥的标本即可还软。此时可取出整姿、展翅。切勿将标本直接放在湿沙上，以免标本被苯酚腐蚀。

（4）三级台

由整块木板制成，长7.5cm，宽3cm，高2.4cm，分为3级，每级高皆

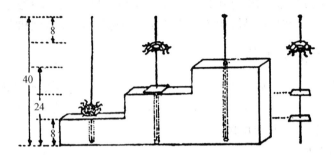

图 1-43　三级台

是 8mm，中间钻有小孔（图 1-43）。将昆虫针插入孔内，使昆虫、标签在针上有一定的位置。

（5）三角纸台

用胶版印刷纸剪成底宽 3mm，高 12mm 的小三角，或长 12mm、宽 4mm 的长方纸片，用来粘放小型昆虫。

此外，大头针、黏虫胶（用 95% 酒精溶解虫胶制成）或乳白胶等也是制作昆虫标本必不可少的用具。

2. 干制标本的制作方法

（1）针插昆虫标本

除幼虫、蛹及个体微小的昆虫以外，皆可用昆虫针插制作后装盒保存。

插针时，应按照昆虫标本体型大小选择号型合适的昆虫针。对于体型较大的夜蛾类成虫，一般选用 3 号针，天蛾类成虫，多用 4 或 5 号针；体型较小的蜡、叶蝉、小型蝶、蛾类则用 1 或 2 号针。

一般插针位置在虫体上是相对固定的。蝶、蛾、蜂、蜻蜓、蝉、叶蝉等从中胸背面正中央插入，穿透中足中央；蚊、蝇从中胸中央偏右的位置插针；蝗虫、蟋蟀、蝼蛄的虫针插在前胸背板偏右的位置；甲虫类虫针插在右鞘翅的基部；蝽类插于中胸小盾片的中央（图 1-44）。这种插针位置的规定，一方面是为插针的牢固，另一方面是为避免破坏虫体的鉴定特征。

昆虫虫体在昆虫针上的高度是一定的，在制作时可将带虫的虫针倒置，放入三级台的第一级小孔，使虫体背部紧贴于台面上，其上部的留针位置即为 8mm。

昆虫插制后还应进行整姿，前足向前，后足向后，中足向两侧；触角短的伸向前方，长的伸向背侧面，并使之对称、整齐、自然美观。整姿后要用大头针或纸条加以固定，待干燥定型后即可装盒保存。

对跳甲、木虱、蓟马等体型微小的昆虫，选用 0 号或 00 号昆虫针，针

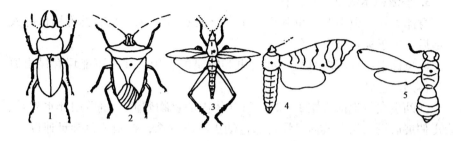

图 1-44 各种昆虫的插针部位
1. 鞘翅目 2. 半翅目 3. 直翅目 4. 鳞翅目 5. 膜翅目

从昆虫的腹面插入后，再将昆虫针插在软木片上，再按照一般昆虫的插法，将软木片插在 2 号虫针上。也可用虫胶将小昆虫粘在三角纸台的尖端，三角纸台的纸尖应粘在虫体的前足与中足之间，然后将三角纸台的底边插在昆虫针上。插制后三角纸台的尖端向左，虫体的前端向前。

（2）展翅

蝶、蛾和蜻蜓等昆虫，在插针后还需要展翅。将新鲜标本或还软的标本，选择号型合适的昆虫针，按三级台的特定高度插定，先整理蝶、蛾的 6 足，使其紧贴身体的腹面，不要伸展或折断；然后触角向前、腹部平直向后，转移至大小合适的展翅板上，虫体的背面应与两侧面的展翅板水平。

用 2 枚细昆虫针分别插于前翅前缘中部、第一条翅脉的后面，两手同时拉动一对前翅，使两翅的后缘在同一直线上，并与身体的纵轴成直角，暂时用昆虫针将前翅插在展翅板上固定。再取 2 枚细昆虫针拨后翅向前，将后翅的前缘压到前翅下面，臀区充分张开，左右对称，充分展平。然后用玻璃纸条压住，以大头针沿前后翅的边缘进行固定，插针时大头针应略向外倾斜。

标本插针后应将四翅上的昆虫针拨去，大头针也不可插在翅面上，否则标本干燥后会留下针孔，破坏标本的完整和美观。大型蝶、蛾类等腹部柔软的昆虫在干燥过程中腹部容易下垂，须用硬纸片或虫针支撑在腹部，触角等部位也应拨正，可用大头针插在旁边板上使姿态固定（图 1-42）。

标本放置 7d 左右，就已干燥、定型，可以取下安插标签。将标本从展翅板上取下时，动作应轻柔，以免将质地脆硬的标本损坏。每个昆虫标本必须有两个标签，一个标签要注明采集地点、时间、寄主种类，虫针插在标签的正中央，高度在三级台的第 2 级；另一个标签标明昆虫的拉丁文学名和中文名，插在第 1 级。昆虫标本制作过程中如有损坏，可用黏虫胶贴着修补。

3. 浸渍标本的制作和保存

身体柔软、微小的昆虫和少数虫态(幼虫、蛹、卵)及螨类可用保存液浸泡后，装于标本瓶内保存。

昆虫标本保存液应具有杀死昆虫和防腐的作用，并尽可能保存昆虫原有的体形和色泽。

活幼虫在浸泡前应饿 1～2d，待其体内的食物残渣排净后用开水煮杀、表皮伸展后投入保存液内。注意绿色幼虫不宜煮杀，否则体色会迅速改变。常用的保存液配方如下:

(1)酒精液

常用浓度为75%。小型和体壁较软的虫体可先在低浓度酒精中浸泡后，再用75%酒精液保存以免虫体变硬。也可在75%酒精液中加入0.5%～1%的甘油，可使虫体体壁长时间保持柔软。

酒精液在浸渍大量标本后15d应更换一次，以防止虫体变黑或肿胀变形，以后酌情再更换1～2次，便可长期保存。

(2)福尔马林液

福尔马林(含甲醛40%)1份，水17～19份。保存昆虫标本效果较好，但会略使标本膨胀，并有刺激性的气味。

(3)绿色幼虫标本保存液

硫酸铜10g，溶于100ml水中，煮沸后停火，并立即投入绿色幼虫，刚投入时有褪色现象，待一段时间绿色恢复后可取出，用清水洗净，浸于5%福尔马林液中保存。或用95%酒精90ml、冰醋酸2.5ml、甘油2.5ml、氯化铜3g混合。先将绿色幼虫饿几天，用注射器将混合液由幼虫肛门注入，放置10h，然后浸于冰醋酸、福尔马林、白糖混合液中，20d后更换一次浸渍液。

(4)红色幼虫浸渍液

用硼砂2g、50%酒精100ml混合后浸渍红色饥饿幼虫。或者用甘油20ml、冰醋酸4ml、福尔马林4ml、蒸馏水100ml，效果也很好。

(5)黄色幼虫浸渍液

用无水酒精6ml、氯仿3ml、冰醋酸1ml。先将黄色昆虫在此混合液中浸渍24h，然后移入70%酒精中保存。或用苦味酸饱和溶液75ml、福尔马林25ml、冰醋酸5ml混合液，从肛门注入饥饿幼虫的虫体，然后浸渍于冰醋酸、福尔马林、白糖混合液中。

4. 昆虫生活史标本的制作

将前面用各种方法制成的标本，按照昆虫的发育顺序，即卵、幼虫(若虫)的各龄、蛹、成虫的雌虫和雄虫及成虫和幼虫(若虫)的危害状,安放在一个标本盒内,在标本盒的左下角放置标签即可。

(三)昆虫标本的保存

昆虫标本是认识昆虫防治害虫的参考资料,必须妥善保存。保存标本,主要的工作是防蛀、防鼠、避光、防尘、防潮和防霉。

1. 针插标本的保存

针插的昆虫标本,必须放在有盖的标本盒内。盒有木质和纸质的两种,规格也多样,盒底铺有软木板或泡沫塑料板,适于插针;盒盖与盒底可以分开,用于展示的标本盒盖可以嵌玻璃,长期保存的标本盒盖最好不要透光,以免标本褪色。

标本在标本盒中应分类排列,如天蛾、粉蝶、叶甲等。鉴定过的标本应插好学名标签,在盒内的四角还要放置樟脑球以防虫蛀,樟脑球用大头针固定。然后将标本盒放入关闭严密的标本橱内,定期检查,发现蛀虫及时用敌敌畏进行熏杀。

2. 浸渍标本的保存

盛装浸渍标本的器皿,盖和塞一定要封严,以防保存液蒸发。或者用石蜡封口,在浸渍液表面加一薄层液体石蜡,也可起到密封的作用。将浸渍标本放入专用的标本橱内。

【任务准备】

采集工具:捕虫网、镊子、放大镜、采集袋、毒瓶、吸虫管、指形管、手锯、采集记录本、挂签、采集箱、诱虫灯等。

制作工具:昆虫针、三级台、展翅板、毛刷、还软器、整姿台、广口瓶。

器具:干燥箱、标本盒、电炉。

药品:酒精、硫酸铜、福尔马林等。

【任务实施】

1. 昆虫标本的采集

(1)准备采集工具:捕虫网、吸虫管、毒瓶、三角纸包、镊子、放大镜、采集袋、诱虫灯、修枝剪等。

(2)野外捕捉:观察法、搜索法、振荡法、网捕法、引诱法等。

(3)昆虫处死:蛾蝶类、蜂类昆虫用毒瓶处死;鞘翅目、半翅目、同翅目等昆虫用酒精瓶处死。

2. 昆虫针插干制标本的制作

（1）清理虫体。

（2）插针：选针，针插部位，针插方法。

（3）展翅。

（4）整姿。

（5）干燥。

（6）装盒。

3. 昆虫浸渍标本制作

采集、识别当地昆虫，并按教师指定要求制作一定数量的昆虫针插标本、浸渍标本和生活史标本，并写好主要标本的标签和详细采集记录。

【任务评价】

任务完成后，教师指出学生在任务完成过程中存在的问题，并根据以下 4 个方面进行任务评价。

序号	评价组成	评价内容	参考分值
1	学生自评	是否认真完成任务，上交实训报告，指出不足和收获	20
2	教师测评	现场操作是否规范；昆虫标本的识别是否准确；标本采集的数量和标本制作的质量；实训报告的完成情况以及任务各个步骤的完成情况	40
3	学生互评	互相学习、协作，共同完成任务情况	10
4	综合评价	学习态度、参与程度、团队合作能力、小组任务完成情况等	30
合　计			100

【巩固训练】

1. 如何制作采集昆虫的毒瓶？

2. 简述昆虫干制标本的制作步骤。

综合复习题

一、名词解释

世代、年生活史、两性生殖、孤雌生殖、变态、休眠、滞育、羽化、化蛹、孵化、虫龄、补充营养、脉序、性二型、多食性、趋化性、有效积温。

二、填空题

1. 昆虫的头部由于口器着生位置不同，头部的形式也发生相应变化，可分为 3 种头式：_____、_____、_____。

2. 蝗虫的触角_____状；口器是_____；后足是_____；翅是_____；属于_____变态。

3. 蝶类触角_____状；口器是_____；足是_____；翅是_____；属于_____变态。

4. 昆虫的生殖方式可分为_____、_____、_____、_____、_____。

5. 按照刺激物的性质，趋性可分为 3 类：_____、_____、_____。

6. 昆虫分类的基本单位是_____，分类的阶元为_____、_____、_____、_____、_____、_____。

三、单项选择题

1. 蝗虫的后足是( )。

A. 跳跃足　　　B. 开掘足　　　C. 游泳足　　　D. 步行足

2. 有一昆虫，已经蜕了 3 次皮，请问该昆虫应处在( )。

A. 2 龄　　　B. 3 龄　　　C. 4 龄　　　D. 5 龄

3. 蝗虫的前翅是( )。

A. 膜翅　　　B. 鞘翅　　　C. 半鞘翅　　　D. 覆翅

4. 蝉的口器是( )。

A. 咀嚼式口器　B. 刺吸式口器　C. 虹吸式口器　D. 舐吸式口器

5. 螳螂的前足是( )。

A. 开掘足　　　B. 步行足　　　C. 捕捉足　　　D. 跳跃足

6. 蝼蛄的前足是( )。

A. 开掘足　　　B. 步行足　　　C. 捕捉足　　　D. 跳跃足

7. 蝶和蛾的前后翅都是( )。

A. 膜翅　　　B. 半鞘翅　　　C. 鳞翅　　　D. 鞘翅

8. 蝶和蛾的口器是( )。

A. 刺吸式口器　B. 虹吸式口器　C. 嚼吸式口器　D. 舐吸式口器

9. 蝇的后翅是( )。

A. 膜翅　　　B. 半鞘翅　　　C. 覆翅　　　D. 平衡棒

10. 蝇的幼虫属于( )。

A. 原足型　　　B. 寡足型　　　C. 多足型　　　D. 无足型

四、多项选择题

1. 昆虫触角的功能有( )。

A. 味觉　　　B. 听觉　　　C. 嗅觉　　　D. 触觉

2. 下列昆虫的幼虫属于寡足型幼虫的有( )。

A. 金龟子　　　B. 叶蜂　　　C. 蛾　　　D. 瓢虫

3. 鞘翅目的代表昆虫有(　　)。

A. 天牛　　　　B. 瓢虫　　　　C. 金龟子　　　　D. 步甲

4. 下列昆虫属于全变态的是(　　)。

A. 蜂　　　　B. 蝉　　　　C. 蝶　　　　D. 金龟子

5. 下列昆虫的蛹属于被蛹的有(　　)。

A. 蝇　　　　B. 蝶　　　　C. 蛾　　　　D. 瓢虫

6. 昆虫的休眠是由于下列(　　)引起的。

A. 光周期　　　B. 高温　　　C. 低温　　　D. 食物

五、判断题

1. 昆虫完成胚胎发育后，即进入胚后发育阶段。胚后发育的特点是生长伴随着蜕皮和变态。

2. 同种昆虫的同一性别成虫具有两种或更多种不同类型的个体的现象叫性二型现象。

3. 有一昆虫，咀嚼式口器，鞘翅，前足为开掘足。该昆虫应属蝼蛄科昆虫。

4. 所有昆虫都同时具有单眼和复眼。

5. 幼虫期是昆虫唯一的取食时期。

6. 昆虫完成一阶段的发育所需要的温度积累和时间的乘积是一个常数，这一规律叫做有效积温法则。

7. 昆虫都具有 3 对胸足和两对翅。

8. 有一昆虫，咀嚼式口器，覆翅，后足为跳跃足，产卵器剑状。该昆虫应属蝗科昆虫。

六、简答题

1. 昆虫纲的主要特征有哪些?

2. 比较刺吸式口器和咀嚼式口器，了解口器构造特点对指导防治有何意义。

3. 幼虫期有何特点? 为什么幼虫期是害虫防治的重要时期?

4. 昆虫的不全变态和全变态的主要区别是什么?

5. 昆虫的分类阶元有哪些? 基本的分类阶元是什么?

6. 鳞翅目幼虫和叶蜂幼虫有哪些区别?

7. 昆虫有哪些主要的习性? 了解各种昆虫的习性在害虫防治中有哪些作用?

七、问答题

试编制包括有蝗虫、蝼蛄、白蚁、蝉、叶蝉、蟪蟈、金龟子、叶甲、天牛、夜蛾、凤蝶、蛱蝶、叶蜂、食蚜蝇、寄蝇等的双项式检索表。

项目二

园林植物病害识别

【知识目标】

1. 掌握园林植物病害的概念和症状类型。

2. 了解园林植物侵染性病原的特征，引起的植物病害类型、传播侵入途径和防治措施。

3. 了解园林植物非侵染性病原的特征及所致病害的特点。

4. 熟悉园林植物侵染性病害的发病过程和侵染循环，了解病害流行。

5. 掌握园林植物病害标本的采集与制作。

【技能目标】

1. 认识园林植物病害的各种症状。

2. 认识真菌的一般性状、分类特征。能识别园林植物病原真菌、细菌、病毒、植原体、寄生性种子植物、线虫和藻类等所致的病害症状类型。

3. 能根据植物病害的症状特点，诊断园林植物侵染性病害与非侵染性病害。

4. 能采集与制作病害标本，并根据症状判别病害类型。

任务一　识别园林植物病害症状类型

【任务目标】

1. 掌握园林植物病害、病原的概念及类型。

2. 掌握症状的概念及类型，能正确判别常见园林植物病害的症状类型。

【任务分析】

园林植物不同的病害一般会表现出不同的症状，病害的症状判别主要通过感病植物所表现出来的特征和病原物在发病部位所表现出来的特征进行。正确识别园林植物病害的症状类型，才能对症下药，采取针对性的防治措施。本任务为园林植物病害标本识别和校园园林植物病害症状类型的判别。围绕完成供试标本和校园病害症状的观察鉴别，分阶段按教师讲解→学生训练→鉴别的过程进行。4~6 人组成一个学习小组。

【知识导入】

一、园林植物病害的含义

1. 园林植物病害

园林植物在生长发育和贮运过程中，由于受到环境中物理化学因素的非正常影响，或受其他生物的侵染，导致生理、组织结构、形态上产生局部或整体的不正常变化，使植物的生长发育不良，品质变劣，甚至引起死亡，造成经济损失和降低绿化效果及观赏价值，这种现象称为园林植物病害。

2. 病原

植物在生长过程中受到多种因素的影响，其中直接引起病害的因素称为病原，包括生物性和非生物性病原，其他因素统称为环境因子。生物性病原又称为病原物，包括真菌、细菌、病毒、植原体、寄生线虫、寄生性种子植物、藻类和螨类，它们引起的植物病害能相互传，有侵染过程，称为侵染性病害。非生物性病原包括温度不适、水分失调、营养不良和有毒物质的毒害等，它们引起的病害不能互相传染，没有侵染过程，称为非侵染性病害，也叫生理病害。

3. 病程

植物病害的发生都具有一个病理变化的过程。植物遭病原物的侵染或不利的非生物因素的影响后，首先是生理方面发生不正常变化，如呼吸作用和蒸腾作用的加强，同化作用的降低，酶的活性和碳、氮代谢的改变，以及水分和养分吸收运转的失常等，称为生理病变。之后是内部组织发生不正常变化，如叶绿体或其他色素体的增减、细胞数目和体积的增减、维管束的堵塞、细胞壁的加厚，以及细胞和组织的坏死等，称为组织病变。

继生理病变和组织病变之后，外部形态也发生不正常变化，如植物的根、茎、叶、花、果实的坏死、腐烂、畸形等，称为形态病变。往往先引起生理机能的改变，继而造成植物组织形态的改变。这些病变是一个逐渐加深、持续发展的过程，称为病理变化过程或称病理程序。病理变化过程是识别园林植物病害的重要标志。

在侵染性病害中，受侵染的植物称为寄主。病原物在寄主体中生活，双方之间既具有亲和性，又具有对抗性，构成一个有机的寄主——病原物体系。病理程序就是这一体系建立和发展的过程。这一体系又受到环境条件影响和制约。环境一方面影响病原物的生长发育，同时也影响植物的生长状态，增强或降低植物对病原的抵抗力。如环境有利于植物生长发育而不利于病原的活动，病害就难以发生或发展很慢，植物受害也轻；反之病害就容易发生或发展很快，植物受害也重。植物病害的发生过程实质上就是病原、植物和环境的相互影响与相互制约而发生的一系列顺序变动的总和。人类活动对植物病害的发展产生重大影响。

此外，从生产和经济的观点出发，有些园林植物由于生物或非生物因素的影响，尽管发生了某些病态，但是却增加了它们的经济价值和观赏价值，同样也不称其为植物病害。例如，绿菊、绿牡丹是由病毒、植原体侵染引起的；羽衣甘蓝是食用甘蓝叶的变态。这些虽然都是"病态"植物，由于提高了经济和观赏价值，人们将这些"病态"植物视为观赏花卉中的珍品，因此也不当作病害。

4. 损伤

损伤同病害是两个不同的概念。无论非生物因素或是生物因素都可以引起植物的损伤。植物损伤是由突发的机械作用所致，如风折、雪压、动物咬伤等，受害植物在生理上不发生病理程序，因此不能称为病害。

二、园林植物病害的症状

园林植物感病后，其外表所显现出来的各种各样的病态特征称为症状。典型症状包括病状和病症。病状是园林植物感病后植物本身的异常表现，也就是受病植株生理解剖上的病变反映到外部形态上的结果。病状的具体表现形式有过度生长、发育不良和坏死等。病症是指寄主病部表面病原物的各种形态结构，并能用眼睛直接观察到的特征。由真菌、细菌和寄生性种子植物等因素引起的病害，病部多表现较明显的病症。如病部出现各种不同颜色的霉状物、粉状物、不同大小的粒状物、疱状物，形状各异的伞状物、脓状物等。病毒、植原体等寄生在植物细胞内以及非侵染性病害，在植物体外无表现，故它们所致病害无病症。植物病原线虫多数在植物体内寄生，一般植物体表也无病症。由于病原物的种类不同，对植物的影响也各不相同，所以园林植物病害的症状也千差万别，根据它们的主要特征，可划分为以下几种类型。

1. 病状类型

（1）变色型

植物感病后，叶绿素不能正常形成或解体，因而叶片上表现为淡绿色、黄色甚至白色。叶片的全面褪绿常称为黄化或白化。营养贫乏如缺氮、缺铁和光照不足可以引起植物黄化。在侵染性病害中，黄化是病毒病害和植原体病害类的重要特征，如翠菊黄化病。

叶绿素形成不均匀，叶片上出现深绿与淡绿相互间杂的现象称为花叶，有的褪绿部分形成环纹状或水纹状，也是病毒病害的一种症状类型，如月季花叶病和郁金香碎色病。

（2）坏死型

坏死是细胞和组织死亡的现象。常见的有：

①腐烂　多肉而幼嫩的组织发病后容易腐烂。如果实、块根等常发生软腐或湿腐。引起腐烂的原因是寄生物分泌的酶把植物细胞间的中胶层溶解了，使细胞离散并且死亡。含水较少或木质化组织则常发生干腐。根据腐烂症状发生部位，可分为花腐、果腐、茎腐、基腐、根腐和枝干皮部腐烂等。

②溃疡　多见于枝干的皮层，局部韧皮部坏死，病斑周围常为隆起的木栓化愈伤组织所包围形成凹陷病斑，这种病斑即为溃疡。树干上多年生的大型溃疡，其周围的愈伤组织逐渐被破坏而又逐年生出新的，致使局部肿大，这种溃疡称为癌肿。小型溃疡有时称为干癌。溃疡是由真菌、细菌的侵染或机械损伤造成的。

③斑点　斑点是叶片、果实和种子等局部组织坏死的表现。斑点的颜色和形状很多，有黄色、灰色、白色、褐色、黑色等；形状有多角形、圆形、不规则形等。有的叶斑周围形成木栓层后，中部组织枯焦脱落而形成穿孔。斑点主要由真菌及细菌寄生所致，冻害、烟害、药害等也造成斑点。

（3）萎蔫型

植物因病而表现失水状态称为萎蔫。植物的萎蔫可以由各种原因引起，茎部的坏死和根部的腐烂都引起萎蔫。典型的萎蔫是指植物的根部或枝干部维管束组织感病，使水分的输导受到阻碍而致植株枯萎的现象。萎蔫是由真菌或细菌引起的，有时植株受到急性旱害也会发生生理性枯萎。

（4）畸形

畸形是因细胞或组织过度生长或发育不足引起的。常见的有：

①丛生 植物的主、侧枝的顶芽受抑制，节间缩短，腋芽提早发育或不定芽大量发生，使新梢密集成笤帚状，通常称为丛枝病。病枝一般垂直于地面向上生长，枝条瘦弱，叶形变小。促使枝条丛生的原因很多，真菌和植原体的侵染是主要的。有时也由生理机能失调所致。植物的根也会发生丛生现象，如由细菌引起的毛根病，使须根大量增生如毛发状。

②瘿瘤 植物的根、茎、枝条局部细胞增生而形成瘿瘤。有的由木质部膨大而成，如松瘤锈病；有的由韧皮部膨大而成，如柳杉瘿瘤病。瘿瘤主要是由真菌、细菌、线虫等侵染造成的，有时也由生理上的原因造成。如有些行道树上的瘿瘤，就是由于在同一部位经过多次修剪后，由愈伤组织形成的。

③变形 受病器官肿大、皱缩，失去原来的形状，常见的是由外子囊菌和外担子菌引起的叶片和果实变形病。如桃缩叶病。

④疮痂 叶片或果实上局部细胞增生并木栓化而形成的小突起称为疮痂。如柑橘疮痂病。

⑤枝条带化 枝条扁平肥大。一般由病毒或生理原因引起。如油桐带化病或池杉带化病。

（5）流脂或流胶型

植物细胞分解为树脂或树胶流出，常称为流脂病或流胶病。前者发生于针叶树，后者发生于阔叶树。流脂病或流胶病的病原很复杂，有侵染性的，也有非侵染性的，或为两类病原综合作用的结果。

2. 病症类型

病原物在病部形成的病症主要有 5 种类型。

（1）粉状物

直接产生于植物表面、表皮下或组织中，以后破裂而散出。包括锈粉、白粉、黑粉和白锈。

①锈粉 也称锈状物，是初期在病部表皮下形成的黄色、褐色或棕色病斑，破裂后散出的铁锈状粉末。为锈病特有的表现，如菜豆锈病等。

②白粉 是在病株叶片正面表生的大量白色粉末状物；后期颜色加深，产生细小黑点。为白粉菌所致病害的特征，如黄瓜白粉病、黄芦白粉病等。

③黑粉 是在病部形成菌瘿，瘿内产生的大量黑色粉末状物。为黑粉菌所致病害的特征，如禾谷类植物的黑粉病和黑穗病。

④白锈 是在孢部表皮下形成的白色疱状斑（多在叶片背面），破裂后散出

的灰白色粉末状物。为白锈菌所致病害的特征，如十字花科植物白锈病。

（2）霉状物

是真菌的菌丝、各种孢子梗和孢子在植物表面构成的特征，其着生部位、颜色、质地、结构常因真菌种类不同而异。可分为3种类型。

①霜霉　是多生于病叶背面，由气孔伸出的白色至紫灰色霉状物。为霜霉菌所致病害的特征，如黄瓜霜霉病、月季霜霉病等。

②绵霉　是于病部产生的大量的白色、疏松、棉絮状霉状物。为水霉、腐霉、疫霉菌和根霉菌等所致病害的特征，如茄绵疫病、瓜果腐烂病等。

③霉层　是除霜霉和绵霉以外，产生在任何病部的霉状物。按照色泽的不同，分别称为灰霉、绿霉、黑霉、赤霉等。许多半知菌所致病害产生这类特征，如柑橘青霉、番茄灰霉病等。

（3）点状物

点状物是在病部产生的形状、大小、色泽和排列方式各不相同的小颗粒状物，它们大多暗褐色至褐色，针尖至米粒大小。为真菌的子囊壳、分生孢子器、分生孢子盘等形成的特征，如苹果树腐烂病、各种植物炭疽病等。

（4）颗粒状物

颗粒状物是真菌菌丝体变态形成的一种特殊结构，其形态大小差别较大，有的似鼠粪状，有的像菜籽形，多数黑褐色，生于植株受害部位。如十字花科蔬菜菌核病、莴苣菌核病等。

（5）脓状物

脓状物是细菌性病害在病部溢出的含有细菌菌体的脓状黏液，一般呈露珠状，或散布为菌液层；在气候干燥时，会形成菌膜或菌胶粒。如黄瓜细菌性角斑病等。

【任务准备】

材料：当地主要园林植物不同症状类型的病害标本：葡萄霜霉病、月季黑斑病、菊花褐斑病、君子兰细菌性软腐病、菊花枯萎病、苗木立枯病、猝倒病、仙客来灰霉病、月季白粉病、大叶黄杨白粉病、杜鹃叶肿病、桃缩叶病等。

用具：放大镜、显微镜、镊子、挑针、搪瓷盘、整枝剪、挂签等。

【任务实施】

1. 观察实验室病害标本症状，识别供试标本的症状类型

（1）病状观察

①观察葡萄霜霉病、月季黑斑病、菊花褐斑病等标本，识别病斑的大

小、病斑颜色等。

②观察君子兰细菌性软腐病等标本，识别各腐烂病有何特征，是干腐还是湿腐？

③观察菊花枯萎病，植株枯萎的特点，是否保持绿色；观察茎秆维管束颜色和健康植株有何区别。

④观察苗木立枯病和猝倒病，视茎基病部的病斑颜色，有无腐烂、溢缩。

⑤观察杜鹃叶肿病、桃缩叶病、泡桐丛枝病等标本，分辨与健株有何不同，哪些是瘤肿、丛枝、叶片畸形？

⑥观察仙客来花叶病、苹果花叶病等标本，识别叶片绿色是否浓淡不均，有无斑驳，斑驳的形状颜色如何？

（2）病症观察

①观察大叶黄杨白粉病、月季白粉病、贴梗海棠锈病等标本，识别病部有无粉状物及颜色。

②观察林木煤污病、二月蓝霜霉病、柑橘青霉病等标本，识别病部霉层的颜色。

③观察兰花炭疽病、腐烂病、白粉病等标本，分辨病部黑色小点、小颗粒。

④观察矢车菊、桂竹香菌核病等标本，识别菌核的大小、颜色、形状等。

⑤观察白菜软腐病等标本，有无脓状黏液或黄褐色胶粒？

2. 判别校园园林植物病害症状类型

观察校园园林植物病害的发病部位，根据植物本身表现的不正常现象和病原物在发病部位表现的特征，判别病害的症状类型。

3. 记录观察结果

将园林植物病害症状的观察结果填入表2-1。

表2-1　园林植物病害症状观察表

寄主名称	病害名称	发病部位	病状类型	病症类型

【任务评价】

任务完成后，教师指出学生在任务完成过程中存在的问题，并根据以下 4 个方面进行任务评价。

序号	评价组成	评价内容	参考分值
1	学生自评	是否认真完成任务，上交实训报告，指出不足和收获	20
2	教师测评	现场操作是否规范；病害症状识别是否准确；实训报告的完成情况以及任务各个步骤的完成情况	40
3	学生互评	互相学习、协作，共同完成任务情况	10
4	综合评价	学习态度、参与程度、团队合作能力、小组任务完成情况等	30
合　计			100

【巩固训练】

简要说明所观察到的园林植物病害的症状类型。

任务二　诊断真菌病害

【任务目标】

1. 了解真菌的一般性状，能区分常见的真菌类群鞭毛菌亚门、接合菌亚门、子囊菌亚门、担子菌亚门和半知菌亚门的形态特征、所致病害特点。

2. 掌握真菌病害诊断的一般程序，能进行常见园林真菌病害的诊断。

【任务分析】

园林植物病害 80% 以上是真菌病害，因此真菌病害的诊断在园林植物病虫害防治中非常重要。真菌病害虽然通过症状可初步判断，但要明确到底是何种真菌引起的就必须要进行显微镜观察和分离培养，而其基础是了解真菌的特性。围绕完成供试标本的鉴别，以及校园园林植物真菌病害的诊断，分阶段按教师讲解→学生训练→鉴别的过程进行，4~6 人组成一个学习小组，实施任务。

【知识导入】

一、真菌的一般性状

真菌属于真菌界、真菌门，种类很多，有逾 10 万种，分布很广，绝大多数园林植物的病害是由真菌引起的。世界上许多著名的毁灭性病害，如松干疱锈病、榆树荷兰病、板栗疫病、根白腐病、猝倒病以及各种立木腐

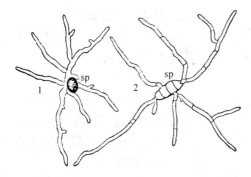

图 2-1 真菌的菌丝（劲力平等，1983）

1. 无隔菌丝 2. 有隔菌丝

朽都是由真菌引起的。

1. 真菌的营养体

真菌的营养体呈丝状，称作菌丝。菌丝可以分支，许多菌丝团聚在一起，称为菌丝体。低等真菌的菌丝没有隔膜，称无隔菌丝；高等真菌的菌丝有隔膜，称有隔菌丝（图 2-1）。真菌菌丝是获得养分的机构。寄生真菌以菌丝体侵入寄主的表皮细胞或内部吸收养分。菌丝可以生长在寄主细胞内或细胞间隙。生长在寄主细胞内的真菌，由菌丝细胞壁和寄主原生质直接接触而吸收养分；生长在寄主细胞间隙的真菌，尤其是专性寄生真菌，从菌丝体上形成吸器，伸入寄主细胞内吸收养分，吸器的形状有小瘤状、分枝状、掌状等（图 2-2）。真菌的菌丝可以形成各种组织，常见的有菌核、菌索及子座。

①菌核 菌核是由拟薄壁组织和疏丝组织形成的一种较坚硬的休眠体。其大小、形状和颜色不一，比较坚硬，可以度过寒冷或不良环境。当环境适宜时，菌核萌发产生新的营养体和繁殖体。

②菌索 菌索是菌丝体绞结成的绳索状物。它不仅对不良环境有很强的抵抗能力，而且可以主动延伸到数米以外去侵染寄主或摄取营养成分。

③子座 是产生各种繁殖体的垫状组织，可由菌丝分化而成，也可由菌丝与部分寄主组织结合而成，有度过不良环境的作用。

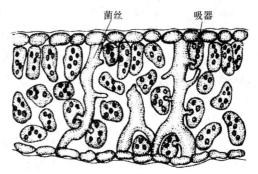

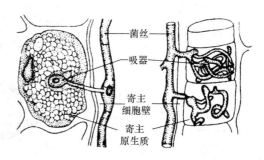

图 2-2 真菌的吸器（北京林学院，1981）

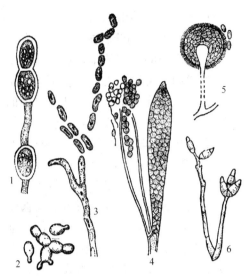

图 2-3 真菌的无性孢子（武三安，2007）

1. 厚垣孢子 2. 芽孢子 3. 粉孢子 4. 游动孢子囊
和游动孢子 5. 孢子囊和孢囊孢子 6. 分生孢子

2. 真菌的繁殖体

真菌的繁殖有两种方式：无性繁殖和有性繁殖。

（1）无性繁殖

无性繁殖指不经过性器官的结合而直接由营养体上产生孢子的繁殖方式。无性繁殖产生无性孢子。主要有以下几种（图 2-3）：

①游动孢子 是产生于孢子囊中的内生孢子。孢子囊球形、卵形或不规则形，从菌丝顶端长出，或着生于有特殊形状和分枝的孢囊梗上，囊中原生质裂成小块，每一小块变成球形、洋梨形或肾形，无细胞壁，形成具有 1～2 根鞭毛的游动孢子。

②孢囊孢子 也是产生孢子囊中的内生孢子。没有鞭毛，不能游动，其形成步骤与游动孢子相同，孢子囊着生于孢囊梗上。孢子囊成熟时，囊壁破裂散出孢囊孢子。

③分生孢子 是真菌最普遍的一种。无性孢子着生在由菌丝分化而来呈各种形状的分生孢子梗上。

④厚垣孢子 有的真菌在不良的环境下，菌丝内的原生质收缩变为浓厚的一团原生质，外壁很厚，称为厚垣孢子。

（2）有性繁殖

有性繁殖是通过性细胞或性器官的结合而产生孢子的繁殖方式，所产生的孢子称为有性孢子。有性繁殖要经过质配、核配和减数分裂 3 个阶段。常见的有性孢子有下列几种（图 2-4）：

①卵孢子 鞭毛菌类产生的有性孢子是卵孢子，由较小的棍棒形的雄器与较大

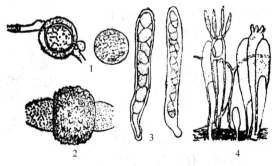

图 2-4 真菌的有性孢子

1. 卵孢子 2. 接合孢子
3. 子囊及子囊孢子 4. 担子及担孢子

的圆形的藏卵器结合形成。

②接合孢子　结合菌类产生的有性孢子是接合孢子，由两个同形的配子囊结合形成。

③子囊孢子　子囊菌产生的有性孢子是子囊孢子，由两个异形的配子囊雄器和产囊体结合而成。一般在子囊内形成 8 个细胞核为单倍体的子囊孢子，形状为球形、圆桶形、棍棒形或线形等。

④担孢子　担子菌产生的有性孢子是担孢子，是由性别不同单核的初生菌丝相结合而形成双核的次生菌丝。双核菌丝经过营养阶段后直接产生担子和担孢子，或先产生一种休眠孢子(冬孢子或厚垣孢子)，再由休眠孢子萌发产生担子和担孢子。

3. 真菌的生活史

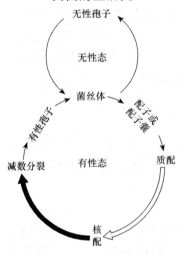

图 2-5　真菌的生活史

(武三安，2007)

真菌从某个孢子开始，经过萌发生长和发育，最后又产生同一种孢子的过程，称为真菌的生活史。真菌的营养菌丝体在适宜条件下产生无性孢子，无性孢子萌发形成芽管并继续生长形成新的菌丝体，这是无性阶段。在生长季节中，这种无性繁殖往往发生若干代。至生长后期进入有性阶段，从单倍体的菌丝体上形成配子囊或配子，经过质配、核配和减数分裂，形成单倍体的细胞核，这种细胞发育成单倍体的菌丝体(图 2-5)。

有些真菌的生活史中，只有无性繁殖阶段或极少进行有性繁殖。如泡桐炭疽病菌、油桐枯萎病菌；有些真菌生活史中，以有性繁殖为主，无性孢子少发生或不发生。如落叶松癌肿病菌；有些真菌生活中不产生或很少产生孢子，其侵染过程全由菌丝体完成，如引起苗木猝倒病的丝核菌；有些真菌的生活史中，可以产生几种不同类型的孢子，这种现象称为真菌的多型性，如锈菌在其生活史中能形成 5 种不同类型的孢子。

二、真菌的主要类型及其所致病害

关于真菌分类体系，各真菌分类学家意见不一，但大多依据真菌的形态学、细胞学、生物学特性和个体发育及系统学发育的研究资料进行分类。1973 年出版的由 Ainsworth 等主编的《真菌辞典(第八版)》提出将菌物界下分

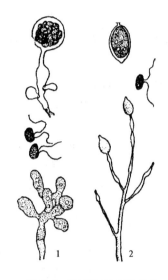

图 2-6　鞭毛菌亚门的代表

1. 腐霉属　2. 疫霉属

为黏菌门和真菌门，真菌门下分为 5 个亚门，即鞭毛菌亚门（Mastigomycotina）、接合菌亚门（Zygomycotina）、子囊菌亚门（Ascomycotina）、担子菌亚门（Basidiomycotina）和半知菌亚门（Deuteromycotina）。这一分类系统现已被广泛接受。

1. 鞭毛菌亚门真菌及其所致病害

鞭毛菌亚门是较低等的真菌，共同的特征是产生具鞭毛、能游动、不具细胞壁的游动孢子。低等水生鞭毛菌多生活在水中的有机物残体上或寄生在水生植物上。比较高等的鞭毛菌生活在土壤中，常引起植物根部和茎基部的腐烂与苗期猝倒病。具陆生习性的鞭毛菌可以侵害植物的地上部，其中许多专性寄生菌，引起极为重要的病害，如霜霉病、疫霉病等（图 2-6）。

（1）腐霉属 *Pythium*

菌丝发达，有分枝，无分隔，生长旺盛时呈白色棉絮状。孢子囊在菌丝顶端形成，成熟后散发出游动孢子。有性生殖形成卵孢子。大多在土壤或水中营腐生生活，引起幼苗猝倒及根、茎、果实的腐烂。

（2）疫霉属 *Phytophthora*

菌丝无隔发达，多分枝，以吸器伸入细胞内吸收营养。孢子囊卵形，游动孢子肾形，双鞭毛。卵孢子具厚壁，光滑，呈浅黄至黄褐色。绝大多数具寄生性，寄主范围广，可侵染植物的根、茎、叶和果实，引起组织腐烂和死亡。如樟疫霉根腐病、杜鹃疫霉根腐病。

2. 接合菌亚门真菌及其所致病害

接合菌几乎都是陆生的，多数腐生，少数弱寄生。营养体为发达的无隔菌丝。无性繁殖产生孢囊孢子，有性繁殖产生接合孢子。本亚门与园林植物关系密切的是根霉属，能引起植物花及果实、块根、块茎等贮藏器官的腐烂，病部初期产生灰白色，后期呈灰黑色的霉层。

根霉属 *Rhizopus*，菌丝发达，有分枝，一般无隔，有匍匐丝与假根，孢囊梗球形，产生大量孢囊孢子。孢囊孢子球形、多角形或棱形，表面有饰纹。接合孢子有瘤状突起，配囊柄不弯曲，无附属丝（图 2-7）。主要引起腐烂。其中匍枝根霉引起果实、种子的腐烂。

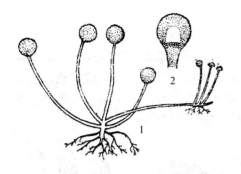

图2-7　接合菌亚门的代表——根霉菌
（李传道等，1981）
1. 具有假根和匍匐枝的丛生孢囊
梗及孢子囊　2. 放大的孢子囊

3. 子囊菌亚门真菌及其所致病害

子囊菌亚门属高等真菌，全部陆生，营腐生和寄生生活。菌丝体发达有分隔，少数为单细胞（如酵母菌）。无性繁殖产生分生孢子、粉孢子、芽孢子。有性繁殖产生子囊和子囊孢子。子囊有的裸生在菌丝体上或寄主植物表面，但大多数子囊菌的子囊由菌丝组成的包被包围着形成具有一定形状的子实体，称为子囊果。子囊果分4种类型：闭囊壳、子囊壳、子囊座、子囊盘。

子囊菌亚门根据是否形成子囊果、子囊果的类型和子囊结构进行分类。可分为6个纲，与园林植物病害关系密切的有下列几个目。

（1）外囊菌目 Taphrinales

子囊裸生，平行排列在寄主组织表面形成棚状层，子囊长圆筒形，其中有8个子囊孢子，子囊孢子单细胞、椭圆形或圆形。侵染植物的叶、果和芽，引起畸形。如桃缩叶病、樱桃丛枝病等。

（2）白粉菌目 Erysiphales

白粉菌几乎全为外寄生菌，菌丝着生于寄主表面，以吸器伸入表皮细胞吸取养分，无性阶段发达，自菌丝体上产生分生孢子梗和分生孢子。有性阶段产生闭囊壳，闭囊壳四周或顶端生有各种形状的附属丝（图2-8）。闭囊壳中有一个或多个子囊，子囊中有2～8个子囊孢子。常引起植物多种植物的白粉病，如紫薇白粉病。

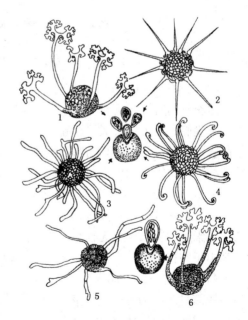

图2-8　白粉菌主要属的特征霉菌
（黑龙江省牡丹江林业学校，1981）
1. 叉丝壳属　2. 珠针壳属　3. 白粉菌属
4. 钩丝壳属　5. 单囊壳属　6. 叉丝单囊壳属

（3）球壳菌目 Sphaeriales

菌丝发达有隔。无性阶段产
生各种形状的分生孢子。有性阶段产生子囊壳，子囊壳散生或聚生在基质
表面，部分或整个埋在子座内，子囊孢子单胞或多胞，无色或有色。常引
起叶斑、果腐、烂皮和根腐等病害。其中小丛壳属（Glomerella）、黑腐皮壳
属（Valsa）常引起园林植物腐烂（图2-9）。如梅花炭疽病。

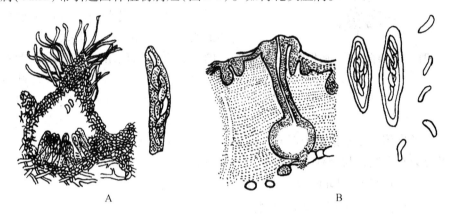

图2-9　小丛壳和黑腐皮壳属霉菌

（黑龙江省牡丹江林业学校，1981）

A. 小丛壳属　B. 黑腐皮壳属

（4）座囊菌目 Dothideales

菌丝发达有隔。无性阶段发达，形成各种形状的分生孢子。有性阶段
产生子囊腔，子囊成束或平行排列在子囊腔内。如煤炱属（Capnodium）、黑
星菌属（Venturia）、葡萄座腔菌属（Botryosphaeria）等属中，有许多种引起园
林植物严重病害。如山茶煤污病。

4. 担子菌亚门真菌及其所致病害

担子菌是真菌中最高等的一个类群，全部陆生。营养体为发达的有隔
菌丝，细胞一般双核。无性繁殖除锈菌外，很少产生无性孢子。有性繁殖
产生担子和担孢子。本亚门分3个纲，较为重要的有以下几个目：

（1）锈菌目 Uredinales

锈菌目全部为专性寄生菌。寄生于蕨类、裸子植物和被子植物上，引
起植物锈病。菌丝体发达，寄生于寄主细胞间，以吸器穿入细胞内吸收营
养。不形成担子果。生活史较复杂，典型的锈菌生活史可分为5个阶段，顺
序产生5种类型的孢子：性孢子、锈孢子、夏孢子、冬孢子和担孢子（图2-
10）。

锈菌种类很多，并非所有锈菌都产生5种类型的孢子。因此，各种锈菌的生活史是不同的，一般可分为3类：①全型锈菌，如松芍柱锈菌；②半型锈菌，如梨胶锈菌、报春花单胞锈菌；③短型锈菌，如锦葵柄锈菌。

此外，有些锈菌在生活史中，未发现或缺少冬孢子，这类锈菌一般称为不完全锈菌，如女贞锈孢锈菌。除不完全锈菌外，所有的锈菌都产生冬孢子。

锈菌对寄主有高度的专化性。有的锈菌全部生活史可以在同一寄主上完成，此现象称为同主寄生或单主寄生；也有不少锈菌必须在两种亲缘关系很远的寄主上完成全部生活史，此现象称为转主寄生。转主寄生是锈菌特有的一种现象。玫瑰多孢锈菌为单主寄生锈菌。松芍柱锈菌为转主寄生锈菌，性孢子和锈孢子在松树枝干上危害，夏孢子和冬孢子在芍药叶片上危害。

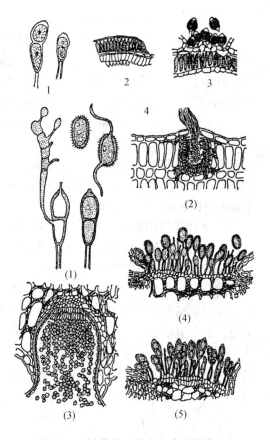

图2-10　锈菌的5种孢子类型霉菌

（广西壮族自治区农业学校，1996）

1. 柄锈菌属　2. 栅锈菌属
3. 单胞锈菌属　4. 小麦秆锈菌
(1)冬孢子萌发(示担子及担孢子)　(2)性孢子器及性孢子　(3)锈子腔及锈孢子　(4)夏孢子堆及夏孢子　(5)冬孢子堆及冬孢子

锈菌寄生在植物的叶、果、枝干等部位，在受害部位表现出鲜黄色或锈色粉堆、疱状物、毛状物等显著的病征。引起叶片枯斑，甚至落叶，枝干形成肿瘤、丛枝、曲枝等。因锈菌引起的病害病征多呈锈黄色粉堆，故称为锈病。

（2）多孔菌目 Polyporales

一般形成较大的裸型担子果。担子果的质地为革质、木质或栓质，一般比较坚实，大多数是腐生菌。其主要危害是引起立木腐朽和木材腐朽。

（3）黑粉菌目 Ustilaginales

黑粉菌都是高等植物的寄生菌，因其形成大量黑色的粉状孢子而得名。由黑粉菌引起的植物病害称为黑粉病。无性繁殖产生分生孢子。有性繁殖产生担孢子。危害园林植物重要病原有条黑粉菌属（*Urocystis*）及黑粉菌属（*Ustilago*）等。常见的有银莲花条黑粉病及石竹花药黑粉病等。

（4）外担子菌目 Exobasidiales

不形成担子果，担子果裸生在寄主表面，形成子实层，担孢子2～8枚生于小梗上。危害植物的叶、茎和果实。常常使被害部位发生膨肿症状，有时也引起组织坏死。外担子菌属是园林植物重要的病原，常见的有杜鹃花和山茶的饼病。

5. 半知菌亚门真菌及其所致病害

由于半知菌的生活史只发现无性阶段，有性阶段未发现，或不产生有性态，所以称为半知菌。已发现的有性态多属于子囊菌亚门，极少数属于担子菌。半知菌菌丝体发达，有隔膜。半知菌亚门分为3个纲，即丝孢菌纲、腔孢菌纲和芽孢菌纲。其繁殖方式是从菌丝体上分化出特殊的分生孢子梗，由产孢细胞产生分生孢子，孢子萌发产生菌丝体。分生孢子梗分散着生在营养菌丝上或聚生在一定结构的子实体中。半知菌的无性子实体有以下几种（图2-11）：分生孢子器、分生孢子盘、分生孢子座。

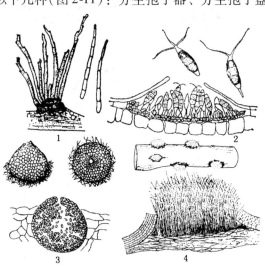

园林植物重要的半知菌有：

（1）丝孢目 Hyphomycetales

菌丝体发达，呈疏松棉絮状，有色或无色。分生孢子直接从菌丝上或分生孢子梗上产生，分生孢子与分生孢子梗无色或有色，重要的有：

①粉孢属 *Oidium* 如菌丝表面生分生孢子，单胞，椭圆形，串生。分生孢子梗丛生与菌丝区别不显著。如瓜叶菊白粉病、月季白粉病菌等。

图2-11 半知菌无性子实体类型（关继东等，2002）

1. 分生孢子梗束 2. 分生孢子盘 3. 分生孢子器

4. 分生孢子座

②葡萄孢属 *Botrytis* 分生孢子梗细长，分枝略垂直，对生或不规则。分生孢子圆形或椭圆形，聚生于分枝顶端呈葡萄穗状。如菊花、牡丹、芍药、四季海棠、仙客来灰霉病菌等。

③轮枝孢属 *Verticillium* 分生孢子梗轮状分枝，孢子卵圆形、单生。如大丽花黄萎病、茄黄萎病菌等。

④链格孢属(交链孢属) *Alternaria* 分生孢子梗深色，顶端单生或串生分生孢子。分生孢子多胞，纵、横隔膜呈砖格状，孢子长圆形或棒形，顶端尖细，串生，很多是常见的腐生菌。如香石竹叶斑病、圆柏叶枯病菌等。

⑤尾孢属 *Cercospora* 分生孢子梗黑褐色，不分枝，顶端着生分生孢子。分生孢子线形，多胞，有多个横隔膜。如樱花褐斑病、丁香褐斑病、桂花叶斑病、杜鹃叶斑病菌等。

（2）无孢菌目 Agonomycetales

菌丝体发达，褐色或无色，有的能形成厚垣孢子，有的只能形成菌核。不产生分生孢子。主要危害植物的根、茎基或果实等部位，引起立枯、根腐、茎腐和果腐等症状。重要的园林植物病原有：

①丝核菌属 *Rhizoctonia* 菌丝细胞短而粗，褐色，分枝多呈直角，在分枝处较细缢，并有一隔膜。菌核表面及内部褐色至黑色，形状多样，生于寄主表面，常有菌丝相连(图2-12)。引起多种园林植物猝倒病、立枯病。

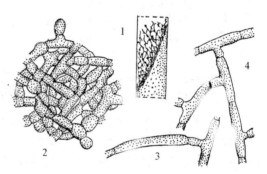

图2-12 丝核属属(邵力平等，1983)
1. 培养基表面菌丝体和丝核 2. 丝核的断面
3. 幼嫩菌丝 4. 老菌丝体

②小核菌属 *Sclerotium* 产生较有规则的圆形或扁圆形菌核，表面褐色至黑色，内部白色，菌核之间无菌丝相连。引起兰花等多种花木白绢病。

（3）瘤座孢目 Tuberculariales

分生孢子梗集生在菌丝体纠结而成的分生孢子座上。分生孢子座呈球形、碟形或瘤状，鲜色或暗色。重要的有镰刀菌属(*Fusarium*)，分生孢子有两种：大分生孢子多胞、细长、镰刀形；小分生孢子卵圆形、单胞，着生在子座上，聚生呈粉红色。本属种类多，分布广，腐生、弱寄生或寄生，能危害多种不同植物，引起根、茎、果实腐烂，穗腐，立枯，或破坏植物输导组织，引起萎蔫。如香石竹等多种花木枯萎病(图2-13)。

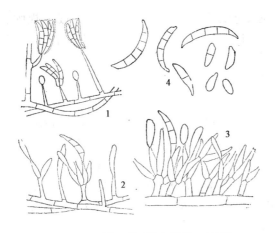

图 2-13　镰刀菌(邵力平等，1983)
1. 菌丝上生长的不分枝的孢梗和孢子
2. 菌丝上生长的不定形的孢梗和孢子
3. 由分枝的孢梗组成的孢子座
4. 大型孢子和小型孢子

（4）黑盘孢目 Melanconiales

分生孢子梗产生在孢子盘上。其中刺盘孢属、盘多毛孢属引起园林植物多种炭疽及各种叶斑病。

①刺盘孢属 Colletotrichum　分生孢子盘有刚毛，孢子单胞，无色，圆形或圆柱状。如兰花、梅花、茉莉、米兰、山茶、樟树炭疽病菌等。

②痂圆孢属 Sphaceloma　分生孢子盘半埋于寄主组织内，分生孢子较小，单胞，无色，椭圆形，稍弯曲。如柑橘疮痂病菌等。

③盘多毛孢属 Pestalotia　分生孢子多胞，两端细胞无色，中部细胞褐色，顶端有 2～3 根刺毛。如山楂灰斑病菌等。

（5）球壳孢目 Sphaeropsidales

分生孢子梗着生在分生孢子器内。大茎点属（Macrophoma）、茎点属（Phoma）、壳针孢属（Sptoria）和叶点霉属（Phyllosticta），常引起枝枯及各种叶斑病。

①叶点霉属 Phyllosticta　分生孢子器暗色，扁球形至球形，具有孔口，埋生于寄主组织内，部分突出，或以孔口突破表皮外露。分生孢子梗短，孢子小，单胞，无色，卵圆形至长椭圆形。寄生性强，主要在植物叶片上。常引起荷花斑枯病、桂花斑枯病等。

②壳针孢属 Septoria　分生孢子器暗色，散生，近球形，生于病斑内，孔口露出。分生孢梗短，分生孢子无色、多胞。常引起菊花褐斑病等。

半知菌生活史一般比较简单，分生孢子萌发产生菌丝体，菌丝体上再产生分生孢子。在生长季节中重复若干代后，以分生孢子、菌丝体或菌核越冬。由于分生孢子量大，迅速成熟和传播，再侵染次数多，而且潜育期短，所以常造成病害流行。

三、真菌病害的诊断

1. 症状观察

植物病害的症状都有一定的特征，又相对稳定，是进行病害识别、诊断的重要依据。对于已知的比较常见的病害，根据症状可以作出比较正确的诊断。

但病害的症状并不是固定不变的，同一种病原物在不同寄主上，或在同一寄主的不同发育阶段，或处在不同的环境条件下，都可能表现出不同的症状。如梨胶锈菌危害梨和海棠叶片产生叶斑，在松柏上使小枝膨肿并形成楔状冬孢子角；立枯丝核菌危害针叶树幼苗时，若侵染发生在幼苗木质化以前表现为猝倒，如发生在幼苗木质化后则表现为立枯。相反，不同的病原物也可以引起相同的症状，如真菌、细菌，甚至霜害都能引起李属植物穿孔病。

真菌病害一般到后期会在病组织上产生病症，它们多半是真菌的繁殖体。对于那些专性寄生或强寄生的真菌，如锈菌、白粉菌、外子囊菌所致病害，根据病原物进行诊断是完全可靠的，细菌病害在潮湿的条件下部分产生菌脓。病毒病害只有病状而无病症，病状有显著特点，常见全株变色、畸形，也有局部坏死症状，坏死斑在植株上分布比较均匀。

2. 病原物的显微镜观察

植物病害的症状是很复杂的，每一种病害的症状常常由几种现象综合而成。因此单纯根据症状作出诊断，有时并不完全可靠，还必须应用显微镜镜检、人工诱发等先进技术和方法对病原进行分析和鉴定，才能作出正确的诊断。

显微镜检是挑取少许病组织做病部切片，在显微镜下观察病原形态。如果是真菌，观察菌丝有无隔膜，孢子和子实体形态、大小、颜色、细胞数、着生情况等，进行鉴定。如是细菌病害，一般可看到大量细菌云雾状从维管束薄壁细胞溢出，这是诊断细菌病害的简单而又可靠的方法。对于病毒病害，显微镜检查植物细胞内的内含体，从黄化型病毒的叶脉或茎切片中，可以看到韧皮部细胞的坏死与组织内淀粉积累。用碘或碘化钾溶液检测可显现深蓝色淀粉斑，作为诊断参考。对线虫病可将线虫瘿或肿瘤切开，挑取线虫制片镜检鉴定。根瘤线虫的观察，可将病根组织放在载玻片上，加一滴碘液（碘 0.3g、碘化钾 1.3g、水 100ml），另用一块玻璃，放在上面轻压，线虫染为深色，根部组织呈淡金黄色。

3. 人工诱发试验

人工诱发是在症状观察和显微镜检查时，可能在发病部位发现一些微生物，若不能断定是病原菌或是腐生菌，最好进行分离培养、接种和再分离，这种诊断步骤称柯赫氏证病律。应用柯赫氏法则的原则来证明一种微生物的传染性和致病性，是最科学的植物病害诊断方法。其步骤如下：①当发现植物病组织上经常出现的微生物时，应将它分离出来，并使其在人工培养基上生长；②将培养物进一步纯化，得到纯菌种；③将纯菌种接种到健康的寄主植物上，并给予适宜的发病条件，使其发病，观察它是否与原症状相同；④从接种发病的组织上再分离出这种微生物。但人工诱发试验并不一定能够完全实行，因为有些病原物到现在还没找到人工培养的方法。接种试验也常常由于没有掌握接种方法或不了解病害发生的必要条件而不能成功。目前，对病毒和植原体还没有人工培养方法，一般用嫁接方法来证明它们的传染性。

【任务准备】

材料：真菌主要类群玻片标本、真菌性病害标本、无性子实体和有性子实体装片、校园及周边植物真菌性病害新鲜标本。

用具：高压灭菌锅、显微镜、拨针、刀片、木板、酒精灯、火柴、载玻片、盖玻片、纱布、乳酚油、二甲苯、显微镜、擦镜纸、吸水纸等。

【任务实施】

1. 观察植物病原真菌的营养体

（1）制作临时玻片或观察已有的玻片，观察真菌的菌丝形态：无隔菌丝和有隔菌丝。

（2）制作临时玻片或观察已有的玻片，观察真菌的子实体、无性繁殖体和有性繁殖体。

2. 观察植物病原真菌主要类群

取真菌中鞭毛菌亚门、接合菌亚门、囊菌亚门、担子菌亚门、半知菌亚门的玻片标本和腊叶标本，观察它们的形态特征和繁殖体特征。

3. 诊断校园真菌病害

对校园已发病的园林植物进行观察，根据病害的分布、发病部位、病害是成片发生还是有发病中心、发病植物所处的小环境等进行诊断。

【任务评价】

任务完成后，教师指出学生在任务完成过程中存在的问题，并根据以下4个方面进行任务评价。

序号	评价组成	评价内容	参考分值
1	学生自评	是否认真完成任务，上交实训报告，指出不足和收获	20
2	教师测评	显微镜的操作是否规范；病原鉴定和病害诊断是否准确；实训报告的完成情况及任务各个步骤的完成情况	40
3	学生互评	互相学习、协作，共同完成任务情况	10
4	综合评价	学习态度、参与程度、团队合作能力、小组任务完成情况等	30
合　计			100

【巩固训练】

1. 简述真菌的一般形态特征。
2. 简述真菌病害的诊断方法。

任务三　诊断其他侵染性病害

【任务目标】

1. 掌握细菌病害的特征，能进行细菌病害的诊断及防治。
2. 掌握植原体病害的特征，能进行植原体病害的诊断及防治。
3. 掌握病毒病害的特征，能进行病毒病害的诊断及防治。
4. 掌握线虫病害的特征，能进行线虫病害的诊断及防治。
5. 掌握寄生性种子植物病害的特征，能进行寄生性种子植物病害的诊断及防治。

【任务分析】

园林植物病害除真菌外还有许多侵染性病害，细菌、植原体、病毒、线虫、寄生性种子植物等，要诊断这些病害首先要了解病原物的性状。围绕完成供试标本的鉴别，分阶段按教师讲解→学生训练→鉴别的过程进行，4~6人组成一个学习小组，对供试标本以及校园或周边绿地除真菌外的其他侵染性病害进行观察和诊断。

【知识导入】

一、园林植物病原细菌

植物细菌病害分布很广，目前已知的植物病害细菌有 300 多种，我国发现的有 70 种以上。细菌病害主要见于被子植物，松柏等裸子植物中很少发现。

1. 病原细菌的一般性状

（1）细菌的形态结构

细菌属于原核生物界，是单细胞的微小生物。基本形状可分为球状、杆状和螺旋状 3 种，植物病原细菌全部都是杆状。

细菌的结构较简单。外层是有一定韧性和强度的细胞壁。细胞壁外常围绕一层黏液状物质，其厚薄不等，比较厚而固定的黏质层称为夹膜。在细胞壁内是半透明的细胞膜，它的主要成分是水、蛋白质和类脂质、多糖等。细胞膜是细菌进行能量代谢的场所。细胞膜内充满呈胶质状的细胞质。

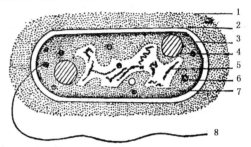

图 2-14 细菌内部结构（中南林学院，1986）

1. 荚膜 2. 细胞壁 3. 细胞膜 4. 液泡
5. 核质 6. 颗粒 7. 细胞质 8. 鞭毛

细胞质中有颗粒体、核糖体、液泡、气泡等内含物，但无高尔基体、线粒体、叶绿体等。细菌的细胞核无核膜，在电子显微镜下呈球状、卵状、哑铃状或带状的透明区域。它的主要成分是脱氧核糖核酸（DNA），而且只有一个染色体组（图 2-14）。

绝大多数植物病原细菌不产生芽孢，但有一些细菌可以生成芽孢。芽孢对光、热、干燥及其他因素有很强的抵抗力。通常煮沸消毒不能杀死全部芽孢，必须采用高温、高压处理或间歇灭菌法才能杀灭。

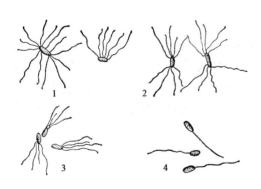

图 2-15 细菌的鞭毛（中南林学院，1986）

1. 周生 2、3. 极生 4. 单极生

大多数植物病原细菌都能游动，其体外生有丝状的鞭毛。鞭毛数通常 3～7 根，多数着生在菌体的一端或两端，称为极毛；少数着生在菌体四周，称为周毛。细菌有无鞭毛和鞭毛的数目及着生位置是分类上的重要依据之一（图 2-15）。

（2）细菌的繁殖

细菌的繁殖方式一般是裂殖，即细菌生长到一定限度时，细胞壁自菌体中部向内凹入，胞内物质重新分配为两部分，最后菌体从中间断裂，把原来的母细胞分裂成两个相似的子细胞。细菌的繁殖速度很快，一般 1h 分裂一次，在适宜的条件下有的只要 20min 就能分裂一次。

（3）细菌的生理特性

植物病原细菌都是非专性寄生菌，都能在培养基上生长繁殖。在固体培养基上可形成各种不同形状和颜色的菌落，通常以白色和黄色的圆形菌落较为居多，也有褐色和形状不规则的。假单胞杆菌属的植物病原细菌，有的可产生荧光性色素并分泌到培养基中。青枯病细菌在培养基上可产生大量褐色色素。

大多数植物病原细菌是好气的，少数是嫌气菌。细菌的最适生长温度是 26～30℃，温度过高过低都会使细菌生长发育受到抑制，细菌对高温比较敏感，一般致死温度是 50～52℃。

革兰氏染色反应是细菌的重要属性。细菌用结晶紫染色后，再用碘液处理，然后用酒精或丙酮冲洗，洗后不褪色是阳性反应，洗后褪色的是阴性反应。革兰氏染色能反映出细菌本质的差异，阳性反应的细胞壁较厚，为单层结构；阴性反应的细胞壁较薄，为双层结构。

2. 植物病原细菌的主要类群

细菌个体很小，构造简单，不像其他生物那样主要以形态作为分类依据。细菌分类主要以下列几个方面的性状为依据：①形态上的特征；②营养型及生活方式；③培养特性；④生理生化特性；⑤致病性；⑥症状特点；⑦抗原构造；⑧对噬菌体的敏感性；⑨遗传学特性。关于细菌分类问题意见颇不一致，过去曾有许多种分类系统。现在较普遍采用的是伯节氏（Bergey）在 1974 年《伯节氏细菌鉴定手册(第八版)》提出的分类系统。植物病原细菌分属于土壤杆菌属（*Agrobacterrum*）、黄单胞杆菌属（*Xanthomonas*）、假单胞杆菌属（*Pseudomonas*）、杆菌属（*Erwinia*）和棒杆菌属（*Clavibacter*）等。

3. 植物细菌病害的症状特点

植物细菌病害的主要症状有斑点、腐烂、枯萎、畸形等。

（1）斑点

细菌性病斑发生初期，病斑常呈现半透明的水渍状，其周围形成黄色的晕圈，扩大到一定程度时，中部组织坏死呈褐色至黑色。有些细菌还能在寄主枝干韧皮部形成溃疡斑，如杨树细菌性溃疡病。病斑到了后期，常从自然孔口和伤口溢出细菌性黏液，成为溢脓。斑点症大多由假单胞杆菌或黄单胞杆菌引起。

（2）腐烂

植物多汁的组织受细菌侵染后，通常表现腐烂症状。腐烂主要由欧氏杆菌引起。

（3）枯萎

细菌侵入维管束组织后，植物输导组织受到破坏，引起整株枯萎，受害的维管束组织变褐色。在潮湿的条件下，受害茎的断面有细菌黏液溢出。枯萎多由棒状杆菌属引起，在木本植物上则以青枯病假单胞杆菌最为常见。

（4）畸形

以组织过度生长畸形为主，癌肿野杆菌的细菌可以引起根或枝干产生肿瘤，或使须根丛生。如菊花根癌病等。

4. 植物细菌病害的侵染循环和防治要点

（1）侵染循环

细菌不能直接穿透表皮侵入，因此侵入途径只能是自然孔口和伤口，各种植物病原细菌均可以从伤口侵入寄主，假单胞杆菌和黄单胞杆菌两属中寄生性较强的一些种类除了通过伤口侵入外，还可以通过气孔、水孔或皮孔等自然孔口侵入植物体。野单胞杆菌和欧氏杆菌则是以伤口侵入寄主，细菌从侵入到发病大多只需要几天时间，因此，在一个生长季节中往往可以有多次再侵染的机会。

在自然条件下，细菌的传播主要依靠雨滴飞溅作用，很少由气流和昆虫传播，故传播的距离一般不远。由于细菌的侵入和传播都需要在有水的条件下进行，所以，细菌病害的发生与发展往往与湿度的高低及一年中雨露的分布有密切的关系。

带菌的种苗是细菌病害侵染的重要来源。种子带菌引起苗期的感染，然后传染给成株。许多危害树木叶部的细菌都能同时危害新梢，它们都可以在新梢的病组织中越冬，引起下一年的侵染。植物病死后残体，也是细菌越冬的重要场所，但在病残体分解之后，其中的细菌也大部分死亡。植物病原细菌一般不能在土壤中存活很久。

（2）防治方法

植物细菌病害的防治最重要的是减少侵染源，并避免造成伤口。

①加强检疫措施，防止新病菌的传入。

②选育抗病品种，做好种苗消毒。

③加强栽培管理，清除病株残体，进行土壤消毒。

④发病时用抗菌素进行药剂防治。

二、园林植物病原病毒

病毒是一类非细胞形态的具有传染性的寄生物，其核酸基因的质量小于 3×10^8 dalton，需要有寄主细胞的核糖体和其他成分才能复制增殖。

1. 植物病毒的一般性状

（1）病毒的形态结构

病毒比细菌小，只有在电子显微镜下才能观察到病毒粒体。其形态可分为3类：①棒状，有硬棒状和软棒状（或称纤维状、线状）两类；②球状，粒体常呈几面体；③弹状或称杆状，一般呈子弹状，一端钝圆一端平截或呈杆菌状两端钝圆。

病毒粒体是由核酸和蛋白质两大部分组成，蛋白质在外形成衣壳，核酸在内，形成轴心。绝大部分植物病毒的核酸是核糖核酸（RNA），个别种类是脱氧核糖核酸（DNA）。核酸携带着病毒的遗传信息，使病毒具有传染性。

（2）病毒的特性

病毒是一种专性寄生物，它的粒体只能存在于活的细胞中。不少植物感染某种病毒后不表现症状，其生长发育和产量不受明显影响，这表明有的病毒在寄主上只具有寄生性而不具有致病性。这种现象称为带毒现象，被寄生的植物称为带毒体。

病毒缺少生活细胞所具有的细胞器，而且绝大多数植物病毒都缺乏独立的酶系统，不能合成自身繁殖所必需的原料和能量。因此，病毒只能在活细胞内利用寄主的营养物质和能量分别合成蛋白质和核酸，从而形成新的病毒粒体。病毒的这种增殖方式称为复制。

2. 植物病毒病害的症状特点

植物病毒病害绝大多数属于系统侵染的病害。当寄主植物感染病毒后，症状发生总是从局部开始，经过或长或短的时间扩展至全身。病毒病状可分为3种类型：

（1）变色

变色主要表现为花叶和黄化两种类型，这两种类型是病毒病的普遍症状。

（2）组织坏死

最常见的是叶片上产生枯斑，这大多数是寄主过敏反应引起的，它阻止了病毒侵入植物体后的进一步扩展。有些病毒还能引起韧皮部坏死或系统坏死。

（3）畸形

许多病毒除引起黄化和花叶外，往往还造成植株器官变小、矮化、节间缩短、丛枝、皱叶、厥叶、卷叶、肿瘤等变态，这些变态常常是病毒病的最终表现。

植物受病毒侵染后除在外部表现一定的症状外，没有病症。

环境条件对病毒病害的症状有抑制或增强作用。如花叶症状在高温下常受到抑制，而在强光照下则表现得更明显。由于环境条件的关系，使植物暂时不表现明显的症状，甚至原来已表现的症状也会暂时消失，这种现象称为隐症现象。

3. 病毒病害的传播

病毒是专性寄生物，它必须在活体细胞内寄生活动，不能像其他病原物那样主动地传播，只能通过轻微的伤口侵入植物体。病毒的具体传播方式主要有以下几种：

（1）接触传播

病、健植株的叶片因相互碰撞摩擦而产生轻微伤口，病毒随着病株汁液从伤口流出侵染健株。通过沾有病毒汁液的手和操作工具也能将病毒传给健株。

（2）嫁接传播

几乎所有的植物病毒都能通过嫁接的方式传播，病毒可由带毒一方传给无毒一方。树木根系间的自然接合也会造成病毒的株间传播。

（3）昆虫传播

植物病毒的媒介昆虫主要是蚜虫和叶蝉，其他有飞虱、粉蚧、蜡象、木虱、蓟马等。病毒能在昆虫体内增殖，即昆虫吸毒后获得传毒能力且保持很长时间，并可以通过卵把病毒传给它的后代，故又称为持久性传播。

（4）其他介体传播

植物病毒的传播介体除昆虫外，少数也可以由线虫、螨类、真菌及菟丝子等传播。

（5）种子传播

种子传播有的是因种皮带毒，有的是种子内部（胚）带毒。种皮带毒是由果肉污染所致，种子带毒是由花粉传染所致。

由于病毒系统侵染的特性，一般无性繁殖材料都可能传播病毒病害。

4. 病毒病害的防治方法

病毒病害与其他侵染性病害比较，更加难以防治。由于植物病毒的寄主范围广，对化学药剂抵抗性较强，所以在防治上存在一定的复杂性和局限性。主要防治途径有以下几个方面。

（1）选用无病繁殖材料

这一措施对无性繁殖栽培的苗木、花卉特别重要。选用无病植株的枝条和幼苗作为接穗和砧木，避免嫁接传毒。由于病毒在植物中一般不进入生长点，利用植物的芽和生长点进行组织培养可获得无病苗木。

（2）减少侵染来源

带病的植株是病毒病的主要传染来源。由于病毒的寄主范围广，所以除草消灭野生寄主是防治病毒病的重要途径。

（3）防治媒介昆虫

定期喷施 40% 乐果乳剂 1000 ~ 1500 倍液或 25% 吡蚜酮可湿粉剂 2000 倍液防治蚜虫、叶蝉、粉虱等传毒昆虫。

（4）培育抗病品种

品种的抗性要注意两个方面，包括对病毒本身的抗性和对传毒虫媒的抗性。

（5）病株治疗

用温水处理带病的种苗和无性繁殖材料，可以杀死其中病毒。用干扰核酸代谢的化学物质来防治病毒，也会获得显著效果。

三、园林植物病原植原体

植原体是 1967 年从桑萎缩病中认识的一种新病原。这类微生物的形态结构与动物病原菌原体极为相似。目前已发现 300 多种植物的 90 种左右的病害是由植原体引起。园林植物上已知的植原体病害有泡桐丛枝病、枣疯病、桑萎缩病、榆韧皮部坏死病及翠菊黄化病、三叶草叶肿病等。

1. 植原体的一般性状

植物菌原体没有细胞壁，无拟核，没有革兰氏染色反应，也无鞭毛等其他附属结构。菌体外缘为 3 层结构的单位膜。植原体的形态、大小变化较大，表现为多型性，如圆形、椭圆形、哑铃形、梨形等，大小为 80 ~ 1000nm。细胞内有颗粒状的核糖体和丝状的核酸物质。植原体模式图如图 2-16 所示。

一般认为植原体以裂殖、出芽

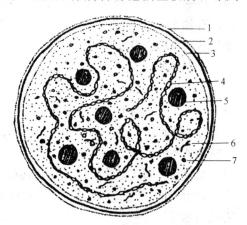

图 2-16　植原体模式图（关继东，2007）

1 ~ 3. 3 层单位膜　4. 核酸链
5. 核糖体　6. 蛋白质　7. 细胞质

繁殖或缢缩断裂法繁殖。

植原体对四环素、土霉素等抗生素敏感。

2. 植原体病害的症状

由植原体引起的植物病害，大多表现为黄化、花变绿、丛枝、萎缩现象。丛枝上的叶片常表现为失绿、变小、发脆等特点。丛枝上的花芽有时转变为叶芽，后期果实往往变形，有的植物感染植原体后节间缩短、叶片皱缩，表现萎缩症状。

3. 植原体病害的传播

植物上的植原体在自然界主要是通过叶蝉传播，少数可以通过木虱和菟丝子传播。也可通过传播植原体嫁接。就目前所知，植原体很难通过植物汁液传染。在木本植物上，从植原体接种到发病所经历的时间较长。

4. 植原体病害的防治

防治植原体病害基本上与防治病毒病害相似。严格选择无病的繁殖材料，防治媒介昆虫，选用抗病品种。由于植原体对四环素药物敏感，使用这类药物可以有效地抑制许多种植原体病害。

四、园林植物病原线虫

线虫属线形动物门线虫纲，它在自然界分布很广，种类繁多，有的可以在土壤和水中生活，有的可以在动植物体内营寄生生活。被线虫危害的植物种类很多，裸子植物、被子植物等均能受害。根据《全国大中城市园林植物病虫害普查》(1984)，我国园林植物线虫病害有百余种。目前危害较严重的有仙客来、牡丹、月季等的根结线虫病，菊花、珠兰的叶枯线虫病，水仙茎线虫病以及松材线虫病等。

1. 线虫的一般性状

植物病原线虫多为不分节的乳白色透明线形体，雌雄异体，少数雌虫可发育为梨形或球形，线虫长一般不到1mm，宽0.05~0.1mm。线虫虫体通常分为头部、颈部、腹部和尾部。头部的口腔内有吻针和轴针，用以刺穿植物并吮吸汁液。寄生线虫在土壤或植物组织中产卵，卵孵化后形成幼虫，幼虫侵入寄主危害。幼虫一生需蜕皮4次才能变成成虫，交配后雄虫死亡，雌虫产卵，线虫完成生活史的时间长短不一，有的需要一年，有的只需几天至几周。

最适宜线虫发育和孵化的温度为20~30℃，温度过高(40~50℃)时，线虫不活跃甚至死亡。土壤潮湿有利于线虫活动，但土壤水分过多不利于线虫存活，所以田间土壤积水，能杀死大多数线虫。多种线虫病在砂壤中比在黏重土壤中发生严重，这是因为砂土通气良好，有利于线虫的生活和活动。

2. 线虫的传播

线虫主要靠种子、苗木作远距离传播，土壤灌溉水也可以传播线虫，病株残体中的线虫也可借风、机具等作一定距离的传播。线虫自身只能作短距离的主动运动，在传播病害上意义不大。不同类群的线虫有不同的寄生方式，有的寄生在植物体内，称为内寄生；有的线虫只以头部或吻针插入寄主体内吸取汁液，虫体在寄主体外，称为外寄生；也有的线虫先行外寄生，再行内寄生。

线虫除直接引起植物病害外，还能成为其他病原物的传播媒介。线虫危害常为其他根病的病原物开辟侵入途径，甚至将病原物直接带入寄主组织内。如香石竹萎蔫病是由一种假单孢杆菌和任何一种根线虫联合引起的，细菌是通过线虫造成的伤口侵入植物。

3. 植物线虫病害的症状

园林植物线虫病害的主要症状表现为以下两种类型：

（1）全株性症状

植株生长衰弱矮小，发育缓慢，叶色变淡，甚至萎黄，类似缺肥、营养不良的现象。这种症状主要是根部受线虫危害所致。

（2）局部性症状

由于线虫取食时寄主细胞受到线虫唾液（内含多种酶如酰胺酶、转化酶、纤维酶、果胶酶和蛋白酶等）的刺激和破坏作用，常引起各种异常的变化，其中最明显的是瘿瘤、丛根及茎叶扭曲等畸形症状。

4. 植物线虫病害的防治

（1）加强植物检疫

有些重要的线虫在我国尚未发现，应采取检疫措施，有效防止这些线虫传入我国。

（2）采取轮作和间作措施

植物寄生线虫大多是专性寄生的，它们的卵和幼虫在土壤中存活的时间有限，用非寄主作物或树种进行轮作和间作，可以达到防治的目的。

（3）种苗处理

有些线虫是在种子或苗木中越冬并由种苗传播，带有线虫的树苗可用热力处理。如受根结线虫侵害的桑苗，在 48～52℃ 的温度下处理 20～30min，即可杀死根瘤中的线虫。

（4）土壤处理

土壤处理是防治植物线虫病的传统方法。土壤处理通常有药剂处理和热处理两种方法。目前常用的杀线虫剂有氯化苦、克线磷、呋喃丹等。热处理土壤多采用干热法，温室可用蒸汽加热土壤。

五、寄生性种子植物

种子植物大都是自养的，只有少数因缺乏叶绿素不能进行光合作用或因某些器官退化而成为异养的寄生植物，这类植物大都是双子叶的，已知有1700多种，分属于12个科。

依据寄生方式可分为半寄生和全寄生两种。重要的半寄生性种子植物为桑寄生科，这种植物的叶片有叶绿素，可以进行光合作用，但必须从树木寄生体内吸取矿质元素和水分。桑寄生科在我国已发现有6个属，50余种，其中重要的是桑寄生属，其次是槲寄生属。重要的全寄生性种子植物有菟丝子科和列当科。这种植物的根、叶均已退化，全身没有叶绿素，只保留茎和繁殖器官，它们的导管、筛管与寄生植物的导管和筛管相连，从寄主植物中吸收水和无机盐，并依赖寄主植物供给碳水化合物和其他营养物质。

寄生性种子植物对木本植物的危害是使生长受到抑制，如落叶树受桑寄生侵害后，树叶早落，翌年发芽迟缓，常绿树则在冬季引起全部落叶或局部落叶，树木受害，有时引起顶枝枯死、叶面缩小等。

图2-17　常见寄生性种子植物
（中南林学院，1986）
1. 桑寄生　2. 菟丝子

1. 桑寄生属 *Loranthus*

桑寄生一般是桑寄生属总称，这一属的植物是常绿性寄生灌木（也有少数是落叶性的），高1m左右。叶对生，轮生或互生，全缘。两性花，花被4~6枚。浆果，呈球形或卵形（图2-17）。该属在我国最常见的有桑寄生和樟寄生（褐背寄生）两种，常寄生在山茶、石榴、木兰、蔷薇等植物上。

2. 菟丝子属 *Cuscuta*

菟丝子是菟丝子属植物的总称，全世界有100多种，我国发现有10余种（图2-17）。常见的有中国菟丝子和日本菟丝子。菟丝子种的区别主要根据茎的粗细、花和蒴果的形态及寄主的范围。

中国菟丝子茎细，直径在 1mm 以下；黄色，无叶；花小，聚生成无柄小花束；蒴果内有种子 2~4 枚。主要危害草本植物，以豆科植物为主，还寄生于菊科、藜科等植物。常危害一串红、翠菊、地肤、美女樱、长春花、扶桑等多种观赏植物。

日本菟丝子茎较粗，直径达 2mm，黄白色，并有突起的紫斑；尖端及其下面 3 个节上有退化鳞片状的叶；花冠管状，白色；蒴果内有种子 1~2 枚。主要危害木本植物。它的寄主范围很广，在我国已发现 80 种以上的植物受害。

3. 寄生性种子植物病害的防治方法

（1）防治桑寄生，应清除病枝。

（2）防治菟丝子主要是减少侵染来源，消除菟丝子和种子，冬季深耕，使种子深埋土中，不能萌发。此外，在春末夏初进行苗地检查，发现菟丝子立即清除，以免蔓延。

六、细菌、病毒等侵染性病害的诊断

可参见真菌病害的诊断。

【任务准备】

材料：细菌玻片标本、线虫标本、其他侵染性病害标本，菟丝子、桑寄生等当地的寄生性种子植物标本，校园及周边绿地除真菌外的其他侵染性病害新鲜标本。

用具：带油镜显微镜、载玻片、盖玻片、蒸馏水滴瓶、洗瓶、酒精灯、火柴、滤纸、擦镜纸等。

药品：碱性品红、甲紫、95% 酒精、碘液、苯酚、二甲苯等。

【任务实施】

1. 观察植物病原细菌玻片，认识细菌的形态特征。

2. 观察线虫玻片，认识线虫的形态特征。

3. 观察寄生性种子植物标本，认识半寄生与全寄生植物形态上的区别。

4. 诊断校园或公园绿地园林植物其他非侵染性病害。

【任务评价】

任务完成后，教师指出学生在任务完成过程中存在的问题，并根据以下 4 个方面进行任务评价。

序号	评价组成	评价内容	参考分值
1	学生自评	是否认真完成任务，上交实训报告，指出不足和收获	20
2	教师测评	现场操作是否规范；病原识别是否准确；实训报告的完成情况以及任务各个步骤的完成情况	40
3	学生互评	互相学习、协作，共同完成任务情况	10
4	综合评价	学习态度、参与程度、团队合作能力、小组任务完成情况等	30
合　计			100

【巩固训练】

1. 简述细菌病害的诊断方法。
2. 说明病毒引起的病害在症状上与真菌引起的病害有何不同。

任务四　诊断非侵染性病害

【任务目标】

1. 掌握非侵染性病害的一般特征。
2. 能根据症状及发病特点进行非侵染性病害的诊断。

【任务分析】

园林植物除了病原生物引起的病害外，不良的环境条件也可致病，因这类病害不会侵染，故又称非侵染性病害。非侵染性病害的诊断除了症状诊断外，主要通过环境分析。围绕完成供试标本的鉴别，4~6人组成一个学习小组，分阶段按教师讲解→学生训练→鉴别的过程进行。任务为校园园林植物非侵染性病害的诊断。

【知识导入】

园林植物正常的生长发育，要求一定的外界环境条件。各种园林植物只有在适宜的环境条件下生长，才能发挥它的优良性状。当植物遇到恶劣的气候条件、不良的土壤条件或有害物质时，植物的代谢作用受到干扰，生理机能受到破坏，因此在外部形态上必然表现出症状来。引起非侵染性病害发生的原因很多，主要有以下几种。

一、营养缺乏

植物所必需的营养元素有氮、磷、钾、钙、镁和微量元素铁、硼、锰、锌、铜等十几种。缺乏这些元素时，就会出现缺素症；某种元素过多时，也会影响园林植物的正常生长发育。常见的缺素症有以下几种。

（1）缺氮

植物生长不良，植株矮小，分枝较少，成熟较早，叶稀疏，小而薄，色变淡或黄化、早落。在酸性强、缺乏有机质的土壤中，常有氮素不足的现象。

（2）缺磷

植物生长受抑制，严重时停止生长，植株矮小，叶片初期变成深绿色，但灰暗无光泽，后渐呈紫色，早落。磷素在植物体内可以从老熟组织中转移到幼嫩组织中重新利用。所以症状一般在老叶上开始出现。

（3）缺钾

植株下部老叶首先出现黄化或坏死斑块，通常从叶缘开始，植株发育不良。

（4）缺铁

植株叶片黄化或白化。开始时，脉间部分失绿变为淡黄色或白色，叶脉仍为绿色，后也变为黄色。以后脉间部分会出现黄褐色枯斑，并自叶边缘起逐渐变黄褐色枯死。由缺铁引起的黄化病先从幼叶开始发病，逐渐发展到老叶黄化。防止缺铁症应以增施有机肥料改良土壤性质，使土壤中的铁素变为可溶性的。用1∶30的硫酸亚铁液作土壤打洞浇灌防治多种观赏灌木树种的黄化病可获较好的效果。

（5）缺镁

缺镁症的症状与缺铁症相似，所不同的是先从枝条下部的老叶开始发病，然后逐渐扩展到上部的叶片。

（6）缺硼

缺硼症的主要表现是分生组织受抑制或死亡，常引起芽的丛生或畸形、萎缩等症状。可用硼酸注射树干或浇灌土壤进行防治。

（7）缺锌

苹果小叶病是常见的缺锌症。病树新枝节间短，叶片变小且黄色，根系发育不良，结实量少。

（8）缺铜

缺铜常引起树木枯梢，同时还出现流胶及在叶或果上产生褐色斑点等症状。

（9）缺硫

缺硫的症状与缺氮相似，但以幼叶表现更明显。植株生长较矮小，叶尖黄化。

（10）缺钙

缺钙的症状多表现在枝叶生长点附近，引起嫩叶扭曲或嫩芽枯死。

二、水分失调

水分直接参与植物体内各种物质的转化和合成，也是维持细胞膨压、溶解土壤中矿质养料、平衡树体温度不可缺少的因素。在缺水条件下，植物生长受到抑制，组织中纤维细胞增加，引起叶片凋萎、黄化、花芽分化减少、落叶、落花、落果等现象。

土壤水分过多，会造成土壤缺氧，使植物根部呼吸困难，造成叶片变色、枯萎、早期落叶、落果，最后引起根系腐烂和全树干枯死亡。

三、温度不适

高温能破坏植物正常的生理生化过程，使原生质中毒凝固，导致细胞死亡，最后造成茎、叶或果实发生局部的灼伤等症状。土表温度过高，会使苗木的茎基部受灼伤，尤以黑色土壤的苗圃地上最为严重。针叶树幼苗受灼伤时，茎基部出现白斑，幼苗即行倒伏，很容易同侵染性的猝倒病相混淆。阔叶幼苗受害根颈部出现缢缩，严重的也会死亡。

低温可以引起霜害和冻害，这是温度降低到冰点以下，使植物体内发生冰冻而造成的危害。晚秋的早霜常使未木质化的植物器官受害。晚霜病害在树木冬芽萌动后发生，常使嫩芽新叶甚至新梢冻死。树木开花期间受晚霜危害，花芽受冻变黑，花器呈水浸状，花瓣变色脱落。阔叶树受霜冻之害，常自叶尖或叶缘产生水渍状斑块，有时叶脉间组织也出现不规则形斑块，严重的全叶死亡，化冻后变软下垂。松树受害多致针叶先端枯死变为红褐色。

南方热带、亚热带树种，常发生寒害。寒害为冰点以上的低温对喜温植物造成的危害。寒害常见的症状是组织变色、坏死，也可以出现芽枯、顶枯及落叶等现象。

四、光照不适

光照过弱可影响叶绿素的形成和光合作用的进行。受害植物叶色发黄，枝条细弱，花芽分化率低，易落花落果，并易受病原物侵染。特别是温室、温床栽培的植物更容易出现上述现象。

五、有毒物质污染

环境中的有毒物质达到一定的浓度就会对植物产生有害影响。空气中的有毒气体包括二氧化硫、氟化物、臭氧、氮氧化物、乙烯、硫化氢等。空气中的二氧化硫主要来源于煤和石油的燃烧。有的植物对二氧化硫非常敏感，如空气中含硫量达 0.005ppm* 时，美国白松顶梢就会发生轻微枯死，针叶表面出现褪绿斑点，针叶尖端起初变为暗色，后呈棕色至褚红色。阔叶树受害的典型病状是自叶缘开始沿着侧脉向中脉伸展，在叶脉之间形成褪绿的花斑。如果二氧化硫的浓度过高，则褪色斑很快变为褐色坏死斑。女贞、刺槐、垂柳、银桦、夹竹桃、桃、棕榈、法国梧桐等对二氧化硫的抗性很强。

空气中伤害植物的氟化物以氟化氢、氟化硅为主。氟化物的毒性比二氧化硫大 10～20 倍，但来源较少，因此危害不及二氧化硫。植物受氟化物毒害时，首先在叶先端或叶缘表现变色病斑，然后向下方或中央扩展。脉间的病斑坏死干枯后，可能脱落形成穿孔。叶上病健交界处常有一棕红色带纹。危害严重时，叶片枯死脱落。悬铃木、加杨、银杏、松杉类树木对氟化物较敏感，而桃、女贞、垂柳、刺槐、油茶、油杉、夹竹桃、白栎、苹果等则抗性较强。

六、化学药剂使用不当

硝酸盐、钾盐或酸性肥料、碱性肥料如果使用不当，常能产生类似病原菌引起的症状。如果天气干旱，使用过量的硝酸钠，植株顶叶会变褐，出现灼伤。除草剂使用不慎会使树木和灌木受到严重伤害，甚至死亡。阴凉潮湿的天气使用波尔多液和其他铜素杀菌剂时，有些植物叶面会发生灼伤或是出现斑点。栎、苹果和蔷薇属于最易产生药害的一类植物。温室生长的景天和某些多汁植物易受有机磷药物（如对硫磷）的危害。误用烟碱，会使百合叶出现灰色斑。

七、非侵染性病害

非侵染性病害的病株在群体间发生比较集中，发病面积大而且均匀，

---

* 1ppm $= 10^{-6}$ · ml/L。

没有由点到面的扩展过程，发病时间比较一致，发病部位大致相同。如日灼病都发生在果、枝干的向阳面，除日灼、药害是局部病害外，通常植株表现为全株性发病，如缺素病、旱害、涝害等。

1. 症状观察

对病株上发病部位，病部形态大小、颜色、气味、质地、有无病症等外部症状，用肉眼和放大镜观察。非侵染性病害只有病状而无病症，必要时可切取病组织表面消毒后，置于保温(25～28℃)条件下诱发。如经24～48h仍无病症发生，可初步确定该病不是真菌或细菌引起的病害，而属于非侵染性病害或病毒病害。

2. 显微镜检

将新鲜或剥离表皮的病组织切片并加以染色处理。显微镜下检查有无病原物及病毒所致的组织病变(包括内含体)，即可得出非侵染性病害的可能性。

3. 环境分析

非侵染性病害由不适宜环境引起，因此应注意病害发生与地势、土质、肥料及与当年气象条件的关系，栽培管理措施、排灌、喷药是否适当，城市工厂"三废"是否引起植物中毒等，都作分析研究，才能在复杂的环境因素中找出主要的致病因素。

4. 病原鉴定

确定非侵染性病害后，应进一步对非侵染性病害的病原进行鉴定。

(1)化学诊断

主要用于缺素症与盐碱害等。通常是对病株组织或土壤进行化学分析，测定其成分、含量，并与正常值相比，查明过多或过少的成分，确定病原。

(2)人工诱发

根据初步分析的可能原因，人为提供类似发病条件，诱发病害，观察表现的症状是否相同。此法适于温度、湿度不适宜、元素过多或过少、药物中毒等病害。

(3)指示植物鉴定

这种方法适用于鉴定缺素症病原。当提出可疑因子后，可选择最容易缺乏该种元素、症状表现明显、稳定的植物，种植在疑为缺乏该种元素园林植物附近，观察其症状，借以鉴定园林植物是否患有该元素缺乏症。

(4)排除病因

采取治疗措施排除病因。如缺素症可在土壤中增施所缺元素或对病株喷洒、注射、灌根治疗。根腐病若是由于土壤水分过多引起的，可以开沟排水，降低地下水位以促进植物根系生长。如果病害减轻或恢复健康，说明病原诊断正确。

【任务准备】

材料：非侵染性病害标本、校园及周边非侵染性病害新鲜标本。

用具：放大镜、显微镜等。

【任务实施】

1. 识别由营养失调引起的植物病害症状特点。

2. 识别由水分失调和温度不适引起的植物病害症状特点。

3. 识别由环境中有毒物质或化学药剂引起的植物病害症状特点。

4. 诊断园林植物非侵染性病害。

【任务评价】

任务完成后，教师指出学生在任务完成过程中存在的问题，并根据以下 4 个方面进行任务评价。

序号	评价组成	评价内容	参考分值
1	学生自评	是否认真完成任务，上交实训报告，指出不足和收获	20
2	教师测评	现场操作是否规范；非侵染性病害的诊断是否准确；实训报告的完成情况以及任务各个步骤的完成情况	40
3	学生互评	互相学习、协作，共同完成任务情况	10
4	综合评价	学习态度、参与程度、团队合作能力、小组任务完成情况等	30
合　计			100

【巩固训练】

1. 非侵染性病原有哪些？引起的病害症状有哪些特点？

2. 简述非侵染性病害的诊断方法。

任务五　认识园林植物侵染性病害发生发展

【任务目标】

1. 了解园林植物病害的发生过程以及各时期的特点。

2. 掌握园林植物病害侵染循环，并能利用病害侵染循环的各个环节开展病害防治活动。

3. 了解园林植物病害大发生和流行的条件。

【任务分析】

园林侵染性病害在自然界的发生有其规律性，主要表现在侵染循环。控制住病害侵染循环任何一个环节都能控制病害的发生。教师讲解有关病害发生的过程和侵染循环各环节的特点及与病害防治的关系。学生以 4~6 人一组，讨论病害侵染循环各环节与控制病害发生的关系，病害发生流行的条件。

【知识导入】

一、园林植物侵染性病害的发生过程

病原物与植物接触之后，引起病害发生的全部过程，称作侵染程序，简称病程。病程一般可分为 4 个阶段，即接触期、侵入期、潜育期和发病期。

（一）接触期

从病原物与寄主接触，或到达能够受到寄主外渗物质影响的根围或叶围开始，到病原物向侵入部位生长或运动，并形成某种侵入机构为止，称为接触期。病原物同植物体接触是无选择性的，只有与寄主植物的感病部位接触才是有效的。在接触期病原物除了直接受到寄主的影响外，还受到环境因素的影响，如大气的温度和湿度、植物表面渗出的化学物质、植物表面微生物群落颉颃或刺激作用等。接触期是病原物侵染过程中的薄弱环节，也是防止病原物侵染的有利阶段。

（二）侵入期

从侵入到病原物与寄主建立稳定寄生关系为止，这一时期称为侵入期。

1. 侵入途径和方式
病原物侵入寄主的途径因种类不同而异。
（1）直接侵入
一部分真菌可以从健全的寄主表皮直接侵入，如梨黑星分生孢子，树木根腐密环菌以根状菌素直接侵入。
（2）自然孔口侵入
植物体表的自然孔口，有气孔、皮孔、水孔、蜜腺等，绝大多数真菌和细菌都可以通过自然孔口侵入，如松针褐斑病从气孔、松树溃疡病从皮孔侵入。

(3) 伤口侵入

植物表面各种伤口如剪伤、虫伤、碰伤、落叶的叶痕等都是病原物侵入的门户。在自然界，一些病原细菌和许多寄生性较弱的真菌往往由伤口侵入，如立木腐朽和皮层腐烂病由伤口侵入。

2. 影响侵入的条件

病原物能否侵入寄主建立寄生关系，与病原物的种类、寄主的抗病性和环境条件有密切关系。影响病原物侵入的环境条件，首先是湿度和温度，其次是寄主植物。

湿度对于侵入的影响最大，真菌除白粉菌外，孢子萌发的最低相对湿度都在80%以上，鞭毛菌的游动孢子和能动的细菌在水滴中最适宜于侵染。温度影响孢子萌发和菌丝生长的速度，各种真菌的孢子都有其最高、最适及最低的萌发温度。离它所需的最适温度越远，则所需萌发的时间越长，超出最高或最低温则不能萌发。如杉木炭疽病菌的分生孢子萌发最低、最适、最高温度为12℃、20~24℃和32℃。温度在一般情况下，更多的作用是影响孢子的发芽率、发芽势，而不一定能确定其是否侵染。

(三) 潜育期

从病原物侵入与寄主建立寄生关系开始，直到表现明显的症状为止称为潜育期。

1. 局部侵染和系统侵染

寄生关系建立以后，病原物在寄主体内扩展的范围因种类不同而异。大多数真菌和细菌在寄主体内扩展的范围限于侵入点附近，称局部侵染。叶斑类病害是典型的局部侵染病害，如毛白杨黑斑病的单个病斑直径不超过1mm。病原物自侵入点能扩展到整个植株或植株的绝大部分，称为系统侵染，如许多病毒、植原体以及少数的真菌、细菌的扩展属于这一类型。枯萎病类、丛枝病类都是系统侵染的结果。

2. 环境条件对潜育期影响

潜育期的长短因病害而异，叶部病害一般10d左右，也有较短或较长的。如杨树黑斑病为2~8d，松落针病为2~3个月，立木腐朽病的潜育期有时长达数年或数十年。

在潜育期中，寄主是病原物的生活环境，其水分养分都是充足的。潜育期长短受外界环境影响，特别是气温影响最大。一般情况下，在适于病原物生长的温度下潜育期较短，温度偏高或偏低，潜育期延长。如毛白杨锈病，在13℃潜育期8d，15～17℃时13d，20℃时7d。

（四）发病期

受病植物症状的出现，表示潜育期的结束，发病期的开始。也就是说，从寄主植物表现出症状后，到症状停止发展这一阶段称为发病期。

在发病期中，病原物仍有一段或长或短的扩展时期，其症状也随着有所发展，严重性不断增加。最后，病原物产生繁殖器官（或休眠），症状便停止发展，一次侵染过程至此结束。

二、园林植物病害的侵染循环

侵染循环是指病害从前一生长季节开始发病，到下一生长季节再度延续发病的过程，它包括以下3个环节：初侵染和再侵染；病原物的越冬；病原物的传播。

1. 初侵染和再侵染

由越冬的病原物在植物生长期引起的初次侵染称为初侵染。在初侵染的病部产生的病原体通过传播引起的侵染称为再侵染。在同一生长季节，再侵染可能发生许多次，病害的侵染循环，可按再侵染的有无分为以下两种。

（1）多病程病害

一个生长季节中除初侵染过程外还有再侵染过程，如梨黑星病、各种白粉病和炭疽病等。

（2）单病程病害

一个生长季节只有一次侵染过程，如松落叶病、槭黑痣病等。

对于单病程病害每年的发病程度取决于初侵染多少，只要集中消灭初侵染来源或防止初侵染，这类病害就能得到防治。对于多病程病害，情况就比较复杂，除防治初侵染外，还要解决再侵染问题，防治效率的差异也较大。

2. 病原物的越冬

许多植物到冬季大都进入落叶休眠或停止生长状态。寄生在植物上的病原物如何渡过这段时间，并引起下一生长季节的侵染，这就是所谓越冬问题。越冬是侵染循环中的一个薄弱环节，掌握这个环节常常是某些病害防治上的关键问题，病原物越冬的场所有以下几个：

（1）感病寄主

感病寄主是园林病害最重要的越冬场所，树木不但枝干是多年生的，常绿针阔叶树的叶也是多年生的，寄主体内的病原物因有寄主组织的保护，不会受到外界环境的影响而安全越冬，成为次年初侵染来源。

（2）病株残体

绝大部分非专性寄生的真菌、细菌都能在因病而枯死的立木、倒木、枝条和落叶等病残体内存活，或以腐生的方式存活一段时间。因此彻底清除病株残体等措施有利于消灭和减少初侵染来源。

（3）种子苗木和其他繁殖材料

种子及果实表面和内部都可能有病原物存活。春天播种时成为幼苗病害侵染的来源。种子带菌对园林树木病害并不重要。苗木、接穗、插条和种根等的病原物作为侵染来源与有病植株情况是一样的。

（4）土壤、肥料

土壤、肥料也是多种病原物越冬的主要场所，侵染植物根部的病原物尤其如此。病原物可以厚垣孢子、菌核等在土壤中休眠越冬，有的可存活数年之久。病原物除休眠外，还以腐生方式在土壤中存活。

3. 病原物的传播

在植物体外越冬的病原物，必须传播到植物体上才能发生初侵染，在植株之间传播则能引起再侵染。病原物的主要传播方式如下：

（1）风力传播（气流传播）

真菌的孢子很多是借风力传播的，真菌的孢子数量多、体积小，易于随风飞散。气流传播的距离较远，范围也较大。

借风力传播的病害，防治方法比较复杂，除了注意消灭当地的病原物以外，还要防止外地病原物的传入。确定病原物的传播距离很重要，转主寄主的砍除和无病苗圃的隔离距离都是由病害传播距离决定的。

（2）雨水传播

植物病原细菌和真菌中的黑盘孢目、球壳孢目的分生孢子多半是由雨水传播的，低等的鞭毛菌的游动孢子只能在水滴中产生和保持它们的活动性，雨水传播的距离一般都比较近，这样的病害蔓延不是很快。对于生存在土壤中的一些病原物，还可以随灌溉和排水而传播。

（3）昆虫和其他动物传播

有许多昆虫在植物上取食活动，成为传播病原物的介体，除传播病毒外还能传播病原细菌和真菌，同时在取食和产卵时，给植物造成伤口，为病原物的侵染造成有利条件。此外，线虫、鸟类等动物也可传播带病菌。

（4）人为传播

人们在育苗、栽培管理及运输等各种活动中，常常无意识地传播病原物。种子、苗木、农林产品以及货物包装用的植物材料，都可能携带病原物。人为传播往往是远距离的，而且不受外界条件的限制，这是实行植物检疫的原因。

三、植物病害的流行与预测

（一）病害的流行

植物病害在一定时期和一个地区内，发生普遍而且严重，使寄主植物受到很大损害，或产量受到很大损失，称为病害的流行。

传染性病害的流行必须具备3个方面的条件，即有大量致病力强的病原物存在，有大量的感病性的寄主存在，有对病害发生极为有利的环境。三方面因素相互联系，互相影响。

（1）大量的感病寄主

易于感病的寄主植物大量而集中的存在是病害流行的必要条件。植物的不同种类、不同年龄及不同个体对病害有不同的感病性，营造大片同龄的纯林，易于引起病害流行。

（2）致病力强的病原物

病害的流行必须有大量的致病力强的病原物存在，并能很快地传播到寄主体上。对于那些只有初侵染而无再侵染的病害，病原物群体的最初数量即，对病害流行起决定作用。而再侵染重要的病害，除初侵染来源外，侵染次数多、潜育期短、繁殖快，对病害流行常起很大的作用。

（3）适宜的发病条件

环境条件影响着寄主的生长发育及其遗传变异，也影响其抗病力，同时还影响病原物的生长发育、传播和生存。气象条件（温度、湿度、光照、风等）、土壤条件、栽培条件（种植密度、肥水管理、品种搭配）与病害流行关系密切。

上述三方面因素是病害流行必不可少的条件，缺一不可。但是，各种流行性病害，由于病原物、寄主和它们对环境条件的要求等方面的特性不同，在一定地区，一定时间内，分析病害流行条件时，不能把3个因素同等看待，可能其中某些因素基本具备，变动较小，而其他因素变动或变动幅度较大，不能稳定地满足流行的要求，限制了病害流行。把这种易变动的限制性因素称为主导因素。如梨桧锈病，只有梨树和松柏同时存在时，病害才会流行，寄主因素起主导作用。

（二）病害流行的预测

根据病害流行的规律和即将出现的有关条件，可以推测某种病害在今后一定时期内流行的可能性，称为病害预测。病害预测的方法和依据因不同病害的流行规律而异，主要依据包括：

（1）病害侵染过程和侵染循环的特点；

（2）病害流行因素的综合作用，特别是主导因素与病害流行的关系；

（3）病害流行的历史资料以及当年的气象预报等。

根据测报的有效期限，可分为长期预测和短期预测两种。长期预测是预测一年以后的情况，短期预测是预测当年的情况。

由于病害发展中各种因素间的关系很复杂，而且各种因素也在不断变化，因此，病害的预测是一项复杂的工作。

【任务准备】

多媒体课件、图片资料。

【任务实施】

1. 认识侵染性病害侵染循环各环节与害虫防治的关系。

2. 根据当地的气象资料以及调查的感病寄主、病原情况，预测病害是否发生流行。

【任务评价】

任务完成后，教师指出学生在任务完成过程中存在的问题，并根据以下 4 个方面进行任务评价。

序号	评价组成	评价内容	参考分值
1	学生自评	是否认真完成任务，上交实训报告，指出不足和收获	20
2	教师测评	现场操作是否规范；非侵染性病害的诊断是否准确；实训报告的完成情况以及任务各个步骤的完成情况	40
3	学生互评	互相学习、协作，共同完成任务情况	10
4	综合评价	学习态度、参与程度、团队合作能力、小组任务完成情况等	30
合　计			100

【巩固训练】

1. 如何寻找并利用植物病害侵染循环的薄弱环节，达到控制植物病害的目的？

2. 分析植物病害流行的条件。

任务六　园林植物病害标本采集、制作与保存

【任务目标】

1. 掌握园林植物病害标本的采集方法，能进行病害标本采集。

2. 了解园林植物病害标本制作工具及使用方法，能进行病害腊叶标本和浸渍标本制作。

3. 掌握植物病害标本的保存方法。

4. 通过标本采集及鉴定，熟悉当地园林植物主要病害种类和症状特点。

【任务分析】

为了鉴别园林植物病害的种类，需要采集和制作病害标本。本任务是校园周边绿地以及教学实训场园林植物病害标本的采集，并将采集来的病害植物进行标本的制作。教师先进行本次任务的讲解与示范，学生4～6人一组，以小组为单位进行标本的采集与制作。

【知识导入】

植物病害标本是植物病害症状及其分布的最好实物性记载。有了植物病害标本才能进行病害的鉴定和有关病原的研究，保证防治工作的正常进行。

一、园林植物病害标本的采集

1. 采集用具

（1）标本夹

用以夹压各种含水分不多的枝叶病害标本，由2块对称的木制的栅状板和1条细绳组成。

（2）标本纸

应选用吸水力强的纸张，如草纸、麻纸或旧报纸，可较快吸除枝叶标

本内的水分。

（3）采集箱

采集较大或易损坏的组织如果实、木质根茎，或在田间来不及压制标本时用。

（4）其他

剪枝剪、小刀、小锯及放大镜、纸袋、塑料袋、记录本和标签等。

2. 采集注意事项

（1）症状典型

要采集发病部位的典型症状，并尽可能采集到不同时期不同部位的症状，如梨黑星病标本应有分别带霉层和疮痂斑的叶片、畸形的幼果、龟裂的成熟果等，以及各种变异范围内的症状。

另外，同一标本上的症状应是同一种病害的，当多种病害混合发生时，更应进行仔细选择。若有数码相机更好，可以真实记载和准确反映病害的症状特点。每种标本采集的份数不能太少，一般叶斑病的标本最少采集十几份。另外还应注意到标本应完整，不要损坏，以保证鉴定的准确性和标本制作的质量。

（2）病症完全

采集病害标本时，对于真菌和细菌性病害一定要采集有病症的标本，真菌病害则病部有子实体为好，以便做进一步鉴定；对子实体不很显著的发病叶片，可带回保湿，待其子实体长出后再行鉴定和标本制作。对真菌性病害的标本如白粉病，因其子实体分有性和无性两个阶段，应尽量在不同的适当时期分别采集，还有许多真菌的有性子实体常在地面的病残体上产生，采集时要注意观察。

（3）避免混杂

采集时对容易混淆污染的标本（如黑粉病和锈病）要分别用纸夹（包）好，以免鉴定时发生差错；对于容易干燥蜷缩的标本，如禾本科植物病害，应随采随压，或用湿布包好，防止变形；因发病而败坏的果实，可先用纸分别包好，然后放在标本箱中，以免损坏和沾污；其他不易损坏的标本如木质化的枝条、枝干等，可以暂时放在标本箱中，带回室内进行压制和整理。

（4）采集记载

所有病害标本都应有记载，没有记载的标本会使鉴定和制作工作的难度加大。标本记载内容应包括：寄主名称、标本编号、采集地点、生态环境（坡地、平地、砂土、壤土等）、采集日期、采集人姓名、病害危害情况（轻、重）等。标本应挂有标签，同一份标本在记录簿和标签上的编号必须相符，以便查对；标本必须有寄主名称，这是鉴定病害的前提，如果寄主不明，鉴定时困难就很大。对于不熟悉的寄主，最好能采到花、叶和果实，对鉴定会有很大帮助。

二、园林植物病害标本的制作

一般植物病害的标本主要有干制和浸渍两种制作方法。干制法简单、经济，应用最广；浸渍法可保存标本的原形和原色，特别是果实病害的标本，用浸渍法制作效果较好。此外，用切片法制作成玻片标本，用以保存并建立病原物档案。

1. 干制标本的制作

干燥法制作标本简单而经济，标本还可以长期保存，应用最广。

（1）标本压制

对于含水量少的标本，如禾本科、豆科植物的病叶、茎标本，应随采随压，以保持标本的原形；含水量多的标本，应自然散失一些水分后，再进行压制；有些标本制作时可适当加工，如标本的茎或枝条过粗或叶片过多，应先将枝条劈去一半或去掉一部分叶再压，以防标本因受压不匀，或叶片重叠过多而变形。有些需全株采集的植物标本，一般是将标本的茎折成"N"形后压制。压制标本时应附有临时标签，临时标签上只需记载寄主和编号即可。

（2）标本干燥

为了避免病叶类标本变形，并使植物组织上的水分易被标本纸吸收，一般每层标本放一层（3~4张）标本纸，每个标本夹的总厚度以10cm为宜。标本夹好后，要用细绳将标本夹扎紧，放到干燥通风处，使其尽快干燥，避免发霉变质。同时要注意勤换标本纸，一般是前3~4d每天换纸2次，以后每2~3d换1次，直到标本完全干燥为止。在第1次换纸时，由于标本经过初步干燥，已变软而容易铺展，可以对标本进行整理。

不准备做分离用的标本也可在烘箱或微波炉中迅速烘干。标本干燥越快，就越能保存原有色泽。干燥后的标本移动时应十分小心，以防破碎；对于果穗、枝干等粗大标本，在通风处自然干燥即可，注意不要使其受挤压而变形。

2. 浸渍标本的制作

果实病害为保持原有色泽和症状特征，可制成浸渍标本进行保存。果实因其种类和成熟度不同，颜色差别很大。应根据果实的颜色选择浸渍液的种类。

（1）保存绿色的浸渍液

保存植物组织绿色的方法很多，可采用醋酸铜浸渍液、硫酸铜亚硫酸浸渍液。

（2）保存黄色和橘红色的浸渍液

用亚硫酸溶液保存比较适宜。

（3）保存红色的浸渍液

可用瓦查（Vacha）浸渍液固定红色。

三、园林植物病害标本的保存

1. 干制标本的保存

干制标本经选择制作、整理和登记后，应连同采集记录一并放入胶版印刷纸袋、牛皮纸袋或玻面标本盒中，贴好标签，然后按寄主种类或病原类别分类存放。

（1）玻面标本盒保存

除浸渍标本外，教学及示范用病害标本，用玻面标本盒保存比较方便。玻面标本盒的规格不一，一般比较适宜的大小是长×宽×高为 28cm×20cm×3cm，通常一个标本室内的标本盒应统一规格，美观且便于整理。在标本盒底一般铺一层胶版纸，将标本和标签用乳白胶粘于胶版印刷纸上。在标本盒的侧面还应注明病害的种类和编号，以便于存放和查找。盒装标本一般按寄主种类进行排列较为适宜。

（2）腊叶标本纸袋保存

用胶版纸折成纸袋，纸袋的规格可根据标本的大小而定。将标本和采集记录装在纸袋中，并把鉴定标签贴在纸袋的右上角（图 2-18）。袋装标本一般按分类系统排列，要有两套索引系统，一套是寄主索引，一套是病原索引，以便于标本的查找和资料的整理。

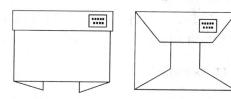

图 2-18　植物病害标本纸袋折叠方法

标本室和标本柜要保持干燥以防生霉，同时还要注意清洁以防虫蛀。可用樟脑放于标本袋和盒中，并定期更换，定期排湿。

2. 浸渍标本的保存

制成的浸渍标本应存放于标本瓶中，贴好标签。因为浸渍液所用的药品多数具有挥发性或者容易氧化，标本瓶的瓶口应很好地封闭。封口的方法如下：

（1）临时封口法

用蜂蜡和松香各 1 份，分别熔化后混合，加少量凡士林油调成胶状，涂于瓶盖边缘，将瓶盖压紧封口；或用明胶 4 份在水中浸 3~4h，滤去多余水分后加热熔化，加石蜡 1 份，继续熔化后即成为胶状物，趁热封闭瓶口。

（2）永久封口法

将酪胶和熟石灰各 1 份混合，加水调成糊状物后即可封口。也可将明胶 28g 在水中浸 3~4h，滤去水分后加热熔化，再加重铬酸钾 0.324g 和适量的熟石膏调成糊状即可封口。

【任务准备】

材料：各种化学试剂。

用具：标本夹、标本纸、采集箱、剪枝剪、手锯、放大镜、镊子、标本瓶、塑料袋、记录本、标签等。

【任务实施】

1. 按要求借助各种用具采集症状典型的病害标本，及时填写采集记录本，按采集顺序编号，并在标本上挂相应的小标签。

2. 对采集来的植物病害材料进行处理，压制成干制标本。

3. 配制浸渍液，对采集来的植物病害标本进行处理，制成浸渍标本。

4. 对上述制作好的标本进行分类整理，妥善保存，并建立科学合理的标本管理档案。

5. 调查、识别当地园林植物主要的病害种类，并上交采集制作好的园林植物病害标本。

【任务评价】

任务完成后，教师指出学生在任务完成过程中存在的问题，并根据以下 4 个方面进行任务评价。

序号	评价组成	评价内容	参考分值
1	学生自评	是否认真完成任务，上交实训报告，指出不足和收获	20
2	教师测评	现场操作是否规范；标本采集、制作的质量与数量；主要园林植物病害的识别情况；实训报告的完成情况及任务各个步骤的完成情况	40
3	学生互评	互相学习、协作，共同完成任务情况	10
4	综合评价	学习态度、参与程度、团队合作能力、小组任务完成情况等	30
合　计			100

【巩固训练】

1. 采集植物病害标本时应注意哪些问题？
2. 简述压制植物干制标本时的技术要点。

综合复习题

一、名词解释

损伤、寄主、非侵染性病原、症状、病症、转主寄生、病程、侵染循环、植物病害流行。

二、填空题

1. 生物性病原是指以园林植物为寄生对象的一些有害生物。主要有_____、_____、_____、植原体、类病毒、寄生性种子植物、线虫、寄生藻类、螨类等。通常将这类病原称为_____ 或_____，如属于菌类的（如真菌、细菌）又称为_____。

2. 凡是由生物因子引起的植物病害都能相互传染，有侵染过程，称为_____或_____，也称寄生性病害。

3. 由非生物因子引起的植物病害都没有传染性，没有侵染过程，称为_____或_____，也称生理性病害。

4. 真菌菌丝体的变态类型有_____、_____、_____、_____、_____。

5. 真菌的繁殖方式分为_____和_____，分别产生_____、_____。

6. 真菌门分为 5 个亚门：_____、_____、_____、_____和_____。

7. 白粉菌的菌丝体和分生孢子为_____色，在植物的叶片、嫩梢、花器、果实和体表上形成一层_____状物，故引起的病害通称_____。

8. 根据寄生性种子植物对寄主植物的依赖程度，又分为_____和_____。

9. 侵染程序包括_____、_____、_____和_____ 4 个时期。

10. 侵染循环包括 3 个基本环节：病原物的_____，病原物的_____，病原物的_____。

11. 细菌侵入途径包括_____和_____ 两种方式。

12. 影响植物病害流行的因素有_____、_____、_____。

三、选择题

1. 不属于园林植物病害的是(　　)。

A. 杨树烂皮病　B. 丁香白粉病　C. 郁金香碎色病　D. 丁香花叶病

2. 植物病害的病状可分为病状和病症，属于病症特点的是(　　)。

A. 丁香白粉病病部出现一层白色粉状物和许多黑色小颗粒状物

B. 杨树根癌病，病部要命茎肿大，形状为大小不等的瘤状物

C. 丁香花斑病，叶病部为坏死的褐色花斑或轮状圆斑

D. 果腐病，表现病部腐烂，果实畸形

3. 非侵染性病害是因环境条件不适宜所致，属于非侵染性病害的是(　　)。

A. 植物缺素症、冻拔、毛白杨破腹病

B. 杨树腐烂病、螨类病害

C. 动物咬伤、机械损伤、菟丝子

D. 害虫刺伤，风害

4. 下列全为非侵染性病原的是(　　)。

A. 寄生性种子植物、线虫、土壤、营养

B. 气候因子、有害化学物质、土壤、营养等

C. 刺吸性害虫、螨类、有害化学物质

D. 真菌、病毒、线虫、有毒物质等

5. 真菌的繁殖方式为(　　)。

A. 裂殖　　　　B. 复制　　　　C. 二均分裂　　D. 无性和有性

6. 子囊菌有性阶段产生(　　)。

A. 游动孢子　　B. 卵孢子　　　C. 孢囊孢子　　D. 子囊孢子

7. 子囊和孢子囊(　　)。

A. 都属于同一亚门　　　　　　B. 都可称为子实体

C. 其内都形成无性孢子　　　　D. 其内都形成有性孢子

8. 菌丝体特化出的分生孢子梗顶端着生(　　)。

A. 孢囊孢子　　B. 游动孢子　　C. 子囊孢子　　D. 分生孢子

9. 白粉菌引起阔叶树植物的白粉病，其同一病症为(　　)。

A. 白色粉状物和小黑颗粒　　　B. 霜霉状物

C. 白色丝状物　　　　　　　　D. 小黑点

10. 在自然界中，有很多真菌只发现无性态，而有性态还没有发现，这类真菌称为
(　　)。

A. 接合菌　　　B. 鞭毛菌　　　C. 子囊菌　　　D. 半知菌

11. 园林植物真菌病害的主要典型病症是(　　)。

A. 菌脓、枯萎、小叶、缩叶

B. 猝倒、立枯、腐烂、枯枝

C. 粉状物、霉状物、疱状物、毛状物、盘状物、粒状物、点状物

D. 肿瘤、萎蔫、溃疡、花叶、畸形

12. 植物病原细菌都为(　　)。

A. 球状　　　　B. 螺旋状　　　C. 杆状　　　　D. 短杆状

13. 植物细菌病害的病症是(　　)。

A. 菌脓状物　　B. 霉状物　　　C. 粉状物　　　D. 粒状物

14. 在一个生长季节内进行重复的侵染称为(　　)。

A. 侵染期　　　B. 初侵染　　　C. 再侵染　　　D. 侵染循环

15. 由越冬和越夏后的病原物，在植物生长期进行的第一个侵染程序称为(　　)。

A. 初侵染　　　　B. 侵染循环　　　C. 再侵染　　　　D. 侵染期

16. 梨桧锈病造成病害流行的主导因素是(　　)。

A. 易于患病寄主　　　　　　　B. 适易发病的环境

C. 大量致病力强的病原物　　　D. 易于发病的土壤条件

四、问答题

1. 园林植物病害与损伤有何本质上的区别？

2. 园林植物病害的症状类型及特点是什么？

3. 如何区分侵染性病害和非侵染性病害？

4. 园林植物细菌病害的特点是什么？

5. 简述园林植物侵染性病害的诊断方法。

6. 植物病害流行的条件是什么？

3 项目三

园林植物病虫害综合治理

【知识目标】

1. 了解林植物检疫的概念、意义和任务，熟悉植物检疫的程序和方法，掌握植物检疫对象的确定条件和检疫对象名单。

2. 熟悉园林技术防治方法、生物防治法、物理机械防治法、化学防治法的基本知识、基本原理和常用的防治措施。

3. 熟悉园林植物病虫害综合治理的概念、意义和综合治理的原则。

【技能目标】

1. 学会各种防治措施的综合运用。

2. 掌握植物检疫对象的识别与防治。

3. 学会在园林栽培管理中进行病虫害防治。

4. 能运用物理器械进行病虫防治。

5. 能了解生物防治的利用途径，并开展病虫害防治。

6. 能识别常用农药，配制和稀释简单农药，并掌握常规施药方法。

任务一　植物检疫

【任务目标】

1. 了解植物检疫的概念、意义和任务。

2. 熟悉植物检疫的程序和方法。

3. 掌握检疫对象的确定、检疫对象识别。

【任务分析】

植物检疫是园林植物病虫害综合治理的预防性措施，其目的是防止危险性病虫害的传播蔓延与危害，保护农、林业生产的安全。要开展检疫，首先必须了解检疫对象的确定以及识别检疫对象。本任务是认识植物检疫对象以及掌握植物检疫设施和检疫检验方法。教师先进行本次任务的讲解与示范，学生 4～6 人一组，围绕完成供试检疫对象标本的识别，分阶段按教师讲解→学生训练→鉴别的过程进行。

【知识导入】

植物检疫又称法规防治，是防治病虫害的基本措施之一，也是贯彻"预防为主，综合治理"方针的有力保证。

一、植物检疫概述

1. 植物检疫的概念

植物检疫是指一个国家或地方政府颁布法令，设立专门机构，禁止或限制危险性病虫害、杂草人为地传入或传出，或者传入后为限制其继续扩展所采取的一系列措施。

植物检疫是植物保护体系的一部分，其目的是防止危险性病虫的传播与危害，保护农、林业生产的安全。与一般植物保护相比又有其自己的特点。表现为：①实施手段的法律性。植物检疫是依据植物检疫法规开展工作的，具有强制性和权威性。②涉及范围的社会性。植物检疫工作涉及外贸、邮电、运输、旅游、商业、海关、司法、教学、科研等有关部门，社会各界的支持和配合是搞好植物检疫工作的重要保障。③机构职能的行政性。《植物检疫条例》赋予植物检疫部门代表国家开展植物检疫工作的权力，具有行政执法职责。④所起作用的防御性和技术要求的特殊性。植物检疫是预防和除治并重，既要防止国外、外省（自治区、直辖市）的危险性病虫的传入，又要防止局部发生的危险性病虫的传出，并对其采取封锁、扑灭的措施，以保护农、林业生产的安全。

2. 植物检疫的意义和任务

植物检疫的主要任务：①禁止危险性病虫害及杂草随着植物及其产品由国外输入或从国内输出；②将国内局部地区已发生的危险性病虫害及杂草封锁在一定的范围内，防止其扩散蔓延，并采取积极有效的措施，逐步予以清除；③当危险性病虫害及杂草传入新的地区时，应采取紧急措施，及时就地消灭。

园林植物检疫对保证园林生产安全具有重要的意义，是搞好园林植物害虫综合治理的前提。随着我国以及城市园林绿化建设事业的发展，引种或调苗日益频繁，人为传播园林植物害虫的机会也就随之增加，给我国城市绿化建设事业的发展带来了极大的隐患。因此，搞好植物检疫工作对防止危险性害虫的传播蔓延、保护园林绿化成果、保障对外贸易的顺利发展均具有极为重要的现实意义。

二、植物检疫的措施

1. 对外检疫和对内检疫

植物检疫依据进出境的性质，可分为国家间货物流动的对外检疫（口岸检疫）和对国内地区间实施的对内检疫。对外检疫的任务是防止国外的危险性病虫传入，以及按交往国的要求控制国内发生的病虫向外传播，是国家在对外港口、国际机场及国际交通要道设立检疫机构，对物品进行检疫。对内检疫的任务在于将国内局部地区发生的危险性病虫封锁在一定范围内，防止其扩散蔓延，是由各省、自治区、直辖市等检疫机构，会同交通运输、邮电、供销及其他有关部门根据检疫条例，对所调运的物品进行检验和处理。

虽然两者的偏重有所不同，但实施内容基本一致，主要有检疫对象的确定、疫区和非疫区的划分、植物及植物产品的检验与检测、疫情的处理。

2. 检疫对象的确定

根据国际植物保护公约（1979）的定义，检疫性有害生物是指一个受威胁国家目前尚未分布，或虽然有分布但分布不广，对该国具有经济重要性的有害生物。根据这个定义，确定植物检疫对象的一般原则如下：必须是我国尚未发生或局部发生的主要植物的病虫害；必须是严重影响植物的生长和价值，而防治又是比较困难的病虫害；必须是容易随同植物材料、种子、苗木和所附基质以及包装材料等传播的病虫害。

2004 年 8 月 12 日，国家林业局办造字［2004］59 号文件发布第 4 号《公告》公布了 19 种森林植物检疫对象。自 2005 年 3 月 1 日生效。原林业部发布的森林植物检疫对象名单同时废止。2005 年 8 月 29 日《农业部国家林业局国家质量监督检验检疫总局公告》538 号补充了刺桐姬小蜂为森林植物检疫对象。2008 年 2 月 18 日《国家林业局公告》3 号增列枣实蝇为全国林业检疫性林业有害生物。

具体名录如下：

（1）松材线虫病 *Bursaphelenchus xylophilus*（Steiner et Burher）Nickle

（2）红脂大小蠹 *Dendroctonus valens* Le Conte

（3）椰心叶甲 *Brontispa longissima*（Gestro）

（4）松突圆蚧 *Hemiberlesia pitysophila* Takagi

（5）杨干象 *Cryptorrhynchus lapathi* Linnaeus

（6）薇甘菊 *Mikania micrantha* H. B. K

（7）苹果蠹蛾 *Laspeyresia pomonella*（Linnaeus）

（8）美国白蛾 *Hyphantria cunea*（Drury）

（9）双钩异翅长蠹 *Heterobostrychus aequalis*（Waterhouse）

（10）猕猴桃溃疡病 *Pseudomonas syringae* pv. *actinidiae* Takikawa et al.

（11）松疱锈病 *Cronartium ribicola* J. C. Fischer ex Rabenhorst

（12）蔗扁蛾 *Opogna sacchari*（Bojer）

（13）枣大球蚧 *Eulecanium gigantean*（Shinji）

（14）落叶松枯梢病 *Guignardia laricina*（Sawada）Yamamoto et K. lto

（15）杨树花叶病毒病 *Poplar mosaic* Virus（PMV）

（16）红棕象甲 *Rhynchophorus ferrugieus*（Olivier）

（17）青杨脊虎天牛 *Xylotrechus rusticus* L.

（18）冠瘿病 *Agrobacterium tumefaciens*（Smith and Townsend）Conn

（19）草坪草褐斑病菌 *RhizoctoniaM solani* kühn

（20）刺桐姬小蜂 *Quadrastichus erythrinae* Kim

（21）枣实蝇 *Carpomyia vesuviana* Costa

3. 疫区和非疫区（保护区）的划分

疫区是指由官方划定、发现有检疫性病虫害危害并由官方控制的地区。而保护区则是指有科学证据证明未发现某种检疫性病虫害，并由官方维持的地区。疫区和保护区主要根据调查和信息资料，依据危险性病虫的分布和适生区进行划分，并经官方认定，由政府宣布。对疫区应严加控制，禁止检疫对象传出，并采取积极措施，加以消灭。对非疫区要严防检疫对象的传入，充分做好预防工作。

三、植物检疫的程序和方法

1. 对内检疫的程序

（1）报检

调动和邮寄种苗及其他应受检的植物产品时，应向调出地有关检疫机构报检。

（2）检验

检疫机构人员对所报检的植物及其产品要进行严格的检验。到达现场后先对产品进行肉眼观察和放大镜外部检查，并抽取一定数量的产品进行详细检查，必要时可进行显微镜镜检及诱发试验等。

（3）检疫处理

经检验如发现检疫对象，应按规定在检疫机构监督下进行处理。

检疫处理包括：禁止调运、就地销毁、消毒处理、限制使用地点等。

（4）签发证书

经检验后，如不带检疫对象的，可由检疫机构发给国内植物检疫证书放行；如发现检疫对象，经处理合格后，仍发证放行；无法进行消毒处理的，应停止调运。

2. 对外检疫的程序

我国进出口检疫包括以下几个方面：进口检疫、出口检疫、旅客携带物检疫、国际邮包检疫、过境检疫等。应严格执行《中华人民共和国进出口动植物检疫条例》及其实施细则的有关规定。

3. 植物检疫的检验方法

植物检疫的检验方法有现场检验、室内实验室检验、隔离栽培检验。

隔离栽培检验是指对有可能潜伏有危险性病虫的种苗实施的检验。对可能有危险性病虫的种苗，按审批机关确认的地点和措施进行隔离试种，一年生植物必须隔离试种一个生长周期，多年生植物至少两年以上，经省、自治区、直辖市植物检疫机构检疫，证明确实不带有危险性病虫的，方可分散种植。

四、应施检疫的森林植物及其产品名单

（1）林木种子、苗木和其他繁殖材料；

（2）乔木、灌木、竹子等森林植物；

（3）运出疫情发生县的松、柏、杉、杨、柳、榆、桐、桉、栎、桦、槭、槐、竹等森林植物的木材、竹材、根桩、枝条、树皮、藤条及其制品；

（4）栗、枣、桑、茶、梨、桃、杏、柿、柚、梅、核桃、油茶、山楂、苹果、银杏、石榴、荔枝、猕猴桃、枸杞、沙棘、杧果、肉桂、龙眼、橄榄、腰果、柠檬、八角、葡萄等森林植物的种子、苗木、接穗，以及运出疫情发生县的来源于上述森林植物的林产品；

（5）花卉植物的种子、苗木、球茎、鳞茎、鲜切花；

（6）中药材；

（7）可能被森林植物检疫对象污染的其他林产品、包装材料和运输工具。

【任务准备】

材料：松材天牛、松突圆蚧、猕猴桃细菌性溃疡等检疫对象标本。

用具：放大镜、显微镜、镊子等。

【任务实施】

1. 观察检疫对象标本，识别检疫对象。

2. 参观当地检疫机构(林业局森防检疫站)，进一步了解检疫的程序、方法。

【任务评价】

任务完成后，教师指出学生在任务完成过程中存在的问题，并根据以下4个方面进行任务评价。

序号	评价组成	评价内容	参考分值
1	学生自评	是否认真完成任务，上交实训报告，指出不足和收获	20
2	教师测评	现场操作是否规范；检疫对象的识别是否准确；实训报告的完成情况以及任务各个步骤的完成情况	40
3	学生互评	互相学习、协作，共同完成任务情况	10
4	综合评价	学习态度、参与程度、团队合作能力、小组任务完成情况等	30
合　计			100

【巩固训练】

1. 如何确定检疫对象？植物检疫对象有哪些？

2. 简述对内检疫的程序。

任务二　园林技术措施防治

【任务目标】

1. 掌握选用无病虫种苗及繁殖材料、苗圃地的选择及处理、合理栽培、施肥等管理防治病虫害的方法。

2. 了解球茎和鳞茎等器官的收获及收后的贮藏管理。

【任务分析】

　　园林技术防治作为园林植物病虫害综合治理的预防措施，是将病虫害防治融入园林植物的日常栽培管理中，不需要额外的投资。本任务主要是了解园林植物栽培管理各环节与病虫害防治的关系。

　　围绕完成园林植物栽培与养护各环节与病虫害防治关系的实践任务，分两个阶段进行，每个阶段按教师讲解→学生训练→判别的顺序进行。由教师介绍园林技术防治主要措施，而后带学生到校内外圃地实践园林栽培技术防治病虫害的方法。结合园林植物栽培与养护课程，让学生在园林苗木栽培养护过程中融入病虫害防治意识。以 4~6 人一组完成任务。

【知识导入】

　　园林技术防治是利用园林栽培技术来防治病虫害的方法，即创造有利于园林植物和花卉生长发育而不利于病虫害危害的条件，促使园林植物生长健壮，增强其抵抗病虫害危害的能力，是病虫害综合治理的基础。园林技术防治的优点是：防治措施结合在园林栽培过程中完成，不需要另外增加劳动力，因此可以降低劳动力成本，增加经济效益。其缺点是：见效慢，不能在短时间内控制暴发性发生的病虫害。园林技术防治措施主要有以下几个方面：

一、无病虫种苗及繁殖材料的选用

　　在选用种苗时，尽量选用无虫害、生长健壮的种苗，以减少病虫害危害。如果选用的种苗中带有某些病虫，要用药剂预先进行处理，如桂花上的矢尖蚧，可以在种植前，先将有虫苗木浸入氧化乐果或甲胺磷 500 倍稀释液中 5~10min 再种。当前世界上已经培育出多种抗病虫新品种，如菊花、香石竹、金鱼草等抗锈病品种，抗紫菀萎蔫病的翠菊品种，抗菊花叶枯线虫病的菊花品种等。

二、苗圃地的选择及处理

　　一般应选择土质疏松、排水透气性好、腐殖质多的地段作为苗圃地。在栽植前进行深耕改土，耕翻后经过暴晒、土壤消毒后，可杀灭部分病虫害。消毒剂一般可用 50 倍的甲醛稀释液，均匀洒布在土壤内，再用塑料薄膜覆盖，约 14d 后取走覆盖物，将土壤翻动耙松后进行播种或移植。用硫酸亚铁消毒，可在播种或扦插前以 2% ~3% 硫酸亚铁水溶液浇盆土或床土，可有效抑制幼苗猝倒病的发生。

三、合理的栽培措施

根据苗木的生长特点，在圃地内考虑合理轮作、合理密植以及合理配置花木等原则。从而避免或减轻某些病虫害的发生，增强苗木的抗病虫性能。有些花木种植过密，易引起某些病虫害的大发生，在花木的配置方面，除考虑观赏性及经济效益外，还应避免种植病虫的中间寄主植物（桥梁寄主）。露根栽植落叶树时，栽前必须适度修剪，根部不能暴露时间过长；栽植常绿树时，须带土球，土球不能散，不能晾晒时间过长，栽植深浅适度，是防治多种病虫害的关键措施。

四、肥料的合理配施

1. 有机肥与无机肥配施

有机肥如猪粪、鸡粪、人粪尿等，可改善土壤的理化性状，使土壤疏松，透气性良好。无机肥如各种化肥，其优点是见效快，但长期使用对土壤的物理性状会产生不良影响，故两者以兼施为宜。

2. 大量元素与微量元素配施

氮、磷、钾是化肥中的 3 种主要元素，植物对其需要最多，称为大量元素；其他元素如钙、镁、铁、锰、锌等，则称为微量元素。在施肥时，强调大量元素与微量元素配合施用。在大量元素中，强调氮、磷、钾配合施用，避免偏施氮肥，造成花木的徒长，降低其抗病虫性。微量元素施用时也应均衡，如在花木生长期缺少某些微量元素，则可造成花、叶等器官的畸形、变色，降低观赏价值。

3. 充分腐熟的有机肥的施用

在施用有机肥时，强调施用充分腐熟的有机肥，原因是未腐熟的有机肥中往往带有大量的虫卵，容易引起地下害虫的暴发危害。

五、合理浇水

花木在灌溉中，浇水的方法、浇水量及时间等，都会影响病虫害的发生。喷灌和"滋水"等方式往往加重叶部病害的发生，最好采用沟灌、滴灌或沿盆钵边缘浇水。浇水要适量，水分过大往往引起植物根部缺氧窒息，轻则植物生长不良，重则引起根部腐烂，尤其是肉质根等器官。浇水时间最好选择晴天的上午，以便及时降低叶片表面的湿度。

六、球茎等器官的收获及收后管理

许多花卉是以球茎、鳞茎等器官越冬，为了保障这些器官的健康贮存，要在晴天收获；在挖掘过程中尽量减少伤口；挖出后剔除有病的器官，并在阳光下暴晒几天方可入窖。贮窖必须预先清扫消毒，通风晾晒；入窖后要控制好温度和湿度，窖温一般控制在5℃左右，湿度控制在70%以下。球茎等器官最好单个装入尼龙网袋内悬挂在窖顶贮藏。

七、园林管理

加强对园林植物的抚育管理，及时修剪。例如，防治危害悬铃木的日本龟蜡蚧，可及时地剪除虫枝，以有效地抑制该虫的危害；及时清除被害植株及树枝等，以减少病虫的来源。公园、苗圃的枯枝落叶、杂草，都是害虫的潜伏场所，清除病枝虫枝，清扫落叶，及时除草，可以消灭大量的越冬病虫。尤其是温室栽培植物，要经常通风透气，降低湿度，以减少花卉灰霉病等的发生发展。

【任务准备】

材料：苗木、花木、生石灰、肥料等。
用具：锄头、花铲、水桶、喷壶等。

【任务实施】

1. 参与园林植物栽培的选种、育苗、栽培、养护环节。
2. 参观校内外园林苗圃或公园绿地的园林植物管理情况，调查病虫害的发生与栽培管理措施的关系。

【任务评价】

任务完成后，教师指出学生在任务完成过程中存在的问题，并根据以下4个方面进行任务评价。

序号	评价组成	评价内容	参考分值
1	学生自评	是否认真完成任务，上交实训报告，指出不足和收获	20
2	教师测评	现场操作是否规范；使用栽培工具是否准确；实训报告的完成情况以及任务各个步骤的完成情况	40
3	学生互评	互相学习、协作，共同完成任务情况	10
4	综合评价	学习态度、参与程度、团队合作能力、小组任务完成情况等	30
合　计			100

【巩固训练】

1. 常见的园林技术防治措施有哪些?

任务三　生物防治

【任务目标】

1. 了解生物防治的概念和意义，掌握天敌昆虫的利用和病原微生物的利用方法。

2. 了解益鸟、蜘蛛、捕食螨、菌类的利用方法。

3. 学会用白僵菌防治害虫。

【任务分析】

生物防治作为园林植物病虫害综合治理的预防措施，具有长期有效的作用。要开展生物防治，首先必须了解天敌的种类，并进行识别；其次，要掌握生物防治的使用技术。本项任务主要是识别天敌的种类和特征，同时参与白僵菌粉孢的施放。

完成参与生物防治的任务，分两个阶段进行，每个阶段按教师讲解→学生训练→判别的顺序进行。先由教师介绍生物防治的知识，学生以 4~6 人一组完成任务。

【知识导入】

用生物及其代谢产物来控制病虫的方法，称为生物防治。从保护生态环境和可持续发展的角度讲，生物防治是最好的防治方法。

生物防治法不仅可以改变生物种群的组成成分，而且能直接消灭大量的病虫；对人、畜、植物安全，不杀伤天敌，不污染环境，不会引起害虫的再次猖獗和形成抗药性，对害虫有长期的抑制作用；生物防治的自然资源丰富，易于开发，且防治成本低，是综合防治的重要组成部分和主要发展方向。但是，生物防治的效果有时比较缓慢，人工繁殖技术较复杂，受自然条件限制较大。

一、本地天敌昆虫的保护与利用

利用天敌昆虫来防治害虫，称为以虫治虫。天敌昆虫主要有两大类型：

捕食性天敌昆虫和寄生性天敌昆虫。

捕食性天敌昆虫在自然界中抑制害虫的作用和效果十分明显。例如，紫额巴食蚜蝇（*Bacch pulchriforn*）对抑制在南方各省区危害很重的白兰台湾蚜（*Formosa phismicheliae*）有一定的作用。据初步观察，每头食蚜蝇每天能捕食蚜虫 107 头。

寄生性天敌昆虫主要包括寄生蜂和寄生蝇，可寄生于害虫的卵、幼虫及蛹内或体上。凡被寄生的卵、幼虫或蛹，均不能完成发育而死亡。

利用天敌昆虫来防治园林植物害虫，主要有以下 3 种途径。

（一）天敌昆虫的保护

自然条件下天敌的种类是非常丰富的，保护、利用本地天敌是园林害虫生物防治的一个重要措施，是各种害虫种群数量重要的控制因素。在方法实施上，要注意以下几点：

（1）对害虫进行人工防治时，把采集到的卵、幼虫、茧蛹等放在害虫不易逃走而各种寄生性天敌昆虫能自由飞出的保护器内，待天敌昆虫羽化飞走后，再处理未被寄生的害虫。

（2）化学防治时，应选用选择性强或残效期短的杀虫剂，选择适当的施药时期和方法，尽量减少用药次数，喷施杀虫剂时尽量避开天敌活动盛期，减少对天敌昆虫的伤害。

（3）保护天敌越冬。天敌昆虫常常由于冬天恶劣的环境条件而大量减少，因此采取措施使其安全越冬是非常必要的。例如，七星瓢虫、异色瓢虫、螳螂等的利用，都是在解决了安全过冬的问题后才发挥更大的作用。

（4）改善昆虫天敌的营养条件。一些寄生蜂、寄生蝇，在羽化后常需补充营养而取食花蜜，因而在种植园林植物时要注意考虑天敌昆虫蜜源植物的配置。有些地方如天敌食料缺乏（如缺乏寄主卵），要注意补充田间寄主等，这些措施有利于天敌昆虫的繁衍。

（二）天敌昆虫的人工繁殖、释放

在自然条件下，天敌的发展总是以害虫的发展为前提，在害虫发生初期由于天敌数量少，对害虫的控制力低，再加上化学防治的影响，园林植物上天敌数量减少，因此，可采用人工大量繁殖的方法增加天敌昆虫的数量，适时释放到林间消灭害虫。特别在害虫发生之初，大量释放于林间，可取得较显著的防治效果。我国以虫治虫的工作也着重于此方面，如松毛虫赤眼蜂（*Trichogramma dendrolimi*）的广泛应用。

（三）天敌昆虫的引进

天敌引进是指把天敌昆虫从一个国家移入另一个国家。我国引进天敌昆虫来防治害虫，已有80多年的历史。据资料记载，全世界成功的有250多例，其中防治介壳虫成功的例子最多，成功率占78%。在引进的天敌昆虫中，寄生性昆虫比捕食性昆虫成功的例子多。例如，丽蚜小蜂（*Encarsia formosa* Gahan）于1978年底从英国引进后，经过研究，解决了人工大量繁殖的关键技术，在北方一些地区推广防治温室白粉虱，效果十分显著；广东省从日本引进花角蚜小蜂（*Cocobius azumai* Tachikawa）防治松突圆蚧，已初步确定其对松突圆蚧具有很理想的控制潜能，应用前景非常乐观；湖北防治吹绵蚧的大红瓢虫，1953年从浙江引入，这种瓢虫以后又被四川、福建、广西等地引入，均获得成功。

二、生物农药的应用

生物农药作用方式特殊，防治对象比较专一，且对人类和环境的潜在危害比化学农药要小，因此，特别适用于园林植物害虫的防治。

（一）微生物农药

以菌治虫，就是利用害虫的病原微生物来防治害虫。可引起昆虫致病的病原微生物主要有细菌、真菌、病毒、立克次氏体、线虫等。目前生产上应用较多的是病原细菌、病原真菌和病原病毒3类。

利用病原微生物防治害虫，具有繁殖快、用量少、不受园林植物生长阶段的限制、持效期长等优点。近年来作用范围日益扩大，是目前园林害虫防治中最有推广应用价值的类型之一。

1. 病原细菌

目前用来控制害虫的细菌主要有苏云金杆菌（*Bacillus thuringiensis*）。苏云金杆菌是一类杆状的、含有伴孢晶体的细菌，伴孢晶体可通过释放伴孢毒素破坏虫体细胞组织，导致害虫死亡。苏云金杆菌对人、畜、植物、益虫、水生生物等无害，无残余毒性，有较好的稳定性，可与其他农药混用；对湿度要求不严格，在较高温度下发病率高，对鳞翅目幼虫有很好的防治效果。因此，成为目前应用最广的生物农药。

2. 病原真菌

能够引起昆虫致病的病原真菌很多，其中以白僵菌（*Beauveria bassiana*）最为普遍，在我国广东、福建、广西等地，普遍用白僵菌来防治马尾松毛虫(*Dendrolimusp unctatus* Walker)，取得了很好的防治效果。

大多数真菌可以在人工培养基上生长发育，便于大规模生产应用。但由于真菌孢子的萌发和菌丝生长发育对气候条件有比较严格的要求，因此昆虫真菌性病害的自然流行和人工应用常常受到外界条件的限制，应用时机得当才能收到较好的防治效果。

3. 病原病毒

利用病毒防治害虫，其主要优点是专化性强，在自然情况下，某种病原病毒往往只寄生一种害虫，不存在污染与公害问题，在自然界中可长期保存，反复感染，有的还可遗传感染，从而防止害虫流行病。目前发现不少园林植物害虫，如在南方危害园林植物的槐尺蠖、丽绿刺蛾、榕树透翅毒蛾、竹斑蛾、棉古毒蛾、樟叶蜂、马尾松毛虫、大袋蛾等，均能在自然界中感染病毒，对这些害虫的猖獗发生起到了抑制作用。

（二）生化农药

生化农药指经人工合成或从自然界的生物源中分离或派生出来的化合物，如昆虫信息素、昆虫生长调节剂等，主要来自于昆虫体内分泌的激素，包括昆虫的性外激素、昆虫的脱皮激素及保幼激素等。在国外已有 100 多种昆虫激素商品用于害虫的预测预报及防治工作，我国已有近 30 种性激素用于梨小食心虫、白杨透翅蛾等昆虫的诱捕、迷向及引诱绝育法的防治。

昆虫生长调节剂现在我国应用较广的有灭幼脲 I 号、II 号、III 号等，对多种园林植物害虫如鳞翅目幼虫、鞘翅目叶甲类幼虫等具有很好的防治效果。

三、其他动物的利用

我国有 1100 多种鸟类，其中捕食昆虫的约占半数，它们绝大多数以捕食害虫为主。目前以鸟治虫的主要措施是：保护鸟类，严禁在城市风景区、公园打鸟；人工招引以及人工驯化等。如在林区招引大山雀(*Parus major*)防治马尾松毛虫，招引率达 60%，对抑制松毛虫的发生有一定的效果。

蜘蛛、捕食螨、两栖动物及其他动物，对害虫也有一定的控制作用。例如，蜘蛛对于控制南方金花茶、山茶上的茶小绿叶蝉(*Empoasca flavescens*)起着重要的作用；而捕食螨对酢浆草岩螨(*Petrobia harti*)、柑橘红蜘蛛(*Panonychus citri*)等螨类也有较强的控制力。

四、以菌治病

一些真菌、细菌、放线菌等微生物，在它的新陈代谢过程中分泌抗生素，杀死或抑制病原物。这是目前生物防治研究中的一个重要内容。如哈茨木霉能分泌抗生素，杀死、抑制茉莉白绢病病菌。又如菌根菌可分泌萜烯类等物质，对许多根部病害有颉颃作用。

【任务准备】

材料：捕食性天敌昆虫、寄生性天敌昆虫、真菌、细菌标本、白僵菌粉孢样品等。

用具：显微镜、镊子、挑针等。

【任务实施】

1. 参观当地森防检疫机构，了解生物防治在生产上的应用。
2. 结合昆虫标本采集，认识捕食性天敌昆虫的种类。
3. 参加当地森防站的生物防治措施——白僵菌粉孢的施放。

【任务评价】

任务完成后，教师指出学生在任务完成过程中存在的问题，并根据以下4个方面进行任务评价。

序号	评价组成	评价内容	参考分值
1	学生自评	是否认真完成任务，上交实训报告，指出不足和收获	20
2	教师测评	现场操作是否规范；天敌的识别是否准确；白僵菌释放过程的表现；实训报告的完成情况以及任务各个步骤的完成情况	40
3	学生互评	互相学习、协作，共同完成任务情况	10
4	综合评价	学习态度、参与程度、团队合作能力、小组任务完成情况等	30
合　计			100

【巩固训练】

1. 生物防治常用的措施有哪些？
2. 使用白僵菌防治松毛虫应注意哪些事项？

任务四　物理机械防治

【任务目标】

熟悉捕杀法、阻隔法、诱杀法和高温处理法等物理机械防治措施。

【任务分析】

物理机械防治作为园林植物病虫害综合治理的救急措施，在生产上有一定的应用。本任务主要是进行黑光灯诱虫和黄色色板诱蚜。

围绕完成任务，分两个阶段进行，每个阶段按教师讲解→学生训练→判别的顺序进行。由教师介绍物理机械防治理论知识，学生以4～6人为一小组，结合昆虫标本的采集了解人工捕杀和黑光灯诱虫的原理；结合病虫害调查可进行黄色色板诱蚜等。

【知识导入】

利用简单的工具以及物理因素（如光、温度、热能、放射能等）来防治害虫的方法，称为物理机械防治。物理机械防治的措施简单实用，容易操作，见效快，可以作为害虫大发生时的一种应急措施。特别对于一些化学农药难以解决的害虫或发生范围小时，是一种有效的防治手段。

一、人工捕杀

利用人力或简单器械，捕杀有群集性、假死性的害虫。例如，用竹竿打树枝振落金龟子，组织人工摘除袋蛾的越冬虫囊，摘除卵块，发动群众于清晨到苗圃捕捉地老虎以及利用简单器具钩杀天牛幼虫等，都是行之有效的措施。

二、诱杀法

诱杀法是指利用害虫的趋性设置诱虫器械或诱物诱杀害虫，利用此法还可以预测害虫的发生动态。常见的诱杀方法有：

1. 灯光诱杀

利用害虫的趋光性，人为设置灯光来诱杀防治害虫。目前生产上所用的光源主要是黑光灯，此外，还有高压电网灭虫灯。黑光灯是一种能辐射出360nm紫外线的低气压汞气灯，而大多数害虫的视觉神经对波长330～400nm的紫外线特别敏感，具有较强的趋性，因而诱虫效果很好。利用黑光灯诱虫，除能消灭大量虫源外，还可以用于开展预测预报和科学实验，进行害虫种类、分布和虫口密度的调查，为防治工作提供科学依据。

安置黑光灯时应以安全、经济、简便为原则。黑光灯诱虫时间一般在5～9月，灯要设置在空旷处，闷热、无风、无雨、无月光的夜晚开灯，诱集效果最好，一般以晚上21：00～22：00诱虫最好。由于设灯时，易造成灯下或灯的附近虫口密度增加，因此，应注意及时消灭灯光周围的害虫。

除黑光灯诱虫外，还可以利用蚜虫对黄色的趋性，用黄色光板诱杀蚜虫及美洲斑潜蝇成虫等。

2. 毒饵诱杀

利用害虫的趋化性在其所嗜好的食物中（糖醋、麦麸等）掺入适当的毒剂，制成各种毒饵诱杀害虫。例如，蝼蛄、地老虎等地下害虫，可用麦麸、谷糠等作饵料，掺入适量敌百虫或其他药剂制成毒饵来诱杀。所用配方一般是饵料 100 份、毒剂 1~2 份、水适量。另外诱杀地老虎、梨小食心虫成虫时，通常以糖、酒、醋作饵料，以敌百虫作毒剂来诱杀。所用配方是糖 6 份、酒 1 份、醋 2~3 份、水 10 份，再加适量敌百虫。

3. 饵木诱杀

许多蛀干害虫如天牛、小蠹虫、吉丁虫等喜欢在新伐倒不久的倒木上产卵繁殖。因此，在成虫发生期间，在适当地点设置一些木段，供害虫大量产卵，待新一代幼虫完全孵化后，及时进行剥皮处理，以消灭其中害虫。例如，在山东泰安岱庙内，每年用此方法诱杀双条杉天牛，取得了明显的防治效果。

4. 植物诱杀

植物诱杀或称作物诱杀，即利用害虫对某种植物有特殊嗜好的习性，经种植后诱集捕杀的一种方法。例如，在苗圃周围种植蓖麻，使金龟子误食后麻醉，可以集中捕杀。

5. 潜所诱杀

利用某些害虫的越冬潜伏或白天隐蔽的习性，人工设置类似环境诱杀害虫。注意诱集后一定要及时消灭。例如，有些害虫喜欢选择树皮缝、翘皮下等处越冬，可于害虫越冬前在树干上绑草把，引诱害虫前来越冬，将其集中消灭。

三、阻隔法

人为设置各种障碍，切断病虫害的侵害途径，称为阻隔法。

1. 涂环法

对有上下树习性的害虫可在树干上涂毒环或涂胶环，从而杀死或阻隔幼虫。多用于树体的胸高处，一般涂 2~3 个环。

2. 挖障碍沟

对于无迁飞能力只能爬行的害虫，为阻止其危害和转移，可在未受害植株周围挖沟；对于一些根部病害，也可以在受害植株周围挖沟，阻隔病原菌的蔓延，以达到防治病虫害传播蔓延的目的。

3. 设障碍物

此法主要防治无迁飞能力的害虫。如枣尺蠖的雌成虫无翅，交尾产卵时只能爬到树上，可在上树前在树干基部设置障碍物阻止其上树产卵。

4. 覆盖薄膜

覆盖薄膜能增产，同时也能达到防病的目的。许多叶部病害的病原物是在病残体上越冬的，花木栽培地早春覆膜可大幅度地减少叶病的发生。因为薄膜对病原物的传播起了机械阻隔作用，覆膜后土壤温度、湿度提高，加速病残体的腐烂，减少了侵染来源。如芍药栽培地覆膜后，芍药叶斑病大幅减少。

四、高温处理法

利用热水浸种、烈日暴晒、红外线辐射，都可以杀死在种子、果实、木材中的病虫。

【任务准备】

材料：越冬虫囊、卵块、带虫的饵木等。
用具：捕虫网、诱虫灯、引诱剂、色板等。

【任务实施】

1. 结合昆虫标本采集，白天进行人工捕杀，晚上黑光灯诱虫，学习灯光诱杀的原理和方法。

2. 到苗圃或鲜切花生产基地的大棚进行病虫害调查，了解黄色色板诱蚜。

【任务评价】

任务完成后，教师指出学生在任务完成过程中存在的问题，并根据以下 4 个方面进行任务评价。

序号	评价组成	评价内容	参考分值
1	学生自评	是否认真完成任务，上交实训报告，指出不足和收获	20
2	教师测评	现场操作是否规范；人工捕捉和黑光灯诱虫的情况；实训报告的完成情况以及任务各个步骤的完成情况	40
3	学生互评	互相学习、协作，共同完成任务情况	10
4	综合评价	学习态度、参与程度、团队合作能力、小组任务完成情况等	30
合　计			100

【巩固训练】

黑光灯诱虫的原理是什么?

任务五　化学防治

【任务目标】

1. 掌握农药的基本知识,熟悉常用农药的性状、特点和使用方法。
2. 能配制和稀释常用农药,并正确使用。
3. 能识农药标签,辨别农药真假。
4. 会使用一般的施药器械进行病虫害防治。

【任务分析】

化学防治作为园林植物病虫害综合治理的救急措施,因其使用方法简单易操作,加之受季节、地域的影响小,故在生产中应用广泛。本任务主要是识别农药并实施化学防治。

围绕完成任务,首先由教师介绍农药的基本知识,而后针对校园植物上发生的病虫害,选用合适的农药,进行合理的施药。学生 4 ~ 6 人一组,根据教师讲解→学生训练→实施的顺序,结合校园病虫害防治进行。

【知识导入】

化学防治是指用农药来防治害虫、病害、杂草等有害生物的方法。化学防治是害虫防治的主要措施,具有收效快、防治效果好、使用方法简单、受季节限制较小、适合于大面积使用等优点。但也有明显的缺点,化学防治的缺点概括起来可称为"三 R 问题",即抗药性、再猖獗及农药残留。由于长期对同一种害虫使用相同类型的农药,使得某些害虫产生不同程度的抗药性;由于用药不当杀死了害虫的天敌,从而造成害虫的再度猖獗危害;由于农药在环境中存在残留毒性,特别是毒性较大的农药,对环境易产生污染,破坏生态平衡。

一、农药的基本知识

(一)农药的分类

农药的种类很多,按照不同的分类方式可有不同的分类方法。

1. 按防治对象分类

农药可分为杀虫剂、杀菌剂、杀螨剂、杀线虫剂、杀鼠剂、除草剂等。

2. 按照杀虫作用分类

根据杀虫剂对昆虫的毒性作用及其侵入害虫的途径不同，一般可分为：

(1)胃毒剂

药剂随着害虫取食植物一同进入害虫的消化系统，再通过消化吸收进入血腔中发挥杀虫作用。此类药剂大都兼有触杀作用，如敌百虫、灭幼脲等。胃毒剂适用于防治咀嚼式口器(啃食作物)的害虫。

(2)触杀剂

药剂与虫体接触后，药剂通过昆虫的体壁进入虫体内，使害虫中毒死亡，如马拉硫磷、敌杀死等。触杀剂适用于防治各种口器的害虫。

(3)熏蒸剂

药剂由固体或液体转化为气体，通过昆虫呼吸系统进入虫体，使害虫中毒死亡，如敌敌畏、磷化铝等。熏蒸剂适用于防治仓库害虫以及藏在隐蔽处危害的害虫。

(4)内吸剂

药剂容易被植物吸收，并可以输导到植株各部分，在害虫取食时使其中毒死亡。这类药剂适合于防治一些蚜虫、介壳虫等刺吸式口器的害虫，如乐果、氧化乐果、久效磷、吡虫啉等。内吸杀虫剂适用于防治刺吸植物汁液和藏在隐蔽处的害虫，如红蜘蛛、蚜虫、叶蝉等。

(5)特异性杀虫剂

这类药剂对昆虫无直接毒害作用，而是通过拒食、驱避、不育等不同于常规的作用方式，最后导致昆虫死亡，如樟脑、风油精、灵香草等。

(6)诱致剂(引诱剂)

对害虫具有诱致作用的药剂。生产上可用诱致剂引诱害虫前来聚集，然后将其集中消灭。如糖醋液、天牛引诱剂、美国白蛾诱致剂等。

(7)黏捕剂

对害虫具有黏捕作用的不干性黏稠物质叫黏捕剂。如用天然松香、树脂、黏胶等配制成的黏捕剂。

3. 按杀菌剂的作用方式分类

(1)保护剂

在植物感病前或病原物侵入植物以前，喷洒在植物表面或植物所处的环境，用来杀死或抑制植物体外的病原物，以保护植物免受侵染的药剂，称为保护剂。如波尔多液、石硫合剂、代森锰锌等。

（2）治疗剂

植物感病后或病原物侵入植物后，使用药剂处理植物，以杀死或抑制植物体内的病原物，使植物恢复健康或减轻病害。这类药剂称为治疗剂。许多治疗剂同时还具有保护作用。如多菌灵、甲基托布津等。

4. 按照化学组成分类

（1）无机农药

用矿物原料经加工制造而成，如砷素剂、氟素剂等。

（2）有机农药

有机农药指由有机物合成的农药，如有机磷杀虫剂、有机氯杀虫剂、有机氮杀虫剂等，是目前应用最多的杀虫剂。

（3）植物性农药

植物性农药指用植物产品制造的农药，其中所含有的有效成分为天然有机物，如烟碱、鱼藤、除虫菊等。

（4）微生物农药

目前广泛应用的拟除虫菊酯类农药就是模仿除虫菊而合成的。用微生物或其代谢产物所制造的农药，如白僵菌、青虫菌、BT乳剂、杀蚜素等。

（二）农药的剂型

为了在防治时使用方便，生产上常将农药加工成不同剂型。

1. 乳油

在原药中加入一定量的乳化剂和溶剂制成透明的油状剂型，称为乳油，如敌敌畏乳油、甲胺磷乳油等。乳油可溶于水，经过加水稀释后，可以用来喷雾。使用乳油防治害虫的效果一般比其他剂型好，触杀成功率高，残效期长。

2. 粉剂

在原药中加入惰性填充剂（如黏土、高岭土、滑石粉等），经机械磨碎为粉状，一般细度为95%通过200筛目，成为不溶于水的药剂。适合于喷粉、撒粉、拌种或用来制成毒饵。粉剂不能用来喷雾，否则易产生药害。

3. 可湿性粉剂

在原药中加入一定量的湿润剂和填充剂，通过机械研磨或气流粉碎而成。可湿性粉剂适于用水稀释后作喷雾用。常见的可湿性粉剂有10%吡虫啉可湿性粉剂、25%敌草隆可湿性粉剂。

4. 颗粒剂

原药加载体（黏土、玉米芯等）制成颗粒状的药物，称为颗粒剂。颗粒剂残效期长，用药量少，主要用于土壤处理。常用的颗粒剂如呋喃丹等。

5. 烟剂

由原药加燃烧剂、氧化剂、消燃剂制成，可以燃烧。点燃后，原药受热气化上升到空气中，再遇冷而凝结成飘浮状的微粒，适用于防治高大树木的害虫或温室中的害虫。

6. 微胶囊剂

微胶囊剂是近年来出现的有缓释作用的一种剂型。是将原药包入某种高分子微囊中的剂型。微胶囊不溶于水，用以防治病虫草害。我国已配制出对硫磷、高效氯氰微胶囊剂等新产品。

（三）农药的毒性

1. 农药的毒性

农药的毒性是指农药对人、畜、鱼类等产生的毒害作用。毒性通常分为急性毒性与慢性毒性两种。急性毒性是指人畜接触一定剂量的农药后，能在短期内引起急性病理反应的毒性。急性毒性容易被人察觉。慢性毒性是指人、畜长期持续接触与吸入低于急性中毒剂量的农药后引起的慢性病理反应。慢性毒性还表现为对后代的影响，如产生致畸、致突变和致癌作用等。慢性毒性不易察觉，往往受到忽视，因而比急性毒性更危险。

通常所说的农药的毒性，指的是急性毒性，用致死中量（LD_{50}）或致死中浓度（LC_{50}）来表示。致死中量（LD_{50}）是指被试验的动物一次口服某药剂后，产生急性中毒，有半数死亡时所需要的该药剂的量，单位为 mg/kg。致死中量数值越大，表示毒性越小；数值越小，则表示毒性越大。

农药的毒性在我国按照原药对大白鼠产生急性中毒（LD_{50}）暂分为 3 级：高毒，大白鼠口服致死中量小于 50mg/kg；中毒，大白鼠口服致死中量为 50～500mg/kg；低毒，大白鼠口服致死中量大于 500mg/kg。

2. 农药标签和说明书

农药标签和说明书是指农药包装物上或附于农药包装物的，以文字、图形、符号说明农药内容的一切说明物。

农药产品应当在包装物表面印制或贴有标签。产品包装尺寸过小、标签无法标注《农药标签和说明书管理办法》中规定内容的，应当附具相应的说明书。

农药标签和说明书是反映产品性能、特点、质量等重要信息的载体，是直接向使用者传递农药技术信息的途径，是指导农药经营和使用者正确经营和安全合理使用农药的保证，也是企业对消费者的承诺。农药标签主要包括以下几个方面：

（1）农药名称

包含内容有：农药有效成分及含量、名称、剂型等（图3-1）。农药名称通常有两种，一种是中（英）文通用名称，中文通用名称按照国家标准《农药通用名称命名原则》（GB 4839—1998）规定的名称，英文通用名称引用国际标准组织（ISO）推荐的名称；另一种为商品名，经国家批准可以使用。不同生产厂家有效成分相同的农药，即通用名称相同的农药，其商品名可以不同。

图3-1 农药标签

（2）农药三证

农药三证指的是农药登记证号、生产许可证号和产品标准证号，国家批准生产的农药必须三证齐全，缺一不可。

（3）净重或净容量

净重或净容量指农药的重量或容积。

（4）使用说明

按照国家批准的作物和防治对象简述使用时期、用药量或稀释倍数、使用方法、限用浓度及用药量等。

（5）注意事项

注意事项包括中毒症状和急救治疗措施；安全间隔期，即最后一次施药距收获时的天数；储藏运输的特殊要求；对天敌和环境的影响等。

（6）质量保证期

不同厂家的农药质量保证期标明方法有所差异。一是注明生产日期和质量保证期；二是注明产品批号和有效日期；三是注明产品批号和失效日期。一般农药的质量保证期是2～3年，应在质量保证期内使用，才能保证作物的安全和防治效果。

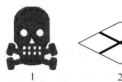

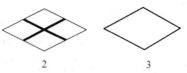

图3-2　农药的毒性

1. 高毒　2. 中毒　3. 低毒

（7）农药毒性与标志

农药的毒性不同，其标志也有所差别。毒性的标志和文字描述皆用红字，十分醒目。使用时注意鉴别（图3-2）。

（8）农药种类标识色带

农药类别应当采用相应的文字和特征颜色标志带表示。不同类别的农药采用在标签底部加一条与底边平行的、不褪色的特征颜色标志带表示。直接使用的卫生用农药可以不标注特征颜色标志带。

除草剂用"除草剂"字样和绿色带表示；

杀虫（螨、软体动物）剂用"杀虫剂"或"杀螨剂"、"杀软体动物剂"字样和红色带表示；

杀菌（线虫）剂用"杀菌剂"或"杀线虫剂"字样和黑色带表示；

植物生长调节剂用"植物生长调节剂"字样和深黄色带表示；

杀鼠剂用"杀鼠剂"字样和蓝色带表示；

杀虫/杀菌剂用"杀虫/杀菌剂"字样、红色和黑色带表示。

农药种类的描述文字应当镶嵌在标志带上，颜色与其形成明显反差。

（四）农药的药害

由于用药不当而造成农药对园林植物的毒害作用，称为药害。许多园林植物是娇嫩的花卉，用药不当时，极容易产生药害，用药时应当十分小心。

1. 药害表现

植物遭受药害后，常在叶、花、果等部位出现变色、畸形、枯萎焦灼等药害症状，严重者造成植株死亡。根据出现药害的速度，有急性药害和慢性药害之分。在施药后几小时，最多1~2d就会明显表现出药害症状的，称为急性药害；慢性药害则在施药后十几天、几十天，甚至几个月后才表现出来。

2. 药害产生的原因

（1）药剂因素

由于用药浓度过高或者农药的质量太差，常会引起药害的发生。

（2）植物因素

处于开花期、幼苗期的植物，容易遭受药害；杏、梅、樱花等植物对敌敌畏、乐果等农药较其他树木更易产生药害。

(3)气候因素

一般在高温、潮湿等恶劣的天气条件下用药，容易产生药害。

3. 如何防止药害的产生

(1)严格按照农药的《使用说明书》用药，控制用药浓度，不得任意加大使用浓度，不得随意混合使用农药。

(2)防治处于开花期、幼苗期的植物，应适当降低使用浓度；在杏、梅、樱花等蔷薇科植物上使用敌敌畏和乐果时，也要适当降低使用浓度。

(3)应选择在早上露水干后及 11：00 前，或 15：00 后用药，避免在中午前后高温或潮湿的恶劣天气下用药，以免产生药害。

二、农药的使用方法

1. 喷雾

喷雾是将乳油、水剂、可湿性粉剂，按所需的浓度加水稀释后，用喷雾器进行喷洒。其技术要点是：喷雾时，要求均匀周到，使植物表面充分湿润，但基本不滴水，即"欲滴未滴"；喷雾的顺序为从上到下，从叶面到叶背；喷雾时要顺风或垂直于风向操作。严禁逆风喷雾，以免引起人员中毒。

在喷雾的类型中，有一种称为超低容量喷雾。该剂型可直接利用超低容量喷雾器对原药进行喷雾。这种喷雾法用药量少，不需加水稀释，操作简便，工效高，节省劳动成本，防治效果也好，特别适合于水源缺乏的地区使用。

2. 拌种

拌种是将农药、细土和种子按一定的比例混合在一起的用药方法，常用于防治地下害虫。

3. 毒饵

毒饵是将农药与饵料混合在一起的用药方法，常用来诱杀蛴螬、蝼蛄、小地老虎等地下害虫。

4. 撒施

撒施是将农药直接撒于种植区，或者将农药与细土混合后撒于种植区的施药方法。

5. 熏蒸

熏蒸是将具熏蒸性农药置于密闭的容器或空间，以便毒杀害虫的用药方法，常用于调运种苗时，对其中的害虫进行毒杀或用来毒杀仓库害虫。

6. 注射法、打孔注射法

注射法是用注射机或兽用注射器将药剂注入树体内部，使其在树体内传导运输而杀死害虫，多用于防治天牛、木蠹蛾等害虫；打孔注射法是用打孔器或钻头等利器在树干基部钻一斜孔，钻孔的方向与树干约呈40°的夹角，深约5cm，然后注入内吸剂药剂，最后用泥封口。可防治食叶害虫、吸汁类害虫及蛀干害虫等。

对于一些树势衰弱的古树名木，也可以用挂吊瓶法注射营养液，以增强树势。

7. 刮皮涂环

距干基一定的高度，刮两个相错的半环，两半环相距约10cm，半环的长度15cm左右。将刮好的两个半环分别涂上药剂，以药液刚向下流为止，最后外包塑料薄膜。应注意的是：刮环时，刮至树皮刚露白茬；药剂选用内吸性药剂；外包的塑料薄膜要及时拆掉(约7d)。主要用于防治食叶害虫、吸汁害虫及蛀干害虫的初期阶段。

另外还有地下根施农药、喷粉、毒笔、毒绳、毒签等方法。

三、农药的稀释与计算

1. 药剂浓度表示法

①倍数法　指用稀释剂用量是农药用量的倍数来表示农药浓度的方法。

②质量分数法(%)　是指有效成分与制剂的质量百分比。如50%辛硫磷乳油。

③质量浓度(g/L)　指1L农药中含有效成分的质量。如480g/L异草松乳油。

④波美度(°Be)　石硫合剂浓度的一种表示方法。用波美比重计测得。

2. 浓度之间的换算

(1)百分浓度与百万分浓度之间的换算

$$百万分浓度(10^{-6}) = 百分浓度(不带\%) \times 1000$$

(2)倍数法与百分浓度之间的换算

$$百分浓度(\%) = 原药剂浓度(不带\%)/稀释倍数$$

3. 农药的稀释计算

(1)按有效成分计算

$$原药剂的浓度 \times 原药剂的重量(容积) =$$
$$稀释剂的浓度 \times 稀释剂的重量(容积)求稀释剂重量$$

计算100倍以下时：

$$稀释剂重量 = [原药剂重量(原药剂浓度 - 稀释药剂浓度)]/$$
$$稀释药剂浓度$$

例：用 40% 福美砷可湿性粉剂 10kg 配成 2% 稀释液，需加水多少？

计算：$10 \times (40\% - 2\%) \div 2\% = 190(kg)$

计算 100 倍以上时：

$$稀释剂重量 = (原药剂重量 \times 原药剂浓度)/稀释药剂浓度$$

例：用 100ml 80% 敌敌畏乳油稀释成 0.05% 浓度，需加水多少？

计算：$100 \times 80\% \div 0.05\% = 160(kg)$

求用药量：

$$原药剂重量 = (稀释药剂重量 \times 稀释药剂浓度)/原药剂浓度$$

例：要配置 0.5% 氧化乐果药液 1000ml，求 40% 氧化乐果乳油用量。

计算：$1000 \times 0.5\% \div 40\% = 12.5(ml)$

（2）按稀释倍数计算

$$稀释倍数 = 稀释剂用量/原药剂用量$$

计算 100 倍以下时：

$$稀释药剂重量 = 原药剂重量 \times 稀释倍数 - 原药剂重量$$

例：用 40% 氧化乐果乳油 10ml 加水稀释成 50 倍药液，求稀释液重量。

计算：$10 \times 50 - 10 = 490(ml)$

计算 100 倍以上时：

$$稀释药剂重量 = 原药剂重量 \times 稀释倍数$$

例：用 80% 敌敌畏乳油 10ml 加水稀释成 1500 倍药液，求稀释液重量。

计算：$10 \times 1500 = 15(ml)$

（3）多种药剂混合后的浓度计算

设第一种药剂浓度为 N_1，重量为 W_1；第二种药剂浓度为 N_2，重量为 W_2；……；第 n 种药剂浓度为 N_n，重量为 W_n，则

$$混合药剂浓度(\%) = \sum N_n \cdot W_n(浓度不带\%)/\sum W_n$$

例：将 12.5% 福美砷可湿性粉剂 2kg 与 12.5% 福美锌可湿性粉剂 4kg 及 25% 福美双可湿性粉剂混合在一起，求混合后药剂的浓度。

计算：$(12.5 \times 2 + 12.5 \times 4 + 25 \times 4)/(2 + 4 + 4) = 17.5(\%)$

4. 稀释方法

农药稀释一般采取两步配制法，即先用少量的水将农药原液或原粉稀释成母液或母粉，然后将其倒入按比例准备好的清水或填充料中，充分搅拌均匀。液体农药的稀释药液量少时可直接进行稀释。正确的方法是在准备好的配药容器里先倒入所需要的清水，然后将定量药剂慢慢倒入水中，用木棍等轻轻搅拌均匀即可。

四、农药的合理使用

1. 正确选用农药

在了解农药的性能、防治对象及掌握害虫发生规律的基础上，正确选用农药的品种、浓度和用药量，避免盲目用药。一般选用高效、低毒、低残留的药剂。

2. 选择用药时机

用药时必须选择最有利的防治时机，既可以有效地防治害虫，又不杀伤害虫的天敌。例如，大多数食叶害虫初孵幼虫有群居危害的习性，而且此时的幼虫体壁薄，抗药力较弱，故防治效果较好；蛀干、蛀茎类害虫在蛀入后一般防治较困难，所以应在蛀入前用药；有些蚜虫在危害后期有卷叶的习性，对这类蚜虫应在卷叶前用药，以提高防治效果；而对具有世代重叠的害虫来说，则选择在高峰期进行防治。

无论是防治哪一种害虫，在用药前都应当首先调查天敌的情况。如果天敌的种群数量较大，足以控制害虫(如益/害≥1/5)，就不必进行药剂防治；如果天敌的发育期大多正处于幼龄期，应当考虑适当推迟用药时间。

3. 交替使用农药

在同一地区长期使用一种农药防治某一害虫，会导致药效明显下降，即该虫种对这种农药产生了抗药性。为了避免害虫产生抗药性，应当注意交替使用农药。

交替用药的原则是：在不同的年份(或季节)，交替使用不同类型的农药。但不是每次都换药，频繁换药的结果，往往是加快害虫抗药性的产生。

4. 混合使用农药

正确混合使用农药不仅可以提高药效，而且还可以延缓害虫抗药性的产生，同时防治多种害虫；反之，不仅会降低药效，还会加速害虫抗药性的产生。

正确混合使用农药的原则是：可以将不同类型的农药混合使用，如将有机磷类的敌敌畏与拟除菊酯类的溴氰菊酯混合使用或将杀菌剂的多菌灵与杀虫剂的敌百虫混合使用。不能将属于同一类型农药中的不同品种混合使用，以免导致交互抗性的产生，如将有机磷类的敌敌畏与甲胺磷混合使用或将有机氮类的巴丹和杀虫双混合使用都是不正确的。严禁将易产生化学反应的农药混合使用。大多数的农药属于酸性物质，在碱性条件下会分解失效，因此一般不能与碱性化学物质混合使用，否则会降低药效。

五、常用农药简介

（一）杀虫剂和杀螨剂

1. 有机磷杀虫剂

有机磷杀虫剂是当前国内外发展最为迅速、使用最为广泛的药剂类型。这类药剂具有品种多、药效高、用途广等优点，因此在目前使用的杀虫剂中占有重要的地位。但有不少种类属剧毒农药，使用不当易引起人、畜中毒。

（1）敌百虫

纯品为白色结晶粉末，易溶于水和多种有机溶剂，在室温下存放相当稳定，但易吸湿受潮，配成水溶液后逐渐分解失效，故应随配随用。敌百虫为高效、低毒、低残留、广谱性杀虫剂，胃毒作用强，兼有触杀作用，对人畜较安全，残效期短。可防治蔬菜、茶园、花卉的害虫，也可用于防治地下害虫。对双翅目、鳞翅目、膜翅目、鞘翅目等多种害虫均有很好的防治效果，但对一些刺吸式口器害虫，如蚧类、蚜虫类效果不佳。常用的剂型有90%敌百虫晶体，25%敌百虫乳油，2.5%敌百虫粉剂，50%、80%可湿性粉剂等。生产上常用90%晶体敌百虫稀释800倍液喷雾。

（2）敌敌畏

纯品为略带芳香气味的无色油状液体，常温水溶解度为1%，能溶于大多数有机溶剂，如苯、甲苯等，但不能溶于煤油。具有很强的挥发性，温度越高，挥发性越大，因而杀虫效力很高。对人畜毒性较高。敌敌畏具有触杀、胃毒及强烈的熏蒸作用，适用于防治园林（包括温室）、茶园、果蔬等方面的害虫。常在调运苗木时用作熏蒸杀虫剂，用来杀灭苗木中的害虫。常见的加工剂型有80%乳油。用80%乳油2000~3000倍溶液喷雾，可防治花卉上的蚜虫、蝶蛾类幼虫、玫瑰叶蜂以及一串红、茉莉、月季等多种花木的粉虱，但李、梅、杏等植物对敌敌畏较敏感，使用时应注意。

（3）乐果

纯品为白色晶体，常有臭味，易溶于水及多种有机溶剂中，遇碱易分解失效，因此不宜与碱性药剂混用。乐果为高效、低毒、低残留、广谱性杀虫剂，有较强的内吸传导作用，也具有一定的胃毒、触杀作用。对蚜虫、木虱、叶蝉、粉虱、蓟马、蚧类、螨类等刺吸式口器害虫有特效。常见的剂型为40%乳油、1%~3%粉剂及20%的可湿性粉剂等。可用40%的乐果乳油稀释1000~2000倍喷雾。应当注意：梅、李、杏对乐果敏感，浓度过高易产生药害。

(4)氧化乐果

氧化乐果是乐果的类似物，也是其降解物，为黄色油状液体，易溶于水及一般有机溶剂，常温下为液体，在碱中易分解。氧化乐果是一种广谱性的内吸杀虫、杀螨剂，兼有触杀、胃毒作用。防治对象同乐果。常见的剂型有40%乳油、25%超低容量剂等。一般使用浓度为40%的氧化乐果乳油稀释2000倍喷雾。应当注意：该药对蜜蜂有毒，花期应慎用。

(5)马拉硫磷

马拉硫磷又名马拉松。工业品具有强烈的大蒜臭味，为棕色或褐色油状液体，在中性条件下性质稳定，遇酸碱均分解。马拉硫磷以触杀作用为主，也具有一定的胃毒及熏蒸作用。对人畜较安全，对蚜虫、介壳虫、蓟马、网蝽、叶蝉以及鳞翅目幼虫均有良好的效果。主要剂型有50%、25%乳油及1%、5%粉剂等。常用50%乳油稀释1000~1500倍喷雾。

(6)亚胺硫磷

纯品为白色结晶，工业品为棕色油状液体，有特殊的刺激性臭味，难溶于水，遇碱不稳定，残效期短，对人、畜较安全。亚胺硫磷是一种广谱性的杀虫、杀螨剂，有触杀、胃毒及一定的内吸作用，对蚜虫、介壳虫、粉虱、蓟马、网蝽、叶蝉以及鳞翅目幼虫均有良好的效果。主要剂型有50%乳油、25%可湿性粉剂，2.5%粉剂等。可用25%乳油或25%可湿性粉剂稀释1000~1500倍喷雾。

(7)锌硫磷

纯品为浅黄色油状液体，难溶于水，易溶于有机溶剂，在中性或酸性条件下稳定，遇碱易分解。本品为高效、低毒、低残留杀虫剂，具有触杀及胃毒作用。对蚜虫、黑刺粉虱、蓟马、螨类、龟蜡蚧及鳞翅目幼虫均有良好的防治效果。施于土壤中可以有效地防治地下害虫，残效期可达15d以上。常用剂型有50%乳油，可用50%锌硫磷乳油稀释1000~2000倍喷雾。

(8)甲基异柳磷

纯品为黄色油状液体，难溶于水，易溶于有机溶剂。对人畜高毒。本品具有触杀和胃毒作用，残效期为30d左右。主要用于防治地下害虫，如蝼蛄、蛴螬、地老虎及根结线虫等。常见剂型有40%乳油，使用方法为每667m^{2}用药1kg加麦麸5kg配成毒饵或每667m^{2}用药0.5kg加细土10kg配成毒土撒施。防治草坪上的地老虎、黏虫可用40%乳油稀释3000倍液喷雾。本品一般不能用于花卉、果树的喷雾。注意不能与碱性农药混用。

（9）甲胺磷

工业品为淡黄色黏稠液体，可溶于水及有机溶剂，遇碱易分解。对人畜剧毒，大白鼠口服 LD_{50} 为 30mg/kg。甲胺磷具有触杀、内吸和胃毒作用，是广谱性杀虫剂，对鳞翅目钻蛀性害虫（如扁蔗蛾）、叶蝉、产生抗性的蚜虫、螨类等均具有良好的防治效果。常见剂型有 50% 乳油。使用方法 50% 乳油稀释为 1000~2000 倍喷雾。

2. 有机氯杀虫剂

有机氯杀虫剂是早期曾经使用的有机合成农药，其中以"六六六"和"滴滴涕"的用量最大，在防治农业、林业、卫生害虫方面曾经发挥了很大的作用。但因它的性质稳定，残留毒性期长，会造成严重的土壤、水源、空气的污染，并能在人体内积累，给健康带来隐患。因此，世界各国已陆续禁止使用这些农药。

目前，我国仍在使用的有机氯杀虫剂仅有灭蚁灵、氯丹等少数几种。灭蚁灵有胃毒和触杀作用，性质较稳定，对人畜毒性低，对家白蚁、黑翅土白蚁等的防治效果较好。

3. 氨基甲酸酯类杀虫剂

（1）西维因

西维因通名甲奈威。纯品为白色结晶，难溶于水，可溶于有机溶剂。对光、热、酸性物质较稳定，遇碱性物质则易分解，故忌与波尔多液、石硫合剂及洗衣粉等混用。西维因具有触杀及胃毒作用，可用于防治卷叶蛾、潜叶蛾、蓟马、叶蝉、蚜虫等害虫。常见的剂型有 25%、50% 可湿性粉剂两种，常用 25% 可溶性粉剂稀释 500~700 倍喷雾。应当注意：西维因对蜜蜂有毒，故花期不宜使用。

（2）叶蝉散

工业品为白色结晶粉末，不溶于水，在碱性溶液中不稳定，对人、畜、鱼毒性较低。叶蝉散为触杀性杀虫剂，对叶蝉、飞虱有特效，对蓟马、木虱、蟓象等也有效。常见剂型有 20%、50% 可湿性粉剂，1.5% 粉剂，20% 乳油等。使用方法为 50% 可湿性粉剂稀释 1500~2000 倍喷雾。

（3）呋喃丹

纯品为白色结晶体，微溶于水，可溶于多种有机溶剂中。呋喃丹是一种广谱性杀虫、杀螨及杀线虫剂，具有内吸、胃毒、触杀及熏蒸作用，对鞘翅目、同翅目、半翅目、鳞翅目及螨类等有很好的防治效果。常见的剂型有 2%、3% 和 5% 颗粒。颗粒剂一般施于根际，由根部吸收传导而起杀虫作用。用根际施药法的优点是残效期长（可长达 40d），不怕雨水，对天敌无影响，并且可与肥料一起混合施用。目前已广泛用于防治盆花上的害虫及地栽树木的枝梢害虫。

（4）涕灭威

涕灭威又名铁灭克。纯品为纯白色晶体，微溶于水，可溶于大多数有机溶剂。对人畜高毒。具有内吸、触杀及胃毒作用，多用于根施。本品具有使用方便、杀虫效果好、药效期长、不污染空气、不杀伤天敌等优点。残效期45~60d。常见剂型为15%颗粒剂。防治盆栽花卉害虫如蚜虫、叶蝉、叶螨、蓟马及地下害虫时，每盆花用1~2g或每667m^{2}用1kg进行根施或穴施，然后覆土浇水，15d后即可见明显效果。

（5）抗蚜威

抗蚜威又称辟蚜雾。纯品为白色无臭结晶体，易溶于水及有机溶剂中，性状较稳定，但在强酸和强碱中煮沸能分解。本品为高效、中毒、低残留的选择性杀蚜剂，具有触杀、熏蒸和内吸作用。有速效性，持效期短，可根施。用于防治多种花木上的蚜虫。

4. 有机氮杀虫剂

（1）巴丹

纯品为白色柱状结晶，可溶于水及甲醇，难溶于丙酮和苯中。在碱性条件下不稳定。巴丹对害虫具有胃毒、触杀及内吸作用，对人畜毒性低，使用安全，对环境污染少，无残留毒性。对鳞翅目、鞘翅目、半翅目特别有效。使用方法为50%可湿性粉剂稀释1000~2000倍喷雾。

（2）杀虫双

杀虫双是巴丹生产中的一种中间体，杀虫机制与巴丹相同，性质稳定，降解速度慢。对人畜毒性中等。对害虫具有胃毒、触杀、熏蒸及内吸作用，是一种较安全的杀虫剂。药效期一般7d。主要用于防治叶蝉和鳞翅目的食叶性、钻蛀性害虫。常见剂型有25%水剂、3%颗粒剂，使用方法为25%水剂稀释250~300倍喷雾。杀虫双对家蚕毒性大，在蚕桑区使用要谨慎，以免污染桑叶。

5. 拟除虫菊酯类杀虫剂

这是人工合成的一系列的类似天然除虫菊素化学结构的合成除虫菊酯，除虫菊有很好的杀虫作用，对高等动物安全，无残毒，具有光稳定性好、高效、低毒和强烈的触杀作用，无内吸作用，是比较理想的杀虫剂。拟除虫菊酯类杀虫剂保持了天然除虫菊素的特点，而且在杀虫毒力及对日光的稳定性上都优于天然除虫菊。可用于防治多种害虫，但连续使用易导致害虫产生抗性。

（1）二氯苯醚菊酯

二氯苯醚菊酯又名除虫精，是一种广谱、高效、低毒和低残留的新型杀虫剂。工业品为浅黄色油状液体，不溶于水，能溶于有机溶剂。在碱性介质中很快水解。对光较稳定。残效期4～7d。对人畜较安全，但对鱼类毒性较大。二氯苯醚菊酯是以触杀为主，兼有胃毒作用的广谱性杀虫剂，但无内吸作用。对卷叶蛾、刺蛾、蚜虫、蓟马、叶蝉、芫菁、凤蝶、木虱等害虫有效，但对螨类、介壳虫等防治效果不理想。加工剂型有10%乳油，一般使用10%乳油稀释2000～3000倍喷雾。

（2）氰戊菊酯

氰戊菊酯又名杀灭菊酯、速灭杀丁，是我国产量最高的拟除虫菊酯类农药。纯品为微黄色油状液体，难溶于水，易溶于有机溶剂，在碱性溶液中易分解。对人畜毒性中等。氰戊菊酯有很强的触杀作用，还有胃毒和驱避作用，击倒力强，杀虫速度快，可用于防治多种农林及花卉害虫，如蚜虫、蓟马、黑刺粉虱、马尾松毛虫等。常见剂型有20%乳油，多用20%乳油稀释3000～4000倍喷雾。

（3）溴氰菊酯

溴氰菊酯又名敌杀死。纯品为白色无味结晶，不溶于水，能溶于有机溶剂，在酸性及中性溶液中不易分解，在碱性介质中也不稳定，在日光下稳定。对人畜毒性中等。溴氰菊酯主要以触杀作用为主，也有一定的驱避与拒食作用，击倒速度快，对松毛虫、杨柳毒蛾、榆蓝叶甲等害虫有很好的防治效果。因其无内吸作用，所以对螨类、蚧类等防治效果较差。常见剂型为2.5%乳油、2.5%可湿性粉剂，使用方法为2.5%乳油稀释2000～3000倍喷雾。

（4）氯氰菊酯

氯氰菊酯又名安绿宝、兴棉宝。工业品为褐色液体，常温下及光、热、酸性条件下性质稳定，在碱性中易分解。难溶于水，易溶于有机溶剂。是高效、中毒、低残留农药，对人畜低毒。对害虫具有较强的触杀和胃毒作用，且有忌避和拒食作用。对鳞翅目食叶害虫及蚜虫、蚧虫、叶蝉类害虫高效。常见的剂型有10%和20%乳油，常用10%乳油稀释5000～6000倍喷雾。

（5）联苯菊酯

联苯菊酯又名天王星、虫螨灵，是最突出的杀虫、杀螨剂。纯品为白色至淡棕色固体，具微弱香味。难溶于水，可溶于有机溶剂。对人畜毒性中等，对天敌的杀伤力低于敌敌畏等有机磷类农药，但高于其他菊酯类农药。该药具有强烈的触杀与胃毒作用，作用迅速，持效期长，杀虫谱广，对鳞翅目、鞘翅目、缨翅目及叶蝉、粉虱、瘿螨、叶螨等均有较好的防治效果。常见剂型为10%乳油、10%可湿性粉剂，使用方法为10%乳油稀释5000~6000倍喷雾。

(6) 甲氰菊酯

甲氰菊酯又名灭扫利。纯品为白色结晶，原药为棕黄色固体。不溶于水，可溶于有机溶剂，性质较稳定，但在碱性中易分解。对人畜毒性中等，大白鼠口服 LD_{50} 为70mg/kg。具有很强的触杀、驱避和胃毒作用，杀虫范围较广，对鳞翅目幼虫、同翅目、半翅目、鞘翅目等多种害虫有效。常见剂型有10%、20%、30%乳油，使用方法为20%乳油稀释2000~3000倍喷雾。

6. 熏蒸剂

熏蒸剂是一类能挥发成气体毒杀害虫的药剂，主要用于仓库、温室和植物检疫中熏杀害虫。其特点是杀虫作用快，能消灭隐藏的害虫和螨类，但对人、畜高毒。

(1) 磷化铝

工业品为灰绿色或褐色固体，无气味，干燥条件下稳定，易吸水分解出磷化氢气体。该品对人畜剧毒。除对仓库粉螨无效外，对其他多种害虫都有效。制剂有56%磷化铝片剂和56%磷化铝粉剂。处理仓库害虫一般片剂 6~9g/m³ 或粉剂 4~6g/m³，密闭熏蒸时间因气温而定，12~15℃时熏蒸5d，16~20℃时熏蒸4d，20℃以上时熏蒸3d即可。熏蒸结束，应通风散气5~6d，毒气即可消失。该品也可制成毒签防治多种天牛幼虫。

(2) 氯化苦

纯品是一种无色的油状液体，工业品为浅黄色液体。难溶于水，可溶于乙醚、乙醇等有机溶剂。在常温下易挥发，扩散性很大，具有强烈的催泪作用，对人有剧毒。氯化苦具有杀虫、杀菌作用，渗透力较强，但杀虫作用缓慢。可用于防治土壤害虫及水仙害虫，多用于花圃土壤消毒，一般在种植前1个月消毒为宜。

(3) 溴甲烷

纯品在常温下为无色气体，易溶于脂肪及有机溶剂。扩散性好，穿透力强，不易燃烧。有强烈的熏杀作用，可在低温下熏蒸种子、苗木、温室害虫。本品为高毒农药，对人畜毒性强，气体无警戒气味，严重中毒时不易恢复。杀虫作用慢，害虫往往几天后才死亡。不能熏蒸用以留种用的植物种子以及含脂肪多的食品。

7. 特异性杀虫剂

这类药剂不直接杀死害虫，而是引起昆虫生理上的某种特异反应，使昆虫的发育、繁殖、行动受到阻碍和抑制，从而达到控制害虫的目的。此类药剂特别适应园林植物害虫的防治。

（1）灭幼脲

灭幼脲又称灭幼脲Ⅲ号、苏脲Ⅰ号。原粉为白色晶体，不溶于水，易溶于有机溶剂，遇碱和强酸易分解，常温下储存稳定。属低毒杀虫剂，对人、畜和天敌安全。有强烈的胃毒作用，还有触杀作用，能抑制和破坏昆虫新表皮中几丁质的合成，从而使昆虫不能正常脱皮饿死。田间残效期15～20d，施药后3～4d开始见效。制剂多为25%、50%胶悬剂，一般用50%胶悬剂加水稀释1000～2500倍。

（2）定虫隆

定虫隆又名拟太保。纯品为白色结晶，不溶于水，溶于有机溶剂。是高效、低毒的昆虫几丁质合成抑制剂，具有胃毒作用兼触杀作用。对鳞翅目幼虫有特效，一般施药后3～5d才见效，与其他杀虫剂无交互抗性，一些对有机磷、拟除虫菊酯农药产生抗性的鳞翅目害虫有较高的防治效果。常见的剂型有5%乳油，一般使用浓度为5%乳油稀释1000～2000倍液喷雾。

（3）扑虱灵

扑虱灵又名稻虱净。纯品为白色晶体，在酸碱溶液中稳定，易溶于水及有机溶剂。本品为一种选择性昆虫生长调节剂，具有特异活性作用，对叶蝉、粉虱类害虫有特效。具有胃毒、触杀作用，主要通过抑制害虫几丁质合成使若虫在脱皮过程中死亡。本品具有药效高、残效期长、残留量低和对天敌较安全的特点。主要作用于若虫，对成虫无效。常用于防治叶蝉、蚧虫、温室粉虱等。

8. 其他杀虫剂

（1）吡虫啉

吡虫啉又名蚜虱净，是新型烟碱型超高效低毒内吸性杀虫剂，并具较高的触杀和胃毒作用，具有速效、持效期长、对天敌安全等特点，是一理想的选择性杀虫剂。剂型有10%、25%可湿性粉剂，对蚜虫、飞虱、叶蝉等有极好的防治效果。

（2）石油乳剂

石油乳剂是石油、乳化剂和水按比例制成的。主要具有触杀作用，石油乳剂能在虫体或卵壳上形成油膜，使昆虫及卵窒息死亡。该药剂最早使用的是杀卵剂，供杀卵用的含油量一般在0.2%～2%。一般来说，分子量越大的油，杀虫效力越高，对植物药害也越大。可防治多种蚧虫及昆虫的卵。

此外，还有微生物杀虫剂、石硫合剂（参考杀菌剂部分）等。

9. 杀螨剂

杀螨剂是指专门用来防治害螨的一类选择性的有机化合物。这类药剂性质稳定，可与其他杀虫剂混用，药效期长，对人、畜、植物和天敌都较安全。

（1）三氯杀螨醇

三氯杀螨醇又名开乐散。纯品为白色固体，工业品为褐色透明油状液体。不溶于水，能溶于多种有机溶剂，遇碱易分解。对螨类有特效，对成螨、若螨和卵有效期长达 25d 以上。不能与碱性农药混用，对人畜低毒，大白鼠口服 LD_{50} 为 809mg/kg，比敌敌畏毒性低 10 倍，对天敌安全。常用剂型有 20% 乳油，常用浓度为 40% 乳油稀释 800 ~ 1000 倍喷雾。

（2）克螨特

工业品为淡黑色至暗棕色黏性液体，易溶于有机溶剂。遇强酸、强碱易分解。对人畜毒性较低，大白鼠口服 LD_{50} 为 1760mg/kg。对天敌无害。克螨特为广谱性杀螨剂，具有胃毒和触杀作用，对成螨、若螨效果良好，杀卵效果较差。常见剂型有 73% 乳油。使用方法为 3% 乳油稀释 3000 倍喷雾。

（3）螨卵酯

螨卵酯又名杀螨酯。纯品为无色晶体，工业品为白色或略带棕色的片状固体。不溶于水，能溶于多种有机溶剂。性质较稳定，但遇碱即分解。对高等动物几乎无毒，对植物安全。杀螨酯主要具触杀作用，对螨卵及幼螨类效果极佳，但对成螨防治效果很差。残效期长达 3 ~ 4 周。剂型有 20% 可湿性粉剂，使用方法为 20% 可湿性粉剂稀释 800 ~ 1000 倍喷雾。可与各种农药混用。

（二）杀菌剂

（1）波尔多液

波尔多液是一种天蓝色的胶状悬液，是一种优良的保护剂，杀菌谱广，残效期 15d 左右。波尔多液由硫酸铜和石灰乳配制而成，杀菌的主要成分是碱性硫酸铜。

波尔多液是一种良好的植物保护剂，在病原菌侵入前使用防治效果最好，也能防治多种病害，如多种叶斑病、炭疽病等。波尔多液不能贮存，要随配随用；阴天或露水未干前不喷药，喷药后遇雨必须重喷；不能与肥皂、石硫合剂等碱性农药混用；桃、李、杏、梅等对铜离子最敏感，生长期间一般不能使用。

（2）石硫合剂

石硫合剂是生石灰、硫黄粉熬制成的红褐色透明液体，呈强碱性，有强烈的臭鸡蛋气味，遇酸易分解。多硫化钙（CaS·Sx）是杀菌的有效成分，其含量与药液比重呈正相关，以波美度数（°Be）来表示其浓度。多硫化钙溶于水，性质不稳定，易被空气中的氧气、二氧化碳所分解。石硫合剂能长期贮存，但液面上必须加一层油，使之与空气隔离。

石硫合剂能防治多种病虫害，如白粉病、锈病、红蜘蛛、介壳虫等。花木休眠期一般用 3~5°Be，生长季节使用浓度为 0.1~0.3°Be。石硫合剂不宜与其他乳剂农药混用，因油会增加石硫合剂对植物的药害；禁忌与容易分解的有机合成农药混用；不宜与砷酸铅及含锰、铁等治疗元素贫乏病的微量元素混用。

（3）代森锌

纯品为白色粉末，工业品为淡黄色粉末，有臭鸡蛋味，挥发性小，极易吸湿分解失效，遇光、热和碱性物质易分解。不能和碱性药剂混用，也不能与含铜制剂混用。是广谱性保护剂，对多种霜霉病菌、炭疽病菌等有较强的触杀作用，对植物安全。代森锌的药效期较短，残效期约 7d。对人、畜无毒。常见剂型有 65%、80% 可湿性粉剂。常用浓度分别为 500 倍和 800 倍。

（4）甲基托布津

纯品为无色结晶，工业品为白色或淡黄色固体，难溶于水，性质稳定。不能与含铜制剂混用，需在阴凉、干燥的地方贮存。是广谱性内吸杀菌剂。对多种植物病害有预防和治疗作用。残效期 5~7d。甲基托布津是低毒杀菌剂，对人、畜、鱼安全。常见剂型有 70% 可湿性粉剂，常用浓度为 1000~1500 倍。

（5）多菌灵

纯品为白色结晶，工业品为浅棕色粉末。常温下贮存 2 年，有效成分含量基本不变。多菌灵对酸、碱不稳定，应贮存在阴凉、避光的地方，不能与铜制剂混用。该药剂是一种高效、低毒、广谱的内吸杀菌剂，容易被植物根吸收，可向上运转；残效期 7d；对植物生长有刺激作用；对温血动物、鱼、蜜蜂毒性低、安全。常见剂型有 50% 可湿性粉剂，25% 可湿性粉剂，40% 悬浮剂。可湿性粉剂常用浓度是 400~1000 倍液。

（6）粉锈宁

纯品为无色结晶，有特殊气味；工业品为白色或浅黄色固体；在酸性和碱性条件下均较稳定。粉锈宁易燃，应远离火源，用后密封，放阴凉干燥处保存。粉锈宁是一种高效内吸杀菌剂，具有广谱、残效期长、用量低的特点。能在植物体内传导，对锈病、白粉病具有预防、治疗作用。对鱼类、鸟类安全，对蜜蜂和天敌无害。常见制剂有15%、25%可湿性粉剂，20%乳油。可湿性粉剂使用浓度为700～2000倍。

（7）五氯硝基苯

纯品为白色片状或针状结晶，工业品为黄色或灰白色粉末；化学性质稳定，在土壤中也很稳定，残效期长。在高温干燥条件下药效会降低。五氯硝基苯是保护性杀菌剂，无内吸性，毒性低。用作土壤处理和种子消毒。对立枯丝核菌引起的立枯病、紫纹羽病、白纹羽病及白绢病等有效，但对镰刀菌无效。土壤消毒8～9g/m²，拌12.5～15kg细土施于土内。切记不要沾在苗上，以免发生药害。常见制剂是40%五氯硝基苯粉剂。

（8）链霉素

白色无定形粉末。对人、畜低毒。常见制剂是0.1%～8.5%粉剂，15%～20%可湿性粉剂，混合制剂。链霉素可防治多种植物的细菌性病害，如君子兰细菌性茎腐病、观赏植物的细菌性根癌病、软腐病等。可用于喷雾、注射、涂抹或灌根。喷雾、注射浓度为100～400mg/L；灌根常用浓度为1000～2000mg/L。

链霉素最好和其他抗菌素、杀菌剂、杀虫剂混合使用，以达到兼治或提高药效的目的，并可避免病菌抗药性的产生。

（9）土霉素

土霉素易溶于水，性质稳定。抗菌谱广，对格兰氏阳性菌和阴性菌，对支原体引起的病害均有防治效果。常用髓心注射法防治观赏植物的支原体病害，使用浓度为1万～2万单位/ml的水溶液，喷雾多用200单位的土霉素水溶液。

（10）抗霉菌素120

商品名称是120农用抗菌素。抗霉菌素120为白色粉末，易溶于水，在酸性和中性介质中稳定，在碱性介质中不稳定、毒性低。是一种广谱性抗菌素，对许多植物病原菌有强烈的抑制作用，对花卉白粉病等防效较好。常见制剂为2%和4%抗霉菌素120水剂。120水剂为褐色液体，无霉变结块，无臭味，遇碱易分解。防治花卉白粉病，药液浓度为100mg/L。

（三）杀线虫剂

棉隆，原粉为灰白色针状结晶，纯度为98%～100%，常温条件下贮存稳定，但遇湿易分解。毒性低，对动物、蜜蜂无害，对鱼毒性中等。棉隆是一种广谱熏蒸性杀线虫剂，并兼治土壤真菌、地下害虫及杂草。易于在土壤及其他基质中扩散，杀线虫作用持久。该药使用范围广，能防治多种线虫，但易污染地下水，南方应慎用。常见制剂是98%～100%必速灭微粒剂。用药量为：一般砂质土 4990～5880g/667m^2 有效成分；黏质土为5880～6860g 有效成分，撒施或沟施，沟深20cm。施药后立即覆土，盖膜封闭更好，施药后过一段时间松土通气再种植。

六、药械

施用农药的机械称为植保机械，简称药械。药械的种类很多，从手持式小型喷雾器到拖拉机牵引或自走式大型喷雾机；从地面喷洒机到装在飞机上的航空喷洒装置，形式多种多样。

按施用的农药剂型和用途可分为喷雾机、喷粉机、喷烟机、撒粒机、拌种机和土壤消毒机等。

按配套动力可分为手动药械、畜力药械、小型动力药械、大型牵引或自走式药械、航空喷洒装置等。

按施液量多少可分为常量喷雾、低量喷雾、微量（超低量）喷雾等。

按雾化方式可分为液力喷雾机、气力喷雾机、热力喷雾机、离心喷雾机、静电喷雾机等。

现代药械发展的趋势是，提高喷洒作业质量、有效利用农药、保护生态环境、提高工效、改善人员劳动条件、提高机具使用可靠性、经济性。

1. 背负式手动喷雾器

背负式手动喷雾器构造（图 3-3）。

背负式手动喷雾器工作原理是，当摇动手柄时，连杆带动活塞杆和皮碗，在泵筒内做上下运动，当活塞杆和皮碗上行时，出水阀关闭，泵筒内皮碗下方的容积增大，形成真空，药液箱内的药液在大气压力的作用下，经吸水滤网，打开了进水球阀，涌入泵筒中。当手柄带动活塞杆和皮碗下行时，进水阀被关闭，泵筒内皮碗下方容积减少，压力增大，所贮存的药液即打开出水球阀，进入空气室。由于活塞杆带动皮碗不断地上下运动，使空气室内的药液不断增加，空气室内的空气被压缩，从而产生了一定的压力，这时如果打开开关，气室内的药液在压力的作用下，通过出水接头，

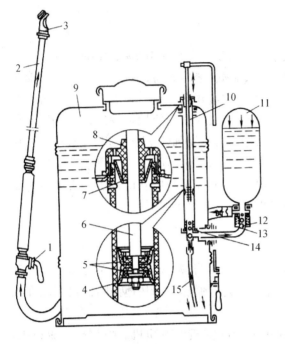

图3-3 背负式手动喷雾器

1.开关 2.喷杆 3.喷头 4.螺母 5.皮碗 6.活塞
7.毡圈 8.泵盖 9.药液箱 10.泵筒 11.空气室
12.出水球阀 13.出水阀座 14.进水球阀 15.吸水管

压向胶管，流入喷杆，经喷孔喷出。

手动喷雾器使用时应注意的问题：

①根据需要合理选择合适的喷头。喷头的类型有空心圆锥雾喷头和扇形雾喷头两种。选用时，应当根据喷雾作业的要求和植物的情况适当选择，避免始终使用一个喷头的现象。

②注意控制喷杆的高度，防止雾滴飘失。

③使用背负式喷雾器时要注意不要过分弯腰作业，防止药液从桶盖处流出溅到操作者身上。

④加注药液时不允许超过规定的药液高度。

⑤手动加压时应当注意不要过分用力，防止将空气室打爆。

⑥手动喷雾器长期不使用时，应当将皮碗活塞浸泡在机油内，以免干缩硬化。

⑦每天使用后，将手动喷雾器用清水洗净，残留的药液要稀释后就地喷完，不得将残留药液带回住地。

⑧更换不同药液时，应当将手动喷雾器彻底清洗，避免不同的药液对植物产生药害。

2. 背负式喷雾喷粉机

背负式喷雾喷粉机是一种多功能的机动药械，既能够喷雾也能够喷粉。它具有轻便、灵活、效率高等特点。

背负式喷雾喷粉机主要由机架、离心风机、汽油机、油箱、药箱和喷洒装置等部件组成(图3-4)。

背负式喷雾喷粉机进行喷雾作业时的工作原理是：离心机与汽油机输出轴直连，汽油机带动风机叶轮旋转，产生高速气流，其中大部分高速气流经风机出口流往喷管，而少量气流经进风阀门、进气塞、进气软管、滤网，流进药液箱内，使药液箱中形成一定的气压，药液在压力的作用下，经粉门、药液管、开关流到喷头，从喷嘴周围的小孔以一定的流量流出，先与喷嘴叶片相撞，初步雾化，在喷口中再受到高速气流的冲击，进一步雾化，弥散成细小雾粒，并随气流吹到很远的前方(图3-5)。

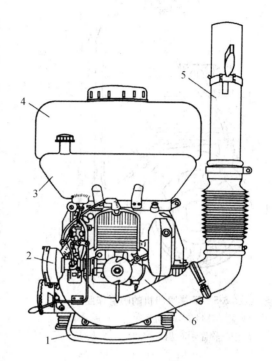

图3-4 背负式喷雾喷粉机
1. 机架 2. 汽油机 3. 汽油箱
4. 药液箱 5. 喷管 6. 风机

背负式喷雾喷粉机进行喷粉作业时的工作原理是：汽油机带动风机叶轮旋转，所产生的大部分高速气流经风机出口流往喷管，而少量气流经进风阀门进入吹粉管，然后由吹粉管上的小孔吹出，使药箱中的药粉松散，以粉气混合状态吹向粉门。由于在弯头的出粉口处喷管的高速气流形成了负压，将粉剂吸到弯头内。这时粉剂随从高速气流，通过喷管和喷粉头吹向植物(图3-6)。

(1)喷雾作业时应注意的问题

①正确选择喷洒部件，以适合喷洒农药和植物的需要。

②机具作业前应先按汽油机有关操作方法，检查其油路系统和电路系统后进行启动。确保汽油机工作正常。

③作业前，先用清水试喷一次，保证各连接处无渗漏。加药不要太满，以免从过滤网出气口溢进风机壳里。药液必须洁净，以免堵塞喷嘴。加药后要盖紧药箱盖。

④启动发动机，使之处于怠速运转。背起机具后，调整油门开关使汽油机稳定在额定转速左右，开启药液手把开关即可开始作业。

(2)喷粉作业时应注意的问题

①关好粉门后加粉。粉剂应干燥无结块。不得含有杂质。加粉后旋紧药箱盖。

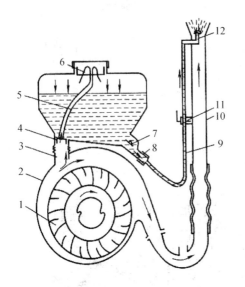

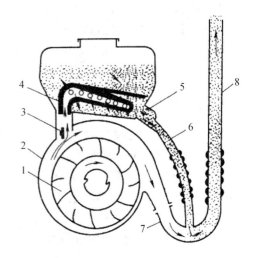

图 3-5 喷雾喷粉机的喷雾作业

1.叶轮 2.风机 3.进风阀门 4.进气塞
5.进气软管 6.滤网 7.粉门 8.接头
9.药液管 10.喷管 11.开关 12.喷头

图 3-6 喷雾喷粉机的喷粉作业

1.叶轮 2.风机 3.进风阀门 4.吹粉管
5.粉门 6.输粉管 7.弯头 8.喷管

②启动发动机，使之处于怠速运转。背起机具后，调整油门开关使汽油机稳定在额定转速左右。然后调整粉门操纵手柄进行喷撒。

③使用薄膜喷粉管进行喷粉时，应先将喷粉管从摇把绞车上放出，再加大油门，使薄膜喷粉管吹起来。然后调整粉门喷撒。为防止喷管末端存粉，前进中应随进抖动喷管。

（3）安全防护方面应注意的问题

①作业时间不要过长，应以 3~4 人组成一组，轮流作业，避免长期处于药雾中呼吸不到新鲜空气。

②操作人员必须戴口罩，并应经常换洗。作业时携带毛巾、肥皂，随时洗脸、洗手、漱口。擦洗着药处。

③避免顶风作业，禁止喷管在作业者前方以八字形交叉方式喷洒。

④发现中毒症状时，应立即停止背机，并及时求医诊治。

⑤背负式喷雾喷粉机是用汽油作燃料，应注意防火。

【任务准备】

材料：各种不同品种的农药，杀虫剂、杀菌剂、杀螨剂、除草剂、杀线虫剂、灭鼠剂、硫酸铜、生石灰、硫黄粉等。

用具：天平、牛角匙、试管、量筒、烧杯、玻璃棒等，施药器械等。

【任务实施】

1. 农药的识别：识别农药的品种、剂型、毒性、效用。
2. 认识农药的标签：农药的名称、三证等。
3. 配制波尔多液并进行质量检验。
4. 熬制石硫合剂并进行质量检验。
5. 参与校园或教学实训基地的病虫害化学防治，实践农药的稀释与合理使用。

【任务评价】

任务完成后，教师指出学生在任务完成过程中存在的问题，并根据以下4个方面进行任务评价。

序号	评价组成	评价内容	参考分值
1	学生自评	是否认真完成任务，上交实训报告，指出不足和收获	20
2	教师测评	现场操作是否规范；农药识别准确率；配制的农药质量；农药施用技术掌握情况、防治效果；实训报告的完成情况以及任务各个步骤的完成情况	40
3	学生互评	互相学习、协作，共同完成任务情况	10
4	综合评价	学习态度、参与程度、团队合作能力、小组任务完成情况等	30
合　计			100

【巩固训练】

1. 波尔多液的配制使用应注意哪些事项？
2. 如何识别农药品种及质量的好坏？

任务六　综合治理

【任务目标】

掌握综合治理的概念、意义和原则。

【任务分析】

园林植物病虫害的防治措施有植物检疫、园林技术防治、生物防治、物理机械防治和化学防治，这些措施各有利弊。综合治理指从园林生态系的总体出发，根据病虫和环境之间的相互关系，全面考虑生态平衡与防治效果之间的关系，综合解决病虫危害问题。本任务是结合校园或周边绿地调查，制订某一病虫害的综合治理方案。

围绕任务，由教师讲述病虫害综合治理的含义、原则。根据教师讲解→学生训练→实施的顺序，学生 4～6 人一组，结合校园园林植物上发生的病虫害，让学生设计一个病虫害综合治理的方案，与校园绿化工共同实施防治。

【知识导入】

一、病虫害综合治理的含义

综合治理（简称 IPM）是一种植物有害生物种群管理策略和管理系统。从植物生态学与系统出发，就生态系统研究生物种群动态与之相关联系的环境，利用尽可能互相协调、互不矛盾的各种防治措施，强调充分发挥生态系统中的自然抑制因子的作用，将有害生物的种群控制在林木经济损失水平之下。并力求达到各种防治措施的应用对森林生态环境的副作用降低到最低限度，从而收到经济、社会及生态的最佳效果。

当有害生物的种群数量达到或超过人类经营的作物所能承受的水平，则要使林木受到危害而造成经济损失，这时就要对有害生物的种群进行调节，即综合治理，将有害生物的种群控制在经济允许水平和生态允许水平以下。

二、害虫综合治理的原则

（一）生态原则

病虫害综合治理从园林生态系的总体出发，根据病虫和环境之间的相互关系，通过全面分析各个生态因子之间的相互关系，全面考虑生态平衡及防治效果之间的关系，综合解决病虫危害问题。

（二）控制原则

在综合治理过程中，要充分发挥自然控制因素（如气候、天敌等）的作用，预防病虫的发生，将病虫害的危害控制在经济损失水平之下，不要求完全彻底地消灭病虫。

（三）综合原则

在实施综合治理时，要协调运用多种防治措施，做到以植物检疫为前提、以园林技术防治为基础、以生物防治为主导、以化学防治为重点、以物理机械防治为辅助，以便有效地控制病虫的危害。

（四）客观原则

在进行病虫害综合治理时，要考虑当时、当地的客观条件，采取切实可行的防治措施，如喷雾、喷粉、熏烟等，避免盲目操作所造成的不良影响。

（五）效益原则

进行综合治理，目标是实现"三大效益"，即经济效益、生态效益和社会效益。

进行病虫害综合治理的目标是以最少的人力、物力投入，控制病虫的危害，获得最大的经济效益；所采用措施必须有利于维护生态平衡，避免破坏生态平衡及造成环境污染；所采用的防治措施必须符合社会公德及伦理道德，避免对人、畜的健康造成损害。

【任务准备】

材料：教学 PPT、图片资料。

用具：皮尺、记录板、测绳等。

【任务实施】

1. 对校园或周边绿地进行病虫害调查，确定园林植物主要病虫害的种类。

2. 根据上述调查结果，制订病虫害的综合治理方案。

【任务评价】

任务完成后，教师指出学生在任务完成过程中存在的问题，并根据以下 4 个方面进行任务评价。

序号	评价组成	评价内容	参考分值
1	学生自评	是否认真完成任务，上交实训报告，指出不足和收获	20
2	教师测评	现场操作是否规范；设计的综合治理方案的科学性；实训报告的完成情况以及任务各个步骤的完成情况	40
3	学生互评	互相学习、协作，共同完成任务情况	10
4	综合评价	学习态度、参与程度、团队合作能力、小组任务完成情况等	30
合　计			100

【巩固训练】

1. 园林病虫害综合治理的原则是什么？

2. 你所设计的综合治理方案存在哪些不足？

综合复习题

一、名词解释

植物检疫、园林技术防治法、物理机械防治法、毒饵诱杀、生物防治、剂型、农药的规格、农药的有效使用浓度、综合治理。

二、填空题

1. 植物检疫可分为_____和_____两大类。

2. 植物检疫的检验方法分_____、_____和_____ 3 种。

3. 杀虫剂按照作用方式分_____、_____、_____、_____等。

4. 杀菌剂按作用方式分_____剂和_____剂。

5. 波尔多液的配制原料为_____、_____和_____。

6. 石硫合剂的配制原料为_____、_____和_____。石硫合剂在生长季节使用浓度为_____，休眠季节使用浓度为_____。

7. 农药合理使用的原则为_____、_____、_____、_____。

8. 常见的捕食性天敌昆虫有_____、_____、_____和_____。

三、选择题

1. 下列害虫中不属于国内检疫对象的为(　　)。

A. 杨干象　　　B. 松毛虫　　　C. 美国白蛾　　　D. 松材线虫病

2. 下列天敌昆虫中属于寄生性的是(　　)。

A. 瓢虫　　　B. 猎蝽　　　C. 赤眼蜂　　　D. 寄蝇

3. 苏云菌杆菌属(　　)类生物杀虫剂。

A. 细菌　　　B. 真菌　　　C. 病毒　　　D. 植物类

4. 下列天敌昆虫中属于捕食性的是(　　)。

A. 草蛉　　　　B. 食蚜蝇　　　C. 姬蜂　　　　D. 肿腿蜂

5. 波尔多液在(　　)时喷施效果最好。

A. 感病前　　　B. 感病中　　　C. 感病后　　　D. 越冬期

6. 菊酯类杀虫剂的主要作用方式为(　　)。

A. 胃毒　　　　B. 触杀　　　　C. 内吸　　　　D. 熏蒸

四、简答题

1. 园林植物病虫害综合治理有哪些重要环节?

2. 植物检疫的主要任务是什么?

3. 为什么园林植物栽培技术措施是病虫害防治治本的措施?

4. 生产上常用的诱杀害虫的方法有哪些?

五、论述题

1. 怎样才能做到安全、合理地使用农药?

2. 综合治理的含义是什么?

项目四

园林植物病虫害调查与预测预报

【知识目标】

1. 了解园林植物病虫害调查的目的，熟悉园林植物病虫害调查的方法。

2. 了解园林植物病虫害预测预报的意义和种类，熟悉园林植物病虫害预测预报的方法。

【技能目标】

1. 能进行园林植物病虫害调查外业资料的汇总整理。

2. 能完成园林植物病虫害调查报告。

3. 能进行园林植物病虫害发生期和发生量的预测。

4. 能进行预测结果的发布。

任务一 园林植物病虫害调查

【任务目标】

1. 掌握常见园林植物病虫害的调查方法。

2. 学会对园林植物病虫害调查结果的资料汇总和统计，为正确防治病虫害奠定基础。

【任务分析】

园林植物病虫害调查首先要了解调查地区的基本情况，拟定调查方案，根据调查的目的和任务，调查统计园林植物病虫害发生的情况，汇总整理外业调查资料，归纳分析园林病虫害发生的特点与原因，提出防治措施建议。本任务为选择某一森林公园或苗圃进行病虫害的调查，也可选择某一鲜切花生产基地的大棚内进行调查。

围绕调查任务，分阶段进行，按教师讲解→学生实训的顺序进行。由教师讲解指导与学生实训密切配合完成任务的实施过程，以 4～6 人为一组分工协作完成任务。可以选定一种常见园林植物病害，如月季白粉病，调查并统计期发病率和病情指数；也可选定一种常见园林植物害虫，如松毛虫，调查其虫口密度和有虫株率，从而得出其发生量。

【知识导入】

园林植物病虫害调查的目的，在于提供有关病虫害种类、分布和危害情况等资料，掌握病虫害发生发展规律和病虫消长动态，以便为病虫害的预测预报、制定防治规划和检疫措施提供依据。

园林植物病虫害调查一般分为普查和专题调查。普查是了解大面积范围内病虫害发生的基本情况。专题调查是在普查的基础上，对某一种重要病虫害进行专门调查，做进一步的调查研究，掌握某一种病虫害发生发展的详细情况。

一、调查准备工作

在调查之前，要明确调查的目的和任务。了解调查地区的地理环境和经济条件；收集与查访有关资料；制定好调查提纲，拟订调查计划，确定调查方法，制定明确的分级标准；准备好仪器、用具和调查表格；对参与调查的人员进行技术培训。

调查注意事项：①调查目的要明确；②调查提纲要详细；③调查地点要有代表性；④调查材料要准确。

二、野外调查

（一）踏查

踏查又称概况调查或线路调查，是指在较大范围内（地区、省、市、苗圃、花圃等）进行的调查。目的是了解调查地区病虫害发生的基本情况，主要病虫害种类、数量、分布、危害程度、危害面积和蔓延趋势等，并提出防治措施建议。这种调查对调查数据计算要求不一定很精确，但要求调查区域广，调查线路要有代表性，可沿园路、人行道或自选路线，采用目测法边走边调查，并尽可能涵盖调查地区的不同植物地块及有挖根生的不同状况的地段。对不认识的病虫害，要采集标本，供鉴定用。踏查时应注意线路两侧30m范围内各项因子的变化，根据所得资料，确定主要病虫害种类，并将调查所获得的数据填写踏查记载表（表4-1）。

表4-1　园林植物病虫害踏查记载表

调查地点		调查日期					编号	
绿地概况				卫生状况				
花木名称	病虫种类	面积		分布状况	危害情况			防治建议	备注
		总面积	受害面积		根部	枝干	叶部	种实	

园林植物病虫害的严重程度，包括分布状况和危害程度。分布状况分为单株、簇状（10以内）、团块状（1/4hm² 以内）、片状（1/4 ~ 1/2hm²）、大片状（1/2hm² 以上）。危害程度，常用轻微、中等、严重 3 个等级记载，分别用" + "、" + + "、" + + + "符号表示。分级标准因病害、虫害种类和植物受害部位不同而异，最常用的分级法见表4-2。

表4-2　园林植物病虫害危害程度常用的分级标准

危害部位	分级指标	危害程度	分级标准
根部和枝干病害	以植株被害百分率表示	轻微(+)	病害株受害率在10%以下
		中等(+ +)	病害株受害率在10% ~25%
		严重(+ + +)	病害株受害率在25%以上
根部和枝干虫害	以植株被害百分率表示	轻微(+)	虫害株受害率在5%以下
		中等(+ +)	虫害株受害率在5% ~10%
		严重(+ + +)	虫害株受害率在10%以上
叶部病虫害	以叶片被害百分率表示	轻微(+)	受害叶在15%以下
		中等(+ +)	受害叶在15% ~25%
		严重(+ + +)	受害叶在25%以上
种实病虫害	以种实被害百分率表示	轻微(+)	受害种实5%以下
		中等(+ +)	受害种实在5% ~15%
		严重(+ + +)	受害种实在15%以上

（二）样地调查

样地调查又称标准地调查或详细调查，它是在踏查的基础上，对危害较重的病虫种类设立样地进行专门调查。目的是精确统计病虫的数量，掌握植物被害的程度及所造成的损失等，对影响病虫害发生的环境因子作深入分析研究，并提出具体的防治措施和建议。专题调查一般通过设立样地进行调查。

样地是指被抽取作调查的，用来代表一般和估算总体情况的那块园地。取样是指确定样地的数目、大小和在园地间的分布形式。

取样很重要，取样一定要有代表性，应根据调查园地面积的大小和病虫种类及被害植物在园地间的分布情况，按照一定的取样方式，选取一定数量的样地，同一类型的样地一般要重复3次以上，才能对总的情况做出较准确的估计。常用的取样方法有：对角线取样（单或双）、Z字形取样、棋盘式取样、随机取样、隔行取样等。

1. 虫害调查的统计方法

主要调查统计有虫株率和虫口密度。有虫株率是指有虫株数占调查总株数的百分比，它表示害虫在园地间分布的均匀程度。虫口密度是指单位面积或每株树上害虫的平均数量，它表示害虫在园地间发生的严重程度。

$$有虫株率 = （有虫株数/调查总株数）\times 100\%$$
$$单位面积虫口密度 = 调查总活虫数/调查面积$$
$$每株虫口密度 = 调查总活虫数/调查总株数$$

（1）地下害虫调查

调查苗圃和绿化园地上的根部害虫，采用挖样坑调查，抽样方法采用对角线式或棋盘式。样坑大小为0.5m×0.5m或1m×1m，样坑深度依昆虫种类、季节和调查目的而定，一般按0～5cm、5～15cm、15～30cm、30～45cm、45～60cm等分别进行调查，查明虫种、数量和虫态及虫口密度，并填写地下害虫调查表（表4-3）。

表4-3　苗圃、绿地地下害虫调查表

调查地点			调查日期					
圃地概况						卫生状况		
样坑编号	样坑深度	害虫名称	虫期	害虫数量	调查苗数	被害苗数	被害率(%)	备注

（2）蛀干害虫调查

在发生蛀干害虫的绿地中，选取有 50 株以上树木的样地，分别统计健康木、衰弱木、枯立木、虫害木各占的百分率。再从虫害木中，选 3~5 株伐倒，在树干上中下部及东南西北方位上，各选 100cm²，查明虫种、数量和虫态，并推算虫口密度（表 4-4、表 4-5）。

表 4-4　蛀干害虫调查

调查地点										调查日期		
绿地概况											卫生状况	
样地编号	树种名称	调查株数	健康株数	虫害木							害虫名称	备注
				衰弱木	百分率（%）	濒死木	百分率（%）	枯立木	百分率（%）			

表 4-5　蛀干害虫危害情况调查表

调查地点					调查日期					
绿地概况							卫生状况			
样地编号	树种名称	样树因子			害虫名称	虫害木				其他
		树高	胸径	树龄		成虫	幼虫	蛹	虫道	

（3）枝梢害虫调查

选取有 50 株以上树木的样地，分别统计健康木和虫害木各占百分率。再从虫害木中，选 5~10 株，详细记录主、侧梢受害数、虫种、数量和虫态，并推算虫口密度。对于虫体小、数量多、定居在嫩梢上危害的害虫，如介壳虫，可在树冠上中下部及东南西北方位上，选取一定数量样枝，查清害虫种类、数量和虫态，并推算虫口密度（表 4-6、表 4-7）。

表 4-6　枝梢害虫调查表（1）

调查地点						调查日期			
绿地概况							卫生状况		
样树号	树种名称	害虫名称	调查株数	被害株数	被害率（%）	其中			备注
						仅主梢被害株数	仅侧梢被害株数	主侧梢均被害株数	

表4-7　枝梢害虫调查表(2)

调查地点				调查日期			样地号		
样树号	树高	胸径或地径	树龄	总梢数	被害梢数	被害梢率(%)	虫口密度	害虫名称	备注

(4)食叶害虫调查

在有食叶害虫危害的绿地内选定样地，样地面积为667m^2，在样地内，可逐株调查，也可采用对角线等方法调查10~20株样树，全株统计害虫数量。也可在树冠上中下部及东南西北方位上，选取一定数量样枝，查清害虫种类和数量，并推算虫口密度(表4-8)。

表4-8　食叶害虫调查表

调查地点				调查日期					
绿地概况						卫生状况			
样地编号	花木名称	害虫名称	虫期	调查株数	有虫株数	害虫数量	有虫株率(%)	虫口密度(条/株)	备注

枯枝落叶层和表土层中越冬的幼虫和蛹的虫口密度调查，可在样树下树冠投影内不同方位0.5m×2m的样方(短边靠近树干)进行调查，统计20cm土壤深度内主要害虫数量，并换算成每平方米虫口密度。

(5)种实害虫调查

调查虫果率可在收获前进行，抽取样树若干株，在树冠上中下部及内膛、外围和东南西北方位上，各抽查数量的果实，查明虫种和虫果率。也可在已采收的种实堆四周、中央、表面和里层抽查一定数量的果实，进行调查。虫口密度调查可与虫果率调查同时进行，分别记载种实上不同虫种危害的虫孔数，计算出种实的平均虫孔数(表4-9)。

表4-9　种食害虫调查表

调查地点				调查日期					
圃地概况						卫生状况			
样树编号	花木名称	害虫名称	调查种实数	受害种实数	虫果率(%)	虫孔数	平均虫孔数	备注	

2. 病害调查的统计方法

主要调查统计发病率和病情指数。发病程度包括发病率和严重程度。发病率是指发病株数占调查总株数的百分比，只表明病害发生的普遍性，不能表明病害发生的严重程度；严重程度是指植株或器官受害程度。病情指数既表示病害发生的普遍性，又能表明病害发生的严重程度。病情指数的计算是将样地内的植株按病情轻重分为若干等级，各病级按顺序给定一个代表数值，分别统计样地内各病级株数，然后按下式计算病情指数。

$$发病率 = (调查发病株数/调查总株数) \times 100\%$$
$$病情指数 = \sum (病级株数 \times 该级代表值) \times 100/$$
$$(调查总株数 \times 最重一级代表数值)$$

例：在调查杉木炭疽病时，根据杉木炭疽病的病级分级标准，某样地调查数据如下：1 级病株 43 株，2 级病株 26 株，3 级病株 15 株，4 级病株 11 株，5 级病株 5 株。

计算：此样地杉木炭疽病的发病率 = (26 + 15 + 11 + 5) × 100% = 57%。

病情指数 = (43 × 0 + 26 × 1 + 15 × 2 + 11 × 3 + 5 × 4) × 100 ÷ (100 × 4) = 27.2

病情指数在 0 ~ 100 之间，指数越大，病情越重，指数越小，病情越轻。

目前，各种病害分级标准尚未统一，不同病害、不同发病部位，分级方法和标准也不完全一致。在实际工作中，可参考有关资料，根据不同病害特点拟定分级标准，酌情处理，并在调查报告中加以说明。分级不宜过少，否则不能准确反映病害的严重程度；分级过多过细，则不易准确掌握分级标准，增加工作量。一般分为 4 ~ 5 级为宜（表4-10、表4-11）。

表4-10　枝、叶、果病害的分级标准

病级	分级标准	代表数值
Ⅰ级	无病	0
Ⅱ级	1/2 以下的枝、叶或果已感病	1
Ⅲ级	1/4 ~ 1/2 的枝、叶或果已感病	2
Ⅳ级	1/2 ~ 3/4 的枝、叶或果已感病	3
Ⅴ级	3/4 以上的枝、叶或果已感病或因病枯死	4

表4-11　树干病害的分级标准

病级	分级标准	代表数值
Ⅰ级	无病	0
Ⅱ级	病斑横向长度占树干周长 1/5 以下	1
Ⅲ级	病斑横向长度占树干周长 1/5 ~ 3/5	2
Ⅳ级	病斑横向长度占树干周长 3/5 以上	3

（1）苗木病害调查

样地通常设为$1m^2$，样地面积不少于被害面积的0.3%为宜。可采取每木调查或对角线调查统计，调查苗木病害发生情况，计算苗木发病率。同时记录圃地的各项因子，如创建年份、位置、土壤、经营管理情况、杂草种类及卫生状况等（表4-12）。

（2）枝干病害调查

样地内的树木以不少于100株为宜，进行调查。统计其发病率，并计算病情指数（表4-13）。

（3）叶部病害调查

在样地内选取5~10株样树，每株调查100~200片叶片。调查的叶片应从树冠不同部位和不同方位摘取。统计其发病率，并计算病情指数（表4-14）。

表4-12 苗木病害调查表

调查地点			调查日期					
苗圃地概况					其他			
样地编号	花木名称	病害名称	苗木状况和数量				发病率（%）	备注
			健康	感病	枯死	合计		

表4-13 枝干病害调查表

树种名称	病害名称	调查株数	感病株数	发病率（%）	各病级株数					病情指数	备注
调查地点			调查日期		样地号						
绿地概况					其他						
					Ⅰ	Ⅱ	Ⅲ	Ⅳ	Ⅴ		

表4-14 叶部病害调查表

调查地点			调查日期			样地号					
绿地概况						其他					
树种名称	样树编号	病害名称	调查叶数	感病叶数	感病率（%）	各病级叶数					病情指数	备注
						Ⅰ	Ⅱ	Ⅲ	Ⅳ	Ⅴ		

（4）种实病害调查

在样地内选取5%～10%样树，每棵样树调查100～200个种实。调查的种实应从树冠不同部位和不同方位摘取。也可在已采收的种实堆中，随机抽样500个以上种实进行调查。统计其病果率，并计算病情指数（表4-15）。

表4-15　种实病害调查表

调查地点			调查日期			样地号	
林分概况						其他	

树种名称	病害名称	调查种实数	感病数种实数	病果率（%）	各级病果数					病情指数	备注
					I	II	III	IV	V		

三、调查资料的统计与整理（内业工作）

外业调查工作结束后，根据调查的目的，对调查所获取的一系列数据材料进行整理归类分析。内业工作主要包括：

（1）鉴定害虫名称和病原。

（2）汇总、统计外业调查数据资料，分析病虫害发生和流行的原因。

（3）写出调查报告。报告内容包括：

①调查地区的概况。包括自然地理环境、社会经济情况、绿地概况、园林绿化生产和管理情况及园林植物病虫害综合治理情况等。

②调查目的、任务、技术要点、调查方法、调查结果和任务完成情况。

③调查成果的概述。包括主要花木的主要病虫害种类、危害程度、分布范围、发生特点及其规律；天敌资源情况；园林植物检疫对象和疫区等。

④提出病虫害综合治理的措施和建议。

（4）调查原始材料整理归档及标本制作与保存。

（5）绘制调查地区的园林植物病虫害情况分布图。

【任务准备】

材料：调查地区有关资料。

用具：罗盘仪、皮尺、记录板、调查的有关表格。

场所：教学实训场、某个苗圃或大棚。

【任务实施】

1. 调查某一绿地、苗圃或大棚的病虫害发生情况。

2. 选定一种常见园林植物病害，如月季白粉病，调查并统计其发病率和病情指数。

3. 选定一种常见园林植物害虫，如松毛虫，调查其虫口密度和有虫株率。

4. 汇总整理外业调查资料，归纳分析园林病虫害发生的特点与原因，提出防治措施建议。

【任务评价】

任务完成后，教师指出学生在任务完成过程中存在的问题，并根据以下 4 个方面进行任务评价。

序号	评价组成	评价内容	参考分值
1	学生自评	是否认真完成任务，上交实训报告，指出不足和收获	20
2	教师测评	现场操作是否规范；调查结果是否准确；实训报告的完成情况及任务各个步骤的完成情况	40
3	学生互评	互相学习、协作，共同完成任务情况	10
4	综合评价	学习态度、参与程度、团队合作能力、小组任务完成情况等	30
		合　计	100

【巩固训练】

本次病虫害调查有什么收获？调查时要注意哪些事项？

任务二　园林植物病虫害预测预报

【任务目标】

1. 了解园林植物病虫害预测的种类和内容。

2. 掌握园林植物病虫害常用的预测方法。

3. 能初步进行害虫发生期预测，并学会园林植物病虫害预测的分析，能进行测报结果的发布。

【任务分析】

园林植物病虫害预测预报首先要从实际出发，根据预测的目的和任务，了解病虫害的发生规律，掌握预测的基本方法，对园林植物病虫害发生期和发生量的情况进行预测，汇总整理外业调查预测数据资料，结合当时、当地的气候和植物生长发育状况，归纳分析园林病虫害未来发生发展状况和扩展蔓延趋势，发布园林植物病虫害预测的结果。本任务为对校园某种园林植物害虫进行预测并发布。

根据园林植物病虫害预测预报的具体任务，按教师讲解→学生实训的顺序进行，逐项实施完成，根据当时当地的实际情况和气象条件，熟悉预测的方法，以教师讲解指导与学生实训密切配合完成任务的实施过程，以4~6人为一组分工协作完成任务。

【知识导入】

一、预测预报的概念和意义

园林植物病虫害的预测预报，包括预测和预报两方面内容。预测是在病虫害发生之前，运用科学方法，侦察病虫害发生发展的动态，并把侦察到的资料情况，结合当时当地的气候条件和植物生长发育状况进行分析，正确地推断病虫害未来发生的可能性和发展趋势。预报是把预测的结果及时通报出去，使人们知道病虫害未来发生发展的情况，做到心中有数，以便做好防治准备工作。

园林植物病虫害的预测预报是为了了解园林植物病虫害未来发生发展状况和扩展蔓延趋势，是为病虫害防治的周密计划和充分准备提供服务，是指导防治工作的依据，是组织防治工作的基础。

二、预测预报的种类

1. 按时间分类

可分为长期预测、中期预测和短期预测。

长期预测是针对流行性病虫害，预测半年后或来年病虫害发生的可能性。

中期预测是预测病虫害季节发生的情况，对害虫来说，是根据上一个世代发生的情况，预测下一个世代的发生状况；对病害来说，是预测某病害后1~2个月内病害流行的可能性。

短期预测是预测病虫害近期发生的情况，对害虫来说，是根据上一个虫态的发生时期和数量情况，预测下一个虫态的发生期和发生量；对病害来说，是预测某病害后几天至半个月内病害流行的可能性。

2. 按预测内容分类

　　可分为发生期预测、发生量预测、扩展蔓延预测和危害程度预测等。由于影响病虫害发生的各种因素在短期内比较容易掌握，因此，目前常用的是发生期和发生量的中期、短期预测。

三、园林植物害虫预测

（一）发生期预测

　　发生期预测是预测某一害虫某一虫态出现的始期、盛期和末期，以便确定防治的最适时期。一个虫态在某一地区最早出现的时间为始见期，一个虫态出现数量达50%时为盛期，一个虫态最后出现的时间为末期或终期。这种方法常用于预测一些防治时间性强，而且受外界环境影响较大的害虫。如钻蛀性、卷叶性害虫以及虫龄越大越难防治的害虫等。随着每年气候的变化，害虫的发生期也有所变化，所以，每年都要进行发生期预测。常用的方法有：

1. 物候法

　　物候是指自然界各种生物现象出现季节的规律性。如桃、李等植物的发芽、展叶、开花、结果、落叶等现象，以及农事活动和节气都有一定的季节性。而某害虫某一发育阶段也只有到了一定的季节才会出现，且与某种植物的某一生物现象的出现具有密切的相关性。因此，可根据多年观察记载，寻找出某种生物现象（或农事活动和节气）与某种害虫发生危害时期的相关性，并以这种生物现象为依据，来预测害虫某一虫态的出现期，叫做物候法。如河南方城县群众总结小地老虎的发生规律是：惊蛰过后杏花开，地老虎蛾子就出来；桃树开花一片红，成虫羽化是高峰；榆钱落，幼虫多。利用物候预测，观察重点应放在野生植物上，尤其是受害的植物。因为害虫的出现、危害与受害植物各个发育阶段关系密切，受害植物的展叶、抽梢、开花、结实等物候现象与害虫的发生期之间有着相对稳定的关系。

2. 有效积温法

　　昆虫的发育速度在一定温度范围内（适温区）与温度成正相关，昆虫完成一定的发育阶段（一个虫期或一个世代）需要一定的温度积累，即昆虫发

育所经历的时间与该时间内的温度乘积在理论上为一常数(K)，即

$$K = NT$$

式中　K——积温常数（日度）；

　　　N——发育所经历的时间，即发育天数；

　　　T——发育期内的日平均温度。

由于昆虫开始发育是从发育起点温度开始的，则上式中的温度应减去发育起点温度（C），则有：

$$K = N(T - C) \text{ 或 } N = K/(T - C)$$

昆虫完成某一发育阶段所需时间的倒数为发育速度（V），即 $V = 1/N$，则有

$$T = C + KV$$

昆虫发育速度与温度之间相互关系法则，称为有效积温法则。

对于每一种害虫来说，每一虫期的发育起点和完成这一虫期的有效积温均为常数。发育起点温度 C 和有效积温 K，可以通过实验饲养法获取，即在两种不同温度条件下饲养同一害虫，得到两组数据，代入 $K = N(T - C)$，即可得到某害虫某虫期的发育起点温度 C 和有效积温 K。

利用有效积温法则，可预测害虫的发生期。

例：某虫卵的发育起点温度为 $C = 8.5℃$，卵期的有效积温为 $K = 84$ 日度，在日均温度为 $T = 20℃$ 时，问几天后开始孵化？

计算：$N = 84/(20 - 8.5) = 7.3d$

即 7d 后此虫卵开始孵化。

3. 期距法

期距是指害虫各虫期的时间距离。害虫前后虫态，或前后世代的同一虫态，都要经历一定的发育天数，这个天数就是期距。期距一般是指前后同一虫态盛期到盛期之间的天数，一个虫态出现达到总数的50%时，称为盛期。知道了期距天数，就可以根据前一虫态的发生期，加上期距天数，来预测后一虫态或后一世代的同一虫态的发生期。

测定期距的方法有诱集法、饲养法、调查法。

（1）诱集法

利用害虫的趋性及其他习性进行诱测。在害虫发生期间持续诱测害虫出现的状况，逐日统计诱到的害虫数量，就可以得知某害虫各个世代各虫态出现的始期、盛期和末期，推算出某害虫的期距天数。诱集法常用的是灯光诱集、高压电网诱集、食物饵料及性外激素等诱集。

（2）饲养法

对一些难以观察的害虫和虫态，从野外采集一定数量的卵、幼虫和蛹，通过人工饲养，观察统计害虫各虫态发育所经历的天数，再从一定数量的个体中求出平均数，就可以得出各虫态的发育历期，推算出某害虫的期距天数。注意人工饲养的条件尽可能接近自然条件，以减少误差。

（3）调查法

一般是在调查地内选择有代表性的样地，在样地内设立若干标准株，进行定位、定株、定期观察调查。先调查虫口基数，然后进行系统观察虫态变化情况，统计各虫态出现的数量和百分比，计算出同一世代害虫的孵化、化蛹和羽化进度，通过长期调查观察，从中找出当地各虫态之间的期距，各世代同一虫态之间的期距。

$$孵化百分率 = 幼虫数/(活卵数 + 卵壳数) \times 100\%$$

$$化蛹百分率 = (活蛹数 + 蛹壳数)/(活幼虫数 + 活蛹数 + 蛹壳数) \times 100\%$$

$$羽化百分率 = 蛹壳数/(活幼虫数 + 活蛹数 + 蛹壳数) \times 100\%$$

（二）发生量预测

发生量预测又称大发生预测或猖獗预测，是预测未来害虫数量的消长变化，对指导防治虫口数量变化幅度很大的害虫，具有特别重要的指导意义。常用的方法有：

1. 根据环境条件预测

根据环境条件预测又称生物气候图预测，是以影响害虫数量变化的主导环境因子为指标进行害虫的发生量预测。气候条件（温、湿度）以及食物和天敌因子是影响害虫数量变化的主要因子。利用生物气候图进行发生量预测，主要是针对以温湿度为影响其数量变动的主导因子的害虫。根据当年气象部门的中长期预报和实测资料制成的当年生物气候图，与历年制成的生物气候图进行认真比较分析，再根据往年害虫所发生的程度，做出当年害虫可能发生趋势的估计预测。将害虫大发生历年的气候条件（温、湿度），特别是害虫大发生前的气候状况与当年气候状况相比较，如果情况相似，则预示害虫有大发生的可能性。当然食物和天敌因子以及反常的气候因子对害虫数量的影响也不可忽视。

在直角坐标系中，以横轴表示相对湿度（或降水量），以纵轴表示温度，将某地区某年每个月的平均温度和平均相对湿度（或降水量）标记在坐标上，注明每点的月份，然后按月序连接成一闭合曲线，即为气候图。若用代表害虫各虫期的不同符号(如卵、幼虫、蛹、成虫分别用符号·、－、⊙、＋表示)连接成的闭合曲线图,即为生物气候图。

2. 根据害虫基数预测

这是目前采用较多的一种方法。一般来说,绿地林中现存的害虫数量与下一代害虫的发生量成正比。查清绿地林中害虫虫口密度是预测害虫大发生的一种简便而可靠的方法。调查时间多在害虫数量相对稳定的时期,如越冬期、卵期、蛹期等。在绿地林间选择有代表性的地段,调查一定数量的样地和样树,调查虫口密度和有虫株率,统计虫口基数和雌雄数量,然后根据该虫的繁殖能力、性比及死亡率情况,来预测翌年或下个世代害虫的发生数量,并根据防治指标,确定是否需要防治。用如下公式来计算推测害虫的发生量:

$$F = P(a \cdot b)(1-d)$$

式中　F——下一代可能发生的数量;

P——调查时的虫口基数;

a——雌虫百分率;

b——每雌平均产卵量;

d——死亡率(包括卵、幼虫、蛹、成虫生殖前)。

蛹期调查时用下式计算出繁殖量:

$$F = P(a \cdot b)(1-d)$$

式中　F——下一代可能发生的数量(卵/株);

P——调查时的虫口密度(蛹/株);

a——雌性比;

b——每雌平均产卵量;

d——蛹和成虫生殖前死亡率。

3. 根据害虫发育质量预测

这是以害虫的形态及生理状态作指标进行预测。因为外界环境条件对昆虫的影响,在一定程度上能反映在昆虫形态和生理状态上,如虫体的大小与结构、脂肪组织含量、器官及其功能的变异、蛹重与大小、雌雄性比、寿命等,从而影响后一虫态的发育和下一代的繁殖能力。

四、园林植物病害预测

目前植物病害预测主要是根据病原物的数量和存活状况、寄主植物的感病性和发育状况,以及病害发生和流行所需的环境条件3个方面的调查和系统观察进行预测。

目前常用的预测植物病害的方法是实验法。是运用生态学、生物学和生理学的方法，通过预测圃观察、绿地林间调查、孢子捕捉和人工诱发培养等手段，来预测植物病害的发生期、发生量以及危害程度。

1. 预测圃观察

在苗圃和绿地林间建立观察圃，针对本地区流行的主要病害，栽植感病植物品种和一般植物品种，长期观察记载这些植物病害的发生发展情况，了解掌握主要花木对病害的反应，来预测病害的发生发展和指导防治工作，并为长期预测预报积累资料。

2. 绿地林间调查

这是了解大面积林绿地植物病害发生发展实际情况的直接方法。在绿地林间选择有代表性的地段，定点、定株、定期进行调查。详细记载植株发病率和病情严重程度，同时记录当时的气象状况，以便对病情进行分析。

3. 孢子捕捉

对借气流传播、发病季节性较强的真菌病害可用此法预测。在真菌孢子未释放前，用载玻片涂一薄层凡士林，按真菌孢子传播的特点和风向，将涂有凡士林的载玻片放在容易接收孢子的地方，按要求持续放置一定数量的载玻片，玻片应定期取回更换，用显微镜检查取回玻片上的孢子种类和捕捉数量，做好记录，进行认真统计分析。用以预测真菌病害发生发展状况。

4. 人工诱发培养

将容易感病植物或疑为有病部分，放在适于发病的环境条件下进行培养、观察，了解病害的发生发展情况。最常用的方法是保湿培养法，将供试材料放在玻璃杯或培养皿内保湿培养，在玻璃杯内放适量清水或湿沙，培养皿内放一层用清水湿润的滤纸，逐日观察供试材料发病情况。并用其结果来预测在自然情况下植物可能发病的大致情况。注意做好消毒工作，防止杂菌污染和供试材料霉烂。

五、园林植物病虫害预报

基层测报人员将病虫害预测结果按期向上一级测报组织填表汇报。县、市、省园林有关部门，在接到基层测报组织提供的预报资料后，应迅速认真分析研究，以便决定是否发布县、市或全省性的病虫害预报（表4-16）。

表 4-16　园林植物虫情预报表

发送地点				发布预报单位					
发报种类				害虫分布地点					
预报虫种	虫态	虫口密度		寄生率（%）	性比（%）	繁殖能力	羽化率（%）	孵化率（%）	备注
		（头/cm²）	（头/株）						

预报当旬的气象因子	温度（℃）			湿度（%）	阴晴	风速（m/s）	最多风向
	最高	最低	平均				

对虫情发展趋势的分析	

测报主持人：　　　　　　　　　　发报日期：

【任务准备】

材料：预测地区有关的气象资料、预测预报有关表格。

场所：校气象台、教学实训场、校园周边公园。

【任务实施】

1. 预测校园某种园林植物害虫的发生期。

2. 发布预测结果。

【任务评价】

任务完成后，教师指出学生在任务完成过程中存在的问题，并根据以下 4 个方面进行任务评价。

序号	评价组成	评价内容	参考分值
1	学生自评	是否认真完成任务，上交实训报告，指出不足和收获	20
2	教师测评	现场操作是否规范；预测预报的结果是否准确；实训报告的完成情况及任务各个步骤的完成情况	40
3	学生互评	互相学习、协作，共同完成任务情况	10
4	综合评价	学习态度、参与程度、团队合作能力、小组任务完成情况等	30
合　计			100

【巩固训练】

如何对害虫进行发生期预测？

综合复习题

一、名词解释

踏查、样地、虫口密度、有虫株率、发病率、病情指数、物候、中期预测、历期。

二、填空题

1. 病虫害调查一般分为_____和_____两类。后者是在前者的基础上进行的。

2. 病虫害调查取样必须有_____，取样的地段叫_____，_____的选择和取样数目的多少，是由_____、_____等决定的。不同的取样方法，适用于不同的病虫分布类型。常用的取样方法有_____、_____、_____、_____等。

3. 虫害调查主要调查统计的_____和_____。病害调查主要调查统计_____和_____。

4. 人们有目的地针对某种病虫的_____进行调查研究，然后结合掌的_____、_____等，对该病虫的_____加以估计计算，这一工作叫做_____。将预测结果通过_____、_____、_____等多种形式，通知有关单位做好准备，及时开展_____，这一工作叫做_____。

5. 园林植物病虫害预测预报按期限分为_____、_____、_____预测。

6. 害虫发生期的预测，主要预测害虫某一虫态出现的_____期、_____期、_____期，以便确定防治最适时期。

7. 害虫发生期预测方法主要有_____、_____、_____；发生量预测方法主要有_____、_____。

8. 病害的预测方法有预测圃观察、_____、_____和_____。

9. 园林植物病虫害测报按内容分_____、_____、_____、_____。

三、简答题

1. 园林植物病虫害调查的内容有哪些？

2. 病虫害预测预报的种类有哪些？

3. 简述害虫发生期预测的常用方法。

4. 怎样用发育进度法（历期法）进行害虫的发生期预测？

四、问答题

1. 以松毛虫为例子说明害虫基数预测的方法。

2. 试述病虫害调查的内业工作主要包括哪些方面？

五、计算题

1. 已知国槐尺蛾卵的发育起点温度为8.5℃，卵期有效积温为84日度，卵产下当时的平均温度为20℃。求：幼虫的发生期。

2. 某森林公园调查食叶害虫的危害情况，共取了100片，其中受害程度达到1级的25片，2级30片，3级20片，4级15片。（1）计算被害率和病虫指数；（2）在调查中发现，病虫分布并不均匀，应采用什么采样方式？

3. 在调查中发现，食叶虫的越冬化蛹率在4月16日达到50%（即高峰期），在当时气温下，蛹期为16d，那么它的化蛾高峰期大约在什么时候？在其发生30d以前，发出预测预报，如果按预报预测种类分，应属于哪一种？有什么现实意义？

5 项目五

福建常见园林植物害虫识别与防治

【知识目标】

1. 掌握园林植物主要食叶害虫的分布、危害、形态特征、生活习性及防治措施。

2. 掌握园林植物主要吸汁害虫和螨类的分布与危害、形态特征、生活习性及防治措施。

3. 掌握园林植物主要枝干害虫的分布与危害、形态特征、生活习性及防治措施。

4. 掌握园林植物主要地下害虫的分布与危害、形态特征、生活习性及防治措施。

【技能目标】

1. 能识别当地园林植物主要害虫的种类。

2. 能制订常见园林植物害虫的防治方案。

任务一　食叶害虫识别与防治

【任务目标】

1. 能识别常见的福建园林植物食叶害虫种类、危害特点，熟悉其发生规律。

2. 掌握重要食叶害虫的防治方法，能科学设计防治方案并实施害虫防治。

【任务分析】

要防治园林植物食叶害虫，首先必须要认识食叶害虫的种类和特征，并选择合适的杀虫剂。本任务要求完成园林植物常见食叶害虫的识别及防治。

围绕完成常见园林植物食叶害虫的识别和防治任务，分阶段进行，每个阶段按教师讲解→学生训练→判别的顺序进行。以 4~6 人一组完成任务。

【知识导入】

食叶害虫一般指以咀嚼式口器危害叶片的害虫，在园林植物上最为常见。被害叶片形成缺刻、孔洞，严重时可将叶片吃光，仅留叶柄、枝杆或叶片主脉。有些种类还有钻蛀嫩梢危害的特点，有的有潜叶危害的特性。园林植物食叶害虫的种类繁多，主要有鳞翅目的蝶类、刺蛾类、袋蛾类、螟蛾类、卷蛾类、毒蛾类、灯蛾类、枯叶蛾类、尺蛾类、斑蛾类、夜蛾类、舟蛾类、天蛾类、叶甲类、金龟甲类、叶蜂类、蝗虫类等。

这类害虫的危害特点是：以幼虫或成、幼（若）虫危害健康的植株，导致植株生长衰弱，为天牛、小蠹等次期性害虫的入侵提供了适宜的条件；大多数害虫营裸露生活（少数卷叶、潜叶、钻蛀），容易受环境条件的影响，天敌种类多，虫口数量波动明显；繁殖能力强，产卵量一般比较大，易暴发成灾，并能主动迁移扩散，扩大危害范围；某些害虫的发生表现为周期性。

一、蝶类

蝶类属鳞翅目球角亚目的昆虫，危害园林植物的主要蝶类害虫有柑橘凤蝶（*Papilio xuthus*）、玉带凤蝶（*P. polytes*）、木兰青凤蝶、樟青凤、茶褐樟蛱蝶（*Charaxes bernardus*）、黑脉蛱蝶、菜粉蝶（*Pieris rapae*）、曲纹紫灰蝶、点玄灰蝶等。

（1）柑橘凤蝶

①分布与危害　柑橘凤蝶又名花椒凤蝶，属凤蝶科。分布几乎遍及全国，主要寄主有柑橘、金橘、四季橘、柚子、柠檬、佛手、花椒、竹叶椒、黄波罗等。以幼虫取食幼芽及叶片，苗木和幼树的新梢、叶片常被吃光，是柑橘类花木的重要害虫。

②识别特征　成虫体长 25~30mm，体黄绿色，背面中央有黑色纵带，

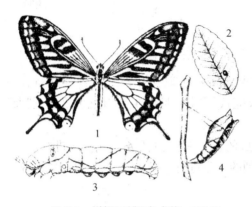

图 5-1 柑橘凤蝶(李成德，2004)
1. 成虫 2. 卵 3. 幼虫 4. 蛹

翅面上有黄黑相间的斑纹，亚外缘有 8 个黄色新月形斑。后翅外缘呈波状，后角有一个尾状突起。老熟幼虫体长 40～51mm，绿色，体表光滑，后胸背面两侧有蛇眼纹，中间有 2 对马蹄形纹；第 1 腹节背面后缘有 1 条粗黑带；第 4、5 腹节和第 6 腹节两侧各有蓝黑色斜行带纹 1 条，在背面相交，头部臭丫腺为黄色(图 5-1)。

③生活习性 各地发生代数不一，福建、台湾 5～6 代，广东 6 代。各地均以蛹附着在橘树叶背、枝干及其他比较隐蔽场所越冬。成虫白天活动，善于飞翔，中午至黄昏前活动最盛，喜食花蜜。卵散产于嫩芽上和叶背，卵期约 7d。幼虫孵化后先食卵壳，然后食害芽和嫩叶及成叶，共 5 龄，老熟后多在隐蔽处吐丝作垫，以臀足趾钩抓住丝垫，然后吐丝在胸腹间环绕成带，缠在枝干等物上化蛹(此蛹称缢蛹)越冬。天敌有凤蝶金小蜂和广大腿小蜂等。

④防治措施

人工防治：人工摘除越冬蛹，并注意保护天敌。结合花木的养护管理，人工采卵、摘除有虫叶和蛹，并杀死幼虫和蛹体。

化学防治：在严重发生期，可喷施除虫菊酯乳油 2000 倍液或 40%菊·杀乳油 1000～1500 倍液或 50%杀螟松或马拉硫磷乳油 90%敌百虫晶体 800～1000 倍液、10%溴·马乳油 2000 倍液。

(2)菜粉蝶

①分布与危害 菜粉蝶又名菜青虫、菜白蝶，属粉蝶科。全国各地均有分布。已知菜粉蝶的寄主植物有 9 科 35 种，如十字花科、菊科、白花菜科、金莲花科、木樨草科、紫草科、百合科等，但主要危害十字花科植物的叶片，特别嗜好叶片较厚的甘蓝、花椰菜等，初龄幼虫在叶背啃食叶肉，残留表皮，俗称"开天窗"，3 龄以后吃叶成孔洞和缺刻，严重时只残留叶柄和叶脉，同时排出大量虫粪，污染叶面。幼苗期危害可引起植株死亡。幼虫危害造成的伤口又可引起软腐病的侵染和流行，严重影响观赏效果。

②识别特征 成虫体长 12～20mm，翅展 45～55mm。体灰黑色，头、胸部有白色绒毛，前后翅都为粉白色，前翅顶角有 1 个三角形黑斑，中部有

2个黑色圆斑。后翅前缘有1个黑斑。幼虫体长35mm，全体青绿，体密布黑色瘤状突起，上面生有细毛，背中央有1条细线，两侧围气门有一横斑，气门后还有1个（图5-2）。

③生活习性　各地发生代数，内蒙古、辽宁、河北一年发生4～5代，南京7代，武汉、杭州8代，长沙8～9代。各地均以蛹在发生地附近的墙壁屋檐下或篱笆、树干、杂草残株等处越冬，一般选在背阳的一面。翌春4月初开始陆续羽化，边吸食花蜜边产卵，以晴暖的中午活动最盛。卵散产，多产于叶背，平均每雌产卵120粒左右。菜青虫发育的最适温度20～25℃，相对湿度76%左右。菜青虫的发生有春、秋两个高峰。夏季由于高温干燥，菜青虫的发生也呈现一个低潮。已知天敌在70种以上。主

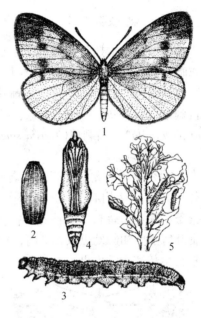

图5-2　菜粉蝶
1. 成虫　2. 卵　3. 幼虫
4. 蛹　5. 被害状

要的寄生性天敌，卵期有广赤眼蜂，幼虫期有微红绒茧蜂、菜粉蝶绒茧蜂（黄绒茧蜂）及颗粒体病毒等，蛹期有凤蝶金小蜂等。

④防治措施

人工防治：人工捕杀幼虫和越冬蛹，在养护管理中摘除有虫叶和蛹。及时清除花坛绿地上的羽衣甘蓝老茬，以减少菜粉蝶虫源。成虫羽化期可用捕虫网捕捉成虫。

生物防治：在幼虫期，喷施每毫升含孢子100×10^8以上的青虫菌粉或浓缩液400～600倍液，加0.1%茶饼粉以增加药效；或喷施含孢子100×10^8/ml以上的Bt乳剂300～400倍液。收集患质型多角体病毒病的虫尸，经捣碎稀释后，进行喷雾，使其感染病毒病，也有良好效果。将捕捉到的老熟幼虫和蛹放入孔眼稍大的纱笼内，使寄生蜂羽化后飞出继续繁殖寄生，对害虫起克制作用。

化学防治：可于低龄幼虫期喷1000倍的20%灭幼脲Ⅰ号胶悬剂。被害植物面积较大，虫口密度较高时，可施用40%敌·马乳油或40%菊·杀乳油或80%敌敌畏或50%杀螟松或马拉硫磷乳油1000～1500倍液、90%敌百虫晶体800～1000倍液、10%溴·马乳油2000倍液。

二、刺蛾类

刺蛾类属鳞翅目刺蛾科。成虫鳞片松厚。多呈黄、褐或绿色，有红色或暗色斑纹。幼虫蛞蝓形，体上常具瘤和刺。被刺后，多数人皮肤痛痒。因此，该科幼虫又称洋辣子。蛹外有光滑坚硬的茧。刺蛾类的常见种类有黄刺蛾（*Cnidocampa flavescens*）、褐边绿刺蛾（*Latoia consocia*）、褐刺蛾（*Setora postornata*）、扁刺蛾（*Thosea sinensis*）等。

（1）黄刺蛾

①分布与危害　黄刺蛾又名刺毛虫。国内除宁夏、新疆、贵州、西藏外，其他地区均有分布。危害石榴、月季、山楂、芍药、牡丹、紫叶李、紫薇、梅花、蜡梅、海仙花、桂花、大叶黄杨等观赏植物。是一种杂食性食叶害虫。初龄幼虫只食叶肉，4龄后蚕食整叶，常将叶片吃光，严重影响植物生长和观赏效果。

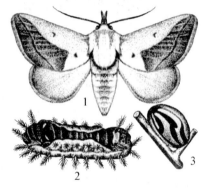

图5-3　黄刺蛾

（李成德，2004）

1. 成虫　2. 幼虫　3. 茧

②识别特征　成虫体长15mm，翅展33mm左右，体肥大，黄褐色，头胸及腹前后端背面黄色。触角丝状灰褐色，复眼球形黑色。前翅顶角至后缘基部1/3处和臀角附近各有1条棕褐色细线；后翅淡黄褐色，边缘色较深。幼虫体长16～25mm，肥大，呈长方形，黄绿色，背面有1紫褐色哑铃形大斑，边缘发蓝。头较小，淡黄褐色；前胸盾半月形，左右各有一黑褐斑。胴部第2节以后各节有4个横列的肉质突起，上生刺毛与毒毛，其中以3、4、10、11节者较大。气门上线黑褐色，气门下线黄褐色。臀板上有2个黑点。胸足极小，腹足退化，第1～7腹节腹面中部各有一扁圆形"吸盘"（图5-3）。

③生活习性　在浙江一年发生2代，以老熟幼虫在枝干上的茧内越冬。5月上旬开始化蛹，5月下旬6月上旬羽化。成虫昼伏夜出，有趋光性，羽化后不久交配产卵。卵产于叶背，卵期7～10d。第1代幼虫6月中旬至7月上中旬发生，第1代成虫7月中下旬始见，第2代幼虫危害盛期在8月上中旬，8月下旬开始老熟在枝干等处结茧越冬。7～8月间高温干旱，黄刺蛾发生严重。天敌有上海青蜂和黑小蜂。

（2）褐边绿刺蛾

①分布与危害 褐边绿刺蛾又名青刺蛾、褐缘绿刺蛾、四点刺蛾、曲纹绿刺蛾、洋辣子。国内分布北起黑龙江、内蒙古，南至台湾、海南、广东、广西、云南，西至甘肃折入四川。主要寄主有茶、喜树、冬青、白蜡树、梅花、海棠、月季、樱花等。低龄幼虫取食下表皮和叶肉，留下上表皮，致叶片呈不规则黄色斑块，大龄幼虫食叶成平直的缺刻。

②识别特征 成虫体长16mm，翅展38～40mm。触角棕色，雄栉齿状，雌丝状。头、胸、背绿色，胸背中央有一棕色纵线，腹部灰黄色。前翅绿色，基部有暗褐色大斑，外缘为灰黄色宽带，带上散生有暗褐色小点和细横线，带内缘内侧有暗褐色波状细线。后翅灰黄色（图5-4）。幼虫体长

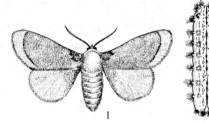

图5-4 褐边绿刺蝶
1. 成虫 2. 幼虫

25～28mm，头小，体短粗，初龄黄色，稍大黄绿至绿色，前胸盾上有1对黑斑，中胸至第8腹节各有4个瘤状突起，上生黄色刺毛束，第1腹节背面的毛瘤各有3～6根红色刺毛；腹末有4个毛瘤丛生蓝黑刺毛，呈球状；背线绿色，两侧有深蓝色点。

③生活习性 河南和长江下游一年2代，江西3代，以老熟幼虫于茧内越冬，结茧场所于干基浅土层或枝干上。4月下旬开始化蛹，越冬代成虫5月中旬始见，第1代幼虫6～7月发生，第1代成虫8月中下旬出现；第2代幼虫8月下旬至10月中旬发生。10月上旬陆续老熟于枝干上或入土结茧越冬。成虫昼伏夜出，有趋光性，卵数十粒呈块作鱼鳞状排列，多产于叶背主脉附近，每雌产卵150余粒。幼虫共8龄，少数9龄，1～3龄群集，4龄后渐分散。天敌有紫姬蜂和寄生蝇。

④防治措施

人工防治：秋冬季早春消灭过冬虫茧中幼虫。及时摘除虫叶，杀死刚孵化尚未分散的幼虫。

生物防治：秋冬季摘虫茧，放入纱笼，网孔以刺蛾成虫不能逃出为准，保护和引入寄生蜂。于低龄幼虫期喷洒10 000倍的20%除虫脲（灭幼脲Ⅰ号）悬浮剂，或于较高龄幼虫期喷500～1000倍的每毫升含孢子100亿以上的Bt乳剂等。

化学防治：必要时在幼虫盛发期喷洒80%敌敌畏乳油1000～1200倍液

或 50%辛硫磷乳油 1000~1500 倍液、50%马拉硫磷乳油 1000 倍液、5%来福灵乳油 3000 倍液。

物理防治：利用黑光灯诱杀成虫。

三、袋蛾类

袋蛾类又称蓑蛾，俗名避债虫。属鳞翅目袋蛾科。袋蛾成虫性二型，雌虫无翅，触角、口器、足均退化，几乎一生都生活在护囊中；雄虫具有两对翅。幼虫能吐丝营造护囊，丝上大多粘有叶片、小枝或其他碎片。幼虫能负囊而行，探出头部蚕食叶片，化蛹于袋囊中。常见有大袋蛾（*Cryptothelea variegata*）、茶袋蛾（*Cryptothelea minuscula*）、桉袋蛾（*Acanthopsyche subferalbata*）、白囊袋蛾（*Chalioides kondonis*），分布于我国长江以南。

下面对大袋蛾进行介绍。

①分布与危害　大袋蛾又名避债蛾，俗名吊死鬼，分布于我国长江以南。危害茶、樟、杨、柳、榆、桑、槐、栎（栗）、乌桕、悬铃木、枫杨、木麻黄、扁柏等。幼虫取食树叶、嫩枝皮。大发生时，几天能将全树叶片食尽，残存秃枝光干，严重影响树木生长，使枝条枯萎或整株枯死。

②识别特征　成虫雌雄异型。雌虫无翅，体长 25~30mm，粗壮、飞盘。雄蛾黑褐色，体长 20~23mm，触角羽毛状，前翅沿翅脉黑褐色，翅面前、后缘略带黑褐色至赭黑色，有 4~5mm 个透明斑。卵产于雌蛾护囊内。老熟幼虫体长 25~40mm，雌幼虫黑色，头部暗褐色。雄幼虫较小，体较淡，呈黄褐色。护囊纺锤形，成长幼虫的护囊长达 40~60mm，囊外附有较大的碎叶片，有时附有少数枝梗，排列不整齐（图 5-5）。

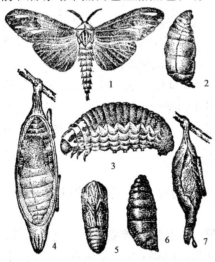

图 5-5　大袋蛾
1. 雄成虫　2. 雌成虫　3. 雌袋　4. 幼虫
5、6. 蛹　7. 雄袋

③生活习性　长江流域一年 1 代，个别种或在南方有一年 2 代的，以老熟幼虫在袋囊内越冬。翌年 3 月下旬开始出蛰，4 月下旬开始化蛹，5 月下旬至 6 月羽化，卵产于护囊蛹壳内，每头雌虫平均产卵 3430 粒。6 月中旬开始孵化，初龄幼虫从护囊内爬出，靠风力吐丝扩散。取食后吐丝并咬啮碎屑、叶片筑成护囊，护囊随

虫龄增长扩大而更换，幼虫取食时负囊而行，仅头胸外露。初龄幼虫剥食叶肉，将叶片吃成孔洞、网状，3龄以后蚕食叶片。7～9月幼虫老熟，多爬至枝梢上吐丝固定虫囊越冬。

④防治措施

人工防治：秋冬季树木落叶后，护囊暴露，结合整枝、修剪，摘除护囊，消灭越冬幼虫。

诱杀成虫：利用大袋蛾雄性成虫的趋光性，用黑光灯诱杀。此外，也可用大袋蛾性外激素诱杀雄成虫。

生物防治：幼虫和蛹期有多种寄生性和捕食性天敌，如鸟类、姬蜂、寄生蝇及致病微生物等，应注意保护利用。微生物农药防治大袋蛾效果非常明显。Bt制剂（每克芽孢量100亿以上）1500～2000g/hm²，加水1500～2000kg，喷雾防治。

化学防治：在初龄幼虫阶段，每公顷用90%的晶体敌百虫或80%敌敌畏乳油、50%杀螟松乳油、50%辛硫磷乳油、40%乐斯本乳油、25%灭幼脲胶悬剂、2.5%溴氰菊酯乳油、2.5%功夫乳油450～600ml，加水1200～2000kg，喷雾。根据幼虫多在傍晚活动的特点，一般选择在傍晚喷药，喷雾时要注意喷到树冠的顶部，并喷湿护囊。

四、螟蛾类

螟蛾类属于鳞翅目螟蛾科，小型至中型蛾类。危害园林植物叶片的螟蛾主要有黄杨绢野螟（*Diaphania perspectalis*）、樟叶瘤丛螟（*Orthaga achatina*）、棉大卷叶螟（*Sylepta derogata*）、竹织叶野螟（*Algedonia coclesalis*）、松梢螟（*Dioryctria rubella*）、瓜绢野螟（*Diaphania indica*）。

1. 常见螟蛾类害虫

下面对樟叶瘤丛螟进行介绍。

①分布与危害　又称樟巢螟、樟丛螟。分布于江苏、浙江、江西、湖北、四川、云南、广西、福建等地。危害樟树、山苍子、山胡椒、刨花楠、银木、红楠、舟山新木姜子等树种。幼虫吐丝缀叶结巢，在巢内食叶与嫩梢，严重时将樟叶吃光，树冠上挂有多数鸟巢状的虫包。影响樟树的生长与观赏。

②识别特征　成虫体长8～13mm，翅展22～30mm。头部淡黄褐色，触角黑褐色，雄蛾微毛状基节后方混合淡白的黑褐色鳞片，下唇须外侧黑褐色，内侧白色，雄蛾胸腹部背面淡褐色，雌蛾黑褐色，腹面淡褐色。前翅基部暗黑褐色，内横线黑褐色，前翅前缘中部有一黑点，外横线曲折波浪

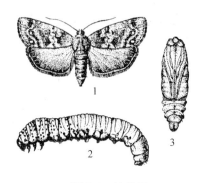

图 5-6　樟巢螟
（上海市园林学校，1990）
1. 成虫　2. 幼虫　3. 蛹

形，沿中脉向外突出，尖形向后收缩，翅前缘 2/3 处有一乳头状肿瘤，外缘黑褐色，缘毛褐色，基部有一排黑点。后翅除外缘形成褐色带外，其余灰黄色。初孵幼虫灰黑色，2 龄后渐变棕色。老熟幼虫体长22~30mm，褐色，头部及前胸背板红褐色，体背有 1 条褐色宽带，其两侧各有 2 条黄褐色线，每节背面有细毛 6 根（图 5-6）。

③**生活习性**　在福建南平一年发生 2 代，少数 3 代，以老熟幼虫在树冠下的浅土层中结茧越冬。翌年春季化蛹，5 月中下旬至 6 月上旬成虫羽化、交配、产卵。卵期 5~6d。6 月上旬第 1 代幼虫孵出危害，7 月下旬幼虫老熟化蛹，蛹期 10~15d。7~8 月成虫陆续羽化产卵。第 2 代幼虫 8 月中旬前后孵出危害。该虫有世代重叠现象，6~11 月虫巢中均有不同龄期幼虫危害，10 月老熟幼虫陆续下树入土结茧越冬。成虫多在夜间羽化，昼伏夜出，有趋光性，卵产于两叶靠拢处较荫蔽的叶面，每块有卵 5~146 粒。初孵幼虫群集吐丝缀合小枝、嫩叶成虫包，匿居其中取食。随着虫龄增大，幼虫不断吐丝缀连新枝和新叶，使虫苞不断扩大，形成巢，巢中有纯丝织成的巢室，巢内充满虫粪、丝和枯枝叶。幼虫行动敏锐，稍受惊动即缩入巢内。低龄幼虫有群集性，并随虫龄增大而分巢。每巢有幼虫 1 至 10 余条。老熟幼虫吐丝下垂到地面，或坠地入土 2~4cm 处结茧化蛹。少数亦可在巢中作圆形丝织蛹室在其中化蛹。

2. 螟蛾类防治措施

（1）人工捕杀

结合管护修剪，在危害期、越冬期摘除虫巢、虫苞，集中烧毁，或冬季在被害树的根际周围和树冠下，挖除虫茧或翻耕树冠下的土壤，消灭越冬虫茧。

（2）生物防治

螟蛾类有姬蜂、茧蜂和寄蝇等多种天敌昆虫，注意区别正常茧和被寄生茧，使寄生蜂、寄生蝇能正常羽化，扩大寄生作用。也可在幼虫期喷施Bt 乳剂 500 倍液进行防治。

（3）灯光诱杀成虫

在成虫发生期，采用黑光灯诱杀成虫。

（4）药剂防治

在幼虫大发生时期用50％的杀螟松乳油1500倍液，或90％晶体敌百虫、50％辛硫磷1000倍液，或20％杀灭菊酯乳油2000倍液喷雾；或在幼虫下树入土时以25％速灭威粉剂配成毒土毒杀入土结茧的幼虫。

五、卷蛾类

卷蛾类属于鳞翅目卷蛾科。小至中型，多为褐、黄、棕灰等色。很多种类的翅面上有斑纹或向后倾斜的色带。前翅略呈长方形。幼虫前胸侧毛群有3根刚毛。多数种类卷叶危害，部分种类营钻蛀性生活。

危害园林植物的卷蛾类害虫主要有茶长卷蛾（*Homona magnanima*）、苹褐卷蛾（*Pandemis heparana*）、杉梢小卷蛾（*Polychrosis cunninghamiacola*）、忍冬双斜卷蛾（*Clepsis semialbana*）。

1. 常见卷蛾类害虫

下面对茶长卷蛾进行介绍。

①分布与危害　茶长卷蛾又称茶卷叶蛾、褐带长卷叶蛾。分布于江苏、安徽、湖北、四川、广东、广西、云南、湖南、江西、福建等地。危害茶、栎树、樟树、柑橘、柿树、梨、桃等。初孵幼虫缀结叶尖，潜居其中取食上表皮和叶肉，残留下表皮，致卷叶呈枯黄薄膜斑，大龄幼虫食叶成缺刻或孔洞。

②识别特征　成虫雌体长10mm左右，翅展23～30mm，体浅棕色。触角丝状。前翅近长方形，浅棕色，翅尖深褐色，翅面散生很多深褐色细纹，有的个体中间具一深褐色的斜形横带，翅基内缘鳞片较厚且伸出翅外。后翅肉黄色，扇形，前缘、外缘色稍深或大部分茶褐色。雄成虫体长8mm左右，翅展19～23mm，前翅黄褐色，基部中央、翅尖浓褐色，前缘中央具一黑褐色圆形斑，前缘基部具一浓褐色近椭圆形突出，部分向后反折，盖在肩角处。后翅浅灰褐色（图5-7）。老熟幼虫体长18～26mm，体黄绿色，

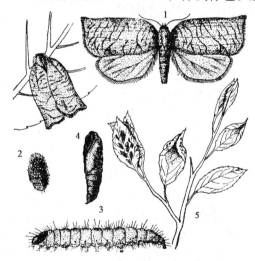

图5-7　茶长卷蛾

（上海市园林学校，1990）

1. 成虫　2. 卵　3. 幼虫　4. 蛹　5. 危害状

头黄褐色，前胸背板近半圆形，褐色，后缘及两侧暗褐色，两侧下方各具2个黑褐色椭圆形小角质点，胸足色暗。

③生活习性　福建一年发生3代，以幼虫蛰伏在卷苞里越冬。翌年3月下旬开始化蛹，4月中旬成虫羽化产卵。第1代幼虫期在5月上旬孵出，6月中旬开始化蛹，6月下旬成虫羽化；第2代幼虫7月上、中旬孵出，8月中旬化蛹，9月上旬成虫羽化；第3代幼虫9月下旬出现，11月上旬陆续越冬。成虫多于清晨6时羽化，白天栖息在茶丛叶片上，日落后、日出前1～2h最活跃，有趋光性、趋化性。成虫羽化后当天即可交尾，经3～4h即开始产卵。卵喜产在老叶正面，每雌产卵量330粒。初孵幼虫靠爬行或吐丝下垂进行分散，遇有幼嫩芽叶后即吐丝缀结叶尖，潜居其中取食。幼虫共6龄，老熟后多离开原虫苞重新缀结2片老叶，化蛹在其中。天敌有赤眼蜂、小蜂、茧蜂、寄生蝇等。

2. 卷蛾类防治措施

（1）人工防治

幼虫发生危害数量不多时，可根据危害状，随时摘除虫卷叶，以减轻危害和减少下一代的发生量。秋后在树干上绑草把或草绳诱杀越冬幼虫。

（2）灯光诱杀

成虫有趋光性，在成虫发生季节，可用黑光灯诱杀成虫。

（3）生物防治

保护和利用天敌昆虫，也可用每毫升含100亿活孢子的Bt生物制剂800倍液防治幼虫。

（4）药剂防治

发生严重时，可用90%晶体敌百虫或80%敌敌畏乳油800～1000倍液，或2.5%溴氰菊酯乳油或50%巴丹可湿性粉剂1500～2000倍液，或10%氯氰菊酯乳油2000～2500倍液进行喷雾防治。

六、毒蛾类

毒蛾类属于鳞翅目毒蛾科。成虫体多为白、黄、褐色。触角栉齿状或羽状，下唇须和喙退化；有的种类的雌虫无翅或翅退化；腹部末端有毛丛。幼虫多具毒毛，腹部第6～7节背面有翻缩腺。幼虫有群集危害习性。危害园林植物的毒蛾主要有豆毒蛾（*Cifuna locuples*）、松茸毒蛾（*Dasychire axutha*）、乌桕毒蛾（*Euproctis bipunctapex*）、茶毒蛾（*Euproctis pseudoconspersa*）、黄尾毒蛾（*Euproctis similes*）、侧柏毒蛾（*Parocneria furva*）。

1. 常见毒蛾类害虫

下面对乌桕毒蛾进行介绍。

①分布与危害　又名枇杷毒蛾、乌桕毛虫。分布于江苏、安徽、浙江、江西、福建、湖北、湖南、四川和台湾等地，主要危害乌桕、油桐、油茶、橘、女贞、杨、枇杷和重阳木等。以幼虫食叶，并啃食幼芽、嫩枝外皮及果皮。

②识别特征　成虫体密被橙黄色绒毛。前翅顶角和臀角处各有 1 块黄斑，顶角处斑内有 2 个圆形黑色斑点，后翅外缘黄色。两翅其余部分均为橙褐色。老熟幼虫体长 24~30 mm，头黑褐色，后胸背面有一红色毛瘤。体侧及背面具黑瘤突，上有白色毒毛。

③生活习性　一年 2 代，以 3~5 龄幼虫在枝杈处、干基老皮缝凹处群集越冬，越冬虫群外覆 0.2~2 mm 厚丝幕。翌年 4 月中下旬开始活动，取食幼芽、嫩皮、嫩叶。5 月中旬幼虫老熟结茧化蛹，6 月上中旬羽化产卵，卵期约 15d。6 月下旬至 7 月上旬第 1 代幼虫孵化，8 月中下旬化蛹，9 月上中旬第 1 代成虫羽化、产卵，9 月中下旬孵出第 2 代幼虫，11 月下旬开始下树越冬。成虫有趋光性，夜间活动，卵产于叶背，块状。初孵幼虫群集卵块周围，取食卵壳，3 龄前群集叶背取食叶肉，使叶变色脱落。3 龄后则取食全叶并啃食嫩皮。老熟幼虫在干基老皮缝和地面松土中、碎石堆、杂草中群集，吐丝结茧化蛹。

2. 毒蛾类防治措施

（1）人工防治

在低矮观赏植物、花卉上，结合养护管理摘除卵块及初孵尚群集的幼虫。还可束草把诱集下树的幼虫。

（2）灯光诱杀

利用黑光灯诱杀成虫。

（3）生物防治

保护天敌昆虫。喷施微生物制剂，可用每克或每毫升含孢子 100×10^8 以上的青虫菌制剂 500~1000 倍液在幼虫期喷雾。

（4）药剂防治

用 50% 杀螟松乳油或 90% 晶体敌百虫 1000 倍液，或 10mg/kg 灭幼脲 I 号，防治幼虫。在树体高，虫口密度大时，可用触杀性很强的农药如菊酯类农药涂刷树干，毒杀下树的幼虫。

七、灯蛾类

灯蛾类属鳞翅目灯蛾科。中至大型蛾类。虫体粗壮，色泽鲜艳，腹部多为黄或红色。翅为白、黄、灰色，多具条纹或斑点，成虫多夜出活动，趋光性强。幼虫密被毛丛，多为杂食性。危害园林植物的灯蛾主要有星白雪灯蛾(*Spilosoma menthastri*)、人纹污灯蛾(*Spilarctia subcaenea*)、八点灰灯蛾(*Creatonotus transisens*)等。美国白蛾(*Hyphantria cunea*)也是灯蛾科害虫，是我国确定的检疫对象。

1. 常见灯蛾类害虫

（1）人纹污灯蛾

①分布与危害　又名红腹白灯蛾、人字纹灯蛾。分布北起黑龙江、内蒙古，南至台湾、海南、广东、广西、云南、福建。寄主主要有木槿、芍药、萱草、鸢尾、菊花、月季、黑荆、喜树等。幼虫食叶，吃成孔洞或缺刻。

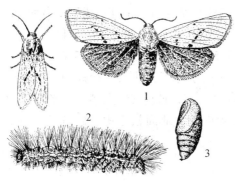

图5-8　人纹污灯蛾(上海市园林学校，1990)
1. 成虫　2. 幼虫　3. 蛹

②识别特征　成虫体长约20mm，翅展45～55mm。体、翅白色，腹部背面除基节与端节外皆红色，背面、侧面具黑点列。前翅外缘至后缘有一斜列黑点，两翅合拢时呈人字形，后翅略染红色。末龄幼虫约50mm长，头较小，黑色，体黄褐色，密被棕黄色长毛；中胸及腹部第1节背面各有横列的黑点4个；腹部第7～9节背线两侧各有1对黑色毛瘤，腹面黑褐色，气门、胸足、腹足黑色(图5-8)。

③生活习性　在福建南平一年发生4代，世代重叠，以蛹在土表或地被物中越冬。年3月上旬成虫开始羽化，3月下旬为羽化高峰期。各代幼虫危害盛期是：第1代4月下旬至5月上旬，第2代6月中下旬，第3代8月上中旬，第4代10月上中旬。成虫有趋光性，卵成块产于叶背，单层排列成行，每块数十粒至二、三百粒。初孵幼虫群集叶背取食，3龄后分散危害，受惊后落地假死，蜷缩成环。幼虫爬行速度快，自9月即开始寻找适宜场所结茧化蛹越冬。

（2）星白雪灯蛾

①分布与危害　又名星白灯蛾、黄腹白灯蛾。分布于江苏、浙江、上海、安徽、福建、云南、贵州、河南、湖南、湖北、四川、陕西、新疆、内蒙古、黑龙江、辽宁等地。寄主主要有菊花、月季、茉莉等花木。以幼虫危害叶片，将叶片吃成缺刻或孔洞，使叶面呈现枯黄斑痕，严重时将叶片吃光。

②识别特征 成虫体长 14 ~ 18mm，翅展 33 ~ 46mm。雄蛾触角栉齿状，下唇须背面和尖端黑褐色。腹部背面黄色，每腹节中央有 1 个黑斑，两侧各有 2 个黑斑。前翅表面多少带黄色，散布黑色斑点，黑点数因个体差异，各不相同。夏末出现的个体略小，前翅几乎呈白色，翅表黑斑数目较多（图 5-9）。幼虫土黄色至黑褐色，背面有灰色或灰褐色纵带，

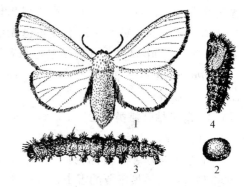

图 5-9 星白雪灯蛾（上海市园林学校，1990）
1. 成虫 2. 卵 3. 幼虫 4. 蛹

气门白色，密生棕黄色至黑褐色长毛，腹足土黄色。

③生活习性 华中、华东一年发生 3 代，以蛹在土中越冬。翌年 4 ~ 6 月间羽化为成虫，白天静伏隐蔽处，晚上活动交配产卵。卵产于叶背成块，每块有数十粒至百余粒，每雌蛾可产 400 粒左右。初孵幼虫群集叶背，取食叶肉，残留透明的上表皮，稍大后分散危害，4 龄后食量大增，蚕食叶片仅留叶脉和叶柄。老熟幼虫如遇振动，有落地卷曲假死的习性，过一会便迅速爬行逃走。幼虫经 5 次脱皮至老熟，在地表结粗茧化蛹。成虫有趋光性。

2. 灯蛾类防治措施

（1）加强检疫

美国白蛾是检疫对象，严禁从疫区调动苗木，防止其扩散蔓延。

（2）人工防治

摘除卵块和尚群集危害的有虫叶片；冬季翻耕土壤，消灭越冬蛹；在老熟幼虫转移时，在树干上束草，诱集化蛹，集叶烧毁。

（3）物理防治

成虫羽化盛期用黑光灯进行诱杀。

（4）生物防治

保护和利用天敌；在幼虫期用苏云金杆菌制剂等进行喷雾。

（5）化学防治

喷施 90% 晶体敌百虫、50% 辛硫磷乳油、50% 杀螟松乳油 1000 倍液；95% 巴丹可溶性粉剂 1500 ~ 2000 倍液；或 20% 速灭菊酯乳油 3000 倍液，防治幼虫。

八、枯叶蛾类

枯叶蛾类属鳞翅目枯叶蛾科。成虫体粗壮多毛，多为灰褐色，触角双

栉齿状。后翅肩区扩大，无翅缰。成虫休止时形似枯叶，因此得名。幼虫粗壮多毛，毛的长短不一，不成簇也无毛瘤。幼龄幼虫多群集危害。危害园林植物的枯叶蛾主要有马尾松毛虫(*Dendrolimus punctatus*)、栎黄枯叶蛾(*Trabala vishnou*)、李枯叶蛾(*Gastropacha quercifolia*)、黄褐天幕毛虫(*Malacosoma neustria*)。

1. 常见枯叶蛾类害虫

(1)马尾松毛虫

①分布与危害　俗称"狗毛虫"。以幼虫取食松树针叶危害，是我国南方各省马尾松的最重要的害虫，每年受灾面积往往以千万亩(1亩＝667m²)计，造成巨大的经济损失。严重时将针叶吃光，形似火烧，致使松树生长极度衰弱，并易引起松墨天牛、松纵坑切梢小蠹、松白星象等蛀干害虫的入侵，造成松树大面积死亡。此外，幼虫具毒毛，容易引起人的皮炎和关节肿痛。

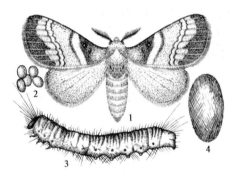

图5-10　马尾松毛虫(李成德，2004)
1. 成虫　2. 卵　3. 幼虫　4. 茧

②识别特征　成虫体色有灰白、灰褐、茶褐、黄褐等色，体长20～32mm。雌蛾触角短栉齿状，雄蛾触角羽毛状。前翅表面有3～4条不很明显而向外弓起的横条纹。雄蛾前翅中室末端具一白点。卵椭圆形，长约1.5mm。初产时淡红色，近孵化时紫褐色。幼虫多为6龄。4龄幼虫头宽1.9～2.4mm，体长17～32mm；体色黄褐色，胸部第2～3节蓝黑色毒毛带之间长满杏黄色的毛；老熟幼虫体色棕红或黑褐，体长47～61mm，被满白色或黄色的鳞毛(图5-10)。

③生活习性　福建每年发生2～3代，闽西北以2代为主，偶尔发生3代，沿海一带一般为3代。在闽西北以4～5龄幼虫在针叶丛中、树皮缝里、地被物中、石块下越冬。越冬幼虫于翌年2～3月开始取食。成虫有趋光性，卵多产于生长良好的林缘松树针叶上，排列成行或成堆。幼虫一般6龄。1～2龄群集取食，受惊扰即吐丝下垂，啃食针叶边缘，使针叶枯黄卷曲。3龄后分散危害，取食整根针叶。3～4龄幼虫遇惊即弹跳坠落。5～6龄幼虫有迁移习性，食量最大。松毛虫发生与环境因子关系密切。一般海拔300m以下的丘陵地区及干燥型纯松林容易大发生。马尾松的自然天敌多达258

种，卵期有赤眼蜂、黑卵蜂，幼虫期有红头小茧蜂、两色瘦姬蜂，幼虫和蛹期有姬蜂、寄蝇和螳螂、胡蜂、食虫鸟等捕食性天敌，以及真菌（白僵菌）、细菌（松毛虫杆菌等）、病毒的寄生，其中许多种类对其发生有一定的抑制作用，应注意保护和利用。

（2）黄褐天幕毛虫

①分布与危害　又名天幕枯叶蛾，俗称顶针虫、春黏虫。国内除新疆、西藏外，其他各地均有分布。主要危害杨、柳、榆等林木及苹果、山楂、梨、桃等果树。幼虫在春季危害嫩芽和叶片，有吐丝拉网习性，将枝间结大型丝幕，幼龄虫群栖丝幕中取食。

②识别特征　成虫雌雄差异很大。雌虫体长 18～20mm，翅展约 40mm，全体黄褐色。触角锯齿状。前翅中央有 1 条赤褐色宽斜带，两边各有 1 条米黄色细线；雄虫体长约 17mm，翅展约 32mm，全体黄白色。前有 2 条紫褐色斜线，其间色泽比翅基和翅端部的为淡。低龄幼虫身体和头部均黑色，4龄以后头部呈蓝黑色。末龄幼虫体长 50～60mm，背线黄白色，两侧有橙黄色和黑色相间的条纹，各节背面有黑色瘤数个，其上生许多黄白色长毛，腹面暗褐色。腹足趾钩双序缺环（图 5-11）。

③生活习性　一年发生 1 代，以小幼虫在卵壳内越冬。春季花木发芽时，幼虫钻出卵壳，危害嫩叶，以后转移到枝杈处吐丝张网，1～4 龄幼虫白天群集在网幕中，晚间出来取食叶片，5 龄幼虫离开网幕分散到全树暴食叶片，5月中下旬陆续老熟于叶间杂草丛中结茧化蛹。6～7 月为成虫盛发期，羽化成虫晚间活动，产卵于当年生小枝上，幼虫胚胎发育完成后不出卵壳即越冬。天敌有天幕毛虫抱寄蝇、枯叶蛾绒茧蜂、舞毒蛾黑卵蜂、稻苞虫黑瘤姬蜂、核型多角体病毒等。

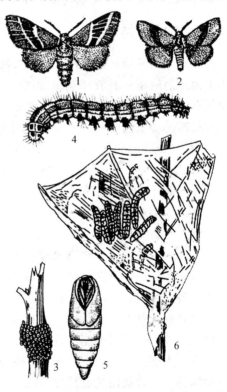

图 5-11　黄褐天幕毛虫（仿林焕章）
1. 雌成虫　2. 雄成虫　3. 卵　4. 幼虫
5. 蛹　6. 被害状

2. 防治措施

（1）人工防治

剪除枝梢上的卵环、虫茧。也可利用幼虫的假死性，进行振落捕杀。

（2）物理防治

利用黑光灯诱杀成虫。

（3）生物防治

将采回的卵环、虫茧等存放在细纱笼内，让寄生性天敌昆虫可正常羽化飞出。用松毛虫赤眼蜂防治马尾松毛虫卵，用白僵菌防治幼虫，也可利用林间自然感染病毒病死亡的虫尸捣烂加水进行喷雾使其幼虫染病。在林间设巢，招引益鸟。

（4）化学防治

喷施90%晶体敌百虫、80%敌敌畏乳油1000倍液，20%杀灭菊酯乳油2000倍液，或50%辛硫磷乳油1500倍液，防治幼虫。

九、尺蛾类

尺蛾类属鳞翅目尺蛾科。小至大型蛾类。体瘦弱，翅大而薄，休止时4翅平铺，前后翅常有波状花纹相连。有些种类的雌虫无翅或翅退化。其幼虫仅在第6腹节和末节上各具1对足，行动时，弓背而行，如同以手量物，故称尺蠖。幼虫模拟枝条，裸栖食叶危害。危害园林植物的尺蛾主要有丝棉木金星尺蛾（*Abraxas suspecta*）、棉大造桥虫（*Ascotis selenaria*）、木橑尺蛾（*Culcula panterinaria*）、樟三角尺蛾（*Trigonoptila latimarginaria*）、槐尺蛾（*Semiothisa cinerearia*）等。

1. 常见尺蛾类害虫

（1）槐尺蛾

①分布与危害　又称槐尺蠖。我国华北、华中、西北等地区都有发生。主要危害国槐、龙爪槐的叶片，为暴食性害虫，能将树蚕食一光，并吐丝排粪，各处乱爬，扰民和影响环境卫生。

②识别特征　成虫体长12～17mm。全体灰黄色。前翅及后翅均有3条暗褐色横纹，展翅后都能前后连接，靠翅顶的1条较宽而明显。停落时前后翅展开，平铺在体躯上。老熟幼虫体长19.5～39.6mm，初孵时黄绿色，老熟时绿色，体背灰白色或带有些红色（图5-12）。

③生活习性　在北京一年发生3代，以蛹在松土里越冬。翌年4月中旬成虫进入羽化盛期。成虫喜灯光，白天多在墙壁上或灌木丛中停落，夜晚活动，喜在树冠顶端和外缘产卵，卵多散产在叶片正面主脉上，5月上中旬

第1代幼虫孵化危害，初孵幼虫啃食叶肉，留下叶脉呈白色网点，3龄后蚕食叶片。幼虫受惊吐丝下垂，过后再爬上去，化蛹前在树下乱爬。6月下旬第2代幼虫孵化危害。8月上旬第3代幼虫孵化危害。老熟幼虫吐丝下垂入土化蛹。

（2）樟三角尺蛾

①分布与危害　三角尺蛾属鳞翅目尺蛾科，国内已知分布于江苏、江西、福建；国外分布于朝鲜、日本。1985年来该虫在福建省浦城、清流等县的樟树香料林基地发生较为严重。

②识别特征　成虫体长16～

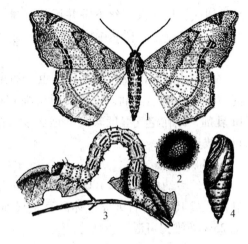

图5-12　槐尺蛾
（仿张培义）
1. 成虫　2. 卵　3. 幼虫　4. 蛹

18 mm，翅展35～41 mm。体灰黄色或浅灰褐色，复眼灰黑色，触角丝状，黄褐色。胸部背面被有灰褐色毛簇，中、后胸背面各有一条褐色横线。翅灰黄色或深灰色；外线灰白色，前、后翅相连接形成三角形的两边；外线外侧色较深，内侧色浅；前、后翅中室各有一个不明显的黑点；前翅前缘有5个浅黑色斑纹，近顶角处有1个灰白色斑。后翅近顶角处凹下，近前缘有2个月牙形黑色斑。翅反面灰黄色或深灰色。足灰黄色杂有黑斑。老熟幼虫体长35～38mm。头黄褐色，胴部黄绿色，前胸背线红褐色，第1、5腹节两侧各有1对红褐色斑纹，第8、9腹节有浅褐色环斑，第8腹节背面有1对黑褐色斑。有的个体在胴部各节两侧各有1个红褐色斑纹，各腹节后缘具黄色环纹。气门红褐色，胸足黄绿色，腹足外侧紫褐色。

③生活习性　三角尺蛾在福建南平、尤溪一年发生5代，以蛹在树干周围的土表中越冬，翌年3月上旬成虫开始羽化。第1代幼虫3月中旬孵出，4月下旬开始化蛹，5月上旬始见成虫。第2代幼虫5月中旬孵出，6月中旬开始化蛹，6月下旬成虫羽化。第3代幼虫7月上旬孵出，8月上旬化蛹。第4代幼虫8月中旬孵出，9月中旬开始化蛹。第5代幼虫10月上旬孵出，11月上旬开始陆续下地化蛹越冬。各世代有重叠。

2. 防治措施

（1）人工防治

挖蛹消灭虫源，最好放在笼内让寄生性天敌昆虫飞出；幼虫期可用突然摇树或振枝使虫吐丝下垂并用竹竿挑下杀死；捕杀寻找化蛹场所的老熟幼虫；在墙壁上、树丛中捕杀成虫；刮除卵块。

（2）生物防治

首先注意保护或利用天敌昆虫；幼虫危害期，低龄幼虫可喷 10 000 倍的 20% 除虫脲悬浮剂，较高龄时可喷 600～1000 倍的含孢子 100 亿以上的 Bt 乳剂，或在空气湿度较高的地区喷每毫升含 1 亿孢子的白僵菌液；卵期可释放赤眼蜂。

（3）化学防治

于幼龄幼虫期喷施 1000～1500 倍的辛硫磷乳油，或 2000 倍的 20% 菊杀乳油，或 1000 倍的 90% 晶体敌百虫或 50% 马拉硫磷乳油，或 300～500 倍的 25% 西维因可湿性粉剂等。

（4）物理防治

灯光诱杀成虫。

十、斑蛾类

斑蛾类属鳞翅目斑蛾科，多数种类颜色美丽，有的有金属光泽。多白天活动，只能作短距离飞翔。翅薄，中室内有中脉主干。危害园林植物的斑蛾主要有重阳木锦斑蛾（*Histia rhodope*）、茶斑蛾（*Eterusia aedea*）、梨叶斑蛾（*Illiberis pruni*）等。

1. 常见斑蛾类害虫

（1）重阳木锦斑蛾

①分布与危害　又名重阳木帷锦斑蛾。国内分布于浙江、江西、江苏、安徽、福建、台湾、湖北、湖南、广东、广西、云南、四川及广东沿海岛屿。其幼虫主要危害重阳木、竹。幼虫吃光树叶，有时只剩下中脉。

②识别特征　成虫头、胸及腹部大部分红色。前翅基部下方有一红点；后翅翅基到翅顶蓝绿色。幼虫体长 22～24mm，肉黄色，背线浅黄色。从头至腹末节在背线上每节有椭圆形一大一小的黑斑；亚背线上每节各有椭圆形黑斑 1 枚，在背线、亚背线上黑斑两端具有肉黄色的小瘤，上有黑色短毛 1 枚，在气门下线每节生有较长的肉瘤，上生有较长的黑色斑 2 枚。

③生活习性　福建省一年发生 4 代，以老熟幼虫在树皮、树洞、墙缝、石块下结茧越冬。成虫日间在寄主树冠或其他植物丛上飞舞，卵聚产在叶背。低龄幼虫群集叶背，并吐丝下垂，借风力扩散危害；长大后分散取食枝叶。老熟幼虫部分在叶面结茧化蛹，部分吐丝垂地，在枯枝落叶间结茧。

（2）茶斑蛾

①分布与危害　又称茶柄脉锦斑蛾。分布于江苏、浙江、安徽、江西、湖南、贵州、四川、湖北、福建、台湾等地。危害茶、油茶。幼虫咀叶成缺刻甚至全树只剩秃柄，影响开花及观赏。

②识别特征　雌成虫蓝黑色，前翅灰黑色，展翅时前后翅近基部黄白色斑连成宽带，腹部第3节起土黄色，体长19～22mm，触角短栉状；雄成虫色彩稍淡，体长17～20mm，触角双栉齿状。幼虫体长20～28mm，体形肥厚，黄褐色，第1～8腹节各有毛瘤3对。

③生活习性　福建东部一年3代，以老熟幼虫在茶树基部分叉处或地面枯叶内或土隙中越冬。越冬幼虫5月化蛹，5月下旬至6月中旬羽化。成虫善飞，有趋光性。成虫产卵于枝干上，以接近基部的老叶上较多，卵成堆状，每堆10至100余粒。幼龄幼虫在叶面群集取食，3龄后逐渐分散，老熟幼虫结茧于茶丛下部叶面，吐丝将叶面卷折。

2. 防治措施

（1）人工防治

在越冬前树干束草，诱集越冬幼虫，集中烧毁；清除枯枝落叶消灭越冬蛹茧；摘除有虫叶或虫苞。

（2）灯光诱杀

在成虫盛发期利用黑光灯诱杀成虫。

（3）生物防治

在幼虫期喷施青虫菌粉（100亿/g）500倍液。

（4）化学防治

在虫口密度大时，喷施90%晶体敌百虫1000倍液，95%巴丹可湿性粉剂3000倍液，75%辛硫磷乳剂1500倍液，防治幼虫。

十一、夜蛾类

夜蛾类属鳞翅目夜蛾科。食叶危害园林植物的夜蛾类害虫主要有斜纹夜蛾（*Spodoptera litura*）、黏虫（*Pseudaletia separate*）、臭椿皮蛾（*Eligma narcissus*）、银纹夜蛾（*Argyrogramma aganata*）、葱兰夜蛾（*Laphygma* sp.）、玫瑰巾夜蛾（*Parallelia artotaenia*）、淡剑袭夜蛾（*Sidemia depravata*）等。

1. 常见夜蛾类害虫

（1）斜纹夜蛾

①分布与危害　又名连纹夜蛾。分布于全国各地，以长江、黄河流域各省危害最重。危害荷花、香石竹、大丽花、木槿、月季、百合、仙客来、

菊花、细叶结缕草、山茶等 200 多种植物。初孵幼虫取食叶肉，2 龄后分散危害，4 龄后进入暴食期，将整株叶片吃光，影响观赏。

②识别特征　成虫体长 14～20mm，翅展 35～40mm，头、胸、腹均深褐色，胸部背面有白色丛毛，腹部前数节背面中央具暗褐色丛毛。前翅灰褐色，斑纹复杂，内横线及外横线灰白色，波浪形，中间有白色条纹，在环状纹与肾状纹间，自前缘向后缘外方有 3 条白色斜线，故名斜纹夜蛾。后翅白色，无斑纹。前后翅常有水红色至紫红色闪光。老熟幼虫体长 35～47mm，头部黑褐色，腹部体色因寄主和虫口密度不同而异：土黄色、青黄色、灰褐色或暗绿色，背线、亚背线及气门下线均为灰黄色及橙黄色。从中胸至第 9 腹节在亚背线内侧有三角形黑斑 1 对。胸足近黑色，腹足暗褐色（图 5-13）。

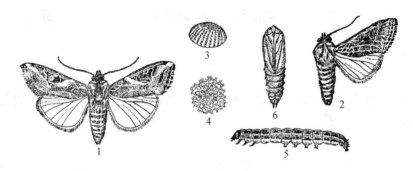

图 5-13　斜纹夜蛾

1. 雌成虫　2. 雄成虫　3. 卵　4. 卵壳表面花纹　5. 幼虫　6. 蛹

③生活习性　长江流域一年 5～6 代，福建 6～9 代，在福建、南昌等地以蛹越冬，在两广、福建、台湾可终年繁殖，无越冬现象。长江流域多在 7～8 月大发生。成虫夜间活动，飞翔力强，成虫有趋光性，并对糖醋酒液及发酵的胡萝卜、麦芽、豆饼、牛粪等有趋性。成虫需补充营养，未能取食者只能产数粒卵。卵多产植株中部叶片背面叶脉分叉处最多。幼虫共 6 龄，初孵幼虫群集取食，3 龄前仅食叶肉，残留上表皮及叶脉，呈白纱状后转黄，易于识别。4 龄后进入暴食期，多在傍晚出来危害，老熟幼虫在 1～3cm 表土内筑土室化蛹，土壤板结时可在枯叶下化蛹。斜纹夜蛾的发育适温较高（29～30℃），因此各地严重危害时期皆在 7～10 月。

（2）银纹夜蛾

①分布与危害　分布于全国各地，危害大丽菊、菊花、美人蕉、一串红、海棠、槐树、香石竹等。初孵幼虫多在叶背取食叶肉，咀食上表皮，3 龄后分散取食嫩叶成孔洞，降低观赏价值。

②识别特征　成虫体长 15～17mm，翅展 32～35mm，体灰褐色。前翅灰褐色，具 2 条银色横纹，中央有 1 个银白色三角形斑块和一个似马蹄形的银边白斑。后翅暗褐色，有金属光泽。胸部背面有两丛竖起较长的棕褐色鳞毛。老熟幼虫体长 25～32mm，体淡黄绿色，前细后粗，体背有纵向的白色细线 6 条，气门线黑色。第 1、2 对腹足退化，行走时呈屈伸状。

③生活习性　在杭州每年发生 4 代。以蛹在枯叶、草丛中结薄茧越冬。翌年 4 月可见成虫羽化，成虫昼伏夜出，有趋光性和趋化性。卵多散产于叶背。幼虫共 5 龄，初孵幼虫多在叶背取食叶肉，留下表皮，3 龄后取食嫩叶成孔洞，且食量大增。幼虫有伪死性，受惊后会卷缩掉地。老熟幼虫在寄主叶背吐白丝做茧化蛹。

2. 防治措施

（1）人工防治

及时清除枯枝落叶，铲除杂草，翻耕土壤，降低虫口基数；人工摘卵和捕捉幼虫。

（2）诱杀成虫

利用成虫的趋光性用黑光灯诱杀；利用成虫对酸甜物质的趋性，用糖醋液（糖∶酒∶醋∶水 = 6∶1∶3∶10）、甘薯或豆饼发酵液诱成虫，糖醋液中可加少许敌百虫。

（3）生物防治

在夜蛾产卵盛期释放松毛虫赤眼蜂，每次 30 万～45 万头／hm²。也可在初龄幼虫期用 3.2% 的 Bt 乳剂 1.5～2.5L／hm²，加水 1200～2000kg，喷雾。

（4）化学防治

加强调查，掌握 1～3 龄幼虫盛发期喷药，由于幼虫白天不出来活动，故喷药宜在傍晚进行，尤其要注意植株的叶背及下部叶片。可用 40% 虫不乐乳油、40% 超乐乳油、48% 乐斯本（40% 毒死蜱）乳油 600～800 倍、5% 锐劲特 1500～2000 倍、10% 除尽悬浮液 1000～1500 倍、15% 安打悬浮液 5000 倍等喷雾防治；昆虫生长调节剂防治：5% 抑太保和 5% 卡死克 1000～1500 倍喷雾防治。

十二、舟蛾类

舟蛾类属于鳞翅目舟蛾科，亦称天社蛾科。幼虫大多颜色鲜艳，背部常有显著峰突；臀足不发达或变形为细长枝突，栖息时，一般靠腹足攀附，头尾翘起，似舟形。危害园林植物的舟蛾主要有黄掌舟蛾（*Phalera fuscescens*）、杨二尾舟蛾（*Cerura menciana*）、槐羽舟蛾（*Pterostoma sinicum*）、杨扇舟蛾(*Clostera anachoreta*)等。

1. 常见舟蛾类害虫

下面对杨扇舟蛾进行介绍。

①分布与危害　分布几乎遍及全国各地。以幼虫危害各种杨、柳的叶片，发生严重时可食尽全叶。

②识别特征　成虫体淡灰褐色，体长 13～20 mm，头顶有 1 紫黑色斑。前翅灰白色，顶角处有 1 块赤褐色扇形大斑，斑下有一黑色圆点。老熟幼虫体长 32～38mm，头部黑褐色，背面淡黄绿色，两侧有灰褐色纵带。第 1、8 腹节背中央各有 1 个大黑红色瘤(图 5-14)。

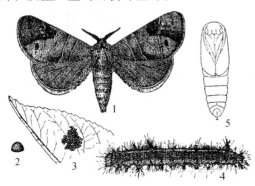

图 5-14　杨扇舟蛾(仿浙江农业大学)
1. 成虫　2. 卵　3. 卵块　4. 幼虫　5. 蛹

③生活习性　发生代数因地而异，一年 2～8 代，越往南发生代数越多。均以蛹结薄茧在土中、树皮缝和枯叶卷苞内越冬。成虫有趋光性。卵产于叶背，单层排列呈块状。初孵幼虫有群集习性，取食叶肉，3 龄以后分散取食，常缀叶成苞，夜间出苞取食。老熟后在卷叶内吐丝结薄茧化蛹。

2. 舟蛾类防治措施

(1)人工防治

在幼虫发生期，幼龄幼虫尚未分散前组织人力采摘有虫叶片。幼虫分散后可振动树干，击落幼虫，集中杀死；秋后至春季挖蛹或用锤、棒击杀树干上的茧、蛹。

(2)灯光诱杀

利用成虫的趋光性用黑光灯诱杀。

(3)生物防治

幼虫落地入土期，地面喷洒白僵菌粉剂；在卵期可释放赤眼蜂，每次 30 万～45 万头/hm²。

(4)药剂防治

在幼虫危害期，可往树上喷 25% 敌灭灵可湿性粉剂或 25% 灭幼脲 3 号胶悬剂 1500 倍液，青虫菌 6 号悬浮剂或 Bt 乳剂 1000 倍液，对幼虫有较好的防治效果。也可喷洒 50% 对硫磷乳油 2000 倍液，90% 敌百虫晶体 1500 倍液。

十三、天蛾类

天蛾类属鳞翅目天蛾科。为大型蛾类，危害园林植物的天蛾主要有霜天蛾（*Psilogramma menephron*）、桃六点天蛾（*Marumba gaschkewitschi*）、咖啡透翅天蛾（*Cephonodes hylas*）、蓝目天蛾（*Smerinthus planus*）、雀纹双线天蛾（*Theretra oldenlandiae*）、鬼脸天蛾（*Acherontia lachesis*）、白薯天蛾（*Herse convolvuli*）等。

1. 常见天蛾类害虫

（1）霜天蛾

①分布与危害　又称泡桐灰天蛾。分布于华南、华东、华中、华北、西南各地区。危害女贞、茉莉、栀子花、梧桐、丁香、泡桐、悬铃木、樟树、柳、白蜡、桂花等，幼虫取食叶片，成缺刻、孔洞，甚至全叶吃光，影响花木生长。

②识别特征　成虫头灰褐色，体长 45～50mm，体翅暗灰色，混杂霜状白粉。翅展 90～130mm。胸部背板有棕黑色似半圆形条纹，腹部背面中央及两侧各有一条灰黑色纵纹。前翅中部有 2 条棕黑色波状横线，中室下方有两条黑色纵纹。翅顶有 1 条黑色曲线。后翅棕黑色，前后翅外缘由黑白相间的小方块斑连成。幼虫体长 75～96mm，头部淡绿，胸部绿色，背

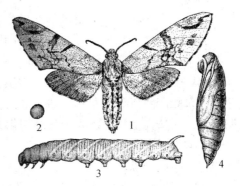

图 5-15　霜天蛾
1. 成虫　2. 卵　3. 幼虫　4. 蛹

有横排列的白色颗粒 8～9 排；腹部黄绿色，体侧有白色斜带 7 条；尾角褐绿，长 12～13mm，上面有紫褐色颗粒；气门黑色，胸足黄褐色，腹足绿色（图 5-15）。

③生活习性　在江西南昌一年发生 3 代，少数 4 代，以蛹在土中越冬。越冬代成虫期为 4 月上中旬至 7 月下旬，第 1 代成虫期 7 月中下旬至 9 月上旬，第 2 代成虫期为 9 月中下旬至 10 月上旬。成虫白天隐藏于树丛、枝叶、杂草、房屋等暗处，黄昏飞出活动，交尾、产卵在夜间进行。成虫的飞翔能力强，并具有较强的趋光性。卵多散产于叶背面。幼虫孵出后，多在清晨取食，白天潜伏在阴处，先啃食叶表皮，随后蚕食叶片，咬成大的缺刻和孔洞，甚至将全叶吃光，以 6～7 月间危害严重，地面和叶片可见大量虫

粪。10月后，老熟幼虫入土化蛹越冬，化蛹位置多在树冠下松土、土层裂缝处。

（2）咖啡透翅天蛾

①分布与危害　又称黄栀子透翅天蛾。分布于安徽、浙江、江西、湖南、湖北、四川、福建、广西、云南、台湾等地。危害栀子花、大叶黄杨、茜草科植物等。幼虫取食叶片成孔洞、缺刻，严重时将全株叶片吃光。

②识别特征　成虫体长22～31mm，翅展45～57mm，纺锤形。触角墨绿色，基部细瘦，向端部加粗，末端弯成细钩状。胸部背面黄绿色，腹面白色。腹部背面前端草绿色，中部紫红色，后部杏黄色；各体节间具黑环纹；5、6腹节两侧生白斑，尾部具黑色毛丛。翅基草绿色，翅透明，翅脉黑棕色，顶角黑色；后翅内缘至后角具绿色鳞毛。老熟幼虫体长52～65mm，浅绿色。头部椭圆形。前胸背板具颗粒状突起，各节具沟纹8条。亚气门线白色，其上生黑纹；气门上线、气门下线黑色，围住气门；气门线浅绿色。第8腹节具1尾角。

③生活习性　福建一年发生3～4代，以蛹在土里越冬，翌年4月中旬越冬蛹羽化为成虫后交配、产卵。1代幼虫发生在5月中旬，2代为7月上旬，3代为9月中旬，4代为11月中旬。该虫多把卵产在寄主嫩叶两面或嫩茎上，每雌产卵200粒左右。幼虫多在夜间孵化，昼夜取食，老熟后体变成暗红色，从植株上爬下，入土化蛹羽化或越冬。

2. 防治措施

（1）人工防治

冬季翻土，杀死越冬虫蛹；根据被害状和地面上大型颗粒状虫粪搜寻捕杀幼虫。

（2）诱杀成虫

利用黑光灯诱杀成虫。

（3）喷药防治

在虫口密度较大时，于幼虫3龄前，喷施25%灭幼脲2000～2500倍液，20%米满悬浮剂1500～2000倍液，50%辛硫磷乳油2500倍液，80%敌敌畏乳油800～1000倍液，2.5%溴氰菊酯2000～3000倍液等，防治效果较好。

（4）生物防治

保护和利用螳螂、胡蜂、茧蜂、益鸟等天敌。

十四、大蚕蛾类

大蚕蛾类属鳞翅目大蚕蛾科。为大型蛾类，色彩鲜艳，许多种类的翅上有透明斑。幼虫粗壮，有棘状突起。危害园林植物的大蚕蛾主要有绿尾大蚕蛾（*Actias selene*）、樗蚕（*Samia cynthia*）、银杏大蚕蛾（*Dictyoploca japonica*）、樟蚕（*Eriogyna pyretorum*）等。

1. 常见大蚕蛾类害虫

下面对绿尾大蚕蛾进行介绍。

①分布与危害　又称水青蛾。分布北起辽宁，南迄广东、海南，西至四川，东达沿海各省及台湾。危害海棠、樟树、榆、喜树、柳、枫香、乌桕、核桃等。幼虫群集啃食叶片，3龄后分散危害，常将树叶吃光，影响树木生长和观赏效果。

②识别特征　成虫体长32～38mm，翅展100～130mm。体粗大，体被白色絮状鳞毛而呈白色。头部两触角间具紫色横带1条，触角黄褐色羽状；胸背肩板基部前缘具暗紫色横带1条。前翅前缘具白、紫、棕黑3色组成的纵带1条，与胸部紫色横带相接。后翅臀角长尾状，长约40mm，后翅尾角边缘具浅黄色鳞毛，有些个体略带紫色。前、后翅中部中室端各具椭圆形眼状斑1个，斑中部有1透明横带。幼虫体长80～100mm，体黄绿色粗壮、被污白细毛。体节近6角形，着生肉突状毛瘤，前胸5个，中、后

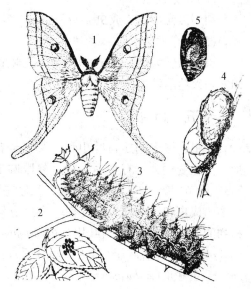

图5-16　绿尾大蚕蛾（上海市园林学校，1990）
1. 成虫　2. 卵　3. 幼虫　4. 茧　5. 蛹

胸各8个，腹部每节6个，毛瘤上具白色刚毛和褐色短刺；中、后胸及第8腹节背上毛瘤大，顶黄基黑，他处毛瘤端蓝色基部棕黑色。第1～8腹节气门线上边赤褐色，下边黄色。体腹面黑色，臀板中央及臀足后缘具紫褐色斑。胸足褐色，腹足棕褐色，上部具黑横带（图5-16）。

③生活习性　在福建一年4代，以茧蛹附在树枝或地被物下越冬。翌年3月下旬成虫羽化。第1代幼虫期4月上旬，第2代6月上旬，第3代7月下旬，第4代9月中旬。以第3代虫口密度最大。成虫昼伏夜出，有趋光性，飞翔力强。卵喜产在叶背或枝干上，有时卵产在土块或草上，常数粒或偶见数十粒产在一起，成堆或排，每雌可产卵200～300粒。初孵幼虫群

集取食，2、3 龄后分散，取食时先把一叶吃完再危害邻叶，残留叶柄，幼虫行动迟缓，食量大，每头幼虫可食 100 多片叶子。幼虫老熟后于枝上贴叶吐丝结茧化蛹。11 月老熟幼虫下树，在树干或其他植物上吐丝结茧化蛹越冬。

2. 防治措施

（1）人工防治

秋后至发芽前清除落叶、杂草，并摘除树上虫茧，集中处理；利用树下大粒虫粪结合危害状捕杀幼虫。

（2）诱杀成虫

利用黑光灯诱杀成虫。

（3）化学防治

虫口密度大时，喷施 90% 晶体敌百虫或 50% 杀螟松乳油 1000 倍液，或 20% 杀灭菊酯乳油 2000 倍液。

十五、叶甲类

叶甲类属于鞘翅目叶甲科，又名金花虫。小至中型甲虫，体卵形或圆形。体色变化大，有金属光泽。复眼圆形。触角丝状，一般不超过体长的 2/3。跗节"拟 4 节"。幼虫肥壮，3 对胸足发达，体背常具枝刺、瘤突等附属物。成虫和幼虫均为植食性。成虫有假死性，多以成虫越冬。危害园林植物的叶甲主要有泡桐叶甲（*Basiprionota bisignata*）、柳蓝叶甲（*Plagiodera versicolora*）、橘潜叶甲（*Podagricomela nigricollis*）、榆紫叶甲（*Chrysomela populi*）、黄守瓜（*Aulacophora femoralis*）等。

1. 常见叶甲类害虫

下面对黄守瓜进行介绍。

①分布与危害　俗称瓜守、黄萤、黄虫等。全国广泛分布，是南方瓜类苗期的毁灭性害虫。黄守瓜食性较杂，主要喜取食葫芦科的黄瓜、南瓜、佛手瓜、西瓜、甜瓜、丝瓜、苦瓜，也可危害十字花科、豆科、茄科等植物。成虫咬食叶片成环形或半环形缺刻，咬食嫩茎造成死苗，还危害花及幼瓜。幼虫在土中咬食根茎，常使瓜秧萎蔫死亡，也可蛀食贴地生长的瓜果。

②识别特征　成虫体长约 9mm，长椭圆形，体黄色，仅中、后胸及腹部腹面为黑色。前胸背板有一波浪形凹沟。幼虫体长约 12mm，头黄褐色、体黄白色。尾端臀板腹面有肉质突起。

③生活习性　华北及长江流域一年发生 1 代，部分 2 代，华南 3 代。以

成虫在避风向阳的杂草、落叶及土缝间潜伏越冬。翌春当土温达 10℃ 时，由潜伏处出来活动，先在杂草上取食，再迁移到瓜地危害瓜苗。在 1 代区越冬成虫 5～8 月产卵，6～8 月为幼虫危害期，其中 7 月最甚，10～11 月逐渐进入越冬场所。成虫喜在湿润表土中产卵，卵散产或成堆。初孵幼虫即潜土危害细根，3 龄以后食害主根，老熟幼虫在根际附近筑土室化蛹。成虫行动活泼，遇惊即飞，有假死性，但不易捕捉。黄守瓜喜温好湿，成虫耐热性强、抗寒力差，故在南方发生较重。

2. 防治措施

（1）人工防治

利用成虫的假死性震落杀灭；冬季扫除枯枝落叶、深翻土地、清除杂草，消灭越冬虫源。

（2）化学防治

可用 90% 晶体敌百虫或 80% 敌敌畏乳油或 50% 辛硫磷乳油或 50% 马拉松乳油 1000 倍液，或 2.5% 溴氰菊酯乳油或 10% 氯氰菊酯乳油 3000 倍液喷雾防治成、幼虫。

十六、金龟甲类

金龟甲类属鞘翅目金龟甲科。成虫触角为鳃片状，前足胫节端部扩展，外缘有齿。幼虫称为蛴螬，体肥胖，C 字形弯曲。成虫取食植物叶片，幼虫危害植株根部。危害园林植物的金龟甲主要有斑点丽金龟（*Adoretus tenuimaculatus*）、铜绿丽金龟（*Anomala corpulenta*）、大绿丽金龟（*Anomala cupripes*）、黄斑短突花金龟（*Glycyphana fulvistemma*）、黑绒鳃金龟（*Maladera orientalis*）、赤绒鳃金龟（*Maladera verticalis*）、苹毛丽金龟（*Proagopertha lucidula*）、小青花金龟（*Oxycetonia jucunda*）等。

1. 常见金龟甲类害虫

下面对黑绒鳃金龟进行介绍。

①分布与危害　分布广，主要危害重阳木、米兰、菊花、梅、月季、紫荆、柳、桃等。

②识别特征　体长 8～9mm，全体黑褐或黑紫色，密被灰黑色短绒毛，具光泽。鞘翅上有 9 条隆起（图 5-17）。

③生活习性　一年 1 代，以成虫在土中越冬。4～5 月成虫大量出土活动，产卵在土中。成虫日落前后出土，22：00 入土潜伏，有强趋光性，有假

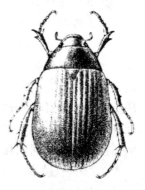

图 5-17　黑绒鳃金龟

死性。

2. 金龟甲类防治措施

（1）人工防治

利用成虫的假死性进行震落捕杀；冬季翻耕土地，杀灭越冬成虫和幼虫。

（2）诱杀成虫

利用成虫趋光性在成虫盛发期设置黑光灯进行诱杀；白星花金龟还可以利用其对酸甜物质的趋性用糖醋液诱杀。

（3）化学防治

成虫发生量大时，可在危害期用75%辛硫磷乳油、50%马拉硫磷乳油、40%乐果乳剂1000~2000倍液，进行喷雾。或在成虫出土初期用50%辛硫磷颗粒剂15~30kg/hm^{2}进行地面施药。

（4）防治幼虫

具体见地下害虫蛴螬部分。

十七、芫菁类

芫菁类属鞘翅目芫菁科。体色多样，鞘翅较软，两鞘翅合拢时端部常分开。幼虫取食蝗卵可以作为益虫利用，成虫植食性。危害园林植物的芫菁主要有红头豆芫菁（*Epicauta ruficeps*）、大斑虎芫菁（*Mylabris phalerata*）等。

1. 常见芫菁类害虫

下面对红头豆芫菁进行介绍。

①分布与危害　分布于各栽培区，危害泡桐、观赏茄子、辣椒、豆科植物等。成虫取食叶片成缺刻、孔洞，危害严重时，能将全株叶片吃光。

②识别特征　成虫头红色，全体黑色，着生黑色短毛。

③生活习性　在江西一年发生1代，以伪蛹在土下4~9cm处越冬。翌年4月初蜕皮为6龄，4月下旬至5月下旬变蛹，5月下旬至8月中旬成虫发生，7月初至8月中旬产卵，8月下旬至10月中旬孵化，9月下旬见伪蛹，并以此虫态越冬。雌虫产卵时常在竹林的山麓、路旁等有竹蝗产卵的场所活动，选择适宜地方掘洞产卵，洞直径约1cm，深3~4cm，挖好后将卵堆产穴底再以细土填压，仅留碗形洞口。初孵幼虫活泼，四处寻找竹蝗卵，找到后即定居取食，食完蝗卵，潜入土层以伪蛹越冬。成虫白天活动取食，以中午最盛，飞行力较弱，但爬行力强，群居性强，常群集在寄主心叶、花和嫩梢部分取食，有时数十头群集在一植株上，很快将整株的叶子吃光。受惊或遇敌时，迅速逃跑或坠落，并从足的腿节末端分泌出一种

含芫菁素的黄色液体，对人的皮肤及黏膜有刺激性，可引起红肿、发疱。

2. 防治措施

（1）深翻土壤

冬季深翻土地，能使越冬的伪蛹暴露于土表冻死或被天敌捕食，减少翌年虫源基数。

（2）人工捕杀

利用成虫群集危害的习性，用网捕杀，但应注意勿接触皮肤。

（3）拒避成虫

在成虫发生始期，人工捕捉到一些成虫后，用铁线穿成几串，挂于林间周边，可拒避成虫飞来危害。

（4）药剂防治

在成虫发生期选用90%敌百虫晶体、50%敌敌畏乳油或18%杀虫双水剂1000倍液喷雾。

十八、食叶瓢甲类

食叶瓢甲类属鞘翅目瓢甲科，常见的有茄二十八星瓢虫（*Henosepilachna vigintioctopun ctata*）。

1. 常见食叶瓢甲类害虫

下面对茄二十八星瓢虫进行介绍。

①**分布与危害**　分布于全国各地，江西、浙江、湖北、湖南等均有发生，危害茄子、枸杞、冬珊瑚、曼陀罗、桂竹香、三色堇等。以幼虫和成虫在叶片取食叶肉，吃后仅留表皮，呈不规则的线纹，如被害面积大，叶即枯萎变褐。导致植株死亡。

②**识别特征**　成虫体长6mm，半球形，黄褐色，体表密生黄色细毛。前胸背板上有6个黑点，中间的两个常连成一个横斑；每个鞘翅上有14个黑斑，其中第2列4个黑斑呈一直线，是与马铃薯瓢虫的显著区别（图5-18）。末龄幼虫体长约7mm，初龄淡黄色，后变白色；体表多枝刺，其基部有黑褐色环纹，枝刺白色。

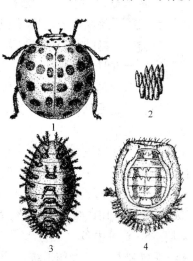

图 5-18　茄二十八星瓢虫
1. 成虫　2. 卵　3. 幼虫　4. 蛹

③生活习性　在湖南、江西一年发生 5 代，以成虫在树皮下、土穴、墙根、砖石缝等处及屋檐下越冬。4 月上中旬，越冬成虫便开始活动，取食龙葵、马铃薯叶片，并开始产卵。各代幼虫孵化期分别为 5 月中旬、6 月上旬、7 月上旬、8 月中旬、9 月中旬。有世代重叠现象。成虫白天活动，有假死性和自残性。雌成虫将卵块产于叶背，数粒至二三十粒竖立在一起。初孵幼虫群集危害，稍大分散危害。老熟幼虫在原处或枯叶中化蛹。

2. 防治措施

（1）人工捕杀

利用成虫假死习性，早晚拍打寄主植物，用盆接住落下的成虫集中杀死。产卵盛期采摘卵块毁掉。

（2）药剂防治

在幼虫孵化或低龄幼虫期时机适时用药防治。可用 20% 氰戊菊酯或 2.5% 溴氰菊酯 3000 倍液，或灭杀毙 6000 倍液，或 50% 辛硫磷乳油 1000 倍液，或 2.5% 功夫乳油 4000 倍液喷雾。

十九、食叶象甲类

食叶象甲类属鞘翅目象甲科，常见的有泥翅象甲（*Sympiezomias citri*）。

1. 常见食叶象甲类害虫

下面对泥翅象甲进行介绍。

①分布与危害　主要分布于贵州、四川、福建、江西、湖南、广东、浙江、安徽、陕西等省。主要以成虫危害柑橘、梨、桃、无花果、茶、山茶、茉莉等。老叶受害常造成缺刻；嫩叶受害严重时被吃光；嫩梢被啃食成凹沟，严重时萎蔫枯死。

②识别特征　成虫体长约 9.5~12mm，全体黑色，体表被灰褐色鳞片，因而外表不显黑色。头部较粗短，中间有 1 条纵沟，触角膝状，复眼黑色椭圆形，前胸稍大，腹部稍圆，胸背密布点刻组成的纵沟，后翅退化，不能飞翔。幼虫乳白色，较肥胖，老熟幼虫体长约 17mm，体弓弯，头部淡黄褐色，胴体背面有稀疏的刚毛，无足。

③生活习性　1 年发生 1 代，以成虫在土中越冬，入土深度为 40~50cm。4 月下旬成虫出土活动。5 月中下旬和 6 月上旬为盛期，6 月中旬为末期。5~6 月中危害最为严重，寿命 3~4 个月。白天多潜伏叶背面或土缝中，只能爬行，且动作迟缓，受惊动后假死落地，清晨和傍晚危害。6 月中下旬大量产卵，卵产于抱合的叶片中间。孵化的幼虫在抱合的叶片中稍事取食后，即钻入土中取食植物根部。在土中化蛹，当年羽化成虫，随即

越冬。

2. 食叶象甲类防治措施

（1）人工防治

冬季深翻土地，破坏土室，使越冬虫体在深层中难以羽化，或羽化的成虫也难出土表。成虫上树后，利用其假死性震摇树枝，使其跌落在树下铺的塑料布上，然后集中销毁。用桐油加松脂熬制成胶糊状，刷在树干茎部，横刷带宽度约10cm，象甲上树即被粘住而死。

（2）药剂防治

3月底4月初，在地面喷洒75%辛硫磷乳油200倍，使土表爬行成虫触杀死亡。春夏梢抽发期，成虫上树危害，用2.5%敌杀死乳油1000倍，或用90%万灵可湿性粉剂2000倍液，或选用来福灵、杀灭菊酯等菊酯类杀虫剂，有较好的防治效果。

二十、叶蜂类

叶蜂类属鞘膜翅目叶蜂总科。危害园林植物的叶蜂多属于叶蜂科和三节叶蜂科。多数种类危害叶片，有的种类钻蛀芽、果或叶柄。部分有群集性。危害园林植物的叶蜂主要有樟叶蜂（*Moricella rufonota*）、蔷薇三节叶蜂（*Arge pagana*）、浙江黑松叶蜂（*Neodiprion zhejiangensis*）、榆三节叶蜂（*Arge captiva*）等。

1. 常见叶蜂类害虫

下面对樟叶蜂进行介绍。

①分布与危害 分布于广东、广西、浙江、福建、湖南、四川、台湾、江西等地，危害樟树，至今未发现取食其他植物。幼虫取食樟树嫩叶，经常将嫩叶吃光。

②识别特征 雌虫体长8~10mm，翅展18~20mm，雄虫体长6~8mm，翅展14~16mm。头部黑色，有光泽，触角丝状。前胸、中胸背板中叶和侧叶、小盾片、中胸侧板棕黄色，有光泽；小盾附器、后盾片、中胸腹板、腹部均为黑色，有光泽。中胸背板发达，有X形凹纹。雌虫腹部末端锯鞘黑褐色，具15个锯齿。幼虫初孵化时乳白色，头浅灰色，稍后头变黑，取食后体呈绿色，全体多皱纹。胸足3对，黑色。腹足7对，位于腹部第2~7节、第10节上，但第7节及第10节上的稍退化。至4龄时，胸部及腹部第1、2节背侧上小黑点大而明显。老熟幼虫体长15~18mm（图5-19）。

③生活习性 在福建1年发生3代，以老熟幼虫在土内结茧越冬。3月初成虫开始羽化，3月中旬为成虫羽化产卵盛期。3月上旬至4月中旬为第

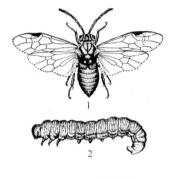

图 5-19　樟叶蜂

（上海市园林学校，1990）

1. 成虫　2. 幼虫

1 代幼虫期，4 月上旬为幼虫入土结茧盛期，4 月中旬为成虫羽化产卵盛期。第 2 代幼虫 4 月中旬出现，5 月上旬入土结茧，5 月中旬成虫羽化产卵。第 3 代幼虫 5 月下旬开始孵出，6 月中下旬老熟幼虫陆续入土结茧滞育到翌年 3 月。幼虫喜食嫩叶和嫩梢。初孵时取食叶肉留下表皮；2 龄起蚕食全叶，大发生时能将树叶吃光。幼虫体外有黏液分泌物，能侧身黏附在叶片上，以胸足抱住叶片取食。成虫很活跃，飞翔力亦强，羽化当天即可交配产卵。产卵时，雌虫以产卵器锯破叶片表皮，将卵产在伤痕内。成虫寿命 4d 左右。

2. 防治措施

（1）人工防治

利用幼虫或幼龄幼虫群集危害的习性，摘除虫叶；翻耕土地，破坏、其越冬场所；摘除枝叶上的虫茧；剪除虫卵枝。

（2）生物防治

幼虫发生期喷施每毫升含孢量 100×10^8 以上的苏云金杆菌制剂 400 倍液。

（3）化学防治

幼虫盛发期，喷 90% 晶体敌百虫、50% 杀螟松乳油 1000 倍液，或 20% 杀灭菊酯乳油 2000 倍液；大树难于喷雾时可用 40% 氧化乐果 10 倍液进行打孔注射，每针 15 ～ 20ml，15cm 胸径以下的树打 1 针，胸径每增加 7 ～ 12cm 增打 1 针。

二十一、蝗虫类

蝗虫类属直翅目蝗科，俗称蚂蚱。触角短，不超过体长，呈丝状、剑状或棒状。多数种类有 2 对翅，少数种类翅退化或缺翅。产卵器粗壮，顶端弯曲呈锥状。成、若虫（蝗蝻）均为植食性。危害园林植物的蝗虫主要有短额负蝗（*Atractomorpha sinensis*）、东亚飞蝗（*Locusta migratoria*）、黄胫小车蝗（*Oedaleus infernalis*）、中华稻蝗（*Oxya chinensis*）、黄脊竹蝗（*Ceracris kiangsu*）、大青脊竹蝗（*Ceracris nigricornis*）、棉蝗（*Chondracris rosea*）等。

1. 常见蝗虫类害虫

下面对短额负蝗进行介绍。

①分布与危害　我国东部地区发生居多。食性杂。

②识别特征　成虫体长 20～30mm，头至翅端长 30～48mm。绿色或褐色（冬型）。头尖削，绿色型自复眼起向斜下有一条粉红纹，与前、中胸背板两侧下缘的粉红纹衔接。体表有浅黄色瘤状突起；后翅基部红色，端部淡绿色；前翅长度超过后足腿节端部约 1/3。若虫共 5 龄：1 龄若虫体长 0.3～0.5cm，草绿稍带黄色，前、中足褐色，有棕色环若干，全身布满颗粒状突起；2 龄若虫体色逐渐变绿，前、后翅芽可辨；3 龄若虫前胸背板稍凹以至

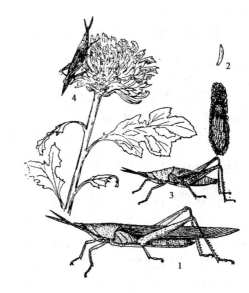

图 5-20　短额负蝗（上海市园林学校，1990）
1. 成虫　2. 卵　3. 若虫　4. 受害状

平直，翅芽肉眼可见，前、后翅芽未合拢盖住后胸 1/2 至全部；4 龄若虫前胸背板后缘中央稍向后突出，后翅翅芽在外侧盖住前翅芽，开始合拢于背上；5 龄若虫前胸背板向后方突出较大，形似成虫，翅芽增大到盖住腹部第 3 节或稍超过（图 5-20）。

③生活习性　在华北一年 1 代，江西年生 2 代，以卵在沟边土中越冬。5 月下旬至 6 月中旬为孵化盛期，7～8 月羽化为成虫。喜栖于地被多、湿度大、双子叶植物茂密的环境，在灌溉渠两侧发生多。

2. 防治措施

（1）人工捕捉

初龄若虫集中危害时，人工捕捉、杀死。

（2）毒饵防治

用麦麸（米糠）100 份 + 水 100 份 +40% 氧化乐果乳油 0.15 份混合拌匀，每公顷施用 22.5kg。也可用鲜草 100 份切碎加水 30 份拌入上述药剂，每公顷施用 12.5kg。随配随撒，不要过夜。

（3）药剂防治

危害严重时可喷 50% 杀螟松乳油 1000 倍液，或喷施 50% 马拉硫磷乳油、75% 杀虫双乳剂 1000～1500 倍液，或 20% 速灭杀丁乳油 2000 倍液喷雾。

（4）生物防治

保护利用麻雀、青蛙、寄生蝇等天敌。

【任务准备】

材料：食叶害虫生活史标本、食叶害虫危害状标本、食叶害虫成虫标本、食叶害虫图片资料等。

用具：双目体视显微镜、放大镜、镊子、解剖针、防治用具等。

【任务实施】

1. 观察园林植物食叶害虫的种类、形态特征及危害状。

（1）观察蝶类、刺蛾类、袋蛾类、螟蛾类、卷蛾类、毒蛾类、灯蛾类、枯叶蛾类、尺蛾类、斑蛾类、夜蛾类、舟蛾类、天蛾类、大蚕蛾类等幼虫的形态特征及危害状。

（2）观察叶甲、金龟子等害虫成虫的形态特征及危害状。

（3）观察叶蜂类幼虫的形态特征及危害状，注意和鳞翅目幼虫的区别。

（4）观赏蝗虫的成、若虫的形态特征及危害状。

2. 观察校园食叶害虫的危害状，并判别属于哪类害虫。

3. 针对校园某一食叶害虫，确定科学的防治方案。

【任务评价】

任务完成后，教师指出学生在任务完成过程中存在的问题，并根据以下4个方面进行任务评价。

序号	评价组成	评价内容	参考分值
1	学生自评	是否认真完成任务，上交实训报告，指出不足和收获	20
2	教师测评	现场操作是否规范；常见食叶害虫的识别准确率；防治方案的科学性；实训报告的完成情况；学生任务完成情况及任务各个步骤的完成情况	40
3	学生互评	互相学习、协作，共同完成任务情况	10
4	综合评价	学习态度、参与程度、团队合作能力、小组任务完成情况等	30
合　计			100

【巩固训练】

1. 本地区主要的食叶害虫有哪些？

2. 如何防治食叶害虫？

任务二 吸汁害虫识别与防治

【任务目标】

1. 能识别常见的园林植物吸汁害虫种类、危害特点，熟悉其发生规律。
2. 掌握重要吸汁害虫的防治方法，能科学设计防治方案并实施。

【任务分析】

要防治园林植物吸汁害虫，首先必须要认识吸汁害虫的种类和特征，并选择合适的杀虫剂，本任务要求完成园林植物常见吸汁害虫的识别及防治。

围绕完成常见园林植物吸汁害虫的识别和防治任务，分阶段进行，每个阶段按教师讲解→学生训练→实施的顺序进行。以4~6人一组完成任务。

【知识导入】

吸汁害虫是指成、若虫以刺吸或锉吸式口器取食植物汁液危害的昆虫，是园林植物害虫中较大的一个类群，其中以刺吸口器害虫种类最多。常见的吸汁害虫有同翅目的蝉类、蚜虫类、木虱类、蚧虫类、粉虱类，半翅目的蝽类，缨翅目的蓟马类。此外，节肢动物门蛛形纲蜱螨目的螨类也常划入吸汁害虫，但其形态和生物学特性较为特殊，故本教材将其放在其他有害生物中介绍。

吸汁害虫不像其他害虫那样造成植物组织或器官的残缺破损，吸汁害虫的唾液中含有某些碳水化合物水解酶，甚至还有从植物组织获得的植物生长激素和某些毒素，在危害前和危害过程中不断将唾液注入植物组织内进行体外消化，并吸取植物汁液，造成植物营养匮乏，致使植物受害部分出现黄化、枯斑点、缩叶、卷叶、虫瘿或肿瘤等各种畸形现象，甚至整株枯萎或死亡。有些种类大量分泌蜡质或排泄蜜露，污染叶面和枝梢，影响植物呼吸和光合作用，招引霉菌造成煤污病或蚂蚁滋生，影响植物的生长和观赏效果。还有的种类是植物病毒的传播媒介，造成病毒病害的蔓延。大部分吸汁害虫虽然个体较小，但一年中的发生代数多，一旦发生，种群数量大，虫口密度高，并能借风力扩散蔓延，危害严重，是园林植物的一类重要害虫。

一、蝉类

蝉类属于同翅目蝉亚目，蝉类成虫体形小至大型，触角刚毛状或锥状。跗节 3 节。翅脉发达。雌性有由 3 对产卵瓣形成的产卵器。危害园林植物的蝉类害虫主要有蝉科的蚱蝉（*Cryptotympana atrata*）、叶蝉科的大青叶蝉（*Cicadella viridis*）、桃一点斑叶蝉（*Erythroneura sudra*）、棉叶蝉（*Empoasca biguttula*）和蜡蝉科的青蛾蜡蝉（*Salurnis marginellus*）等。

1. 常见蝉类害虫

（1）蚱蝉

①分布与危害　又名知了。我国华南、西南、华东、西北及华北大部分地区都有分布。危害桂花、紫玉兰、白玉兰、梅、蜡梅、碧桃、樱花、葡萄、苹果、梨、柑橘等多种林木。雌成虫在当年生枝梢上连续刺穴产卵，呈不规则螺旋状排列，使枝梢皮下木质部呈斜线状裂口，造成上部枝梢枯干。

图 5-21　蚱蝉（仿朱兴才）

②识别特征　成虫体长 40～48mm，全体黑色，有光泽。头的前缘及额顶各有黄褐色斑一块。前后翅透明。雄虫有鸣器。雌虫无鸣器，产卵器明显。老熟若虫头宽 11～12mm，体长 25～39mm，黄褐色。头部有黄褐色人字形纹。具翅芽，翅芽前半部灰褐色，后半部黑褐色（图 5-21）。

③生活习性　4 年或 5 年发生一代，以卵和若虫分别在被害枝内和土中越冬。越冬卵于 6 月中下旬开始孵化。夏季平均气温达到 22℃ 以上，老龄若虫多在雨后的傍晚，出土蜕皮羽化出成虫。雌虫 7～8 月先刺吸树木汁液，进行一段补充营养，之后交尾产卵，从羽化到产卵需 15～20d。选择嫩梢产卵，产卵于木质部内。产卵孔排列成一长串，每卵孔内有卵 5～8 粒，一枝上常连产百余粒。被产卵枝条，产卵部位以上枝梢很快枯萎。枯枝内的卵须落到地面潮湿的地方才能孵化。初孵若虫钻入土中，吸食植物根部汁液。若虫在地下生活 4 年或 5 年。每年 6～9 月脱皮一次，共 4 龄。1、2 龄若虫多附着在侧根及须根上，而 3、4 龄若虫多附着在比较粗的根系上，且以根系分叉处最多。若虫在地下的分布以 10～30cm 深度最多，最深可达 80～90cm。雄成虫善鸣是此种最突出的特点。

（2）大青叶蝉

①分布与危害　又称青叶跳蝉、青叶蝉、大绿浮尘子等。分布于东北、

华北、中南、西南、西北、华东各地。危害圆柏、丁香、海棠、梅、樱花、木芙蓉、梧桐、杜鹃花、月季、杨、柳、核桃、柑橘等。成虫和若虫危害叶片，刺吸汁液，造成退色、畸形、卷缩、甚至全叶枯死。此外，还可传播病毒病。

②识别特征　成虫体长 7～10mm，雄较雌略小，青绿色。头橙黄色，左右各具 1 小黑斑，单眼 2 个，红色，单眼间有 2 个多角形黑斑。前翅革质绿色微带青蓝，端部色淡近半透明；前翅反面、后翅和腹背均黑色，腹部两侧和腹面橙黄色。足黄白至橙黄色(图 5-22)。若虫共 5 龄。老熟若虫体长 6～7mm，头部有 2 个黑斑，胸背及两侧有 4 条褐色纵纹直达腹端。

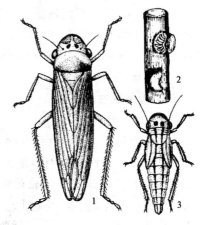

图 5-22　大青叶蝉
1. 成虫　2. 卵　3. 若虫

③生活习性　一年发生 3～5 代，以卵于树木枝条表皮下越冬。各代发生期大体为：第 1 代 4 月上旬至 7 月上旬，成虫 5 月下旬开始出现；第 2 代 6 月上旬至 8 月中旬，成虫 7 月开始出现；第 3 代 7 月中旬至 11 月中旬，成虫 9 月开始出现。发生不整齐，世代重叠。成虫有趋光性，夏季颇强，晚秋不明显。产卵于寄主植物茎秆、叶柄、主脉、枝条等组织内，以产卵器刺破表皮成月牙形伤口，产卵 6～12 粒于其中，排列整齐，产卵处的植物表皮成肾形凸起。每雌可产卵 30～70 粒。10 月下旬为产卵盛期，直至秋后，以卵越冬。

2. 防治措施

(1)人工防治

清除花木周围的杂草；结合修剪，剪除有产卵伤痕的枝条，并集中烧毁；对于蚱蝉可在成虫羽化前在树干绑一条 3～4cm 宽的塑料薄膜带，拦截出土上树羽化的若虫，傍晚或清晨进行捕捉消灭。

(2)灯光诱杀

在成虫发生期用黑光灯诱杀，可消灭大量成虫。

(3)药剂防治

对叶蝉类害虫，主要应掌握在其若虫盛发期喷药防治。可用 40% 乐果乳油 1000 倍液，50% 叶蝉散乳油、90% 晶体敌百虫 400～500 倍液，20% 杀灭菊酯 1500～2000 倍液喷雾。

二、蚜虫类

蚜虫类属同翅目蚜总科，小形多态性昆虫，同一种类有有翅和无翅的。触角 3～6 节。有翅个体有单眼，无翅个体无单眼。喙 4 节。如有翅，则前翅大后翅小，有明显的翅痣。跗节 2 节，第 1 节很短。雌性无产卵器。危害园林植物的蚜虫类害虫主要有竹蚜(*Aphis bambusae*)、菊姬长管蚜(*Macrosiphoniella sanborni*)、月季长管蚜(*Macrosiphoniella rosivorum*)、桃蚜(*Myzus persicae*)等。

1. 常见蚜虫类害虫

(1)月季长管蚜

①分布与危害　分布于吉林、辽宁、北京、河北、山西、安徽、江苏、上海、浙江、江西、湖南、湖北、福建、贵州、四川等地，危害月季、蔷薇、白兰、十姊妹等蔷薇属植物。以成虫、若虫群集于寄主植物的新梢、嫩叶、花梗和花蕾上刺吸危害。植物受害后，枝梢生长缓慢，花蕾和幼叶不易伸展，花朵变小，而且诱发煤污病，使枝叶变黑，严重影响了观赏价值。

②识别特征　无翅孤雌蚜体长约 4.2mm，宽约 1.4mm，长椭圆形。头部浅绿色至土黄色，胸、腹部草绿色有时红色。触角淡色，各节间处灰黑色。中额微隆，额瘤隆起外倾，呈浅 W 形；喙粗大，多毛，达中足基节。有翅孤雌蚜体长约 3.5mm，宽约 1.3mm。草绿色，中胸土黄色或暗红色。喙达中足基节之间。翅脉正常。腹管黑色至深褐色，为尾片的 2 倍。其他特征与无翅孤雌蚜相似。初孵若蚜体长约 1.0mm，初孵出时白绿色，渐变为淡黄绿色。

③生活习性　一年发生 10～20 代，冬季在温室内可继续繁殖危害。在北方以卵在寄主植物的芽间越冬；在南方以成蚜、若蚜在梢上越冬。3 月开始危害，4 月中旬虫口密度剧增，5～6 月间为危害盛期。7～8 月高温期对该蚜不适宜，虫口密度下降。9～10 月虫口数量又上升，为危害的又一盛期。10 月下旬进入越冬期。南方 2 月开始活动，6 月上中旬为发生盛期，8 月下旬至 11 月间为又一盛发期，12 月越冬期；气候干燥，气温适宜，平均气温在 20℃左右，是大发生的有利因素。

(2)桃蚜

①分布与危害　又名桃赤蚜、烟蚜、菜蚜、温室蚜。分布于全国各地。主要危害桃、樱花、月季、蜀葵、香石竹、仙客来及一些一、二年生草本花卉。

②识别特征　无翅孤雌成蚜体长2.2mm。体色绿、黄绿、粉红、褐。尾片圆锥形、有曲毛6~7根。有翅孤雌蚜体长同无翅蚜、头胸黑色、腹部淡绿色。若虫近似无翅孤雌胎生蚜、淡绿或淡红色、体较小(图5-23)。

③生活习性　一年发生30~40代,以卵在桃树的叶芽和花芽基部和树皮缝、小枝中越冬。属乔迁式。翌年3月开始孵化,先群集芽上,后转移到花和叶上。5~6月繁殖最盛,并不断产生有翅蚜迁入蜀葵和十字花科植物上危害,10~11月以产生有翅蚜迁回桃、樱花等树上。春末夏初及秋季是桃蚜危害严重的季节。

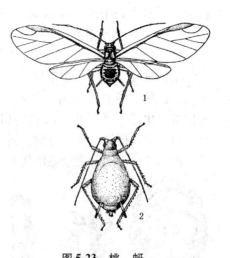

图5-23　桃　蚜
1. 有翅胎生雌蚜　2. 无翅胎生雌蚜

2. 蚜虫类防治措施

(1)结合园林措施剪除有卵的枝叶或刮除枝干上的越冬卵。

(2)利用色板诱杀有翅蚜。

(3)保护天敌瓢虫、草蛉,抑制蚜虫的蔓延。

(4)在寄主植物休眠期,喷洒3~5°Be石硫合剂。在发生期喷洒50%灭蚜松乳油1000~1500倍液或50%抗蚜威可湿性粉剂1000~1500倍液、2.5%溴氰菊酯乳油3000~5000倍液、10%吡虫啉可湿性粉剂2000~2500倍液、40%氧化乐果乳油1000~1500倍液。盆栽植物可根埋15%铁灭克颗粒剂2~4g(根据盆大小决定用药量)或8%氧化乐果颗粒。施药后覆土浇水。在树木上亦可打孔注射或刮去老皮涂药环。

三、蚧虫类

蚧虫类属同翅目蚧总科。又称介壳虫。体小型或微小型。雌成虫无翅,头胸完全愈合而不能分辨,体被蜡质粉末或蜡块,或有特殊的介壳,无翅,触角、眼、足除极少数外全部退化,无产卵器。雄虫只有一对前翅,后翅退化成平衡棒,跗节1节。危害园林植物的蚧虫主要有日本龟蜡蚧(*Ceroplastes japonica*)、红蜡蚧(*Ceroplastes rubens*)、仙人掌白盾蚧(*Diaspis echinocacti*)、白蜡虫(*Ericerus pela*)、紫薇绒蚧(*Eriococcus lagerostroemiae*)、吹绵蚧(*Icerya purchasi*)、矢尖盾蚧(*Unaspis yanonensis*)、糠片盾蚧(*Parlatoria per-*

gandei）、日本松干蚧（*Matsucoccus matsumurae*）等。

1. 常见蚧虫类害虫

（1）日本龟蜡蚧

①分布与危害 分布于河北、河南、山东、山西、陕西、甘肃、江苏、浙江、福建、湖北、湖南、江西、广东、广西、贵州、四川、云南等地。危害茶、山茶、桑、枣、柿树、柑橘、无花果、芒果、苹果、梨、山楂、桃、杏、李、樱桃、梅、石榴、栗等100多种植物。若虫和雌成虫刺吸枝、叶汁液，排泄蜜露常诱致煤污病发生，削弱树势重者枝条枯死。

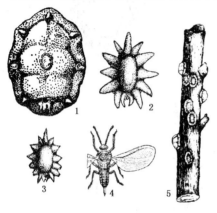

图5-24 日本龟蜡蚧（仿胡兴平等）

1. 雌成虫蜡壳　2. 雄成虫蜡壳　3. 若虫蜡壳
4. 雄成虫　5. 被害状

②识别特征 雌成虫体背有较厚的白蜡壳，呈椭圆形，长4~5mm，背面隆起似半球形，中央隆起较高，表面具龟甲状凹纹，边缘蜡层厚且弯卷由8块组成。雄体长1~1.4mm，淡红至紫红色，眼黑色，触角丝状，翅1对白色透明，具2条粗脉，足细小。若虫初孵若虫体长约0.4mm，椭圆形扁平，淡红褐色，触角和足发达，灰白色，腹末有1对长毛。固定1d后开始泌蜡丝，7~10d形成蜡壳，周边有12~15个蜡角。后期蜡壳加厚雌雄形态分化，雌若虫与雌成虫相似，雄蜡壳长椭圆形，周围有13个蜡角似星芒状(图5-24)。

③生活习性 日本龟蜡蚧1年发生1代，以受精雌虫主要在1~2年生枝上越冬。翌春寄主发芽时开始危害，虫体迅速膨大，成熟后产卵于腹下。产卵盛期5月中旬。每雌产卵千余粒，多者3000粒。卵期10~24d。初孵若虫多爬到嫩枝、叶柄、叶面上固着取食，8月初雌雄开始性分化，8月中旬至9月为雄化蛹期，羽化期为8月下旬至10月上旬，雄成虫寿命1~5d，交配后即死亡，雌虫陆续由叶转到枝上固着危害。天敌有瓢虫、草蛉、寄生蜂等。

（2）日本松干蚧

①分布与危害 主要危害马尾松和赤松、油松，其次危害黑松。被害树由于皮层组织被破坏，一般树势衰弱，生长不良，针叶枯黄，芽梢枯萎，以后树皮增厚、硬化。卷曲翘裂。幼树严重被害后，易发生软化垂枝和树

干弯曲，并常引起次期病虫害的发生。此蚧为国内外检疫对象。

②识别特征 雌成虫体长2.5～3.3mm，卵圆形。橙褐色。触角9节，念珠状。雄虫体长1.3～15mm，翅展3.5～3.9mm。头、胸部黑褐色，腹部淡褐色。触角丝状，10节。前翅发达，后翅退化为平衡棍。腹部9节，在第7节背面有1个马蹄形的硬片，其上生有柱状管腺10～18根，分泌白色长

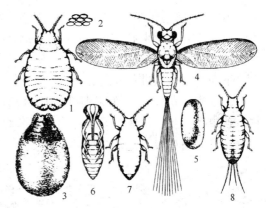

图5-25 日本松干蚧（李成德，2004）
1. 雌成虫 2. 卵 3. 卵囊 4. 雄成虫
5. 茧 6. 雄蛹 7.3龄若虫 8. 初孵若虫

蜡丝。1龄初孵若虫，长0.26～0.34mm，长椭圆形，橙黄色，触角6节（图5-25）。

③生活习性 一年发生30～40代，以卵在桃树的叶芽和花芽基部和树皮缝、小枝中越冬。属乔迁式。翌年3月开始孵化，先群集芽上，后转移到花和叶上。5～6月繁殖最盛，并不断产生有翅蚜迁入蜀葵和十字花科植物上危害，10～11月以产生有翅蚜迁回桃、樱花等树上。春末夏初及秋季是桃蚜危害严重的季节。

2. 蚧虫类防治措施

(1)日本松干蚧属于检疫对象，要做好苗木、接穗、砧木检疫工作。

(2)结合花木管护，剪除虫枝或刷除虫体，可以减轻蚧虫的危害。

(3)保护引放天敌。

(4)药剂防治：

①落叶后至发芽前喷含油量10%的柴油乳剂，如混用化学药剂效果更好。

②初孵若虫分散转移期药剂防治，可用1～1.5°Be石硫合剂，卵囊盛期可用50%杀螟松乳油200～300倍液喷洒。

③对日本松干蚧疫区或疫情发生区的苗木、松原木、小径材、薪材、新鲜球果等外调时必须进行剥皮或采用溴甲烷熏蒸处理，用药量20～30g/m³，熏蒸24h，处理合格后方可调运。

四、木虱类

木虱类属同翅目木虱科。体小型，形状如小蝉，善跳能飞。触角绝大

多数 10 节,最后一节端部有 2 根细刚毛。跗节 2 节。危害园林植物的木虱类害虫主要有梧桐木虱(*Thysanogyna limbata*)、樟木虱(*Trioza camphorae*)。

1. 常见木虱类害虫

下面对樟木虱进行介绍。

①分布与危害 分布于浙江、江西、湖南、台湾、福建等地。危害樟树,若虫吸取叶片汁液,导致叶面出现淡绿、淡黄绿,以至紫红色的突起,影响光合作用和树势正常生长。

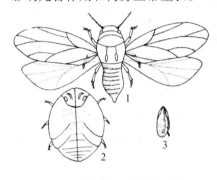

图 5-26 樟木虱

1. 成虫 2. 若虫 3. 卵

②识别特征 成虫体长 1.6 ~ 2.0mm,翅展 4.5mm。体黄色或橙黄色。触角丝状,9 ~ 10 节逐渐膨大呈球杆状,末端着生 2 根长短不一的刚毛。复眼大而突出,半球形,呈黑褐色。雌虫腹部末节的背板向后张开,侧面观呈叉状;雄虫腹末呈圆锥形。各足胫节端部具黑刺 3 根,跗节 2 节,爪 2 个。若虫体长 0.3 ~ 0.5mm,体初呈淡色,扁椭圆形。体周有白色蜡丝,随虫的增长而蜡丝增多。体色逐渐加深呈黄绿色。复眼红色。老熟后体长 1.0 ~ 1.2mm,呈灰黑色,体周的蜡丝排列紧密,羽化前蜡丝脱落(图 5-26)。

③生活习性 樟木虱在福建一年 1 代,少数 2 代,以中老龄若虫在被害叶背面瘿内越冬。翌年 3 月上旬开始羽化,3 月中旬为羽化高峰期,4 月初羽化结束。3 月下旬开始孵化,4 月上、中旬达到孵化高峰,并以单代若虫越冬。一年 2 代者,若虫 5 月初羽化,5 月中下旬第 2 代若虫陆续孵化,并以该代若虫越冬。成虫产卵于嫩梢或嫩叶上,排列成行,或数粒排一平面上。初孵若虫爬行较慢。

2. 防治措施

(1)加强检疫。

(2)4 月上旬及时摘除着卵叶。

(3)4 月中旬至 5 月上旬,剪除有若虫的枝梢,集中烧毁。

(4)在卵期、若虫期喷洒 50% 乐果乳油 1000 倍液或 50% 马拉硫磷乳油 1000 倍液,兼有杀卵效果。

五、粉虱类

粉虱类属同翅目粉虱科。体微小,雌雄均有翅,翅短而圆,膜质,翅脉极少，前翅仅有 2 ~ 3 条，前后翅相似，后翅略小。体翅均有白色蜡粉。成、若虫有 1 个特殊的瓶状孔，开口在腹部末端的背面。危害园林植物的粉虱类害虫主要有黑刺粉虱(*Aleurocanthus spiniferus*)、温室白粉虱(*Trialeurodes vaporariorum*)。

1. 常见粉虱类害虫

(1)黑刺粉虱

①分布与危害　黑刺粉虱又名橘刺粉虱、刺粉虱。分布江苏、安徽、河南以南至台湾、广东、广西、云南、福建。危害月季、白兰、榕树、樟树、山茶、柑橘等。成若虫刺吸叶、果实和嫩枝的汁液，被害叶出现失绿黄白斑点，随危害的加重斑点扩展成片，进而全叶苍白早落。排泄蜜露可诱致煤污病发生。

②识别特征　成虫体长 0.96 ~ 1.3mm，橙黄色，薄敷白粉。复眼肾形红色。前翅紫褐色，上有 7 个白斑；后翅小，淡紫褐色。若虫体长 0.7mm，黑色，体背上具刺毛 14 对，体周缘泌有明显的白蜡圈；共 3 龄(图 5-27)。

③生活习性　黑刺粉虱福建一年 4 代，以 2 ~ 3 龄若虫于叶背越冬。在福建越冬幼虫于 4 月中旬羽化成虫，世代不整齐，从 4 月中旬至 12 月下旬田间各虫态均可见。各代若虫发生期：第 1 代 4 月下旬至 6 月上旬，第 2 代 6 月下旬至 7 月上旬，第 3 代 7 月中旬至 8 月上旬，第 4 代 10 ~ 12 月。成虫喜较阴暗的环境，多在树冠内膛枝叶上活动，卵散产于叶背，散生或密集呈圆弧形，数粒至数十粒一起，每雌可产卵数十粒至百余粒。初孵若虫多在卵壳附近爬动吸食，共 3 龄，2、3 龄固定寄生，若虫每次蜕皮壳均留叠体背。天敌有瓢虫、草蛉、寄生蜂、寄生菌等。

(2)温室白粉虱

①分布与危害　俗称小白蛾子。分布于欧美各国温室，是园艺作物的重要害虫。该虫 1975 年始于北京，现几乎遍布全国。白粉虱的寄主植物广泛，有 16 科 200 余种，危害一串红、倒挂金钟、瓜叶菊、杜鹃花、扶桑、茉莉、大丽花、万寿菊、夜来香、佛手等。成虫和若虫吸食植物汁液，被害叶片褪绿、

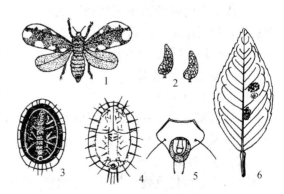

图 5-27　黑刺粉虱
1. 成虫　2. 卵　3. 蛹壳　4. 处理后的蛹壳
5. 管状孔　6. 寄生危害状

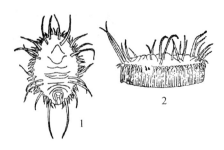

图 5-28　温室白粉虱
1. 蛹正面观　2. 蛹侧面观

变黄、萎蔫，甚至全株枯死。并分泌大量蜜液，严重污染叶片和果实，往往引起煤污病的大发生，影响植物观赏价值。

②识别特征　成虫体长 1 ~ 1.5mm，淡黄色。翅面覆盖白蜡粉，停息时双翅在体上合成屋脊状如蛾类，翅端半圆状遮住整个腹部，翅脉简单，沿翅外缘有一排小颗粒。1 龄若虫体长约 0.29mm，长椭圆形，2 龄约 0.37mm，3 龄约 0.51mm，淡绿色或黄绿色，足和触角退化，紧贴在叶片上营固着生活；4 龄若虫又称伪蛹，体长 0.7 ~ 0.8mm，椭圆形，初期体扁平，逐渐加厚呈蛋糕状（侧面观），中央略高，黄褐色，体背有长短不齐的蜡丝，体侧有刺（图 5-28）。

③生活习性　温室一年可发生 10 余代，以各虫态在温室越冬并继续危害。成虫羽化后 1 ~ 3d 可交配产卵。也可进行孤雌生殖，其后代为雄性。成虫有趋嫩性，在寄主植物打顶以前，成虫总是随着植抹的生长不断追逐顶部嫩叶产卵，因此白粉虱在植物上自上而下的分布为：新产的绿卵、变黑的卵、初龄若虫、老龄若虫、伪蛹、新羽化成虫。白粉虱卵以卵柄从气孔插入叶片组织中，与寄主植物保持水分平衡，极不易脱落。若虫孵化后 3d 内在叶背可做短距离游走，当口器插入叶组织后就失去了爬行的机能，开始营固着生活。粉虱繁殖的适温为 18 ~ 21℃，在生产温室条件下，约 1 个月完成一代。冬季温室苗木上的白粉虱，是露地花木的虫源，通过温室开窗通风或苗木向露地移植而使粉虱迁入露地。因此，白粉虱的蔓延，人为因素起着重要作用。白粉虱的种群数量，由春至秋持续发展，夏季的高温多雨抑制作用不明显，到秋季数量达高峰。

2. 粉虱类防治措施

（1）培育"无虫苗"

把苗房和生产温室分开，育苗前彻底熏杀残余虫口，清理杂草和残株，以及在通风口密封尼龙纱，控制外来虫源。

（2）药剂防治

由于粉虱世代重叠，在同一时间同一植物上存在各虫态，而当前药剂没有对所有虫态皆有效的种类，所以采用化学防治法，必须连续几次用药。可选用的药剂和浓度如下：10% 扑虱灵乳油 1000 倍液（对粉虱有特效）、25% 灭螨猛乳油 1000 倍液（对粉虱成虫、卵和若虫皆有效）、天王星 2.5%

乳油 3000 倍液(可杀成虫、若虫、假蛹,对卵的效果不明显)、功夫 2.5% 乳油 3000 倍液、灭扫利 20% 乳油 2000 倍液,均有较好效果。

(3)生物防治

可人工繁殖释放丽蚜小蜂(*Encarsia formosa*),每隔两周放一次,共 3 次释放丽蚜小蜂成蜂 15 头/株,寄生蜂可在温室内建立种群并能有效地控制白粉虱危害。

(4)物理防治

白粉虱对黄色敏感,有强烈趋性,可在温室内设置黄板诱杀成虫。

六、蝽类

蝽类属半翅目。体小至大型。体扁平而坚硬。触角线状或棒状,3 ~ 5 节。前翅为半鞘翅。危害园林植物的蝽类害虫主要有蝽科的麻皮蝽(*Erthesina fullo*)、盲蝽科的绿盲蝽(*Lygocoris lucorum*),网蝽科的樟脊冠网蝽(*Stephanitis macaona*)、杜鹃冠网蝽(*Stephanitis pyrioides*),缘蝽科的瓦同缘蝽(*Homoeocerus walkeriaus*)等。

1. 常见蝽象类害虫

(1)樟脊冠网蝽

①分布与危害 樟脊冠网蝽分布于福建、江西、湖南、广东、上海。寄主为樟树、油梨和豺皮樟。以成虫和若虫在叶片上危害,叶片灰白、褪绿,叶背黏附柏油状分泌物,影响樟树生长和观赏价值。

②识别特征 成虫体长 2.92 ~ 3.08 mm,1.62 ~ 1.72 mm。头黄褐色,触角浅黄褐色,雄虫长 1.03 ~ 1.27,雄虫长 0.61 ~ 0.68。头兜长,伸达触角第 1 节末端,长度约为高度的两倍,自 1/2 处向前逐渐狭窄,后部膨大,覆盖头部及一部分复眼,雌虫几乎覆盖全部复眼,最宽处宽度为 0.55 mm。雄虫腹部较小,近末端隘缩;雌虫腹部圆满,末端隐约可见纵向隆起的产卵器。

③生活习性 在福建、上海一年发生 4 代,以卵在樟叶组织中越冬,翌年 4 月下旬开始孵化。各代发生期:第 1 代 6 月上旬至 8 月上旬,第 2 代 7 月中旬至 9 月中旬,第 3 代 8 月中旬至 11 月中旬,第 4 代(越冬代)9 月下旬至翌年 6 月下旬。

(2)杜鹃冠网蝽

①分布与危害 杜鹃冠网蝽又名梨网蝽、梨花网蝽。分布全国各地。以若虫、成虫危害杜鹃花、月季、山茶、含笑、茉莉、蜡梅、紫藤等盆栽花木。成虫、若虫都群集在叶背面刺吸汁液,受害叶背面出现很像被玷污

的黑色黏稠物。这一特征易区别于其他刺吸害虫。整个受害叶背面呈锈黄色，正面形成很多苍白斑点，受害严重时斑点成片，以至全叶失绿，远看一片苍白，提前落叶，不再形成花芽。

②识别特征　成虫体长 3.5mm 左右，体形扁平，黑褐色。触角丝状，4 节。前胸背板中央纵向隆起，向后延伸成叶状突起，前胸两侧向外突出成羽片状。前翅略呈长方形。前翅、前胸两则和背面叶状突起上均有很一致的网状纹。静止时，前翅叠起，由上向下正视整个虫体，似由多翅组成的 X 形（图

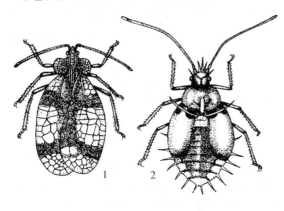

图 5-29　杜鹃冠网蝽
1. 成虫　2. 若虫

5-29）。若虫初孵时乳白色，后渐变暗褐色，长约 1.9mm。3 龄时翅芽明显，外形似成虫，在前胸、中胸和腹部 3 ~ 8 节的两侧均有明显的锥状刺突。

③生活习性　在长江流域一年发生 4 ~ 5 代，各地均以成虫在枯枝、落叶、杂草、树皮裂缝以及土、石缝隙中越冬。4 月上中旬越冬成虫开始活动，集中到叶背取食和产卵。卵产在叶组织内，上面附有黄褐色胶状物，卵期半个月左右。初孵若虫多数群集在主脉两侧危害。若虫脱破 5 次，经半个月左右变为成虫。第 1 代成虫 6 月初发生，以后各代分别在 7 月、8 月初、8 月底 9 月初，因成虫期长，产卵期长，世代重叠，各虫态常同时存在。一年中 7 ~ 8 月危害最重，9 月虫口密度最高，10 月下旬后陆续越冬。成虫喜在中午活动，每头雌成虫的产卵量因寄主不同而异，可由数十粒至上百粒，卵分次产，常数粒至数十粒相邻，产卵处外面都有 1 个中央稍为凹陷的小黑点。

2. 蝽象类防治措施

（1）清除越冬虫源。冬季彻底清除落叶、杂草，并进行冬耕、冬翻。

（2）对茎干较粗并较粗糙的植株，涂刷白涂剂。

（3）在成、若虫发生盛期可喷 50% 杀螟松 1000 倍液，或 43% 新百灵乳油（辛·氟氯氰氰乳油）1500 倍液，或 10% ~ 20% 拟除虫菊酯类 1000 ~ 2000 倍液，或 10% 吡虫啉可湿性粉剂或 20% 灭多威乳油或 5% 抑太保乳油或 25% 广克威乳油 2000 倍液。每隔 10 ~ 15d 喷施 1 次，连续喷施 2 ~ 3 次。

（4）保护和利用天敌。

七、蓟马类

蓟马类属缨翅目。体小型或微小型，细长，黑、褐或黄色。口器锉吸式。触角线状，6～9节。翅狭长，边缘有很多长而整齐的缨毛。危害园林植物的蓟马类害虫主要有花蓟马（*Frankliniella intonsa*）、烟蓟马（*Thrips tabaci*）、茶黄蓟马（*Scirtothrips dorsalis*）。

1. 常见蓟马类害虫

（1）花蓟马

①分布与危害　花蓟马又名台湾蓟马。危害香石竹、唐菖蒲、大丽花、美人蕉、木槿、菊花、紫薇、兰花、荷花、夹竹桃、月季、茉莉、橘等。成虫和若虫危害园林植物的花，有时也危害嫩叶。

②识别特征　成虫体长约1.3mm，褐色带紫，头胸部黄褐色；触角较粗壮，第3节长为宽的2.5倍并在前半部有一横脊；头短于前胸，后部背面皱纹粗，颊两侧收缩明显；头顶前缘在两复眼间较平，仅中央稍突；前翅较宽短，前脉鬃20～21根，后脉鬃14～16根；第8腹节背面后缘梳完整，齿上有细毛；头、前胸、翅脉及腹端鬃较粗壮且黑。2龄若虫体长约1mm，基色黄；复眼红；触角7节，第3、4节最长，第3节有覆瓦状环纹，第4节有环状排列的微鬃；胸、腹部背面体鬃尖端微圆钝；第9腹节后缘有一圈清楚的微齿。

③生活习性　花蓟马在我国南方一年发生11～14代，以成虫越冬。成虫有趋花性，卵大部分产于花内植物组织中，如花瓣、花丝、花膜、花柄，一般产在花瓣上。每雌产卵约180粒。产卵历期长达20～50d。

（2）烟蓟马

①分布与危害　烟蓟马又名棉蓟马、瓜蓟马。分布几遍全国各地。可危害300多种植物，其中危害较重的有香石竹、芍药、冬珊瑚、李、梅、葡萄、柑橘以及多种锦葵科植物。烟蓟马的直接危害使茎叶的正反两面出现失绿或黄褐色斑点斑纹。使其他花卉水分较多的叶组织变厚变脆，向正面翻卷或破裂，以致造成落叶，影响生长。花瓣也会出现失色斑纹而影响质量。

②识别特征　成虫体长1.0～1.3mm，黄褐色，背面色深。触角7节，复眼紫红，单眼3个，其后两侧有一对短鬃。翅狭长，透明，前脉上有鬃10～13根排成3组；后脉上有鬃15～16根，排列均匀。若虫体淡黄，触角6节，第4节具3排微毛，胸、腹部各节有微细褐点，点上生粗毛。

③**生活习性** 华南地区一年发生 10 代以上。多以成虫或若虫在土缝或杂草残株上越冬，少数以蛹在土中越冬。5～6 月是危害盛期。成虫活跃，能飞善跳，扩散快，白天喜在隐蔽处危害，夜间或阴天在叶面上危害，多行孤雌生殖。卵多产在叶背皮下或叶脉内，卵期 6～7d。初孵若虫不太活动，多集中在叶背的叶脉两侧危害，一般气温低于 25℃，相对湿度 60% 以下适其发生，7～8 月间同一时期可见各虫态，进入 9 月虫量明显减少，10 月开始越冬。主要天敌有姬猎蝽、带纹蓟马等。

2. 蓟马类防治措施

（1）人工防治

春季彻底清除杂草，可有效降低蓟马的危害。

（2）生物防治

保护和利用天敌。

（3）化学防治

蓟马危害高峰初期喷洒 10% 吡虫啉可湿性粉剂 2500 倍液、40% 七星保乳油 600～800 倍液、2.5% 保得乳油 2000～2500 倍液、10% 大功臣可湿性粉剂每 667m^2 用有效成分 2g、40% 乐果乳油或 50% 辛硫磷乳油或 95% 巴丹可溶性粉剂 1000～1500 倍液。

【任务准备】

材料：吸汁害虫生活史标本，吸汁害虫危害状标本，吸汁害虫图片资料，卵、幼虫、蛹浸渍标本，成虫针插干制标本等。

用具：双目体视显微镜、放大镜、镊子、解剖针、防治用具等。

【任务实施】

1. 调查吸汁害虫的种类及危害状。

2. 识别吸汁害虫的形态特征。

（1）观察蚱蝉、大青叶蝉、桃一点斑叶蝉、青蛾蜡蝉各类标本。

（2）观察竹蚜、菊姬长管蚜、月季长管蚜、桃蚜各类标本。

（3）观察日本龟蜡蚧、红蜡蚧、仙人掌白盾蚧、白蜡虫、紫薇绒蚧、吹绵蚧、矢尖盾蚧、糠片盾蚧、日本松干蚧各类标本。

（4）观察黑刺粉虱、温室白粉虱的各类标本。

（5）观察花蓟马、烟蓟马、茶黄蓟马各类标本。

3. 制订吸汁害虫的综合防治方案。

【任务评价】

任务完成后，教师指出学生在任务完成过程中存在的问题，并根据以下4个方面进行任务评价。

序号	评价组成	评价内容	参考分值
1	学生自评	是否认真完成任务，上交实训报告，指出不足和收获	20
2	教师测评	现场操作是否规范；识别吸汁害虫的准确率；防治方案制定的科学性；学生实训报告的完成情况；任务完成情况及任务各个步骤的完成情况	40
3	学生互评	互相学习、协作，共同完成任务情况	10
4	综合评价	学习态度、参与程度、团队合作能力、小组任务完成情况等	30
		合　计	100

【巩固训练】

1. 简述蚜虫的危害特点，并制订蚜虫的防治方案。
2. 简述介壳虫的危害特点及防治方法。

任务三　钻蛀性害虫识别与防治

【任务目标】

1. 能识别常见的园林植物钻蛀性害虫种类、危害特点，熟悉其发生规律。
2. 掌握重要钻蛀性害虫的防治方法，能科学设计防治方案并实施。

【任务分析】

要防治园林植物钻蛀性害虫，首先必须要认识钻蛀性害虫的种类和特征，并选择合适的杀虫剂，本任务要求完成园林植物常见钻蛀性害虫的识别及防治。

围绕完成常见园林植物钻蛀性害虫的识别和防治任务，分阶段进行，每个阶段按教师讲解→学生训练→判别的顺序进行。以4~6人一组完成任务。

【知识导入】

钻蛀性害虫是指以幼虫或成虫钻蛀植物的枝干、茎、嫩梢及果实、种子，匿居其中的昆虫。常见的钻蛀性害虫有鞘翅目的天牛类、小蠹类、吉丁类、象甲类，鳞翅目的木蠹蛾类、辉蛾类、透翅蛾类、夜蛾类、螟蛾类、卷蛾类，膜翅目的茎蜂类、树蜂类，双翅目的瘿蚊类、花蝇类。

钻蛀性害虫生活隐蔽，除在成虫期进行补充营养、觅偶寻找繁殖场所等活动时较易发现外，均隐蔽在植物体内部进行危害，受害植物表现出凋萎、枯黄等症状时，已接近死亡，难以恢复生机，危害性很大。

一、天牛类

天牛类属于鞘翅目天牛科。身体多为长形，大小变化很大，触角丝状，常超过体长，至少为体长的2/3，复眼肾形，包围于触角基部。跗节"似4节"。幼虫圆筒形，粗肥稍扁，体软多肉，白色或淡黄色，头小，胸大，胸足极小或无。成虫产卵一般咬刻槽后产于树皮下，少数产于腐朽孔洞内及土层内。危害园林植物的常见天牛有星天牛（*Anoplophora chinensis*）、光肩星天牛（*Anoplophora glabripennis*）、云斑白条天牛（*Batocera horsfieldi*）、双斑锦天牛（*Acalolepta sublusca*）、菊小筒天牛（*Phytoecia rufiventris*）、松墨天牛（*Monochamus alternatus*）等。

1. 常见天牛类害虫

（1）星天牛

①分布与危害　分布南方各柑橘产区及辽宁、山东、河北、山西、河南、陕西、甘肃、浙江、福建等地。危害杨、柳、榆、苦楝、悬铃木、樱花、相思树、海棠、紫薇、大叶黄杨、罗汉松、木麻黄等。成虫啃食枝条嫩皮，食叶成缺刻；幼虫蛀食树干和主根，于皮下蛀食数月后蛀入木质部，并向外蛀一通气排粪孔，推出部分粪屑，削弱树势，于皮下蛀食环绕树干后常使整株枯死。

②识别特征　成虫体长19~39mm，漆黑有光泽。触角第3~11各节基半部有淡蓝色毛环。前胸背板中央有3个瘤突，侧刺突粗壮。鞘翅基部密布颗粒，翅表面有排列不规则的白毛斑20余个。小盾片和足跗节淡青色（图5-30）。幼虫体长45~67mm，淡黄白色。头黄褐色，上颚黑色；前胸背板前方左右各具一黄褐色飞鸟形斑纹，后方有1黄褐色"凸"字形大斑略隆起；胸足退化；中胸腹面、后胸和1~7腹节背、腹面均有长圆形步泡突。

③生活习性　在福建省闽南、闽中1年1代或3年2代，以老熟幼虫于

树干隧道内越冬。翌春在隧道内做蛹室化蛹。福州 5 月下旬成虫出现，闽南 5 月下旬至 6 月中旬为成虫盛期。成虫白天活动。卵产在主干上，以距地面 3~6cm 较多，产卵前先咬破树皮呈"L"或"上"字形伤口达木质部，产 1 粒卵于伤口皮下，表面隆起且湿润有泡沫。孵化后蛀入皮下，多于干基部、根颈处迂回蛀食，粪屑积于隧道内，数月后方蛀入木质部，并向外蛀一通气排粪孔，排出粪屑堆积干基部，隧道内亦充满粪屑，幼虫危害至 11~12 月陆续越冬。

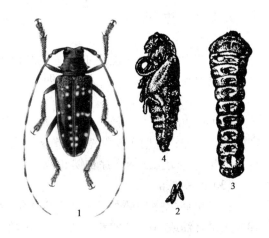

图 5-30　星天牛
1. 成虫　2. 卵　3. 幼虫　4. 蛹

（2）松墨天牛

①分布与危害　松墨天牛又称松天牛、松褐天牛。分布于江苏、安徽、浙江、江西、湖北、湖南、福建、广东等地。主要危害马尾松，其次危害冷杉、雪松、落叶松、刺柏等树种的衰弱木或新伐倒木。同时，松褐天牛又是松材线虫病的主要传播媒介，松树一旦感染此病，基本上无法挽救。

②识别特征　成虫体长 15~28mm，棕褐或赤褐色。前胸背板有 2 条宽的橙黄色纵纹，小盾片密被橙黄色绒毛。每鞘翅具 5 条纵纹，由方形或长方形的黑褐色和灰白色斑纹相间组成。雄虫触角超过体长一倍多，雌虫触角超出约 1/3（图 5-31）。幼虫乳白色，扁圆筒形。头部黑色，前胸背板褐色，中央有波状横纹。

③生活习性　松墨天牛在福建 1 年 1 代，以老熟幼虫在木质部坑道中越冬。翌年 3 月中旬越冬幼虫继续取食，4 月上旬越冬幼虫在虫道末端蛹室中化蛹。4 月中旬成虫开始羽化，咬羽化孔飞出，啃食嫩枝、树皮补充营养，5 月达盛期。成虫具弱趋光性。性成熟后，在树干基部或粗枝条的树皮上，咬 1 眼状浅刻槽，然后于其中产一至数粒卵。孵化的幼虫蛀入韧皮部、木质部与边材，蛀成不规则的坑道。

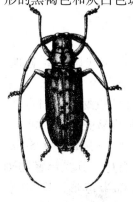

图 5-31　松墨天牛

2. 天牛类防治措施

（1）加强检疫

加强苗木调运中的检疫工作，仔细检查有无天牛的卵槽、入侵孔、羽化孔、虫道和活虫体，一旦发现立即处理，严禁向异地扩散。

（2）人工防治

天牛成虫飞翔力不强，有假死性，可以进行人工捕捉；利用硬物击打产卵痕以杀卵；及时剪除被害枝条或伐除虫害木；用小刀挑开被害木的表皮层杀死初孵幼虫。树干涂白防止成虫产卵。

（3）药剂防治

在成虫羽化盛期喷洒杀螟松 1000 倍液，效果良好；韧皮部幼虫期用 40% 乐果乳油或 50% 杀螟松乳油或 50% 敌敌畏乳油 100～200 倍液喷树干；熏杀木质部幼虫，找新鲜虫孔，用注射器注入 40% 乐果乳油或 50% 杀螟松乳油或 50% 敌敌畏乳油 200 倍液，使药剂进入孔道，再用泥封住虫孔。

（4）生物防治

招引益鸟，释放寄生蜂。

二、小蠹类

小蠹类属于鞘翅目小蠹科，为小型甲虫。体卵圆形或近圆筒形，棕色或暗色，被有稀毛。触角锤状。鞘翅上有纵列刻点。幼虫白色，肥胖，略弯曲，无足，头部棕黄色。大多数种类生活在树皮下，有的种类蛀入木质部。不同的种类钻蛀的坑道形式也不同。危害园林植物的小蠹类害虫主要有松纵坑切梢小蠹（*Tomicus piniperda*）、柏肤小蠹（*Phloeosinus aubei*）等。

1. 常见小蠹类害虫

（1）松纵坑切梢小蠹

①分布与危害　遍布我国南北各地，危害马尾松、赤松、华山松、油松、樟子松、黑松等。以成虫和幼虫蛀害松树嫩梢、枝干或伐倒木。被害梢头易被风吹折断。

②识别特征　成虫体长 3.5～4.5mm，椭圆形，全体黑褐或黑色，具光泽密布刻点和灰黄色茸毛。头部半球形，黑褐色，额中央有一纵隆线；触角端部膨大呈锤状。前胸背板近梯形，前狭后宽。鞘翅棕褐色，

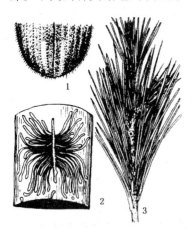

图 5-32　松纵坑切梢小蠹

1. 成虫鞘翅末端　2、3. 干、枝被害状

基部与端部的宽度相似，长约为宽的3倍，其上有由刻点组成的明显行列，斜面上第2列间部凹陷，小瘤和茸毛消失，雄虫较雌虫显著(图5-32)。幼虫体长5~6mm，乳白色，无腹足，体粗壮多皱纹、微弯曲。

③生活习性　1年发生1代，以成虫在被害枝梢内越冬。越冬成虫于翌年3月下旬到4月中旬离开越冬处，侵入松枝梢头髓部进行补充营养，以后在健康的树梢、衰弱树或新伐倒的树木上筑坑、交配、产卵。卵于4月中旬孵化，幼虫孵出后即行蛀食危害，形成坑道，坑道为单纵坑，在树皮下层，微触及边材，坑道长一般为5~6cm，子坑道在母坑道两侧，与母坑道垂直，长而弯曲，通常10~15条。幼虫期约1个月。5月中旬化蛹，蛹室位于子坑道的末端。5月下旬到6月上旬出现新成虫，再侵入新梢进行补充营养。成虫在梢枝上蛀入一定距离后随即退出，另蛀新孔，在1条枝梢上侵入孔可多达14个。

(2)柏肤小蠹

①分布与危害　我国华北、西北、华中、华东、华南均有分布。主要危害侧柏、圆柏等的枝干树皮和木质部表面，破坏树木水分和养分的输导，易造成整枝或整株枯死。

②识别特征　成虫体赤褐色或黑褐色，无光泽，长2.5~3.5mm，宽1.2~1.5mm，长扁圆形。体密被刻点及黄色细毛。鞘翅上各有9条纵纹并有栉状齿。雌雄的区别除外表体形一大一小外，主要是雌虫额面短阔较平突，颗粒较多，鞘翅斜面的栉状齿较小。雄虫额面狭长凹陷，光滑，鞘翅斜面的栉状齿较大(图5-33)。老熟幼虫体长5mm，体乳白色，有许多皱褶。头淡褐色。

③生活习性　1年发生2~3代，以幼虫及成虫越冬。越冬成虫于翌年4月上旬飞出活动，越冬幼虫也相继发育成蛹，羽化成虫，5月中旬为越冬代成虫侵入盛期。第1代卵于4月上旬产出，6月上旬出现第1代蛹，6月中旬开始羽化，7月中旬为羽化盛期；第2代卵始见于6月中旬，8月上旬出现第2代成虫；9月下旬前羽化的第2代成虫可以产出第3代卵，并发育为幼虫，早期幼虫于9月下旬发育为蛹，进一步

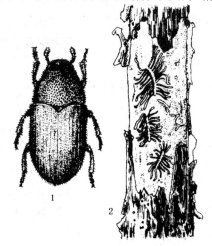

图5-33　柏肤小蠹
1. 成虫　2. 被害状

发育为成虫，10月下旬羽化结束，此代成虫大多数不再侵害新寄主，并连同第2、3代幼虫进入越冬期。成虫多侵害长势衰弱的濒死木、枯死木及健康立木的枯死枝杈部。成虫具补充营养的习性，羽化后的成虫常在健康的树冠上部或外缘枝梢上咬蛀侵入孔并向下蛀食，补充营养。然后寻找寄主，在较粗的枝干上侵蛀危害；雌性成虫先行侵蛀，后雄性成虫飞来共同筑坑、交尾。雌性成虫边蛀坑边行产卵活动，幼虫孵出后又向两侧不断蛀食。世代重叠现象严重。

2. 防治措施

（1）及时剪除被害枝梢、死梢。当越冬成虫及新羽化成虫进行补充营养造成枝梢枯萎时，应及时剪除并烧毁。

（2）成虫侵入新梢之前，用80%敌敌畏乳油1000倍液，或2.5%溴氰菊酯或20%速灭杀丁（杀灭菊酯）2000～3000倍液喷洒树冠。

（3）保持林地良好的卫生条件，改善立地条件，促进林木健康成长。

（4）进行合理的抚育管理，采伐后的原木及枝梢头，应及时运出林外。

三、吉丁类

吉丁类属鞘翅目吉丁甲科。小至大型，成虫色彩鲜艳，具金属光泽，多绿、蓝、青、紫、古铜色。触角锯齿状，前胸背板无突出的侧后角。幼虫体扁，头小内缩，前胸大，多呈鼓槌状，气门C形，位于背侧，无足。成虫生活在木本植物上，产卵于树皮缝内。幼虫大多数在树皮下、枝干或根内钻蛀，有的生活在草本植物的茎内，少数潜叶或形成虫瘿。危害园林植物的吉丁类害虫主要有金缘吉丁虫（*Lampra limbata*）、六星吉丁虫（*Chrysobathris succedanea*）。

1. 常见吉丁类害虫

下面对六星吉丁虫进行介绍。

①分布与危害　分布于江苏、浙江、上海等地。危害重阳木、悬铃木、枫杨等。幼虫围绕干部串食皮层，韧皮部全部破坏，其中充满红褐色粉末黏结的块状虫粪，导致树木生长不良，甚至全株死亡。

②识别特征　成虫体长10mm，略呈纺锤形，茶褐色，有金属光泽。鞘翅不光滑，上有6个全绿斑点。腹面金绿色。老熟幼虫体长约30mm，身体扁平，头小，胴部白色，胸部第1节特别膨大，中央有黄褐色"人"形纹。第3、4节短小，以后各节逐渐增大（图5-34）。

③生活习性　在上海1年发生1代，以幼虫越冬。成虫于5月中旬开始出现，6～7月为羽化盛期，8月上旬仍有成虫。成虫在晨露未干前较迟钝，

并有假死性。卵产在皮层缝隙间。幼虫孵化后先在皮层危害，排泄物不排向外面。8月下旬幼虫老熟，蛀入木质部化蛹。

2. 防治措施

（1）加强栽培管理

改进肥水管理，增强树势，提高抗虫能力，并尽量避免伤口，以减轻受害。

（2）人工防治

刮除树皮消灭幼虫。及时清理田间被害死树、死枝，减少虫源。成虫发生期，组织人力清晨震树捕杀成虫。

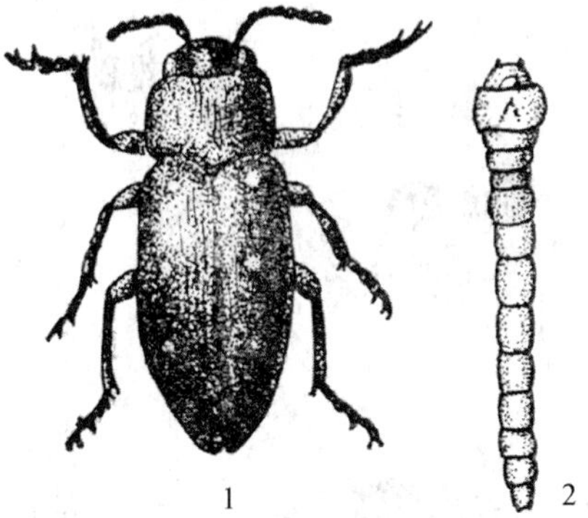

（3）药剂防治

成虫羽化期，树干喷洒20%菊杀乳油800～1000倍液，或90%敌百虫600倍液。

图5-34　六星吉丁虫
1. 成虫　2. 幼虫

四、象甲类

象甲类属鞘翅目象甲科，亦称象鼻虫。小至大型，许多种类头部延长成管状，状如象鼻，长短不一。体色变化大，多为暗色，部分种类具金属光泽。跗节"似4节"。幼虫多为黄白色，体肥壮，无眼无足。成虫和幼虫均能危害，取食植物的根、茎、叶、果实和种子。成虫多产卵于植物组织内；幼虫钻蛀危害，少数可以产生虫瘿或潜叶危害。危害园林植物的象虫类害虫主要有臭椿沟眶象（*Eucryptorrhynchus brandti*）、一字竹象（*Otidognathus davidis*）等。

1. 常见象甲类害虫

下面对一字竹象进行介绍。

①分布与危害　一字竹象又称杭州竹象虫、竹笋象虫。发生于湖南、江苏、安徽、福建、江西、陕西等地。危害毛竹、刚竹、桂竹、淡竹、红竹等。雌成虫取食竹笋，作为补充营养；幼虫蛀食笋肉，使竹笋腐烂折倒，或笋成竹后节距缩短，竹材易被风折。

②识别特征　成虫体梭形，黑色，雌雄成虫前胸背板上均有一字形黑斑（图5-35）。幼虫黄色，头赤褐色，口器黑色，体多皱纹。

③生活习性　1年发生1代，以成虫在土茧中越冬，翌年4月底成虫出

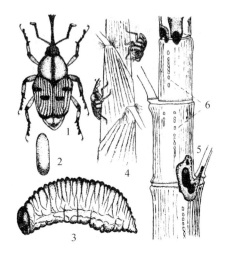

图 5-35　一字竹象

1. 成虫　2. 卵　3. 幼虫　4. 成虫产卵状
5. 幼虫危害状　6. 成虫危害状

土，雌虫以笋为补充营养，将笋啄成很多小洞，产卵时头向下在笋上产卵，数量最多可达 80 粒。卵经 3～5d 孵化，幼虫老熟，咬破笋等入土，在地下 8～15mm 深处做土茧，经半个月以后化蛹，蛹期半个月，6 月底至 7 月底羽化为成虫，于土茧内越冬。

2. 防治措施

（1）人工防治

利用成虫不喜飞和有假死性的习性，捕杀成虫。中耕松土，破坏越冬土茧，可使其越冬成虫大量死亡。及时清除枯死枝干，剪除被害枝或挖除虫害笋，消灭虫源。

（2）药剂防治

成虫期喷 1～2 次 20% 菊杀乳油 1500～2000 倍液，或 2.5% 溴氰菊酯乳油 2000～2500 倍液，或 50% 辛硫磷乳油或 40% 氧化乐果乳油 1000 倍液。幼虫期向树体注射 10 倍的氧化乐果乳油（每厘米干径 15～20ml），或用氧化乐果微胶囊、灭幼脲缓释膏油剂点涂排泄孔，毒杀幼虫。

五、木蠹蛾类

木蠹蛾类属鳞翅目木蠹蛾科。中至大型蛾类。体粗壮。前后翅的中脉主干存在，前翅径脉造成 1 个翅室。没有喙管。幼虫钻蛀树干和枝梢。危害园林植物的木蠹蛾类害虫主要有咖啡木蠹蛾（*Zeuzera coffeae*）、芳香木蠹蛾东方亚种（*Cossus sossus orientalis*）。

1. 常见木蠹蛾类害虫

下面对咖啡木蠹蛾进行介绍。

①分布与危害　咖啡木蠹蛾又称咖啡豹蠹蛾。分布于江苏、浙江、上海、江西、福建、广东、湖北、四川、台湾等地。危害广玉兰、山茶、杜鹃花、贴梗海棠、重阳木、冬青、木槿、悬铃木、红枫等。初孵幼虫多从新梢上部芽腋蛀入，沿髓部向上蛀食成隧道，不久被害新梢枯死，幼虫钻出后重新转迁邻近新梢蛀入，经多次转蛀，当年新梢可全部枯死，影响观赏价值。

②识别特征　成虫体长 11～26mm，翅展 30～50mm。雌虫触角丝状；

雄虫触角基部羽毛状，端部丝状。体粗壮，密被灰白色鳞毛，胸部背面有青蓝色斑点6个。翅灰白色其间亦密布青蓝色的斑点（图5-36）。老熟幼虫体长17～35mm，红色，前胸背板黑褐色，近后缘中央有3～5行向后呈梳状的齿列。臀板黑色。

③生活习性　咖啡木蠹蛾一年2代，以老熟幼虫在被害枝条内越冬。每年3～4月越冬幼虫化蛹，4～5月成虫羽化，卵单粒或

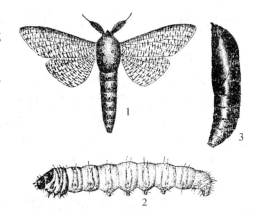

图5-36　咖啡木蠹蛾
1. 成虫　2. 幼虫　3. 蛹

数粒聚产在寄主枝干伤口或裂皮缝隙中，初孵幼虫多自枝梢上方的腋芽蛀入，蛀入处的上方随即枯萎，经5～7d又转移危害较粗的枝条。幼虫蛀入时先在皮下钻蛀成横向同心圆形的坑道，然后沿木质部向上蛀食，每隔5～10cm向外咬一排粪孔，状如洞箫。被害枝梢上部常干枯，易于辨认。老熟幼虫在蛀道中作蛹室化蛹。8～9月，第2代成虫羽化飞出。成虫具趋光性。

2. 防治措施

（1）诱杀成虫

成虫羽化期间设置灯光、性外激素诱捕器诱杀。

（2）人工防治

剪除被害枝条。用钢丝从下部的排粪孔穿进，向上钩杀幼虫。树干涂白防止成虫在树干上产卵。及时发现和清理被害枝干，消灭虫源。

（3）生物防治

用"海绵吸附法"往蛀道最上方的排粪孔施放昆虫病原线虫2000～4000条/头虫，不仅高效、无污染，而且有利蛀道的愈合。或以1×10^8～8×10^8孢子/g白僵菌黏膏涂排粪孔。

（4）药剂防治

在成虫羽化盛期、卵盛孵期和幼虫转移危害的盛期，施用80%敌敌畏乳剂1000倍液、40%水胺硫磷乳油500倍液、2.5%敌杀死或10%兴棉宝乳剂1500倍。

六、透翅蛾类

透翅蛾类属鳞翅目透翅蛾科，其成虫最显著特征是前后翅大部分透明

无鳞片，很像胡蜂，白天活动。幼虫蛀食茎干、枝条，形成肿瘤。危害园林植物的透翅蛾类害虫主要有猕猴桃准透翅蛾（*Paranthrene actinidiae*）。

1. 常见透翅蛾类害虫

下面对猕猴桃准透翅蛾进行介绍。

①分布与危害　分布于福建省闽北、闽东、闽西各县，主要分布于建宁、宁化、泰宁等43个县市。四川、湖北等8省区亦有分布。危害猕猴桃科猕猴桃属的一些种：中华猕猴桃（*Actinidia chinensis*），毛花猕猴桃（毛花杨桃）（*A. erianthabenth*），棕毛猕猴桃（*A. fulvicoma*）（属寡食性）。

②识别特征　成虫形似胡蜂。雄蛾前翅透明，大部为烟黄色，雌蛾前翅不透明，大部分复被黄褐色鳞；雌雄蛾后翅皆透明，略带淡烟黄色。初孵幼虫黄白色，体长2.8～3.0 mm；老熟幼虫体长21.6～30.6 mm，灰褐色，头壳棕褐色，体表仅有稀疏黄褐色原生刚毛。前胸盾稍骨化，浅褐色。腹足4对，退化，趾钩为单序二横带；臀足1对。趾钩为双序中带。

③生活习性　在福建一年发生1代，以幼虫（3龄，少数4龄）在蛀道中越冬，越冬幼虫2月下旬开始活动，7月上旬开始化蛹，7月下旬成虫羽化并产卵，11月下旬幼虫开始越冬。

2. 防治措施

（1）因被害处有黄叶出现，枝蔓膨大增粗，6～7月要仔细检查，发现虫枝剪掉，秋季整枝时发现虫枝剪掉烧毁。

（2）当发现有虫蔓又不愿剪掉时可将虫孔剥开，将粪便用铁丝勾出，塞入浸100倍敌敌畏药液的棉球，用塑料膜将虫孔扎好，可以杀死幼虫，或塞入1/4片磷化铝，再用塑料膜包扎以杀死幼虫。

（3）作好成虫羽化期的测报，及时喷洒杀虫剂。方法为：先将带有老熟幼虫的枝蔓剪成长5～6cm，共剪10个，放在铅丝笼里，挂在葡萄园内，发现成虫飞出5d后，及时喷药，可喷2000～3000倍杀灭菊酯。苏州、上海一带，一般在花前3～4d和谢花后各喷一次药，施用20%杀灭菊酯乳剂3000倍液、80%敌敌畏或50%马拉硫磷1000倍液，均有良好的效果。

七、辉蛾类

辉蛾类属于鳞翅目辉蛾科。小或微小型蛾。头顶的鳞片平滑倒伏，触角纤毛状，喙短小。翅披针形，前翅的脉有些退化，后翅的缘毛极长。足基节平扁而光滑，后足胫节多长毛束。腹部较扁。危害园林植物最主要的是蔗扁蛾（*Opogona sacchari*）。

1. 常见辉蛾类害虫

下面对蔗扁蛾进行介绍。

①分布与危害　在我国的华南、华东、华北、东北、西北的10多个省（自治区、直辖市）发生危害。蔗扁蛾的寄主植物多达28科87种8变种，我国已查到14科55种2变种，以行道绿化树木和园林花卉植物为主。主要有巴西木、马拉巴栗、苏铁、一品红、天竺葵、鱼尾葵、散尾葵、鹅掌柴、合欢、木槿、印度榕、构树、棕竹等。特别是以培育巴西木、发财树等为主的花卉苗木生产基地危害严重。

②识别特征　成虫体长7.5~9.0mm，翅展18.0~26.0mm，雄虫略小。体主要呈黄灰色，具强金属光泽，腹面色淡。下唇须粗长斜伸微翘，下颚须细长卷折，喙极短小；触角细长纤毛状，长达前翅的2/3。前翅披针形，有2个明显的黑褐色斑点和许多断续的褐纹，雄蛾则多连成较完整的纵条斑；后翅色淡，披针形，后缘的缘毛很长，雄蛾翅基具长毛束。足的基节宽大而扁平，后足胫节具长毛（图5-

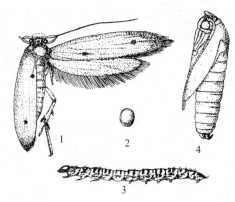

图5-37　蔗扁蛾
1. 成虫　2. 卵　3. 幼虫　4. 蛹

37）。老熟幼虫体长20mm左右。头部暗红褐色，前胸盾和气门片暗红褐色，周缘色淡。腹部色淡而略透明，有整齐的褐斑；腹足5对，第3~6节的腹足趾钩呈二横带；第10节的1对臀足趾钩呈单横带排列。

③生活习性　在北京室内一年发生3~4代。成虫有趋糖习性。卵多产在未展开的叶和茎上，单粒散产，或成堆成片，数十或百粒以上。以幼虫从植株受损伤部位侵入，取食植株的茎干、根茎结合部和根。化蛹于受害的植株组织内，有时也可在土壤表层化蛹。蔗扁蛾世代发育起点为9.27℃，有效积温为758.80日度。19~31℃是该虫生长发育适宜温度范围，大于34℃时几乎不能完成世代循环。该虫耐寒能力较弱，幼虫的过冷却点为-4.36~6.44℃，在-2℃以下死亡率很高。蔗扁蛾依靠成虫的飞翔而进行自然传播，但飞行能力较弱，一般一次只能飞行10m左右。远距离传播主要随寄主材料的携带进行。

2. 防治措施

（1）加强检疫

对来自国内疫情发生区的观赏植物和绿化苗木跟踪复检，严防该虫传入；对国外引进的观赏植物和绿化苗木，做好隔离试种工作，加强监管，隔离期满后，确实不带该虫的，经检疫机构确认，方可分散种植。

（2）人工防治

经常检查寄主植物茎干，如不坚实而有松软感，可剥开受害部分的表皮，杀死皮下幼虫、蛹。将有疫情有虫植株集中烧毁或深埋。

（3）药剂防治

在花木种植前用 20% 速灭杀丁 2500 倍液浸泡 5min，晾干后再植入。对发生疫情的温室内所有植物用菊酯类农药 1500 ~ 2000 倍液喷洒处理。对于染疫的植株，用 20% 菊杀乳油等刷树干、淋干、喷雾，开始 7 ~ 10d 一次，后可逐渐延长至每月一次。在大规模温室内，可用 10g/m³ 磷化铝片剂熏蒸 24h。

（4）生物防治

可使用小卷蛾线虫防治蔗扁蛾，大面积使用时可喷雾，用量为 2857 条/ml。也可用注射器直接注入受害部位，以空隙被湿润为准。

八、茎蜂类

茎蜂类属于膜翅目茎蜂科，成虫体细长，腹部没有腰。触角线状，前胸背板后缘近乎直线。前翅翅痣狭长。前足胫节只有 1 个距。产卵器短，锯状，平时缩入体内。幼虫无足，多蛀食枝条。危害园林植物的茎蜂类害虫主要是月季茎蜂（*Syrista similes*）。

1. 常见茎蜂类害虫

下面对月季茎蜂进行介绍。

①分布与危害　月季茎蜂又名钻心虫、折梢虫。分布于华北、华东各地。除危害月季外，还危害蔷薇、玫瑰等花卉。以幼虫蛀食花卉的茎干，常从蛀孔处倒折、萎蔫，对月季危害很大。

②识别特征　雌成虫体长 16mm（不包括产卵管），翅展 22 ~ 26mm。体黑色有光泽，3 ~ 5 腹节和第 6 腹节基部 1/2 均赤褐色，第 1 腹节的背板露出一部分，1 ~ 2 腹节背板的两侧黄色，其他翅脉黑褐色。雄成虫略小，翅展 12 ~ 14mm，颜面中央有黄色。腹部赤褐色或黑色，各背板两侧缘黄色（图 5-38）。幼虫乳白色，头部浅黄色，体长约 17mm。

③生活习性　1 年发生 1 代，以幼虫在蛀害茎内越冬。翌年 4 月间化蛹，5 月上、中旬（柳絮盛飞期）出现成虫。卵产在当年的新梢和含苞待放的花梗上，当幼虫孵化蛀入茎干后就倒折、萎蔫。幼虫沿着茎干中心继续向下蛀害，直到地下部分。月季茎蜂蛀害时无排泄物排出，一般均充塞在蛀空的虫道内。10 月后天气渐冷，幼虫做一薄茧在茎内越冬，其部位一般距

地面 10 ~ 20cm。

2. 防治措施

（1）及时剪除并销毁受害的枝条。

（2）在越冬代成虫羽化初期（柳絮盛飞期）和卵孵化期，使用40%氧化乐果1000倍液，或20%菊杀乳油1500 ~ 2000倍液毒杀成虫和幼虫。

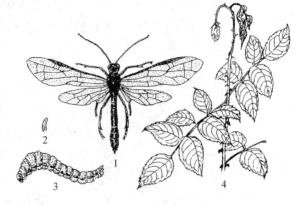

图5-38 月季茎蜂

1. 成虫 2. 卵 3. 幼虫 4. 被害状

九、蚊蝇类

蚊蝇类属于双翅目，成虫只有1对膜质前翅，后翅退化为平衡棒。幼虫无足，蚊类幼虫全头型，多为4龄；蝇类幼虫无头型，一般为3龄。植食性的种类中，有的危害后形成虫瘿，有的潜叶危害，有的蛀根危害。危害园林植物的常见蚊蝇类害虫主要有瘿蚊科的柳瘿蚊（*Rhabdophaga salicis*）、菊瘿蚊（*Diavthronomyia* sp.）和花蝇科的竹笋泉蝇（*Pegomya kiangsuensis*）。这里重点介绍竹笋泉蝇。

1. 常见蚊蝇类害虫

下面对竹笋泉蝇进行介绍。

①分布与危害 分布于江苏、浙江、上海、江西、福建等地。危害毛竹、淡竹、刚竹、旱竹、石竹等。以幼虫蛀食竹笋，使内部腐烂，造成退笋。

②识别特征 成虫体暗灰色，长约5 ~ 7mm，复眼紫褐色，单眼3个，橙黄色，胸部背面有3条深色纵纹，翅脉淡黄色，中后足黄褐色（图5-39）。幼虫体长约10mm，蛆状，黄白色，前端细末端科，头部不明显，口器呈黑色钩状，老熟幼虫尾部变黑。

③生活习性 1年发生1代，以蛹在土中越冬，越冬蛹于次年出笋前15 ~ 20d羽化为成虫飞出，当笋出土3 ~ 5cm时，成虫即产卵于笋箨内壁，

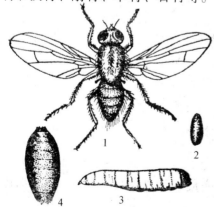

图5-39 竹笋泉蝇

1. 成虫 2. 卵 3. 幼虫 4. 蛹

笋外不易发现，每笋内可产卵 10～200 粒，幼虫孵出后即蛀食笋肉，形成不规则的虫道，引起笋内腐烂。老熟幼虫于 5 月中旬出笋入土化蛹越冬。

2. 防治措施

（1）人工防治

及早挖除虫害笋，杀死幼虫，减少入土化蛹的虫口密度。

（2）诱杀成虫

在成虫羽化初期用糖醋或鲜竹笋等加少量敌百虫，放入诱捕笼捕杀。

（3）保护利用天敌

蜘蛛、蚂蚁、瓢虫等能捕食泉蝇卵块，应加以保护利用。

（4）药剂防治

大面积竹林在竹笋出笋前喷药 1 次，出笋后喷 1 次，每 7d 喷 1 次药，连续 2～3 次。

【任务准备】

材料：钻蛀性害虫生活史标本，钻蛀性害虫危害状标本，钻蛀性害虫图片资料，卵、幼虫、蛹浸渍标本，成虫针插干制标本等。

用具：双目体视显微镜、放大镜、镊子、解剖针、防治用具等。

【任务实施】

1. 调查钻蛀性害虫的种类及危害状。

2. 识别钻蛀性害虫的形态特征。

（1）观察星天牛、光肩星天牛、云斑白条天牛、双斑锦天牛、菊小筒天牛、松墨天牛各类标本。

（2）观察松纵坑切梢小蠹、柏肤小蠹各类标本。

（3）观察金缘吉丁虫、六星吉丁虫的各类标本。

（4）观察臭椿沟眶象、一字竹象虫的各类标本。

（5）观察咖啡木蠹蛾、芳香木蠹蛾东方亚种的各类标本。

3. 制订蛀干害虫的综合防治方案。

【任务评价】

任务完成后，教师指出学生在任务完成过程中存在的问题，并根据以下 4 个方面进行任务评价。

序号	评价组成	评价内容	参考分值
1	学生自评	是否认真完成任务，上交实训报告，指出不足和收获	20
2	教师测评	现场操作是否规范；识别蛀干害虫的准确率；防治方案制定的科学性；学生任务完成情况；实训报告的完成情况及任务各个步骤的完成情况	40
3	学生互评	互相学习、协作，共同完成任务情况	10
4	综合评价	学习态度、参与程度、团队合作能力、小组任务完成情况等	30
合　计			100

【巩固训练】

试设计蛀干害虫天牛的防治方案。

任务四　地下害虫识别与防治

【任务目标】

1. 能识别常见的园林植物地下害虫种类、危害特点，熟悉其发生规律。
2. 掌握重要地下害虫的防治方法，能科学设计防治方案并实施。

【任务分析】

要防治园林植物地下害虫，首先必须要认识地下害虫的种类和特征，并选择合适的杀虫剂。本任务要求完成园林植物常见地下害虫的识别及防治。

围绕完成常见园林植物地下害虫的识别和防治任务，分阶段进行，每个阶段按教师讲解→学生训练→判别的顺序进行。以4~6人一组完成任务。

【知识导入】

地下害虫是指一生中大部分时间在土壤中生活，主要危害植物地下部分(如根、茎、种子)或地面附近根茎部的一类害虫，亦称土壤害虫。它们具有如下特点：①种类多：有320余种，主要有直翅目的蝼蛄、蟋蟀，鞘翅目的蛴螬、金针虫，鳞翅目的地老虎，等翅目的白蚁，双翅目的根蛆等。②分布广：全国各地均有发生。③寄主种类多、适应性强：各种花卉、作物、果树、林木、蔬菜、牧草等播下的种子和幼苗均可危害。④危害时间长：在植物的整个生长季节几乎均能危害。⑤不易防治：地下害虫潜伏于土中危害，不易被发现，防治难度大。

一、蛴螬类

蛴螬是鞘翅目金龟甲科幼虫的总称。金龟甲幼虫，体肥胖，呈 C 形弯曲。

（1）分布与危害

金龟甲按其食性可分为植食性、粪食性、腐食性 3 类。植食性种类中以鳃金龟科和丽金龟科的一些种类，发生普遍，危害最重。植食性蛴螬大多食性极杂，同一种蛴螬常可危害双子叶和单子叶花木播下的种子及幼苗。蛴螬终生栖居土中，喜食刚刚播下的种子、根、块根、块茎以及幼苗等，造成缺苗断垄。是一类分布广、危害重的害虫。

图 5-40　蛴螬

（2）识别特征

蛴螬体肥大弯曲近 C 形，体大多白色，有的黄白色。体壁较柔软，多皱。体表疏生细毛。头大而圆，多为黄褐色，或红褐色，生有左右对称的刚毛。胸足 3 对，一般后足较长。腹部 10 节，第 10 节称为臀节，其上生有刺毛，其数目和排列也是分种的重要特征（图 5-40）。

（3）生活习性

蛴螬年生代数因种、因地而异。这是一类生活史较长的昆虫，一般 1 年 1 代，或 2 ~ 3 年 1 代，长者 5 ~ 6 年 1 代。暗黑鳃金龟、铜绿丽金龟、毛黄鳃金龟、苹毛丽金龟、四斑丽金龟、黑绒鳃金龟为 1 年 1 代。蛴螬共 3 龄。1、2 龄期较短，第 3 龄期最长。蛴螬终生栖生土中，其活动主要与土壤的理化特性和温湿度等有关。在一年中活动最适的土温平均为 13 ~ 18℃，高于 23℃，即逐渐向深土层转移，至秋季土温下降到其活动适宜范围时，再移向土壤上层。因此，蛴螬对苗圃、幼苗的危害是春秋两季最重。

（4）防治措施

①人工防治　细致整地，挖拾蛴螬；避免施用未腐熟的厩肥，减少成虫产卵；在蛴螬发生严重地块，合理控制灌溉，或及时灌溉，促使蛴螬向土层深处转移，避开幼苗最易受害时期。

②生物防治　蛴螬乳状菌能感染十多种蛴螬，感病率一般在 10% 左右，最高可达 60% 以上，可将病虫包装处理后，用来防治蛴螬。蛴螬的其他天

敌也很多，如各种益鸟、青蛙等，可以保护利用。

③药剂防治

药剂处理土壤：如用50%辛硫磷乳油每667m²用200～250g，加水10倍，喷于25～30kg细土上拌匀成毒土，顺垄条施，随即浅锄，或以同样用量的毒土撒于种沟或地面，随即耕翻，或混入厩肥中施用，或结合灌水施入；或5%辛硫磷颗粒剂，或5%地亚农颗粒剂，每667m²用22.5～3kg处理土壤，都能收到良好效果，并兼治其他地下害虫。

药剂处理种子：当前用于拌种用的药剂主要有50%辛硫磷乳油或25%辛硫磷胶囊剂，其用量一般为药剂1份，水30～40份，种子400～500份；或用种子重量2%的35%克百威种衣剂拌种。

毒谷：每667m²用25%对硫磷或辛硫磷胶囊剂150～200g拌谷子等饵料5kg左右，或50%对硫磷或辛硫磷乳油50～100g拌饵料3～4kg，撒于种沟中，兼治其他地下害虫。

④防治成虫　见食叶害虫中金龟子部分。

二、蝼蛄类

蝼蛄类属直翅目蝼蛄科。前足为开掘足。前翅短，仅达腹部中部，后翅纵折伸过腹末端如尾。产卵器不发达。成、若虫均为地下害虫。危害园林植物主要是东方蝼蛄(*Gryllotalpa orientalis*)。

(1)分布与危害

原名非洲蝼蛄，国内于1992年改为东方蝼蛄。分布在全国各地，以长江流域及南方各省较多。危害杨、柳、松、柏、海棠、悬铃木、雪松、香石竹、鸢尾等幼苗根部。成、若虫在土中挖掘隧道，咬断苗木根茎，食害种子，造成大片苗木死亡。危害造成的枯心苗，是植株基部被咬，严重者被咬断，呈撕碎的麻丝状，心叶变黄枯死，受害植株易拔起，茎上无蛀孔，无虫粪。

(2)识别特征

成虫体长30～35mm，灰褐色，腹部色较浅，全身密布细毛。头圆锥形，触角丝状。前胸背板卵圆形，中间具一明显的暗红色长心脏形凹陷斑。前翅灰褐色，较短，仅达腹部中部。后翅扇形，较长，超过腹部末端。腹末具1对尾须。前足为开掘足，后足胫节背面内侧有4个距，别于华北蝼蛄。若虫共8～9龄，末龄若虫体长25mm，体形与成虫相近。

(3)生活习性

1年1代，以成虫或若虫在地下越冬。清明后上升到地表活动，在洞口可顶起一小虚土堆。5月上旬至6月中旬是蝼蛄最活跃的时期，也是第1次危害高峰期，6月下旬至8月下旬，天气炎热，转入地下活动，6～7月为产卵盛期。9月份气温下降，再次上升到地表，形成第2次危害高峰，10月中旬以后，陆续钻入深层土中越冬。蝼蛄昼伏夜出，以21：00～23：00活动最盛，特别在气温高、湿度大、闷热的夜晚，大量出土活动。早春或晚秋因气候凉爽，仅在表土层活动，不到地面上，在炎热的中午常潜至深土层。蝼蛄具趋光性，并对香甜物质，如半熟的谷子、炒香的豆饼、麦麸以及马粪等有机肥，具有强烈趋性。成、若虫均喜松软潮湿的壤土或砂壤土，20cm表土层含水量20%以上最适宜，小于15%时活动减弱。当气温在12.5～19.8℃，20cm厚土温为15.2～19.9℃时，对蝼蛄最适宜，温度过高或过低时，则潜入深层土中。

（4）防治措施

①人工防治　冬春深翻园地，适时中耕，清除园圃杂草，注意施用堆肥、厩肥、饼肥等要充分腐熟后才能施用，避免蝼蛄前来产卵。夏季在蝼蛄产卵盛期，结合中耕，发现洞口时，向下挖10～20cm，找到卵室，将挖出的蝼蛄和卵粒集中处理。

②诱杀成虫　在成虫盛发期利用黑光灯进行诱杀。

③生物防治　在土壤中接种白僵菌，使蝼蛄感病而死。

④药剂防治　发现花木受害，可用50%辛硫磷乳剂1000～1500倍液进行泼浇，毒杀成、若虫。也可用毒饵诱杀，用40%乐果乳油或90%晶体敌百虫10倍液，拌炒香的麦麸、谷壳、豆饼50kg，制成毒饼，于傍晚撒在苗床上或根际周围毒杀成、若虫。

三、地老虎类

地老虎类属鳞翅目夜蛾科切根夜蛾亚科，成虫后翅的M_2脉发达，和其他脉一样粗细，中足胫节有刺。其幼虫生活于土中，咬断植物根茎，是重要的地下害虫。全国已发现170多种，其中以切根夜蛾属（*Euxoa*）和地夜蛾属（*Agrotis*）最多。危害园林植物的地老虎类害虫主要有小地老虎（*Agrotis ypsilon*）、大地老虎（*Agrotis tokionis*）和黄地老虎（*Agrotis segetum*）等。

1. 常见地老虎类害虫

（1）小地老虎

①分布与危害　小地老虎又名土蚕、地蚕。分布于全国各地，唯长江流域及南部沿海各省最多。危害松、杉、罗汉松苗及菊花、一串红、万寿菊、孔雀草、百日草、鸡冠花、香石竹、金盏菊、羽衣甘蓝等。幼虫危害

寄主的幼苗，从近地面咬断植株或咬食未出土幼苗及生长点，使整株死亡，造成缺苗断垄，严重的甚至毁种。

②识别特征　成虫体长 16 ~ 23mm，翅展 42 ~ 54mm，深褐色，前翅由内横线、外横线将全翅分为 3 段，具有显著的肾状斑、环形纹、棒状纹和 2 个黑色剑状纹；后翅灰色无斑纹（图 5-41）。幼虫体长 37 ~ 47mm，灰黑色，体表布满大小不等的颗粒，臀板黄褐色，具 2 条深褐色纵带。

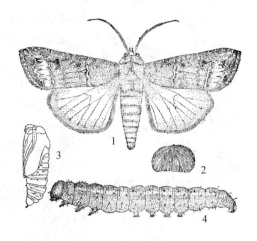

图 5-41　小地老虎
1. 成虫　2. 卵　3. 蛹　4. 幼虫

③生活习性　江苏一年 5 代，福州一年 6 代，以老熟幼虫、蛹及成虫越冬。成虫夜间活动、交配产卵，卵产在 5cm 以下矮小杂草上，尤其在贴近地面的叶背或嫩茎上，卵散产或成堆产，每雌平均产卵 800 ~ 1000 粒。成虫对黑光灯及糖醋酒等趋性较强。幼虫共 6 龄，3 龄前在地面、杂草或寄主幼嫩部位取食，危害不大；3 龄后昼间潜伏在表土中，夜间出来危害。老熟幼虫有假死习性，受惊缩成环形。老熟幼虫于土中筑土室化蛹。小地老虎喜温暖及潮湿的条件，最适发育温区为 13 ~ 25℃，在河流湖泊地区或低洼内涝、雨水充足及常年灌溉地区，如土质疏松、团粒结构好、保水性强的壤土、黏壤土、砂壤土均适于小地老虎的发生。尤在早春菜田及周缘杂草多，可提供产卵场所；蜜源植物多，可为成虫提供补充营养的情况下，将会形成较大的虫源，发生严重。

（2）大地老虎

①分布与危害　大地老虎又名黑虫、地蚕、土蚕、切根虫、截虫。分布北起黑龙江、内蒙古，南至福建、江西、湖南、广西、云南。危害菊花、香石竹、月季、罗汉松等。幼虫危害先取食近地面的叶片，或将幼苗咬断拖到土穴内潜伏在土中取食。常将花圃内的月季茎基部皮层组织咬坏，呈环状后枯萎死亡。

②识别特征　成虫体长 14 ~ 19mm，翅展 32 ~ 43mm，灰褐至黄褐色。额部具钝锥形突起，中央有一凹陷。前翅黄褐色，全面散布小褐点，各横线为双条曲线但多不明显，肾纹、环纹和剑纹明显，且围有黑褐色细边，其余部分为黄褐色；后翅灰白色，半透明（图 5-42）。幼虫体长 33 ~ 45mm，

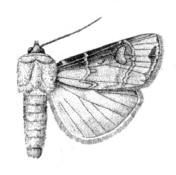

图5-42 大地老虎

头部黄褐色，体淡黄褐色，体表颗粒不明显，体多皱纹而淡，臀板上有两块黄褐色大斑，中央断开，小黑点较多，腹部各节背面毛片，后两个比前两个稍大。

③生活习性 大地老虎1年1代，以幼虫在杂草丛及表土层越冬。长江流域3月初出土危害，5月上旬进入危害盛期，气温高于20℃则滞育越夏，9月中旬开始化蛹，10月上中旬羽化为成虫。每雌可产卵1000粒，卵期11~24d，幼虫期逾300d。

（3）黄地老虎

①分布与危害 又名土蚕、地蚕、切根虫、截虫。除广东、海南、广西未见报道外，其他省区均有分布。该虫食性广，危害花卉、林木等。1龄幼虫取食叶肉，留下表皮，也可聚于嫩尖取食，咬断嫩尖。3龄幼虫咬断嫩茎，6龄幼虫食量剧增。造成大量断苗、缺株，危害很大。

②识别特征 成虫体长20~22mm，翅展45~48mm，头部、胸部褐色，下唇须第2节外侧具黑斑，颈板中部具黑横线1条。腹部、前翅灰褐色，外横线以内前缘区、中室暗褐色，基线双线褐色达亚中褶处，内横线波浪形，双线黑色，剑纹黑边窄小，肾纹大，具黑边，褐色，外侧具1黑斑近达外横线，中横线褐色，外横线锯齿状双线褐色，亚缘线锯齿形，浅褐色，缘线呈一列黑色点，后翅浅黄褐色（图5-43）。

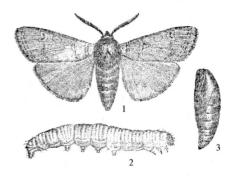

图5-43 黄地老虎（张培义绘）
1. 成虫 2. 幼虫 3. 蛹

老熟幼虫体长41~61mm，黄褐色，体表皱纹多，颗粒不明显。头部褐色，中央具黑褐色纵纹1对，额（唇基）三角形，底边大于斜边，各腹节2毛片与1毛片大小相似。气门长卵形黑色，臀板除末端2根刚毛附近为黄褐色外，几乎全为深褐色，且全布满龟裂状皱纹。

③生活习性 一年3~4代，以幼虫（少数为蛹）在土中越冬。一年中春秋两季危害，但春季危害重于秋季。一般以4~6龄幼虫在2~15cm深的土层中越冬，以7~10cm最多，翌春3月上旬越冬幼虫开始活动，4月上中旬

在土中作室化蛹，蛹期 20 ～ 30d。成虫昼伏夜出，具较强趋光性和趋化性。习性与小地老虎相似，幼虫以 3 龄以后危害最重。

2. 防治措施

（1）人工防治

早春清除杂草，防止地老虎成虫产卵是关键一环，清除的杂草，要沤类处理。

（2）诱杀防治

①黑光灯诱杀成虫。

②糖醋液诱杀成虫：糖 6 份、醋 3 份、白酒 1 份、水 10 份、90% 敌百虫 1 份调匀，或用泡菜水加适量农药，在成虫发生期设置，均有诱杀效果。某些发酵变酸的食物，如甘薯、胡萝卜、烂水果等加入适量药剂，也可诱杀成虫。

③毒饵诱杀幼虫（参见蝼蛄）。

④堆草诱杀幼虫：在菜苗定植前，地老虎仅以田中杂草为食，因此可选择地老虎喜食的灰菜、刺儿菜、苦卖菜、小旋花、苜蓿、艾篙、白茅、鹅儿草等杂草堆放诱集地老虎幼虫，或人工捕捉，或拌入药剂毒杀。

（3）药剂防治

地老虎 1 ～ 3 龄幼虫期抗药性差，且暴露在寄主植物或地面上，是药剂防治的适期。喷洒 2.5% 溴氰菊酯或 20% 氰戊菊酯或 20% 菊杀乳油、10% 溴·马乳油 2000 倍液、90% 敌百虫 800 倍液或 50% 辛硫磷 800 倍液。此外也可选用 3% 米乐尔颗粒剂，每 $667m^2$ 施用 2 ～ 5kg 处理土壤。

四、白蚁类

白蚁类属等翅目昆虫，分土栖、木栖和土木栖三大类。它除危害房屋、桥梁、枕木、船只、仓库、堤坝等之外，还是园林植物的重要害虫。危害园林植物的白蚁类害虫主要有鼻白蚁科的家白蚁（*Coptotermes formosanus*）和白蚁科的黑翅土白蚁（*Odontotermes foemosanus*）、黄翅大白蚁（*Macrotermes barneyi*）。

1. 常见白蚁类害虫

（1）家白蚁

①分布与危害　分布于安徽以南各地，是危害房屋建筑、桥梁和"四旁"绿化树种最严重的一种土、木两栖白蚁。危害林木时，尤喜在古树名木及行道树内筑巢，使之生长衰弱，甚至枯死。

②识别特征　有翅成虫体长 13.5 ～ 15mm，头背面深黄色，胸、腹面黄

褐色，腹部腹面黄色。翅微具淡黄色翅面密布细小短毛。

③生活习性 分飞季节为4～6月，多在傍晚成群飞翔，尤其是在大雨前后闷热时更为显著，有翅繁殖蚁有强烈的趋光性。家白蚁的巢常筑于大树树干内、夹墙内、木梁与墙交接处、门楣旁、木柱与地面相接部分、楼梯靠近地层部分，以及锅灶下等处，也可筑巢于地下1.3～2m深的土壤中。

（2）黑翅土白蚁

①分布与危害 分布于华南、华中和华东地区。危害茶、柏、柑橘等90余种植物。还能危害堤坝安全。常筑巢于土中，取食苗木的根、茎，并在树木上修筑泥被，啃食树皮，也能从伤口侵入木质部危害，苗木被害后生长不良或整株死亡。

②识别特征 有翅成虫体长12～14mm，翅长24～25mm。头、胸、腹背面黑褐色，腹面棕黄色，全体密被细毛。头圆形，复眼黑色，单眼橙黄色，均略呈椭圆形。前胸背板前宽后窄，后缘中央向前凹入，背板中央有一淡色"十"字形纹。其两侧各有一椭圆形淡色点(图5-44)。

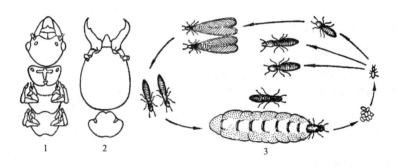

图5-44 黑翅土白蚁(仿杨可四)

1. 有翅成虫头部 2. 兵蚁头部 3. 生活史示意

③生活习性 有翅成虫于3月出现在巢内，4～6月出现在近蚁巢的地面上。每巢有1群或多群，在羽化孔下有候飞室。候飞室与主巢相距3～8m。气温高于20℃，相对湿度高于85%的雨天，有翅成虫于19：00前后分飞，经过分飞后，脱翅的成虫一般成对地钻入地下建立新巢。工蚁食性很杂。白蚁发生情况与土壤、植被、气候和温湿度及垦殖年限、方法、品种有关。

（3）黄翅大白蚁

①分布与危害 分布于浙江、江西、湖南、四川、福建、广东、广西、云南等地。危害桉树、松、杨梅、油桐、龙眼等。啃食绿化树种，导致生长不良，以致枯死。

②识别特征　有翅成虫体长 14～16mm，背面栗褐色。头宽卵形，复眼黑褐色、单眼棕黄色，均椭圆形。翅长 24～26mm，黄色。前胸背前宽后窄，中央有一淡色"十"字形纹；前方两侧、后方中央也有一圆形淡色斑(图 5-45)。

③生活习性　在福建分飞在 4～6月，分飞前由工蚁在主巢附近的地面筑成分飞孔。分飞孔在地面较明显，呈肾形凹入地面，深 1～4cm，长 1～4cm。孔四周围撒布有许多泥粒。初建群体的入土深度，在前一百天内为 15～30cm，

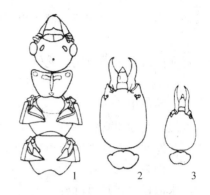

图 5-45　黄翅大白蚁
1. 有翅成虫头、胸部　2. 大工蚁头、前胸背面　3. 小工蚁头前胸背面

以后随着时间推移和群体的扩大，巢穴逐步迁入深土处。巢入土深可达 0.8～2m，一般到第 4 或第 5 年才定巢在适宜的环境中，不再迁移。黄翅大白蚁的巢群上能长出鸡枞菌，一般菌圃离地面距离 45～60cm。白蚁的危害和树木生长好坏有十分密切的关系，若生长健壮，白蚁也极少危害。如不适地适树，或种植后管理不良，或因气候干旱引起生理失调，白蚁危害严重。一般危害幼苗较大树严重，旱季危害较雨季严重。

2. 防治措施

(1)人工防治

①挖巢除蚁　土栖白蚁的巢虽筑在地下，在外出活动取食时留有泥被、泥线、分飞孔等外露迹象，跟踪追击即可找到蚁道。在蚁道内插入探条，顺蚁道追挖，便可找到主道和主巢。每年"芒种"、"夏至"时节，凡是地面上生长有鸡枞菌的地方，地下常有土栖白蚁的窝。土木栖性白蚁可根据构筑蚁路的材料来判断蚁巢所处位置。地上木材中的蚁巢和树心巢，其蚁路的颜色多为褐色，且多纤维质；如蚁路成分以土质为主，则地下巢的可能性大；如蚁路成分带有砂质和石灰碎粒，则蚁巢多在空心墙柱和门楣中。挖巢最好冬季进行，这时白蚁高度集中巢内，可一网打尽。

②深翻除蚁　播种前于冬季进行深翻改土，挖毁蚁巢。

(2)加强管理，促进植物健康生长

白蚁类通常危害生长衰弱的植株，所以种植时首先要选择壮苗，并严格按技术规程行事。栽植后加强管理，使苗木迅速恢复生机，增强抵抗力。对一些萌芽力强的树种，在遭白蚁危害后，根际下部被白蚁咬成环状剥皮，地上部分开始凋萎。可截去部分枝干，在根部淋通药液，驱除白蚁，培上

较多的土，使苗木在根颈部萌出新的不定根，逐渐恢复生机。

（3）灯光诱杀

在白蚁分飞季节用黑光灯诱杀有翅生殖蚁。

（4）药剂防治

①种子用75%辛硫磷乳油300～400倍液，或40%甲基异柳磷乳油，或50%氯丹乳油400倍液浸1～2min后播种。

②发现树木受害时，可用75%辛硫磷乳油400～500g兑水1000kg浇施。

③毒饵诱杀。毒饵的配制是将0.1g的75%灭蚁灵粉、2g红糖、2g松花粉、水适量，按重量称好，先将红糖用水溶开，再将灭蚁灵和松花粉拌匀倒入，搅拌成糊状，用皱纹卫生纸包好，或直接涂抹在卫生纸上揉成团即可。将带有灭蚁灵毒饵的卫生纸塞入有白蚁活动的部位，如蚁路、分飞孔、被害物的边缘或里面。也可用面粉、米粉和甘蔗渣粉代替松花粉。

④挖诱集坑诱杀。在白蚁危害严重的地段，挖30cm×40cm×20cm的诱集坑，然后把桉树皮、松木片、蔗渣等埋入坑内作诱饵，上洒稀薄的红糖水或米汤，上面再覆一层草。过一段时间检查，如有白蚁诱来，可向坑内喷灭蚁灵，使蚁带药回巢，大量杀死白蚁。

⑤压烟灭蚁。找到通向蚁巢的主道后，将压烟筒的出烟管插入主道，用泥封住道口，以防烟雾外逸，再将杀虫烟剂（如敌敌畏插管烟剂）放入压烟器内点燃，扭紧上盖，烟便从蚁道自然压入巢内。

五、蟋蟀类

蟋蟀类属于直翅目蟋蟀科。触角丝状。较体长。前翅平覆体背，后翅纵折，常驻超出腹端。产卵器针状或矛状。雄虫发音器在前翅上，听器在前足胫节上。常见的是大蟋蟀（*Brachytrypes portentosus* Lichtensein）。

1. 常见蟋蟀类害虫

下面对大蟋蟀进行介绍。

①分布与危害　分布于云南、福建、广西、广东和台湾等地。成虫和若虫均危害，在其生活地区，几乎所有园林植物均可被害。主要危害木麻黄、油茶、桉、人面子、台湾相思和大叶相思等多种幼苗，是重要的苗圃害虫。

②识别特征　成虫体长40～50mm，黄褐或斑褐色。头较前胸宽。触角丝状，长度比体稍长。前胸背板中央有一纵线，其两侧各有1个颜色较浅的楔形斑块。足粗短，后足腿节强大，胫节具2列45个刺状突起。若虫外形与成虫相似，体色较浅，随虫龄的增长而体色逐渐转深(图5-46)。

③生活习性　发生规律1年1代，以卵在土中2～3cm处越冬。翌春4～

5月间孵化，7~8月成虫盛发。成、若虫夜晚活动。9月下旬至10月上旬雌虫营土穴产卵，多产于河边、沟旁、田埂等杂草较多的向阳地段，深约2~4cm。每雌产卵34~114粒。成虫寿命平均64d，长者逾200d，但产卵后1~8天即死。雄虫善鸣以诱雌虫，并善斗，常筑穴与雌虫同居。若虫、成虫平时好居暗处，夜间也扑向灯光。杂食性，但尤喜带油质和香味的植物，如大豆、芝麻。

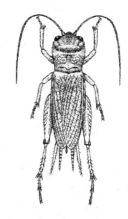

图5-46 大蟋蟀
（仿浙江农业大学）

2. 防治措施

（1）人工捕杀

秋后或早春耕翻，将卵埋入深层使其不能孵化。及时除草可以减少大蟋蟀的发生。堆放杂草诱集，然后捕杀。

（2）灯光诱杀成虫

可用黑光灯诱杀蟋蟀成虫。

（3）毒饵诱杀

用炒过的花生麸或米糠作饵料，取饵料5kg，90%晶体敌百虫50g，用适量热水将敌百虫溶解后拌入饵料中，使饵料成豆渣状，即成毒饵。选择闷热无雨的傍晚，在各洞穴口的松土堆上放一粒花生米大小的毒饵，当大蟋蟀一出洞取食就被诱杀，效果显著。用南瓜或菜叶切碎作饵料配制毒饵，可以获得同样的效果。

六、金针虫类

金针虫类属鞘翅目叩甲科。其幼虫多为黄褐色，体壁坚硬、光滑，体形似针，故通称为金针虫。危害园林植物的常见金针虫类害虫有沟胸金针虫（*Pleonomus canaliculatus* Faldemann）。

1. 常见金针虫类害虫

下面对沟胸金针虫进行介绍。

①分布与危害 沟胸金针虫又名沟叩头虫、沟叩头甲、钢丝虫。分布于辽宁、河北、内蒙古、山西、河南、山东、江苏、浙江、安徽、湖北、陕西、甘肃、青海等地。危害松柏类、青桐、悬铃木、丁香、元宝枫、海棠及草本植物。幼虫在土中取食播种下的种子、萌出的幼芽、幼苗的根部，致使植物枯萎致死。

②识别特征 老熟幼虫体长20~30mm，细长筒形略扁，体壁坚硬而光滑，具黄色细毛，尤以两侧较密。体黄色，前头和口器暗褐色，头扁平，

上唇呈三叉状突起，胸、腹部背面中央呈一条细纵沟。尾端分叉，并稍向上弯曲，各叉内侧有 1 个小齿。各体节宽大于长，从头部至第 9 腹节渐宽。

③生活习性　2～3 年一代，以幼虫和成虫在土中越冬。越冬成虫于 2 月下旬开始出蛰，3 月中旬至 4 月中旬为活动盛期，白天潜伏于表土内，夜间出土交配产卵。雌虫无飞翔能力，每雌产卵 32～166 粒，平均产卵 94 粒；雄成虫善飞，有趋光性。卵发育历期 33～59d，平均 42d。5 月上旬幼虫孵化，在食料充足的条件下，当年体长可至 15mm 以上，到第 3 年 8 月下旬，幼虫老熟，于 16～20cm 深的土层内作土室化蛹，蛹期 12～20d，平均约 16d。9 月中旬开始羽化，当年在原蛹室内越冬。由于沟胸金针虫雌成虫活动能力弱，一般多在原地交尾产卵，故扩散危害受到限制。

2. 防治措施

（1）人工防治

①对于发生严重的地块，在深秋或初冬翻耕土地，不仅能直接消灭一部分害虫，并且将大量害虫暴露于地表，使其被冻死、风干或被天敌啄食、寄生等，一般可压低虫量 15%～30%，明显减轻第 2 年的危害。

②苗圃地合理轮作。

③合理施用化肥。碳酸氢铵、腐殖酸铵、氨水、氨化过磷酸钙等化学肥料，散发出氨气对地下害虫具有一定的驱避作用。

④合理灌溉。土壤温湿度直接影响着害虫的活动。

（2）药剂防治

用 50% 辛硫磷乳油 1000 倍液、25% 爱卡士乳油 1000 倍液、40% 乐果乳油 1000 倍液、30% 敌百虫乳油 500 倍液或 80% 敌百虫可溶性粉剂 1000 倍液喷洒或灌杀。

【任务准备】

材料：地下害虫生活史标本、地下害虫危害状标本、地下害虫图片资料、卵、幼虫、蛹浸渍标本；成虫针插干制标本等。

用具：双目体视显微镜、放大镜、镊子、解剖针、培养皿等。

【任务实施】

1. 调查地下害虫的种类及危害状。

2. 识别地下害虫的种类及形态特征。

（1）观察暗黑鳃金龟、铜绿丽金龟、毛黄鳃金龟、苹毛丽金龟、四斑丽金龟、黑绒鳃金龟的幼虫标本，应特别注意观察幼虫头部的刚毛和臀节上的刺毛。

（2）观察东方蝼蛄的各类标本。

（3）观察小地老虎、大地老虎和黄地老虎的各类标本。

（4）观察家白蚁、黑翅土白蚁、黄翅大白蚁的各类标本。

（5）观察油葫芦的各类标本。

（6）观察沟胸金针虫的各类标本。

3. 制订地下害虫的综合防治方案。

【任务评价】

任务完成后，教师指出学生在任务完成过程中存在的问题，并根据以下 4 个方面进行任务评价。

序号	评价组成	评价内容	参考分值
1	学生自评	是否认真完成任务，上交实训报告，指出不足和收获	20
2	教师测评	现场操作是否规范；常见地下害虫识别的准确率；防治方案的科学性；实训报告的完成情况；学生任务完成情况及任务各个步骤的完成情况	40
3	学生互评	互相学习、协作，共同完成任务情况	10
4	综合评价	学习态度、参与程度、团队合作能力、小组任务完成情况等	30
合　计			100

【巩固训练】

当地园林植物主要的地下害虫有哪些？请制订地下害虫的综合防治方案。

综合复习题

一、填空题

1. 大袋蛾俗称_____，其幼虫共_____龄，有喜光性，故多聚集于_____危害。

2. 识别天蛾幼虫时，最明显特征为体较_____，腹部第 8 节背面具一个_____。

3. 尺蛾又称_____，属_____目_____科，其幼虫只有_____对腹足，着生于第 6 和第 10 节上，因此爬行时常_____，屈屈前进，犹如量地，故称尺蛾。

4. 黄连木尺蛾在我国 1 年发生_____代，以_____在_____越冬。

5. 舞毒蛾又名_____，其成虫雌雄_____，雌体较大，污白色；雄体较小，棕褐色。

6. 美国白蛾又名_____，属鳞翅目_____科，是世界性_____害虫。

7. 白杨叶甲分布全国各地，主要寄主为_____树和_____树。

8. 榆紫叶甲在我国的生活史为1年_____代，以_____在_____越冬。越冬后成虫_____性很强，因此可用人工振落法防治。

9. 叶蜂类幼虫为多足型，除具有3对胸足外，通常有_____对腹足。

10. 蝗虫一般每年发生_____代，绝大多数以_____在土中越冬。干旱年份_____蝗虫发生。

二、单项选择题

1. 褐边绿刺蛾在北京地区的生活史为(   )。

A. 1年1代，以老熟幼虫越冬　　　　　B. 1年2代，以老熟幼虫越冬

C. 1年2代，以蛹越冬　　　　　　　　D. 1年1代，以卵越冬

2. 大袋蛾幼虫喜光，常聚集到(   )危害。

A. 树干上　　　B. 树杈处　　　C. 树枝梢头　　　D. 叶片上

3. 丝木棉尺蛾的产卵方式为(   )。

A. 堆产　　　B. 块产　　　C. 散产　　　D. 单产

4. 下列尺蛾幼虫有转主危害习性的是(   )。

A. 槐尺蛾　　　　　　　　　B. 大造桥虫

C. 丝木棉尺蛾　　　　　　　D. 黄连木翅蛾尺蛾

5. 马尾松毛虫的越冬虫态为(   )。

A. 卵　　　B. 幼虫　　　C. 蛹　　　D. 成虫

三、简答题

1. 简述食叶害虫的发生特点。

2. 以黄刺蛾为例说明刺蛾类害虫危害特点及防治方法。

3. 调查本地区松毛虫种类，描述其形态特征，拟订其综合防治方法。

4. 结合本地区常发生的叶甲虫类及危害特点，说明叶甲类害虫的防治方法。

5. 以樟叶蜂为例说明叶蜂类害虫的危害特点及防治方法。

6. 简述蝗虫的发生特点及防治方法。

7. 吸汁害虫的危害特点有哪些？

8. 蚜虫、蚧类害虫的发生特点有哪些？如何进行防治？

9. 如何防治钻蛀性害虫？

10. 地下害虫的发生特点有哪些？

11. 白蚁类害虫的发生规律如何？怎样防治？

项目六

福建常见园林植物病害识别与防治

【知识目标】

1. 了解当地园林植物病害的主要种类。
2. 了解园林植物病害的发生规律。
3. 熟悉常见园林植物病害的症状特点及园林植物病害的初步诊断。
4. 掌握常见园林植物病害的防治方法。

【技能目标】

1. 能识别当地常见园林植物病害的种类。
2. 能根据常见园林植物病害的症状特点初步诊断园林植物病害。
4. 能实施常见园林植物病害的防治作业。

任务一　叶部病害识别与防治

【任务目标】

1. 熟悉当地园林植物叶部病害常见的种类。
2. 熟悉园林植物叶部病害发病特点与症状特征。
3. 掌握当地园林植物叶部病害常见种类的识别。
4. 掌握常见园林植物叶部病害的防治方法。

【任务分析】

要防治园林植物叶部病害，首先要明确叶部病害对园林植物生长发育的危害性，对园林景观及观赏价值的影响。从实际出发，根据教学目标和任务，了解叶部病害的发生特点，识别常见叶部病害的种类和症状特征，根据具体情况科学设计综合防治方案，实施有效的防治措施。本任务要求完成园林植物常见叶部病害的识别及防治。

围绕完成常见园林植物叶部病害的识别和防治任务，分阶段逐一完成，每个阶段按教师讲解→学生训练→实施的顺序进行。以教师讲解指导与学生实训密切配合完成任务的实施过程，4~6人一组分工协作完成任务。

【知识导入】

在自然条件下，每种园林植物都会遭受各种病原的危害，园林植物叶、花、果病害种类很多，发生十分普遍。在园林植物病中，叶、花、果病害约占60%~70%。虽然叶、花、果病害在一般情况下，很少能引起园林植物的死亡，但会引起叶片的斑驳、枯死、变形，提前落叶、落花、落果等现象，影响园林植物正常的生长和发育质量，直接影响园林植物的观赏价值和园林景观，尤其是对观叶、观花、观果的园林植物影响更加明显。提早落叶也会减少光合作用产物的积累，削弱花木的生长势，并诱发其他病虫害的发生。

引起园林植物的叶、花、果病害的病原种类很多，既有侵染性病原，也有非侵染性病原，但大多数是由侵染性病原引起的。侵染性病原，包括真菌、细菌、病毒、植原体、寄生性线虫等，都能引起植物叶部病害，而以真菌病害为多。形成多种症状类型，主要有灰霉、白粉、锈粉、煤污、斑点、毛毡、变形、变色等。

园林叶花果病害侵染循环的主要特点是：

(1)初次侵染的主要来源是病落叶、被害枝条、冬芽等器官上越冬的病菌菌丝体、子实体、休眠体。

(2)潜育期一般较短，大多在7~15d，整个生长季节中再次侵染次数多。

(3)病原物主要通过被动传播方式到达新的侵染点。传播的动力和媒介包括风、雨、昆虫、人类活动等，多数叶部病害的病原物是通过气流传播的。

(4)侵入途径主要有直接侵入、自然孔口侵入和伤口侵入几种。

园林叶花果病害的防治方法是：清除病菌的侵染来源是预防和减少病害发生的关键措施，即清除病落叶、被害枝条、冬芽等器官上越冬的病菌菌丝体、子实体、休眠体。改善园林植物生长环境，提高园林植物的抗病能力是控制减少病害发生的根本措施，喷药保护是减轻园林植物叶、花、果病害发生和扩展蔓延的主要措施。

一、叶变形类

叶变形病主要是由子囊菌亚门的外子囊菌和担子菌亚门的外担子菌引起的。寄主受病菌侵害后组织增生，使叶片肿大、皱缩、加厚，果实肿大、中空成囊状，引起落叶、落果，严重时引起枝条枯死，影响观赏价值。

1. 危害特点、症状识别及发病规律

（1）桃缩叶病

①分布与危害　我国各地均有发生，浙江地区发生较严重。除危害桃树外，还危害樱花、李、杏、梅等园林植物。发病后引起早期落叶、落花、落果，减少当年新梢生长量，严重时树势衰退，容易受冻害。

②症状　病菌主要危害叶片，也能侵染嫩梢、花、果实。叶片感病后，一部分或全部波浪状皱缩卷曲，呈黄色至紫红色，加厚，质地变脆。春末夏初，叶片正面出现一层灰白色粉层，即病菌的子实层，有时叶片背面也可见灰白色粉层。后期病叶干枯脱落。病梢为灰绿色或黄色，节间短缩肿胀，其上着生成丛、卷曲的叶片，严重时病梢枯死。幼果发病初期果皮上出现黄色或红色的斑点，稍隆起，病斑随果实长大，逐渐变为褐色，并龟裂，病果早落（图6-1）。

③病原　病原菌为畸形外囊菌（*Taphrina deformans*），属子囊菌亚门半子囊菌纲外子囊菌目外囊菌属。子囊直接从菌丝体上生出，裸生于寄主表皮外；子囊圆筒形，无色，顶端平截；子囊内有8个子囊孢子，偶为4个；子囊孢子球形至卵形，无色。

④发病规律　病菌以厚壁芽孢子在树皮、芽鳞上越夏和越冬。翌年春天，成熟的子囊孢子或芽孢子随气流等传播到新芽上，自气孔或上、下表皮侵入。病菌侵入后，在寄主表皮下或在栅栏组织的细胞间隙中蔓延，刺激寄主组织细胞大量分裂，胞壁加厚，病叶肥厚皱缩、卷曲并变红。早春温

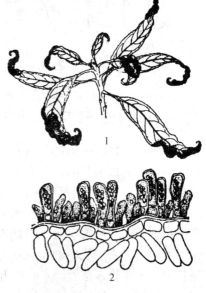

图6-1　桃缩叶病

1. 症状　2. 病原菌的子囊及子囊孢子

度低、湿度大有利于病害的发生。如早春桃芽膨大期或展叶期雨水多、湿度大，发病重；但早春温暖干旱时，发病轻。缩叶病发生的最适温度为10～16℃，但气温上升到21℃，病情减缓。此病4～5月为发病盛期，6～7月后发病停滞。无再次侵染。

（2）杜鹃饼病

①分布与危害　此病为杜鹃花的一种常见病，又称叶肿病。分布于我国江南地区及山东、辽宁等地。除危害杜鹃花外，还危害茶、石楠科植物，导致叶、果及梢畸形，影响园林植物观赏价值。

图6-2　杜鹃饼病（林焕章，1999）

1. 症状　2. 病原菌的担子及担孢子

②症状　病菌主要危害叶片、嫩梢，也危害花和果实。发病初期叶片正面出现淡黄色、半透明的近圆形病斑，后变为淡红色。病斑扩大，变为黄褐色并下陷，而叶背的相应位置则隆起呈半球形，产生大小不一菌瘿，小的直径3～10mm，大的直径23mm左右，表面产生灰白色粉层，即病菌的子实层，灰白色粉层脱落，菌瘿成褐色至黑褐色。后期病叶枯黄脱落。受害叶片大部分或整片加厚，如饼干状，故称饼病。新梢受害，顶端出现肥厚的叶丛或形成瘤状物。花受害后变厚，形成瘿瘤状畸形花，表面生有灰白色粉状物（图6-2）。

③病原　杜鹃饼病是由担子菌亚门层菌纲外担子菌目外担子菌属（*Exobasidium*）的真菌引起的，常见的有两种：半球外担子菌（*E. hemisphaericum*）和日本外担子菌（*E. japonicum*）。

④发病规律　病菌以菌丝体在病叶组织内越冬，翌年环境条件适宜时，产生担孢子，随风雨吹送到杜鹃花嫩叶上。如果叶片上有充分水分，担孢子便可萌发侵入。脱落的担孢子萌发前形成中隔，变成双胞，发芽时各细胞长出一个芽管，芽管侵入叶片组织，在寄主组织不断发展菌丝，经过7～17d产生病斑，在浙江丽水4月中旬产生病斑，5月初可见子实层。本病在生长季节可多次重复侵染，不断蔓延，但其担孢子寿命很短，对日光抵抗

力甚弱，一般几天后，便会失去萌发能力。因此，病菌以菌丝体形式在病组织内越冬和越夏，病组织内潜伏的菌丝是发病的来源。带菌苗木为远距离传播的重要来源。

该病是一种低温高湿病害，低温高湿、荫蔽、日照少、管理粗放有利病害发生。其发生的适宜温度为 15～20℃，适宜相对湿度为 80% 以上。在一年中有两个发病高峰，即春末夏初和夏末秋初。高山杜鹃容易感病。

（3）茶饼病

①分布与危害　茶饼病在我国的湖南、广西、广东、湖北、河南、浙江、福建、江西、贵州、四川等地均有发生。常造成花、叶畸形，枯梢和病叶早落，影响观赏价值。

②症状　病菌侵害嫩叶、嫩梢、花及子房。病叶正面初生淡黄色、半透明、近圆形病斑，病斑扩大，使病部叶背肥肿，有的略卷曲；后期病部产生一层白色粉状物，即病菌的子实层。白色粉状物飞散后，病叶枯萎脱落。嫩梢感病后肥肿而粗短，由淡红色变为灰白色，后出现白色粉状物，最后嫩梢枯死。子房感病后肿大如桃，中空，比正常果实大数倍，初为白色，最后变黑腐烂（图 6-3）。

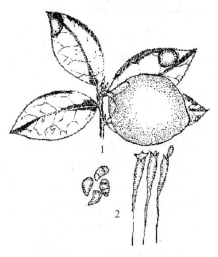

图 6-3　茶饼病
1. 症状　2. 担子及担孢子

③病原　病原菌为细丽外担子菌（*Exobasidium gracile*），属担子菌亚门层菌纲外担子菌目外担子菌属。担子裸生，棍棒状，无色，顶端生有 2～4 个小梗。担孢子长椭圆形或到卵圆形，无色，单胞。

④发病规律　病原菌是一种强寄生菌。以菌丝体在寄主组织内越冬。翌年春天产生担孢子，随风传播。潜育期约为 7～17d。病害一般一年发生一次。常在 3 月中旬开始发病，4～5 月为发病盛期。病菌喜在温度较低、雨量较多、阴湿的条件下生长繁殖。

2. 防治措施

（1）清除病菌的侵染来源是预防病害发生关键，即清除病落叶、被害枝条、冬芽等器官上越冬的病菌菌丝体、子实体、休眠体。生长季节发现病叶、病梢和病花，要在灰白色子实层产生以前摘除并销毁，防止病害进一步传播蔓延。

（2）改善园林植物生长环境是控制病害发生的根本措施，加强栽培管理，提高植株抗病力。种植密度或花盆摆放不宜过密，使植株间有良好的通风透光条件。选择弱酸性且土质疏松的土壤栽培杜鹃花，不要积水，促进植株生长，提高抗病能力。

（3）喷药保护是防治园林植物叶、花、果病害的主要措施。在重病区，发芽展叶前，喷洒 3～5°Be 的石硫合剂保护；发病期喷洒 0.5°Be 的石硫合剂，或 65% 代森锌可湿性粉剂 400～600 倍液，或 0.5% 的波尔多液，或 0.2～0.5% 的硫酸铜液 3～5 次。

二、白粉病类

白粉病是植物受到白粉菌侵染所引起的病症。在我国各地均有发生，在北方地区的多雨季节以及长江流域及其以南的广大地区，发病率很高。除针叶树和球茎、鳞茎、兰花类等花卉以及角质层、蜡质层厚的花卉（如山茶、玉兰等）以外，许多观赏植物（如月季、瓜叶菊、金盏菊、松果菊、非洲菊、波斯菊、翠菊、大丽菊、百日菊、玫瑰、凤仙花、美女樱、秋葵、一品红、蜀葵、福禄考、秋海棠、栀子、紫藤、蔷薇、牡丹、菊花、芍药、大丽花、八仙花、九里香等大部分园林苗木及草坪植物）都有白粉病。白粉病主要危害花木的嫩叶、幼芽、嫩梢和花蕾。白粉病病症非常明显，在发病部位覆盖有一层白色粉层。引起园林植物白粉病的常见病原菌有白粉菌属（*Erysiphe*）、单囊壳属（*Sphaerotheca*）、内丝白粉菌属（*Leveillula*）、叉丝壳属（*Microsphaera*）、叉丝单囊壳属（*Podosphaera*）。

1. 危害特点、症状识别及发病规律

（1）瓜叶菊白粉病

①分布与危害　白粉病是瓜叶菊温室栽培中的主要病害。除瓜叶菊外，此病还发生在菊花、金盏菊、波斯菊、百日菊等多种菊科花卉上。苗期发病植株，因生长不良矮化或畸形，发病严重时全叶干枯。

②症状　此病主要危害叶片，严重时也可发生在叶柄、嫩茎以及花蕾上。发病初期，叶面上出现不明显的白色粉霉状病斑，后来呈近圆形或不规则形黄色斑块，上覆一层白色粉状物，严重时多个病斑相连，白粉层覆盖全叶。在严重感病的植株上，叶片和嫩梢扭曲，新梢生长停滞，花朵变小，有的不能开花，最后叶片变黄枯死。发病后期，叶面的白粉层变为灰白色或灰褐色，其上可见黑色小点粒——病菌的闭囊壳（图6-4）。

③病原　病原菌为二孢白粉菌（*Erysiphe eichoracearum*），属子囊菌亚门

核菌纲白粉菌目白粉菌属。闭囊壳上附属丝多，菌丝状；子囊6～21个，卵形或短椭圆形，该菌的无性阶段为豚草粉孢霉属（*Oidium ambrosiae*），分生孢子椭圆形或圆筒形。

④发病规律　病原菌以闭囊壳在病株残体上越冬。翌年病菌借助气流和水流传播，孢子萌发后以菌丝自表皮直接侵入寄主表皮细胞。该病的发生与温度关系密切，15～20℃有利于病害的发生，7～10℃以下

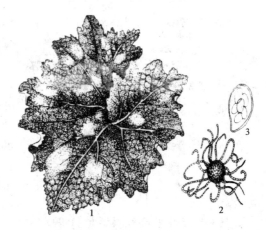

图6-4　瓜叶菊白粉病
1. 症状　2. 闭囊壳　3. 子囊壳和子囊孢子

时，病害发生受到抑制。病害的发生一年中有两个高峰，苗期发病盛期为11～12月，成株发病盛期为3～4月。

（2）月季白粉病

①分布与危害　月季白粉病是一种常见病害，在我国各地均有发生。该病对月季危害较大，轻则使月季长势减弱、嫩叶片扭曲变形、花姿不整，影响生长和失去观赏价值，重则引起月季早落叶、花蕾畸形或不完全开放，连续发病则使月季枝干枯死或整株死亡，造成经济损失。该病也侵染玫瑰、蔷薇等植物。

②症状　大多发生在植株的嫩叶、幼芽、嫩枝及花蕾上。老叶较抗病。发病初期病部出现褪绿斑点，以后逐渐变成白色粉斑，逐渐扩大为圆形或不规则形的白粉斑，严重时病斑相互连接成片。犹如覆盖着一层白粉，即病菌的分生孢子。最后粉斑上长出许多黄色小圆点。随后，小圆点颜色逐渐变深，直至呈现黑褐色，即病菌的闭囊壳。月季芽受害后，病芽展开的叶片上、下两面都布满了白粉层，叶片皱缩、反卷、变厚，呈紫绿色，感病的叶柄及皮刺上的白粉层很厚，难剥离。嫩梢和叶柄发病时病斑略肿大，节间缩短，病梢弯曲，有回枯现象。花蕾染病时表面被满白粉，不能开花或花畸形。严重时，叶片干枯，花蕾凋落，甚至整株死亡（图6-5）。

③病原　引起此病的病原常见的有以下两种：

叉丝单囊壳菌（*Podosphaera oxyaconthae*）：属子囊菌亚门核菌纲白粉菌目叉丝单囊壳属。闭囊壳上附属丝6～16根，顶部叉状分枝2～5次，分枝的顶端膨大呈锣锤状，子囊1个，短椭圆形或近球形，子囊孢子8个，椭圆

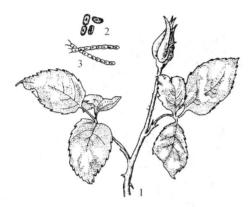

图 6-5　月季白粉病（林焕章，1999）
1. 症状　2. 分生孢子　3. 分生孢子串生

形或肾形。无性阶段为山楂粉孢霉（*Oidium crataegi*），分生孢子串生，单胞，卵圆形或桶形，无色。

单囊白粉菌（*Sphaerotheca fulinea*）：属子囊菌亚门核菌纲白粉菌目单囊白粉菌属。闭囊壳壳壁的细胞特大，附属丝 5 ~ 10 根，菌丝状，褐色，有隔膜。子囊短椭圆形或近球形。子囊孢子 8 个，椭圆形，无色透明。无性阶段为粉孢霉属的真菌（*Oidium* sp.）；粉孢子串生，椭圆形，无色。

④发病规律　病原菌主要以菌丝体在芽中越冬，闭囊壳也可以越冬，但一般情况下，月季上较少产生闭囊壳。翌年春季病菌随芽萌动而开始活动，侵染幼嫩部位，3 月中旬产生粉孢子。粉孢子主要通过风的传播，直接侵入。在温度 20℃、湿度 97% ~ 99% 的条件下，粉孢子 2 ~ 4h 就能萌发，3d 左右就又能形成新的孢子。潜育期短，人工接种为 5 ~ 7d。病原菌生长的最适温度为 21℃；最低温度为 3℃，最高温度为 33℃。粉孢子萌发的最适湿度为 97% ~ 99%。露地栽培月季以春季 4 ~ 6 月和秋季 9 ~ 10 月发病较多，温室栽培可整年发生。

温室内光照不足、通风不良、空气湿度高、种植密度大，发病严重；氮肥施用过多、土壤中缺钙或过干的轻砂土，有利于发病；温差变化大、花盆土壤过干等，使寄主细胞膨压降低，都将减弱植物的抗病力，有利于白粉病的发生。月季的品种不同，白粉病的发生也有所不同，芳香族的多数品种不抗病，尤其是红色花品种极易感病。一般小叶、无毛的蔓生、多花品种较抗病。抗病品种叶片中磺基丙氨酸含量高，而感病品种的嫩叶中有 β-丙氨酸，抗病品种和感病品种的老叶中则没有 β-丙氨酸。

（3）紫薇白粉病

①分布与危害　紫薇白粉病在我国普遍发生。据报道，云南、四川、湖北、浙江、江苏、山东、上海、北京、湖南、贵州、河南、福建、台湾等地均有发生。白粉病使紫薇叶片枯黄，引起早落叶，影响树势和观赏。

②症状　白粉病主要侵害紫薇的叶片，嫩叶比老叶易感病。嫩梢和花蕾也会受侵染。叶片展开即可受侵染。发病初期，叶片上出现白色小粉斑，扩大后为圆形病斑，白粉斑可相互连接成片，有时白粉层覆盖整个叶片。

叶片扭曲变形，枯黄早落。发病后期白粉层上出现由白而黄、最后变为黑色的小点粒——闭囊壳(图6-6)。

③病原 病原菌是南方小钩丝壳菌(*Uneinuliella australiana*)，属子囊菌亚门核菌纲白粉菌目小钩丝壳属。菌丝体着生于叶片上下表面。闭囊壳聚生至散生，暗褐色，子囊3～5个，卵形、近球形；子囊孢子5~7个，卵形。

④发病规律 病原菌以菌丝体在病芽或以闭囊壳在病落叶上越冬，粉孢子由气流传播；生长季节有多次再侵染。粉孢子萌发最适宜的温度为19～25℃，温度范围为5～30℃，空气相对湿度为100%，自由水更有利于粉孢子萌发。

紫薇发生白粉病后，其光合作用强度降低，病叶组织蒸腾强度增加，从而加速叶片的衰老、死亡。紫薇白粉病主要发生在春、秋季，秋季发病危害最为严重。

(4)大叶黄杨白粉病

①分布与危害 大叶黄杨白粉病是大叶黄杨上的常见病害。在我国四川、上海、浙江、山东、江西、福建等地均有发生。大叶黄杨易受白粉病危害的是嫩叶和新梢，严重时叶卷曲，枝梢扭曲变形，甚至枯死。

②症状 白粉多分布于大叶黄杨的叶面，也有生长在叶背面的。单个病斑圆形，白色，愈合之后不规则。将表生的白色粉状菌丝和孢子层拭去时原发病部位呈现黄色圆形斑。严重时新梢感病可达100%。有时病叶发生皱缩，病梢扭曲畸形，甚至枯死(图6-7)。

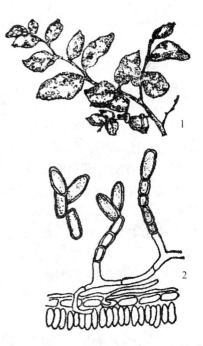

图6-6 紫薇白粉病
1. 白粉病症状图 2. 白粉菌粉孢子

图6-7 大叶黄杨白粉病
1. 症状 2. 菌丝和分生孢子

③病原 为正木粉孢霉(*Oidium euonymi-japonicae*)，属半知菌亚门丝孢菌纲丛梗孢目丛梗孢科粉孢霉属。菌丝表生，无色，有隔膜，具分枝，分生孢子梗棍棒状，分生孢子椭圆形，单独成熟或成短链。在全年植物生长季节所采集的标本上均不产生有性阶段，但经人工诱发可产生病菌有性阶段。

④发病规律 病菌一般以菌丝体在病组织越冬，病叶、病梢为翌春的初侵染来源。在大叶黄杨展叶时和生长期，病原菌产生大量的分生孢子，分生孢子随风雨传播，直接穿透侵入寄主，潜育期5~8d。发病的峰值一般出现于4~5月。病斑的发展也与叶的幼老关系密切，随着叶片的老化，病斑发展受限制，在老叶上往往形成有限的近圆形的病斑，而在嫩叶上，病斑扩展几乎无限，甚至布满整个叶片。以后，病害发展停滞下来，特别是7~8月，在白粉病病斑上常常出现白粉寄生菌(*Cicinnobolus* sp.)，严重时，整个病斑变成黄褐色。在发病期间，雨水多则发病严重；徒长枝叶发病重；栽植过密、行道树下遮阴、光照不足、通风不良、低洼潮湿等因素都可加重病害的发生，绿篱较绿球病重。

2. 防治措施

(1)清除病菌的侵染来源是预防病害发生的关键。秋冬季结合清园扫除枯枝落叶，生长季节结合修剪整枝及时除去病芽、病叶和病梢，以减少侵染来源。

(2)改善园林植物生长环境是控制病害发生的根本措施，加强栽培管理，提高园林植物的抗病性。适当增施磷、钾肥，合理使用氮肥；种植不要过密，适当疏伐，以利于通风透光；及时清除感病植株，摘除病叶，剪去病枝，是减少棚室花卉白粉病发生的一条有效措施；加强温室的温湿度管理，特别是早春保持较恒定的温度，防止温度的忽高忽低，有规律地通风换气，使湿度不至于过高，营造不利于白粉病发生的环境条件。尽可能选择抗病品种，繁殖时不使用感病株上的枝条或种子。如月季可选'白金'、'女神'、'爱斯来拉达'、'爱'、'金凤凰'等抗白粉病的品种。

(3)喷药保护是防治园林植物病害的主要措施。盆土或苗床、土壤药物杀菌，可用50%甲基硫菌灵与50%福美双(1:1)混合药剂600~700倍液喷洒盆土或苗床、土壤，可达杀菌效果。发芽前喷施3~4°Be的石硫合剂(瓜叶菊上禁用)；生长季节用25%粉锈宁可湿性粉剂2000倍液、30%的氟菌唑800~1000倍液、80%代森锌可湿性粉剂500倍液、70%甲基托布津可湿性粉剂1000~1200倍液、50%退菌特800倍液或15%绿帝可湿性粉剂500~700倍液进行喷雾，每隔7~10d喷1次，喷药时先叶后枝干，连喷3~4次，可有效地控制病害发生。在温室内可用45%百菌清烟剂熏烟，每667m^2

用药量为250g，也可将硫黄粉涂在取暖设备上任其挥发，能有效地防治月季白粉病（使用硫黄粉的适宜温度为15～30℃，最好夜间进行，以免白天人受害）。喷洒农药应注意，整个植株均要喷到，药剂要交替使用，以免白粉菌产生抗药性。

三、锈病类

锈病是园林植物中的一类常见病害。园林植物受害后，发病部位产生黄褐色锈状物，常造成提早落叶、花果畸形、嫩梢易折，影响植物的生长，降低植物的观赏性。

园林植物锈病中常见的病原菌有柄锈属（*Puccinia*）、单胞锈属（*Uromyces*）、多胞锈属（*Phraymidium*）、胶锈属（*Gymnosoporagium*）、柱锈属（*Cronartium*）等。

1. 危害特点、症状识别及发病规律

（1）玫瑰锈病

①分布与危害　玫瑰锈病为世界性病害。我国的北京、山东、河南、陕西、安徽、江苏、广东、云南、上海、浙江、福建、吉林等地均有发生。该病还可危害月季、野玫瑰等园林植物，感病植物提早落叶，削弱植物生长势，影响观赏效果，减少切花产量。

②症状　病菌主要危害叶片和芽。玫瑰芽受害后，展开的叶片布满鲜黄色粉状物，叶背出现黄色的稍隆起的小斑点（锈孢子器）。小斑点最初生于表皮下，成熟后突破表皮，散出橘红色粉末，病斑外围往往有褪色环圈。叶正面的性孢子器不明显。随着病情的发展，叶片背面（少数地区叶正面也会出现）出现近圆形的橘黄色粉堆（夏孢子堆）。发病后期，叶背出现大量黑色小粉堆（冬孢子堆）（图6-8）。

病菌也可侵害嫩梢、叶柄、果实等部位。受害后病斑明显地隆起，嫩梢、叶柄上的夏孢子堆呈长椭圆形，果实上的病斑为圆形，果实畸形。

③病原　引起玫瑰锈病的病原种类很多，国内已知3种，均属担子菌亚门

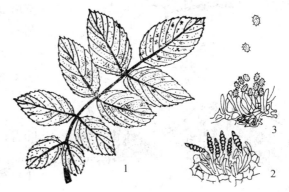

图6-8　玫瑰锈病
1. 症状　2. 冬孢子堆　3. 夏孢子堆和夏孢子

冬孢菌纲锈菌目多胞菌属（*Phraymidium*），分别为短尖多胞锈菌（*P. mucronatum*）、蔷薇多胞锈菌（*P. rosae-multiflorae*）、玫瑰多胞锈菌（*P. rosaerugprugosae*）。

④发病规律　该病原菌为单主寄生（在玫瑰上可完成其整个生活史）。病原菌以菌丝体在病芽、病组织内或以冬孢子在病落叶上越冬。翌年芽萌发时，冬孢子萌发产生担孢子，侵入植株幼嫩组织，在南京地区3月下旬出现明显的病芽，在嫩芽、嫩叶上产生橙黄色粉状的锈孢子。4月中旬在叶背产生橙黄色的夏孢子，经风雨传播后，由气孔侵入进行第一次侵染，以后条件适宜时，叶背不断产生大量夏孢子，进行多次再侵染，病害迅速蔓延。发病的最适温度为18～21℃。一年中以6～7月发病比较重，秋季有一次发病小高峰。温暖、多雨、多露、多雾的天气有利于病害的发生；偏施氮肥会加重病害的危害。

（2）草坪草锈病

①分布与危害　草坪草锈病是草坪草上的常见病害，发生非常普遍，我国的黑龙江、山东、广东、江苏、四川、云南、上海、北京、浙江、福建、湖南、台湾等地均有发生。锈病发生严重时，草坪草过早地枯黄，降低使用价值及观赏性。

由于草坪草的种类很多，锈菌种类也不相同，这里仅以研究较多的细叶结缕草（天鹅绒草）锈病为例介绍。

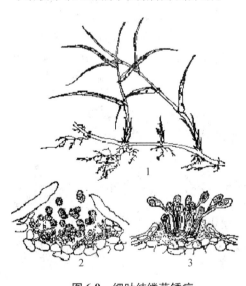

图6-9　细叶结缕草锈病
1. 症状图　2. 锈病菌夏孢子堆　3. 冬孢子

②症状　该病主要发生在结缕草的叶片上，发病严重时也侵染草茎。早春叶片一展开即可受侵染。发病初期叶片上下表皮均可出现疱状小点，逐渐扩展形成圆形或长条状的黄褐色病斑——夏孢子堆，稍隆起。夏孢子堆在寄主表皮下形成，成熟后突破表皮裸露呈粉堆状，橙黄色。夏孢子堆长1mm左右。冬孢子堆生于叶背，黑褐色、线条状，长1～2mm，病斑周围叶肉组织失绿变为浅黄色。发病严重时整个叶片枯黄、卷曲干枯（图6-9）。

③病原　结缕草柄锈菌（*Puc-*

cinia zoysiae）是细叶结缕草锈病的病原菌，属担子菌亚门冬孢菌纲锈菌目柄锈菌属。夏孢子堆椭圆形；夏孢子椭圆形至卵形，单胞，淡黄色，表面有小刺，冬孢子棍棒状，双细胞，黄褐色，顶部细胞壁厚，平钝。细叶结缕草锈病菌为转主寄生锈菌，其性孢子器及锈孢子器生于转主寄主鸡矢藤等寄主植物上。

④发病规律　病原菌可能以菌丝体或冬孢子堆，在病株或病植物残体上越冬。根据观察，细叶结缕草 4～5 月叶片上出现褪绿色病斑，5～6 月及秋末发病较重，9～10 月草叶枯黄。9 月底、10 月初产生冬孢子堆。病原菌生长发育适温为 17～22℃；空气相对湿度在 80% 以上有利于侵入。光照不足、土壤板结、土质贫瘠、偏施氮肥的草坪发病重。

（3）海棠——圆柏锈病

①分布与危害　又名梨桧锈病。主要危害海棠及其仁果类观赏植物和圆柏。该病在我国发生普遍，各地均有发生。该病使海棠叶片病斑密布、枯黄早落，造成圆柏针叶、小枝干枯，树冠稀疏，影响观赏效果。

②症状　病菌主要危害海棠的叶片，也可危害叶柄、嫩枝、果实。感病初期，叶片正面出现橙黄色、有光泽的小圆斑，病斑边缘有黄绿色的晕圈，其后病斑上产生针头大小的黄褐色小颗粒，即病菌的性孢子器。大约 3 周后病斑的背面长出黄白色的毛状物，即病菌的锈孢子器。叶柄、果实上的病斑明显隆起，多呈纺锤形，果实畸形并开裂。嫩梢发病时病斑凹陷，病部易折断。

秋冬季病菌危害转主寄生圆柏的针叶和小枝，最初出现淡黄色斑点，随后稍隆起，最后产生黄褐色圆锥形角状物或楔形角状物，即病菌的冬孢子角，翌年春天，冬孢子角吸水膨胀为橙黄色的胶状物，犹如针叶树"开花"（图 6-10）。

③病原　病原菌主要有 2 种：山田胶锈菌（*Gymnosporangium yamadai*）和梨胶锈菌（*G. haraeanum*），

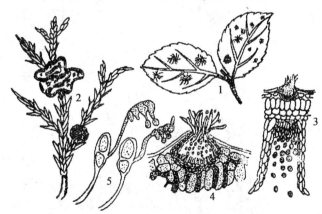

图 6-10　海棠锈病症状及病原
1. 海棠叶片症状　2. 桧柏上的症状　3. 锈孢子器
4. 性孢子器　5. 冬孢子萌发产生担孢子

均属担子菌亚门冬孢菌纲锈菌目胶锈菌属。

④发病规律　病菌以菌丝体在圆柏上越冬，可存活多年。翌年3～4月冬孢子成熟，春雨后，冬孢子角吸水膨大成花朵状，当日平均气温达10.6～11.6℃，旬平均温度达8.2～8.3℃时，萌发产生担孢子；担孢子借风雨传播到海棠的嫩叶、叶柄、嫩枝、果实上，萌发产生芽管直接由表皮侵入；经6～10d的潜育期，在叶正面产生性孢子器；约3周后在叶背面产生锈孢子器。锈孢子借风雨传播到圆柏上侵入新梢越冬。因该病菌无夏孢子，故生长季节没有再侵染。

该病的发生与气候条件关系密切。春季多雨气温低或早春干旱少雨发病轻，春季温暖多雨则发病重。该病发生与园林植物的配置关系十分密切。该病菌需要转主寄生才能完成其生活史，故海棠与圆柏类针叶树混栽发病就重。

（4）萱草锈病

①分布与危害　萱草锈病在河北、四川、湖南、江苏、浙江、福建、上海、北京等地均有发生。危害萱草叶、花梗、花蕾，严重时全株叶片枯死，直接影响植株生长。

②症状　病害在叶片背面及花梗上，先产生黄色疱状斑点，为病菌的夏孢子堆。表皮破裂后散出黄褐色的粉状物，便是夏孢子，夏孢子堆周围往往失绿而呈淡黄色。严重时叶上布满夏孢子堆，整叶变黄。后期在病部产生黑褐色长椭圆形或条状的冬孢子堆，埋生于表皮下，非常紧密，表皮不破裂。锈病严重危害时全株叶片枯死，花梗变红褐色。花蕾干瘪或凋谢脱落，可减产30%以上（图6-11）。

③病原　为萱草柄锈菌（*Puccinia hemerocallidis*），属担子菌亚门冬孢菌纲锈菌目柄锈菌科柄锈属。锈孢子器生于叶背，杯形；包被边缘外翻而碎裂。锈孢子球形或椭圆形，几乎无色，有瘤。夏孢子堆多生于叶背，橘红色。夏孢子亚球形或椭圆形，带黄色，有瘤。冬孢子堆周围有褐色成熟的侧丝。冬孢子棍棒形，顶平，有时圆或尖，分隔处略缢缩。柄淡黄色。

图6-11　萱草锈病（林焕章，1999）

1. 被害叶片　2. 病原菌

④发病规律　本病为转主寄生的病害，败酱草（*Patrinia viiiosa*）是其第二寄主。病菌以菌丝或冬孢子堆在残存病组织上越冬，翌年 6~7 月上旬发病。气温 25℃，相对湿度 85% 以上，有利病害发生。种植过密、地势低洼、排水不良时病重。氮肥过多，或土黏贫瘠时病重。

2. 防治措施

（1）合理配置园林植物是防止转主寄生的锈病发生的重要措施。为了预防海棠锈病，在园林植物配置上要避免海棠和圆柏类针叶树混栽；如因景观需要必须一起栽植，则应考虑将圆柏类针叶树栽在下风向，或选用抗性品种。

（2）清除病菌侵染来源。结合庭园清理和修剪，及时除去病枝、病叶、病芽并集中烧毁。

（3）在休眠期喷洒 3°Be 的石硫合剂可以杀死在芽内及病部越冬的菌丝体；生长季节喷洒 25% 粉锈宁可湿性粉剂 1500~2000 倍液，或 12.5% 烯唑醇可湿性粉剂 3000~6000 倍液，或 65% 的代森锌可湿性粉剂 500 倍液，可起到较好的防治效果。

四、煤污病类

煤污病是园林植物上的常见病害。发病部位的黑色"煤污层"是煤污病的典型特征。由于叶面布满了黑色"煤污层"，使叶片的光合作用受到抑制，既削弱植物的生长势，又影响植物的观赏价值。

1. 危害特点、症状识别及发病规律

下面对花木煤污病进行介绍。

①分布与危害　煤污病在南方各地的花木普遍发生，常见的寄主有：山茶、米兰、扶桑、木本夜来香、白兰花、蔷薇、夹竹桃、木槿、桂花、玉兰、紫背桂、含笑、紫薇、苏铁、金橘、橡皮树等。发病部位的黑色"煤污层"削弱植物的生长势，影响观赏价值。

②症状　病菌主要危害植物的叶片，也能危害嫩枝和花器。病菌的种类不同引起的花木煤污病的病状也略有差异，但黑色"煤污层"是各种花木煤污病的典型特征。

③病原　引起花木煤污病的病原菌种类有多种。常见的病菌有性阶段为子囊菌亚门核菌纲小煤炱菌目小煤炱菌属的小煤炱菌（*Meliola* sp.）和子囊菌亚门腔菌纲座囊菌目煤炱菌属的煤炱菌（*Capnodium* sp.），其无性阶段为半知菌亚门丝孢菌纲丛梗孢目烟霉属的散播霉菌（*Fumago vagans*）。煤污病病原菌常见的是无性阶段。

④发病规律　病菌主要以菌丝、分生孢子或子囊孢子越冬。翌年温湿度适宜，叶片及枝条表面有植物的渗出物、蚜虫的蜜露、介壳虫的分泌物时，分生孢子和子囊孢子就可萌发并在其上生长发育。菌丝和分生孢子可由气流、蚜虫、介壳虫等传播，进行再次侵染。病菌以昆虫的分泌物或植物的渗出物为营养，或以吸器直接从植物表皮细胞中吸取营养。

病害的严重程度与温度、湿度、立地条件及蚜虫、介壳虫的关系密切。温度适宜、湿度大，发病重；花木栽植过密，环境阴湿，发病重；蚜虫、介壳虫危害重时，发病重。

在露天栽培的情况下，一年中煤污病的发生有两次高峰，3～6月和9～12月。温室栽培的花木，煤污病可整年发生。

2. 防治措施

煤污病的防治以及时防治蚜虫、介壳虫的危害为重要措施。

（1）加强管理，营造不利于煤污病发生的环境条件。注意花木栽植的密度，防止过密，适时修剪、整枝，改善通风透光条件，降低林内湿度。

（2）喷施杀虫剂防治蚜虫、介壳虫的危害（详见蚜虫、介壳虫的防治）；在植物休眠季节喷施3～5°Bé的石硫合剂以杀死越冬病菌，在发病季节喷施0.3°Bé的石硫合剂，有杀虫治病的效果。

五、灰霉病类

灰霉病是草本观赏植物最常见的真菌病害，对保护地栽培植物危害最大。灰霉病的病症很明显，在潮湿情况下病部会形成显著的灰色霉层。灰葡萄孢霉（*Botrytis cinerea*）是最重要的病原菌，该菌寄主范围很广，几乎能侵染每一种草本观赏植物。

1. 危害特点、症状识别及发病规律

（1）仙客来灰霉病

①分布与危害　仙客来灰霉病是世界性病害，尤其是温室花卉发病十分普遍，我国仙客来栽培地区均有发生。还能危害月季、倒挂金钟、百合、扶桑、樱花、白兰花、瓜叶菊、芍药等多种园林植物，造成叶、花腐烂，严重时导致植株死亡。

②症状　仙客来的叶片、叶柄、花梗和花瓣均可发生此病。叶片发病初期，叶缘出现暗绿色水渍状病斑，病斑迅速扩展，可蔓延至整个叶片。病叶变为褐色，以至干枯或腐烂。叶柄、花梗和花瓣受害时，均发生水渍状腐烂。在潮湿条件下，病部产生灰色霉层，即病原菌的分生孢子和分生孢子梗（图6-12）。

③病原 病原菌为灰葡萄孢霉（*Botrytis cinerea*），属半知菌亚门丝孢纲丛梗孢目葡萄孢属。该病菌有性阶段属子囊菌亚门的富氏葡萄盘菌（*Botryotinia fuckeliana*）。

④发病规律 病菌的分生孢子、菌丝体、菌核在病组织或随病株残体在土中越冬。翌年借助于气流、灌溉水以及园艺措施等途径传播到侵染点，直接从表皮侵入，或由老叶的伤口、开败的花器以及其他的坏死组织侵入。病部所产生的分生孢子是再侵染的主要来源。该病一年中有两次发病高峰，即 2~4 月和 7~8 月。温度 20℃左右，相对湿度 90% 以上，有利于发病。温室大棚温度适宜、湿度大，适宜该病的发生，如果管理不善，该病整年都可

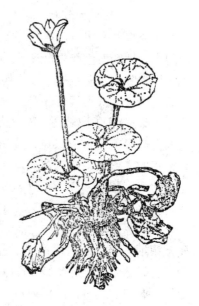

图 6-12 仙客来灰霉病症状

以发生且严重。室内花盆摆放过密、施用氮肥过多引起徒长、浇水不当以及光照不足等，都可加重病害的发生。土壤黏重、排水不良、光照不足、连作的地块发病重。

（2）月季灰霉病

①分布与危害 是世界各地都有分布的一种病害，在我国尤以长江以南多雨地区发病严重。危害月季叶片、花、花蕾、嫩茎等部位，使被害部位腐烂。也侵害竹叶海棠、斑叶海棠等。

②症状 病菌可侵害叶片、花蕾、花瓣和幼茎，但以危害花器为主。叶片受害，在叶缘和叶尖出现水渍状淡褐色斑点，稍凹陷，后扩大并发生腐烂。花蕾受害变褐枯死，不能正常开花。花瓣受害后变褐皱缩和腐烂。幼茎受害也发生褐色腐烂，造成上部枝叶枯死。在潮湿条件下，病部长满灰色霉层，即病原菌的分生孢子和分生孢子梗。

③病原 病原菌无性阶段为灰葡萄孢霉（*Botrytis cinerea*），其有性阶段为富氏葡萄盘菌（*Botryotinia fuckeliana*）。

④发病规律 病菌以分生孢子、菌丝体和菌核越冬。分生孢子借风雨传播，多自伤口侵入，也可直接从表皮侵入或从自然孔口侵入。湿度大是诱发灰霉病的主要原因。播种过密，植株徒长，植株上的衰败组织不及时摘除，伤口过多以及光照不足，温度偏低，可加重该病的发生。

（3）四季海棠灰霉病

①分布与危害　四季海棠灰霉病是温室中常见的病害，尤其是长江以南的多雨地区发生严重。该病引起秋海棠叶片、茎、花冠的腐烂坏死，降低观赏性。除四季海棠外，还能侵染竹叶海棠、斑叶海棠。

②症状　灰霉病侵害秋海棠的绿色器官。发病初期，叶缘部位先出现褐色至红褐色的水渍状病斑，逐渐褪色腐烂，整个叶片变黑。花冠发病时花瓣上有褐色的水渍状斑，萎蔫后变为褐色。在高湿度条件下发病部位着生密集的灰褐色霉层，即病原菌的分生孢子及分生孢子梗。茎干发病往往是近地面茎基的分枝处先受侵染，病斑不规则，深褐色，水渍状。病斑也发生在茎节之间，病枝干上的叶片变褐下垂，发病部位容易折断。

③病原　灰霉病病原菌为灰葡萄孢霉（*Botrytis cinerea*），属半知菌亚门丝孢菌纲丛梗孢目葡萄孢属。分生孢子梗丛生，孢子梗有横隔，由灰色变为褐色，分生孢子梗分枝末端膨大；分生孢子聚生，卵形或椭圆形，无色至淡色，单胞。有性阶段为富氏葡萄孢盘菌（*Botryotinia fuckeliana*），菌核黑色，形状不规则。

④发病规律　病原菌以分生孢子、菌丝体在病残体及发病部位越冬。病菌由气孔、伤口侵入，也可以直接侵入，但以伤口侵入为主。病原菌能分泌分解细胞的酶和多糖类的毒素，导致寄主组织腐烂解体，或使寄主组织中毒坏死。病原菌分生孢子主要由风传播，也可通过雨水飞溅传播。一般情况下，3~5月温室花卉容易发生灰霉病。寒冷、多雨、潮湿的天气，通常会诱发灰霉病。这种条件有利于病原菌分生孢子的形成、释放和侵入。缺钙、多氮也能加重灰霉病的发生。

（4）兰花灰霉病

①分布与危害　又称兰花花腐病。我国南、北方花圃时有发生，除危害兰科植物中的兰属外，还可侵染球根海棠、仙客来、金盏菊、贴梗海棠、大岩桐、美人蕉、醉蝶花、文殊兰、珊瑚花、大丽花、令箭荷花、萱草、扶桑、唐菖蒲、矮牵牛、朱顶红、菊花、万寿菊、一品红、山茶、迎春花、月季、樱花、杜鹃花、一串红、马蹄莲等多种花卉。其中蝴蝶兰、大花蕙兰和墨兰等园艺珍品受害较重。

②症状　兰花灰霉病主要危害萼片、花瓣、花梗，有时也危害叶片和茎。发病初期，花瓣、花萼受侵染后，24 h即可产生小型半透明水渍状斑，随后病斑变成褐色，有时病斑四周还有白色或淡粉红色的圈。每朵花上病斑的数量不一，但当花朵开始凋谢时，病斑增加很快，花瓣变黑褐色腐烂。湿度大时，从腐烂的花朵上长出绒毛状、鼠灰色生长物，即病原菌的分生

孢子梗和分生孢子。花梗和花茎染病，早期出现水渍状小点，渐扩展成圆至长椭圆形病斑，黑褐色，略下陷。病斑扩大至绕茎一周时，花朵即死之。危害叶片时，叶尖焦枯。该病每年多在早春和秋冬出现 2～3 个发病高峰。严重时花上病斑累累，灰霉触目皆是，这对于兰花来说是毁灭性的灾难。气温高时，病害仅限于较老的正在凋谢的花上。花开始衰老或已经衰弱时，多种兰花均可感染此病。

③病原　该病病原菌为富克尔核盘菌（*Sclerotinia fuckeliana*），属子囊菌亚门真菌。无性阶段为灰葡萄孢菌（*Botrytis cinerea*），属丝孢目真菌。

④发病规律　病菌以菌核在 5～12cm 的土壤中越冬。翌春气温 7～8℃，相对湿度 88% 以上时，在菌核上产生大量菌丝和分生孢子，分生孢子借助于气流、水滴或露水及园艺操作将其传播开来。该病的扩展是渐进式的，幼苗受侵后，病菌能定植下来。它常随植株生长而扩展，在现蕾开花前先危害茎部或叶片，或潜伏下来，开花以后只要发病条件适宜，花器很快染病。灰霉病的发生受发病条件影响很大。菌核在 5～30℃ 条件下均可萌发，21℃ 时只需 1d 即萌发，5℃ 时需 5d 才萌发。其菌丝发育起点温度为 2℃，最高 31℃，20～23℃ 最适。孢子萌发适温为 18～24℃，21℃ 经 24h 即萌发，萌发率 72.6%，35℃ 经 24h 培养，仅有个别孢子萌发，37℃ 则不能萌发。该菌对湿度要求常较温度严格，相对湿度低于 84% 孢子不能萌发，高于 88% 才能正常萌发，92%～95% 孢子萌发率最高。相对湿度 80% 时历时 15d 才产生分生孢子，相对湿度 100% 仅需 3d 即大量产孢。此外，高湿对病菌侵入、扩展和流行有利，潜育期也可缩短。该菌侵染需要一定的营养，如即将凋落的花瓣或受完粉的柱头，有伤口的茎、叶都是灰霉菌易侵染的部位。病菌侵入后先腐生，当形成群体后，再向活力旺盛的健花或茎侵染。

该病在兰圃或棚室流行常需要菌量积累的过程。蝴蝶兰灰霉病受侵染的部位主要是花萼、花瓣和柱头，其病菌来源是即将凋谢的花。因此，兰花花期的天气条件对本病影响较大。此间气温 7～18℃、相对湿度高于 88%，容易发病。在塑料棚、日光温室及居室相对湿度常可满足发病的要求，而室内气温是该病流行的限制因素，当温度低于 18℃ 的日数增多，灰霉病即开始发生，当气温达 20℃ 以上，湿度降至 60% 左右时，灰霉病又慢慢停滞下来。浙江、上海、福建在梅雨季节易流行。

2. 防治措施

（1）控制温室湿度

为了降低棚室内的湿度，应经常通风，最好使用换气扇或暖风机。

（2）清除病菌侵染来源

种植过有病花卉的盆土，必须更换掉或者经消毒之后方可使用。要及时清除病花、病叶，拔除重病株，集中销毁，以免扩大传染。

（3）加强肥水管理，注意园艺操作

定植时要施足底肥，适当增施磷钾肥，控制氮肥用量。要避免在阴天和夜间浇水，最好在晴天的上午浇水，浇水后应通风排湿。一次浇水不宜太多。在养护管理过程中应小心操作，尽量避免在植株上造成伤口，以防病菌侵入。

（4）药剂防治

于生长季节喷药保护，可选用70%甲基托布津可湿性粉剂800~1000倍液，或50%多菌灵可湿性粉剂1000倍液，或50%农利灵可湿性粉剂1500倍液，进行叶面喷雾。每两周喷1次，连续喷3~4次。有条件的可使用10%绿帝乳油300~500倍液或15%绿帝可湿性粉剂500~700倍液。为了避免产生抗药性，要注意交替和混合用药。在温室大棚内使用烟剂和粉尘剂，是防治灰霉病的一种方便有效的方法。用50%速克灵烟剂熏烟，每667m^{2}的用药量为200~250g；或用45%百菌清烟剂，每667m^{2}的用药量为250g，于傍晚分几处点燃后，封闭大棚或温室，过夜即可。有条件的可选用5%百菌清粉尘剂，或10%灭克粉尘剂，或10%腐霉利粉剂喷粉，每667m^{2}用药粉量为1000g。烟剂和粉尘剂每7~10d用1次，连续用2~3次，效果很好。

六、叶斑病类

叶斑病是叶片组织受病菌的局部侵染而形成各种斑点类型的病害总称。叶斑病又可分为黑斑病、褐斑病、圆斑病、角斑病、斑枯病、轮斑病等种类。这类病害大多，后期往往在病斑上产生各种小颗粒或霉层。叶斑病严重影响叶片的光合作用效果，并导致叶片的提早脱落，影响植物的生长和观赏价值及园林景观。

1. 危害特点、症状识别及发病规律

（1）君子兰细菌性软腐病

①分布与危害　俗称烂头病，是君子兰中最严重的叶斑病。我国君子兰栽培地区均有分布。该病常造成君子兰全叶腐烂、整株腐烂，造成严重经济损失。

②症状　病菌主要危害君子兰叶片和假鳞茎。发病初期，叶片上出现水渍状斑，后迅速扩大，病组织腐烂呈半透明状，病斑周围有黄色晕圈，较宽。在温湿度适宜的情况下，病斑扩展快，全叶腐烂解体呈湿腐。茎基

发病也出现水渍状斑点，后扩大成淡褐色病斑，病斑扩展很快，蔓延到整个假鳞茎，组织腐烂解体呈软腐状，有微酸味。发生在茎基的病斑也可以沿叶脉向叶片扩展，导致叶腐烂，从假鳞茎上脱落下来。

③病原　君子兰软腐病病原细菌有两种，同属于细菌纲真细菌目欧文氏杆菌属。其中一种为菊欧文氏菌（*Erwinia chrysanthemi*），菌体杆状，周生鞭毛，革兰氏阴性菌。

④发病规律　病原细菌在土壤中的病株残体上或在土壤内越冬，在土中能存活数月。由雨水传播，也可通过病、健相互接触传播或园林工具传播。由伤口侵入，潜育期短，2~3d，生长季节有多次再侵染。一年中6~10月均可发病，6~7月为发病高峰。高温高湿有利于发病。茎心淋雨或浇水不慎灌入茎心，是该病发生的主要诱因。

（2）水仙大褐斑病

①分布与危害　水仙大褐斑病是世界性病害，我国水仙栽培区发生普遍。水仙受害后，轻者叶片枯萎，重者降低鳞茎的成熟度，影响鳞茎质量。该病也可危害朱顶红、文殊兰、君子兰等多种园林植物。

②症状　病菌侵染水仙的叶片和花梗。发病初期，叶尖出现水渍状斑点，后扩大成褐色病斑，病斑向下扩展至叶片的1/3或更大。再侵染多发生在花梗和叶片中。初为褐色斑，后变为浅红褐色，病斑周围的组织变黄色，病斑相互连接成长条状斑。在潮湿情况下，病部密生黑褐色小点，即病菌的分生孢子器（图6-13）。

③病原　病原菌为水仙大褐斑病菌（*Stagonospora curtisu*），属半知菌亚门腔孢菌纲球壳菌目壳多隔孢属。分生孢子器聚生，球形或扁球形；分生孢子长椭圆形或圆筒形，无色，横隔1~3个，分隔处缢缩，含有一个大油球。

④发病规律　病菌以菌丝体或分生孢子在鳞茎表皮的上端或枯死的叶片上越冬或越夏。分生孢子由雨水传播，自伤口侵入，潜育期5~7d。病菌生长最适温度是20~26℃。4~5月气温偏高、降雨多则发病重。连作发病重。崇明水仙最感病，黄水仙、臭水仙、青水仙、喇叭水仙等较抗病。

图6-13　水仙大褐斑病症状
（林焕章，1999）

（3）山茶藻斑病

①分布与危害　藻斑病主要发生在我国长江以南地区园林植物上，寄主主要有山茶、白兰花、玉兰、桂花、含笑、柑橘等。藻斑病主要影响植物的光合作用，使植株生长不良。

②症状　藻斑病侵害叶片和嫩枝。发病初期，叶片上出现针头大小的灰白色、灰绿色、黄褐色的圆斑，后扩大成圆形或不规则形的隆起斑，病斑边缘为放射状或羽毛状，病斑上有纤维状细纹和绒毛。藻斑的颜色因寄主不同而异，在含笑上为暗绿色，在山茶上为橘黄色。

③病原　藻斑病的病原物是头孢藻（*Cephaleuros virescsns*）和寄生藻（*C. parasitus*），两者均为绿藻纲橘色藻科头孢藻属。头孢藻是最常见的病原物。

④发病规律　头孢藻以线网状营养体在寄主组织内越冬。孢子囊及游动孢子在潮湿条件下产生，由风雨传播。高温高湿有利于游动孢子的产生、传播、萌发和侵入。一般来说，栽植密度及盆花摆放密度过大、通风透光不良、土壤贫瘠、淹水、天气闷热、潮湿均能加重病害的发生。

（4）山茶花灰斑病

①分布与危害　又名山茶轮斑病，是温室及苗圃栽培山茶最常见的重要病害之一。该病在我国发生普遍，且有些地区发病严重。该病在山茶叶上形成大的枯斑，引起叶枯、早落。连年发生树势衰弱，生长不良。该病还侵染茶梅、茶、木兰、杜鹃花等植物。

②症状　山茶灰斑病主要危害叶片，也侵害嫩梢及幼果。发病初期，叶片正面出现浅绿色的或暗褐色的小斑点，逐渐扩大形成圆形、半圆形或不规则的大病斑，病斑褐色至黑色，后期病斑变为灰白色，但病斑边缘为暗褐色，稍隆起。病斑可以相互连合占据叶片的大部分，导致叶片早落。发病后期，病斑上着生许多较粗大的黑色点粒，即为病原菌的分生孢子盘。在潮湿条件下，从黑点粒中挤出黑色的粘孢子团。病原菌多从叶缘和叶尖侵入，因此病斑多发生在叶缘或叶尖。病斑组织可以脱落呈穿孔状，或撕裂使叶片支离破碎。嫩梢发病，病斑开始为淡褐色的水渍状长条斑，而后病斑逐渐凹陷，病斑通常 3~4 mm 长，有时长达 10~30mm。病梢往往从基部脱落。果实发病，果皮开始出现茶褐色小斑点，逐渐扩展到整个果面，病果变软。后期病斑上轮生子实体（图6-14）。

③病原　山茶灰斑病病原菌是茶褐斑盘多毛孢（*Pestalotia puepini*），属半知菌亚门丝孢菌纲腔孢菌目多毛孢属。分生孢子盘生在表皮下，成熟后突破表皮外露。分生孢子梗长，分生孢子纺锤形，有 4 个横隔，两端的细胞

无色，中间3个细胞淡褐色，顶生鞭毛2~8根。有性阶段为赤叶枯菌（*Guignadia camelliae*）。

④发病规律 病原菌以分生孢子或分生孢子盘，或以菌丝体在病枯枝落叶上越冬。分生孢子由风雨传播；分生孢子自伤口侵入寄主组织，潜育期

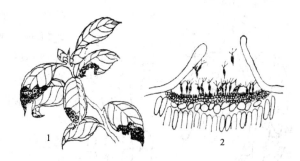

图6-14 山茶灰斑病
1. 症状图 2. 分生孢子盘

10d左右。温室栽培可以周年发病。田间接种实验证明，温度为26℃时分生孢子萌发率最高，是一种高温病菌。该病主要发生在5~10月。一年有2个发病高峰，即5月~6月初；7月初至8月中旬。该病10月下旬发生处于停滞状态。高温、高湿条件是该病发生的诱因；气温和空气相对湿度升高时，病情指数也上升。抚育管理粗放，日灼、药害、机械损伤、虫伤等造成的大量伤口，均有利于病原菌的侵入。山茶品种抗病性有一定的差异。栽培的山茶花品种均有不同程度的感病。

(5) 菊花花腐病

①分布与危害 花腐病是菊花上的重要病害。该病于1904年，在美国的北卡罗来纳州首先发现并报道。40多年之后，英、德、荷兰、丹麦、加拿大、肯尼亚、坦桑尼亚、日本、澳大利亚、新西兰等国均有发生。我国仅在个别地区发现该病的危害，如杭州等市。该病主要侵染菊花花冠，流行快，几天之内可使花冠完全腐烂；也可以使切花在运销过程中大量落花，给商品菊花造成很大的损失。花腐病主要侵染菊科植物。人工接种可以侵染莴苣、洋蓟、金光菊、百日草、向日葵、大丽菊等植物。

②症状 该病主要侵染花冠，也侵染叶片、花梗和茎等部位。花冠顶端首先受侵染，通常在花冠的一侧，花冠畸形开"半边花"，病害逐渐蔓延至整个花冠。花瓣由棕黄变为浅褐色，最后腐烂。在大多数情况下病害向花梗扩展数厘米，花梗变黑并软化，致使花冠下垂。未开放的花蕾受侵染时变黑、腐烂。叶片受侵染产生不规则的叶斑，叶片有时扭曲。茎部受侵染出现条状黑色病斑，约几厘米长，多发生在茎干分叉处。发病部位着生针头状的点粒，即病原菌的分生孢子器。分生孢子器初为琥珀色，成熟后变为黑色。花瓣上分生孢子器着生密集。

③病原 菊花黑斑亚隔孢壳菌（*Didymerella chrysanthemi*）是该病的有性

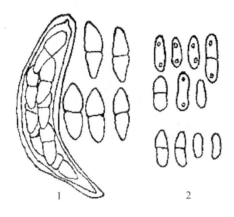

图 6-15　菊花花腐病病原菌

1. 子囊　2. 子囊孢子

阶段，属子囊菌亚门腔菌纲座囊菌目亚隔孢壳属（图 6-15）。子囊壳球形，有拟侧丝；子囊倒棍棒状，基部明显变细；子襄内有 8 个子囊孢子，无色，长椭圆形或纺锤形，双胞。菊花壳二孢（*Ascothyta chrysanthemi*）是该病的无性阶段，属半知菌亚门腔孢菌纲球壳菌目壳二孢属。分生孢子器着生在寄主组织表皮下。

④发病规律　病原菌以分生孢子器、子囊壳在病残组织上越冬。子囊壳在干燥的病残茎上大量形成，而花瓣上却较少。孢子由气流或雨滴飞溅传播，昆虫、雾滴也能传播。插条、切花、种子作远距离传播。在 9～26℃条件下侵染，24℃ 为侵染适温，38℃ 抑制侵染。萌发的孢子生活力可以保持 2d 以上。高温、干燥天气抑制孢子萌发。

该病可能有潜伏侵染现象，在扦插苗根表潜伏。据报道，分生孢子在根表可以存活 12 周；此外，一些国家引入外表健康的生根扦插苗种植后，菊花花腐病突然发生蔓延。多雨、多露、多雾有利于病害的发生。

（6）菊花褐斑病

①分布与危害　该病又名菊花斑枯病，是菊花栽培品种上常见的重要病害。我国菊花产地均有发生，杭州、西安、广州、沈阳等地发病严重。该病侵染菊花，削弱菊花植株的生长，减少切花的产量，降低菊花的观赏性；还侵染野菊、杭白菊、除虫菊等多种菊科植物。

②症状　褐斑病主要危害菊花的叶片。发病初期，叶片上出现淡黄色的褪绿斑或紫褐色的小斑点，逐渐扩大成为圆形的、椭圆形的或不规则形的病斑，褐色或黑褐色。后期，病斑中央组织变为灰白色，病斑边缘为黑褐色。病斑上散生着黑色的小点粒，即病原菌的分生孢子器。病斑的大小和颜色与菊花品种密切相关，如'登龙门'、'紫金荷'等品种上的病斑小，褐色，而'银峰铃'、'紫云风'、'初樱'等品种上的病斑大，褐色（图 6-16）。

发病严重时叶片上病斑相互连接，使整个叶片枯黄脱落，或干枯倒挂于茎秆上。

③病原　菊花褐斑病病原菌是菊壳针孢菌（*Septoria chrysanthemella*），属

半知菌亚门腔孢菌纲球壳孢目壳针孢属。分生孢子器球形或近球形，褐色至黑色；分生孢子梗短，不明显；分生孢子丝状，无色，有4~9个分隔。

④发病规律　病原菌以菌丝体和分生孢子器在病残体或土壤中的病残体上越冬，成为翌年的初侵染来源。分生孢子器吸水胀发溢出大量的分生孢子；由风雨传播；分生孢子从气孔侵入，潜育期20~30d。潜育期长短与菊花品种的感病性、温度有关，温度高潜育期较短，抗病品种潜育期

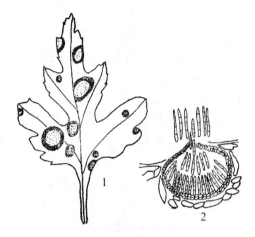

图6-16　菊花褐斑病
1. 症状　2. 分生孢子器

较长。病害发育适宜温度为24~28℃，褐斑病的发生期是4~11月，8~10月为发病盛期。

秋雨连绵、种植密度或盆花摆放密度大、通风透光不良，均有利于病害的发生。连作或老根留种及多年栽培的菊花发病均比较严重。

(7)荷花斑枯病

①分布与危害　斑枯病是荷花上常见的病害之一。我国荷花产地均有发生，尤其缸(盆)栽荷花发病最严重。斑枯病使荷花生长衰弱，开花少而小。

②症状　荷花斑枯病主要危害荷花叶片。发病初期，叶片上出现许多褪绿的小斑点，以后逐渐扩大形成不规则形的大病斑。病斑中部组织红褐色，病斑干枯后呈浅褐色至深棕色，并具有轮纹。发病后期，病斑上散生着许多黑色的小点粒，即病原菌的分生孢子器。

③病原　斑枯病的病原菌是喜温叶点霉菌(*Phyllosticta hydrophlla*)，属半知菌亚门腔孢菌纲球壳菌目叶点霉属。分生孢子器球形至凸镜状，褐色；分生孢子圆柱形至纺锤形，弓形

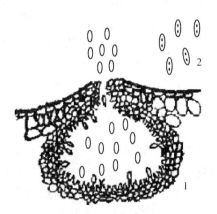

图6-17　荷花斑枯病病菌图

至弯曲状，两端略尖，无色（图6-17）。

④发病规律　病原菌以分生孢子器在病落叶上越冬，寄生性较强；病原菌分生孢子由风雨传播；分生孢子自伤口侵入或自表皮直接侵入，潜育期5~7d。该菌生长适宜温度为25~30℃，温度范围为16~38℃。分生孢子在50%荷叶煮汁中的萌发率最高；病原菌生长的最适pH为4.5~5.5。在浙江，荷花斑枯病发病期为5~10月，8~9月为发病盛期。

病害发生的早晚和严重程度主要和气温及空气相对湿度有关。温度在23℃以上，降雨量在140mm以上时发病严重。

病残体多、土壤贫瘠加重斑枯病的发生。新叶抽出期及结实期比开花期的叶片敏感，发病严重。立叶发病往往严重，浮叶发病轻，盆（缸）栽荷花发病严重，湖塘栽植的荷花发病轻。

（8）圆柏叶枯病

①分布与危害　是圆柏、侧柏、中山柏的一种常见病害。该病不仅危害苗木及幼树，古树发病也重。该病造成针叶、嫩梢枯黄，树冠稀疏，生长势衰退，影响观赏效果。

②症状　病菌主要危害当年生针叶、新梢。发病初期，针叶由深绿色变为黄绿色，无光泽，最后针叶枯黄、早落。嫩梢发病初期，发生褪绿黄化，最后枯黄，枯梢当年不掉落。

③病原　病原菌为细交链孢菌（*Aoternaria tenuis*），属半知菌亚门丝孢菌纲丛梗孢目交链孢霉属。分生孢子梗直立，分枝或不分枝，淡橄榄色至绿褐色，顶端稍粗有孢子痕；分生孢子形成孢子链，分生孢子常有喙，形状变化大，椭圆形、卵圆形、肾形、倒棍棒形、圆筒形，淡褐色至深褐色，有1~9个横隔膜，0~6个纵隔膜。在PDA培养基上菌落中央为毡状，灰绿色，边缘灰白色，菌落背面为深灰绿色，菌落圆形。

④发病规律　病菌以菌丝体在病枝条上越冬。翌年春天产生分生孢子，由气流传播，自伤口侵入，潜育期6~7d。在北京地区，5~6月病害开始发生，发病盛期为7~9月。小雨有利于分生孢子的形成、释放、萌发。幼树和生长势弱的古树易于发病。

（9）月季黑斑病

①分布与危害　月季黑斑病是月季上的一种重要病害，我国各月季栽培地区均有发生。月季感病后，叶片枯黄、早落，导致月季第二次发叶，严重影响月季的生长，降低切花产量，影响观赏效果。该病也能危害玫瑰、黄刺梅、金樱子等蔷薇属的多种植物。

②症状　病菌主要危害叶片，也能侵害叶柄、嫩梢等部位。在叶片上，

发病初期正面出现褐色小斑点，后逐渐扩大成圆形、近圆形、不规则形的黑紫色病斑，病斑边缘呈放射状，这是该病的特征性症状。病斑中央灰白色，其上着生许多黑色小颗粒，即病菌的分生孢子盘。病斑周围组织变黄，在有些月季品种上黄色组织与病斑之间有绿色组织，这种现象称为"绿岛"。嫩梢、叶柄上的病斑初为紫褐色

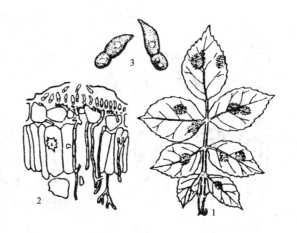

图6-18　月季黑斑病（林焕章，1999）
1. 症状　2. 分生孢子盘　3. 分生孢子

的长椭圆形斑，后变为黑色，病斑稍隆起。花蕾上的病斑多为紫褐色的椭圆形斑（图6-18）。

③病原　病原菌为蔷薇放线孢菌（*Actinonema rosae*），属半知菌亚门腔孢菌纲黑盘孢目放线孢属。分生孢子盘生于角质层下，盘下有呈放射状分支的菌丝；分生孢子长卵圆形或椭圆形，无色，双胞，分隔处略缢缩。病菌的有性阶段为蔷薇双壳菌（*Diplocarpan rosae*），一般很少发生。子囊壳黑褐色；子囊孢子8个长椭圆形，双细胞，两个细胞大小不等，无色。

④发病规律　本病以菌丝体或分生孢子盘在芽鳞、叶痕及枯枝落叶上越冬。早春展叶期，产生分生孢子，通过雨水、喷灌水或昆虫传播。孢子萌发后直接穿透叶面表皮侵入。潜育期7～10d。不久即可产生大量的分生孢子，继续扩大蔓延，进行再侵染。在一个生长季节中有多次再侵染。该病在长江流域一带一年中有5～6月和8～9月两个发病高峰，在北方地区只有8～9月一个发病高峰。据观察，地势低洼积水处，通风透光不良，水肥不当、植株生长衰弱等都有利发病。多雨、多雾、露水重则发病严重。老叶较抗病，展开6～14d的新叶最感病。月季的不同品种之间其抗病生也有较大的差异，一般浅黄色的品种易感病。

（10）香石竹叶斑病

①分布与危害　又名香石竹茎腐病、香石竹黑斑病，是一种世界性病害。它在露地栽培中发生很严重，对温室栽培的香石竹危害也很大。发病严重时，全株叶片枯死，甚至导致整株死亡。

②症状　病害主要侵害香石竹叶片和茎干，也能侵染花器。病害始发于

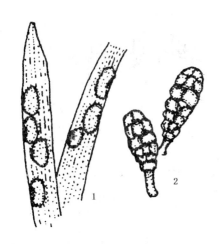

图 6-19 香石竹叶斑病(夏宝池，1999)

1. 病叶 2. 分生孢子

下部叶片，产生淡绿色水渍状小圆斑，后变成紫色。病斑扩大后，中央变成灰白色，边缘为褐色，直径为 4～5mm。多个病斑连成不规则形大斑，致使整片叶子变黄、干枯，扭曲干枯的叶片倒挂在茎干上不脱落。潮湿时，病部产生黑色霉层，即病菌的分生孢子梗和分生孢子器。茎上病斑多发生在节及枝条分叉处或摘芽产生的伤口部位，灰褐色，不规则形，严重时可环割茎部使其上部枝叶枯死，并呈褐色干腐。花梗上出现椭圆形病斑，致使花蕾枯死。萼片上出现椭圆形、黄褐色水渍状病斑，常使花朵不能正常开放。受侵染的花瓣上出现椭圆形、水渍状褐色病斑。在天气潮湿情况下，所有发病部位均可以产生黑色霉层(图 6-19)。

③病原 病原菌为香石竹链格孢菌(*Alternaria dianthi*)，属半知菌亚门丝孢菌纲丛梗孢目链格孢属。分生孢子梗膝状，褐色，丛生，每丛 4～7 根，有 1～4 个分隔；分生孢子倒棍棒状。

④发病规律 病菌以菌丝体和分生孢子在土壤中的病残体上越冬，存活期一年。分生孢子借助于风雨传播，由气孔和伤口侵入或直接侵入。潜育期 10～60d。露地栽培的香石竹发病期为 4～11 月，一年中发病有两个高峰，即梅雨季节和 9 月台风发生期。温室栽培情况下病害整年都可发生。不同品种间抗病性有差异，一般细叶小花、植株挺硬的品种，比叶宽花大、植株柔软的品种抗病性强。老叶发病多而且重，新叶则发病少且轻。连作发病严重。组培苗比扦插苗抗病。

(11)大叶黄杨褐斑病

①分布与危害 又称大叶黄杨叶斑病，是大叶黄杨上常见的叶斑病，江苏、浙江、山东、河南、湖北、四川、上海、北京等地均有发生。褐斑病常引起大叶黄杨大量落叶，也常引起扦插苗的死亡。

②症状 病菌侵染叶片。发病初期，叶片上出现黄色小斑点，后变为褐色，并逐渐扩展成近圆形或不规则形的病斑。最后病斑变成灰褐色或灰白色，有轮纹，边缘色深，病斑上散生许多黑色的小霉点，即病菌的分生孢子梗和分生孢子(图 6-20)。

③病原　病原菌为坏损尾孢霉（*Cercos-pora destructive*），属半知菌亚门丝孢菌纲丛梗孢目尾孢菌属。子座发达，球形至椭圆形，黑色；分生孢子梗细，黑色，不分枝，呈屈膝状，丛生于子座上；分生孢子圆筒形至棍棒形。

④发病规律　病菌以菌丝体和子座在病落叶上越冬。翌年春天形成分生孢子，经风雨传播，侵染健康叶片。潜育期20~30d。浙江一年中有两个发病高峰，5~6月和9~10月。管理粗放，多雨，圃地排水不良，扦插苗过密，通风透光不良发病重。春季寒冷发病重。夏季炎热干旱，肥水不足，树木生长不良发病重。

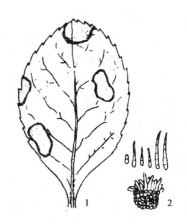

图6-20　大叶黄杨褐斑病
（夏宝池，1999）
1. 症状　2. 子座、分生孢子梗及分生孢子

（12）杜鹃角斑病

①分布与危害　又名杜鹃叶斑病。是杜鹃花常见的一种重要病害。在我国分布很广，安徽、江西、上海、北京、江苏、浙江、辽宁、广东、河北等地均有发生。除危害杜鹃花外，还危害满山红，导致叶片枯黄，提早落叶，影响观赏效果。

②症状　病菌主要侵染叶片。发病初期，叶片出现红褐色小斑点，病斑逐渐扩大，由于受叶脉的限制，形成不规则的多角形、黑褐色病斑。后期，病斑中央变为灰白色。病斑正面色较深，背面色较浅。在潮湿情况下，叶正面着生许多褐色小霉点，即病菌的分生孢子梗和分生孢子。发病严重时病斑相互连接导致叶片枯黄、早落。

③病原　病菌为杜鹃尾孢菌（*Cercospora rhodoendri*），属半知菌亚门丝孢菌纲丛梗孢目尾孢菌属。子座褐色；分生孢子梗淡褐色，束生，顶端膝状，1~4分隔；分生孢子鞭状，下端平截，上端渐尖、稍弯曲，成熟后隔膜多。

④发病规律　病菌以菌丝体在病叶上或病枝残体上越冬。翌年形成分生孢子，分生孢子由风雨传播，萌发后自伤口侵入。在江西，5月中旬开始发病，8月为发病高峰；在广州，4~7月为发病高峰。温室栽培的杜鹃花可常年发病。雨水多、雾多、露水重有利于病害的发生。通风透光不良，管理粗放，土壤黏重，植株生长不良，梅雨和台风加重病害的发生。杜鹃花品种不同，抗病性也不同，一般西洋杜鹃较感病。

（13）栀子花叶斑病

①分布与危害　栀子花叶斑病在杭州、上海、南京、南昌等城市均有发生，台湾也有此病发生。

②症状　主要发生于叶片上。下部的叶先发病。病斑圆形或近圆形，淡黄褐色，有稀疏轮纹。边缘褐色。由栀子叶点霉（*Phyllosticta gardenia*）引起的叶斑较大，直径 3～8mm，其上黑点状子实体较多，由栀子生叶点霉（*P. gardenicola*）引起的病斑较小，后形成穿孔。直径 0.5～3mm，每个斑上子实体仅 1～2 个。

③病原　为栀子叶点霉（*Phyllosticta gardenia*）和栀子生叶点霉（*P. gardenieola*），都属于半知菌亚门腔孢菌纲球壳菌目球壳菌科叶点霉属的真菌。

④发病规律　病菌以分生孢子器或菌丝在病叶或病落叶上越冬。分生孢子借风雨传播，可多次重复侵染。栽培过密，通风不良时容易发病。盆栽栀子花浇水不当，生长不好时容易发病。经观察，大叶栀子花较小叶栀子花易感病。

（14）阔叶树毛毡病

①分布与危害　阔叶树毛毡病在我国各地均有发生。主要危害杨、柳、白蜡、槭、枫杨、樟、榕树、青冈栎等绿化树种，也侵害梨、柑橘、葡萄、梅、丁香、雀梅等观赏树种。毛毡病影响树木叶片的光合作用效率，使叶片枯黄、早落，树木生长衰弱，影响绿化和观赏效果。

②症状　毛毡病侵染树木的叶片。发病初期，叶片背面产生白色、不规则形病斑，之后发病部位隆起，病斑上密生毛毡状物，灰白色。最后毛毡状物变为红褐色或暗褐色，有的为紫红色。病斑主要分布在叶脉附近，也能相互连接覆盖整个叶片。毛毡状物是寄主表皮细胞受病原物的刺激后伸长和变形的结果。发病严重时，叶片发生皱缩或卷曲，质地变硬，引起叶片早落。

③病原　病原物是瘿螨（*Eriophyes* sp.），属蛛形纲瘿螨总科绒毛瘿螨属。病原物的体形近圆形至椭圆形，黄褐色。头胸部有两对足，腹部较宽大，尾部较狭小，末端有 1 对细毛。背、腹面具有许多皱褶环纹，背部环纹很明显。卵球形，光滑，半透明。幼虫体形比成虫小，背、腹部环纹不明显。

常见的毛毡病病原有：椴叶瘿螨（*E. tiloise-liosoma*）；槭叶瘿螨（*E. macrochelus eriobius*）、葡萄瘿螨（*E. vitis*）等。

④发病规律　瘿螨以成虫在芽鳞内或在病叶及枝条的皮孔内越冬。翌

年春天，当嫩叶抽出时瘿螨便随叶片的展开爬到叶背面进行危害、繁殖。在瘿螨危害的刺激下，寄主植物表皮细胞伸长、变形，成茸毛状，瘿螨在其中隐蔽危害。在高温干燥条件下，瘿螨繁殖快。夏秋季为发病盛期。天气干旱有利于病害发生。

（15）桃细菌性穿孔病

①分布与危害　桃细菌性穿孔病在浙江、江苏、江西、福建、广东、广西、上海、辽宁、河北、陕西、四川、云南、山西、湖北、湖南、河南、山东等地均有发生，是造成早期落叶的原因之一。

②症状　病害主要发生在叶

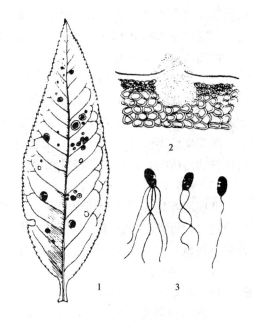

图6-21　桃细菌性穿孔病（夏宝池，1999）
1. 症状　2. 病部横切面，示细菌液　3. 细菌个体

片上，引起穿孔，枝梢及果实也能受害。受害叶片初期出现淡褐色水渍状圆形、多角形病斑，周围有淡黄色晕圈。边缘容易产生离层，造成圆形穿孔。许多病斑连在一起时，穿孔形状即呈不规则形。严重时一叶病斑可达数十个，病叶提前脱落。果受害后生油渍状褐色小点，后病斑扩大，颜色加深，最后呈黑色凹陷龟裂。病枝以皮孔为中心产生水渍状带紫褐色的斑点，后凹陷龟裂（图6-21）。

③病原　为核果黄单胞杆菌（*Xanthomonas pruni*）。鞭毛端生，有1～6根。菌体杆状。在培养基上菌落黄色，光滑。致死温度为51℃。在日光下经30～45min即死亡。

④发病规律　4～5月开始发生，6月即可见到穿孔。病原细菌在老病斑（溃疡）上越冬，5月起细菌开始侵染新叶、新梢及幼果并可继续侵染秋梢。温暖多雨、多雾，气候潮湿时容易病重。下部萌生枝多发病重，老树发病重。管理不善，桃林荒芜，通风、透光不良，树势衰弱时病重。有叶蝉、蚜虫危害时也会加重病情。

2. 叶斑病类的防治措施

（1）加强栽培管理，控制病害的发生

适当控制栽植密度，及时修剪，以利于通风透光；改进灌水方式，采用滴灌或沟灌或沿盆沿浇水，避免喷灌，减少病菌的传播机会。实行轮作；及时更新盆土，防止病菌的积累。增施有机肥、磷肥、钾肥，适当控制氮肥，提高植株抗病能力。

（2）选种抗病品种和培育健壮苗木

园林植物特别是花卉的栽培品种很多，各栽培品种之间抗病性存在较大差异，在园林植物配置上，可选用抗性品种避免种植感病品种，可减轻病害的发生。不同的培育方式的苗木抗病性也存在差异。如香石竹的组培苗比扦插苗抗病，选用组培苗可减轻叶枯病的发生。

（3）清除病菌侵染来源

彻底清除病株残体及病死植株，并集中烧毁。在秋季割除地上部分并集中烧毁，可减轻来年病害的发生。每年进行一次花盆土消毒。休眠期在发病重的地块喷洒 3°Be 的石硫合剂，或在早春展叶前喷洒 50% 多菌灵可湿性粉剂 600 倍液。

（4）发病期喷药防治

在发病初期及时喷施杀菌剂。如 50% 托布津可湿性粉剂 1000 倍液、或 50% 退菌特可湿性粉剂 1000 倍液，或 65% 代森锌可湿性粉剂 800 倍液。

七、炭疽病类

炭疽病是园林植物的一类常见病害。其主要症状特点是子实体呈轮状排列，在潮湿情况下病部有粉红色的粘孢子团出现。炭疽病主要是由炭疽菌属（*Colletotrichum*）的真菌引起的，主要危害植物叶片，有的也能危害嫩枝和果实。

1. 危害特点、症状识别及发病规律

（1）山茶炭疽病

①分布与危害　山茶炭疽病是庭园及盆栽山茶上普遍发生的重要病害。我国的四川、江苏、浙江、福建、江西、湖南、湖北、云南、贵州、河南、陕西、广东、广西、天津、北京、上海均有发生。病害引起提早落叶、落蕾、落花、落果和枝条回枯，削弱山茶生长势，影响切花产量。

②症状　病菌侵染山茶地上部分的所有器官，主要危害叶片、嫩枝。

叶片：发病初期，叶片上出现浅褐色小斑点，逐渐扩大成赤褐色或褐色病斑，近圆形，直径 5～15mm 或更大。病斑上有深褐色和浅褐色相间的轮纹。叶缘和叶尖的病斑为半圆形或不规则形。病斑后期呈灰白色，边缘褐色。病斑上轮生或散生许多红褐色至黑褐色的小点，即病菌的分生孢子盘，在潮湿情况下，从其上溢出粉红色粘孢子团（图 6-22）。

枝梢：病斑多发生在新梢基部，少数发生在中部，椭圆形或梭形，略下陷，边缘淡红色，后期呈黑褐色，中部灰白色，病斑上有黑色小点和纵向裂纹。病斑环梢一周，梢即枯死。

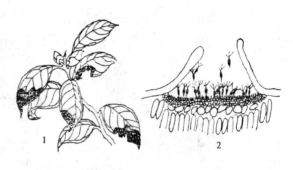

图 6-22　山茶炭疽病
1. 症状图　2. 分生孢子盘

枝干：病斑呈梭形溃疡或不规则下陷，常具同心轮纹，削去皮层后木质部呈黑色。

花蕾：病斑多在茎部鳞片上，不规则形，黄褐色或黑褐色，无明显边缘，后期变为灰白色，病斑上有黑色小点。

果实：病斑出现在果皮上，黑色，圆形，有时数个病斑相连成不规则形，无明显边缘，后期病斑上出现轮生的小黑点。

③病原　病菌无性阶段为山茶炭疽菌（*Colletotrichum camelliae*），属半知菌亚门腔孢菌纲黑盘孢目炭疽菌属。病菌有性阶段为围小丛壳菌（*Glomerella cingulata*），属子囊菌亚门核菌纲球壳菌目小丛壳属。病菌的有性阶段比较少见。

④发病规律　病菌以菌丝、分生孢子或子囊孢子在病蕾、病芽、病果、病枝、病叶上越冬。翌年春天温湿度适宜时，产生分生孢子，成为初侵染来源。分生孢子借风雨传播，从伤口和自然孔口侵入。在一个生长季节里有多次再侵染。一年中，一般 5～11 月都可以发病，7～9 月为发病高峰。病害发生与温湿度关系密切，旬平均温度达 16.9℃ 左右，相对湿度 86% 时，开始发病；温度 25～30℃，旬平均相对湿度 88% 时，出现发病高峰。山茶的不同品种间抗病性有差异。

（2）兰花炭疽病

①分布与危害　是兰花上普遍发生的严重病害。除危害兰花外，还可危害虎头兰、广东万年青等园林植物。我国兰花栽培区均有发生。兰花炭疽病轻者影响观赏效果，重者导致植株死亡，造成经济损失。

②症状　病菌主要侵害叶片，也侵害果实。发病初期，叶片上出现黄褐色稍凹陷的小斑点，后扩大为暗褐色圆形或椭圆形病斑，较大。发生在叶尖、叶缘的病斑呈半圆形或不规则形。发生在叶尖的病斑向下扩展，枯死部分可占叶片的 1/5～3/5，发生在叶基部的病斑导致全叶或全株枯死。

图6-23 兰花炭疽病(徐明慧，1993)

1. 症状图 2. 分生孢子盘

病斑中央灰褐色，有不规则的轮纹，其上着生许多近轮状排列的黑色小点，即病菌的分生孢子盘。潮湿情况下，产生粉红色黏孢子团。果实上的病斑不规则形，稍长(图6-23)。

③病原 危害春兰、建兰等的病原菌为兰炭疽菌(*Colletotrichum orchidaerum*)，属半知菌亚门腔孢纲黑盘孢目炭疽菌属。分生孢子盘垫状，小型；刚毛黑色，有数个隔；分生孢子梗短细，不分枝；分生孢子圆筒形。

危害寒兰、蕙兰、披叶刺兰、建兰、墨兰等的病原菌为兰叶炭疽菌(*C. orchidaerum* f. *eymbidii*)。

④发病规律 炭疽菌以菌丝体和分生孢子盘在病株残体、假鳞茎上越冬。翌年气温回升，兰花展开新叶时，分生孢子进行初次侵染。病菌借风、雨、昆虫传播。一般自伤口侵入，嫩叶可直接侵入。潜育期2~3周。有多次再侵染。分生孢子萌发的适温为22~28℃。每年3~11月均可发病，4~6月梅雨季节发病重。株丛过密，叶片相互摩擦易造成伤口，介壳虫危害严重有利于病害发生。

(3)梅花炭疽病

①分布与危害 梅花炭疽病是我国梅花上的一种重要病害。各梅花栽培地均有发生。引起梅花提早落叶，连年发生导致植株生长衰弱，影响梅花的开花。

②症状 病菌主要危害叶片，也侵染嫩梢。叶片上的病斑圆形或椭圆形，黑褐色。后期病斑变为灰色或灰白

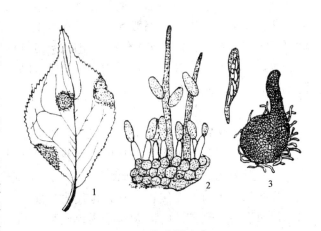

图6-24 梅花炭疽病

1. 症状图 2. 分生孢子及刚毛 3. 子囊壳及子囊孢子

色，边缘红褐色，其上着生有轮状排列的黑色小点，即病菌的分生孢子盘，在潮湿情况下子实体上溢出胶质物。病斑可形成穿孔，病叶易脱落。嫩梢上的病斑为椭圆形的溃疡斑，边缘稍隆起(图6-24)。

③病原　病原菌的无性阶段为梅炭疽菌(*Colletotrichum mume*)，属半知菌亚门腔孢纲黑盘孢目炭疽菌属。有性阶段为梅小丛壳菌(*Glomerella mume*)，属子囊菌亚门核菌纲球壳菌目小丛壳属。

④发病规律　病菌以菌丝块(发育未完成的分生孢子盘)和分生孢子在嫩梢溃疡斑及病落叶上越冬。分生孢子借风雨传播，侵染新叶和嫩梢。菌丝发育的最适温度为25～28℃，孢子萌发的最适温度为25℃。一年中，4～5月开始发病，7～8月为发病盛期，10月停止发病。一年中发病迟早与早春气温有关，早春寒潮则发病延迟。高温多雨，有利于病害发生；栽植过密、通风不良、光照差病害发生重；盆栽梅花比地栽梅花发病重。

(4)樟树炭疽病

①分布与危害　樟树炭疽病是樟树苗木与幼树上的常见病害。我国广东、广西、四川、安徽、福建、江苏、浙江、江西、湖南、台湾等地均有发生。该病还危害阴香、桃花心木等园林树种。常引起苗木、幼树枝条枯死甚至整株枯死。

②症状　病菌危害叶片、果实和枝干。叶片和果实上的病斑为圆形，多个病斑相连成不规则形，暗褐色至黑色。嫩叶上布满病斑，皱缩变形。后期病斑上着生有许多黑色小点，即病菌的分生孢子盘。嫩枝、主干上的病斑圆形或椭圆形，初为紫褐色，逐渐变为黑色，病斑下陷。多个病斑相互连接导致枝干枯死。侧枝的病斑可以向主干蔓延，导致整株枯死。在潮湿情况下病部产生桃红色的黏质分生孢子团。

③病原　病原菌的有性阶段为围小丛壳菌(*Glomerella cingulata*)，属子囊菌亚门核菌纲球壳菌目小丛壳菌属。病原菌的无性阶段是一种炭疽菌(*Colletotrichum* sp.)，属半知菌亚门腔孢菌纲黑盘孢目炭疽菌属。

④发病规律　病原菌以分生孢子盘或子囊壳在病株残体上越冬。病菌发育的最适温度为22～25℃，分生孢子在12℃以下或33℃以上不能萌发。高温高湿有利于病害的发生；土壤干旱贫瘠加重病害的发生；过度使用氮肥加重发病；幼树比老树感病；种植密度适宜，郁闭早发病轻。

(5)茉莉炭疽病

①分布与危害　茉莉炭疽病是茉莉的重要病害，英、美、日等国均有报道。我国茉莉花产地均有发生。炭疽病引起茉莉早落叶，降低茉莉的产量及观赏性。

②症状　该病主要侵害茉莉的叶片，也危害嫩梢。发病初期，叶片上形成褪绿的小斑点，病斑逐渐扩大形成浅褐色的、圆形的或近圆形的病斑。病斑边缘稍隆起，病斑中央组织最后变为灰白色，边缘褐色。后期病斑上轮生着稀疏的黑色小点粒，即病原菌的分生孢子盘，病斑多为散生。

③病原　病原菌为茉莉生炭疽菌（*Colletotrichum jasminicola*），属半知菌亚门腔孢菌纲黑盘孢目炭疽菌属。

④发病规律　病原菌以分生孢子和菌丝体在病落叶上越冬，成为翌年的初侵染源。分生孢子由风雨传播，自伤口侵入。在生长季节有多次再侵染。夏、秋季炭疽病发生较严重。多雨、多露、多雾的高湿环境通常加重病害的发生。

2. 炭疽病类防治措施

（1）清除病菌侵染来源

冬季彻底清除病株残体并集中烧毁；发病初期及时摘除病叶，剪除枯枝（应从病斑下5cm的健康组织处剪除），挖除严重感病植株。

（2）加强栽培管理，营造不利于病害发生的环境条件

控制栽植密度或盆花摆放密度，及时修剪，以利于通风透光，降低温度；改进灌水方式，以滴灌取代喷灌；多施磷、钾肥，适当控制氮肥，提高寄主的抗病力。选用抗病品种和健壮苗木。

（3）药剂防治

当新叶展开、新梢抽出后，喷洒1%的等量式波尔多液；发病初期喷施65%代森锌可湿性粉剂500倍液，或75%百菌清可湿性粉剂500~600倍液，或70%甲基托布津可湿性粉剂800倍液，或50%多菌灵可湿性粉剂800倍液，每隔7~10d喷1次，连续喷3~4次，要交替使用不同类型的药剂，也可混合用药。在温室内可以使用45%百菌清烟剂，每667m² 用药250g。

八、病毒病类

病毒病在园林植物上普遍存在且严重。寄主受病毒侵害后，常导致叶色、花色异常，器官畸形，植株矮化。在园林植物中常见的有香石竹病毒病、郁金香碎锦病、菊花矮化病、唐菖蒲花叶病、仙客来病毒病、兰花病毒病等。

1. 危害特点、症状识别及发病规律

（1）唐菖蒲花叶病

①分布与危害　是唐菖蒲的世界性病害，我国凡是种有唐菖蒲的地方均有发生。该病使唐菖蒲球茎退化、植株矮小，花穗短小，花少且小，严

重影响切花产量，是我国唐菖蒲打入国际市场的主要障碍。该病除侵害唐菖蒲外还侵害多种蔬菜和园林植物。

②症状　病毒主要侵染叶片，也可侵染花器。发病初期，叶片上出现褪绿的角斑或圆斑，后变为褐色，病叶黄化、扭曲。花器受害后，花穗短小，花少且小，发病严重时抽不出花穗，有的品种花瓣变色，呈碎锦状。叶片上也有深绿和浅绿相间的块状斑驳和线纹。初夏的新叶症状明显，盛夏时症状不明显。

③病原　引起唐菖蒲花叶病的病毒主要有两种，即菜豆黄花叶病毒（Bean yellow mosaic virus）和黄瓜花叶病毒（Cucumber mosaic virus）。

菜豆黄花叶病毒属马铃薯 Y 病毒（Potato virus Y）组。病毒粒体为线条状，长 750nm；内含体风轮状、束状；钝化温度为 55 ~ 60℃；稀释终点为 10^{-4}；体外存活期为 2 ~ 3d。

黄瓜花叶病毒属黄瓜花叶病毒（Cucumber mosaic virus）组。病毒粒体球形，直径为 28 ~ 30nm；钝化温度为 70℃；稀释终点为 10^{-4}；体外存活期为 3 ~ 6d。

④发病规律　两种病毒均在病球茎及病植株体内越冬。由蚜虫和汁液传播，自微伤口侵入。种球茎的调运是远距离传播的媒介。两种病毒的寄主范围都较广，菜豆黄花叶病毒可侵染美人蕉、曼陀罗及多种蔬菜，黄瓜花叶病毒能侵害美人蕉、金盏菊、香石竹、兰花、水仙、百合、萱草、百日草等。

（2）菊花矮化病

①分布与危害　该病在国外发生普遍，我国只有上海、广州、杭州、常德等少数地区发生。是菊科植物的一种重要病害。

②症状　叶片和花变小、花色异常、植株矮化是该病害的典型症状。病株比正常植株抽条早、开花早，有的品种还有腋芽增生和匍匐茎增多的现象，有的品种叶片上出现黄斑或叶脉上出现黄色线纹。

③病原　引起菊花矮化病的病原是菊花矮化类病毒（Chrysanthemum stunt viroid，CSV）。类病毒是低分子量的核糖核酸，具有高度的热稳定性和侵染性。

④发病规律　类病毒在病株体内及落叶上越冬，自伤口侵入，潜育期为 6 ~ 8 个月。类病毒可通过嫁接、修剪、汁液、种子及菟丝子（Cuscuta gronowii）传播。该类病毒仅侵染菊科植物。

（3）郁金香碎锦病

①分布与危害　郁金香碎锦病是世界性病害，我国郁金香栽培地区均

图 6-25　郁金香碎色病症状(李克昌，1997)

有发生。该病引起郁金香鳞茎退化、花变小、单色花变杂色花，影响观赏效果，严重时有毁种的危险。

②症状　病毒侵害叶片及花冠。受害叶片上出现淡绿色或灰白色的条斑；受害花瓣畸形，原为色彩均一的花瓣上出现淡黄色、白色条纹或不规则斑点，称为"碎锦"。受害花的花色因品种、发病时间、环境条件不同而异。病鳞茎退化变小，植株矮化，生长不良(图 6-25)。

③病原　引起郁金香碎锦病的病毒为郁金香碎锦病毒(Tulip breaking virus)。

④发病规律　该病毒在病鳞茎内越冬，由桃蚜和其他蚜虫作非持久性传播。寄主范围广，能侵害山丹、百合、万年青等多种花卉。

(4)香石竹病毒病

香石竹病毒病是世界性病害，在各栽培区均有发生。常见的病毒病为叶脉斑驳病、坏死斑病、蚀环斑病和潜隐病。病毒病常引起香石竹生长衰弱、花枝变短、花朵变小、花瓣出现杂色、裂萼等现象，严重影响切花的产量和质量。

①香石竹坏死斑病　感病植株中下部叶片变为灰白色，呈淡黄坏死斑驳，或不规则形状的条斑、条纹。下部叶片常表现为紫红色手杖斑或条纹。随着植株的生长，症状向上蔓延，发病严重时，叶片枯黄坏死。引起该病的病原为香石竹坏死斑病毒(Carnation Necratic Flack Virus，CaNFV)。病毒主要通过蚜虫传播。一般情况下，难以用汁液接种。而在美国石竹上接种易成功，可作为香石竹坏死斑病毒的诊断寄主。

②香石竹叶脉斑驳病　该病在香石竹、中国石竹和美国石竹上，均可产生系统花叶，花瓣碎色。幼苗期，症状不明显，随着植株的成长，病毒症状加重。冬季老叶往往呈隐症。引起该病病原为香石竹叶脉斑驳病毒(Carnation Vein Mottle Virus，CaVMV)。该病毒主要通过汁液传播，桃蚜也是重要传播媒介。在园艺操作过程中，如摘心、摘芽、采花等操作过程中，病毒也可以通过手、工具传播。

③香石竹蚀环病　大型香石竹品种受害，感病植株叶上产生轮纹状、环状或宽条状坏死斑，幼苗期最明显。发病严重时，很多灰白色轮纹斑可以连接成大病斑，使叶子卷曲、畸形。此病在高温季节呈隐症。该病病原

为香石竹蚀环病毒（Carnation Etched Ring Virus，CaERV）。该病主要通过汁液和蚜虫传播。此外，植物摩擦接触以及园艺工具都可传毒（图6-26）。

（5）兰花病毒病

①分布与危害 又称卡特来兰花碎色病。在上海地区曾发现有多种兰花病毒病，在不同的兰花品种上其表现症状也各不相同，危害程度也有很大差异，感病植株一般生长不健壮。

②症状 在兰花的叶片上形成褐色圆形或长圆形坏死斑，小病斑可以汇合成大斑，叶子容易枯黄，严重时花变色或畸形。

图6-26 香石竹蚀环病症状

③病原 最常见的是烟草花叶病毒兰花株（Orchid Strain of Tobacco Virus）。

④发病规律 人为接触带毒植株，操作工具、手指等都能导致传毒。土壤和种子也能带毒，但传毒率较低。患有病毒病的兰花植株终身患病，即使是新发生的幼叶、幼芽也都带有病毒。如果将无毒的健康植株种植在带毒的人工介质、苔藓等材料中，同样也会感染病毒。植物残体经电镜检查，也发现有病毒粒子。根系接触也可以传染病毒。

2. 病毒病类的防治措施

（1）加强检疫，防止病苗和带毒繁殖材料进入无病地区，切断病害长距离传播的途径，防止病害扩散、蔓延。兰花病毒病防治就是通过销毁病株以达到减少传毒源的目的。

（2）培育无毒苗。选用健康无病的枝条、种球作为繁殖材料；建立无毒母本园以提供无毒健康系列材料；采用茎尖脱毒法通过组织培养繁殖脱毒幼苗。

（3）加强栽培管理。加强对园林工具的消毒，修剪、切花等园林工具及人手在园林作业前必须用3%～5%的磷酸三钠溶液、酒精或热肥皂水反复洗涤消毒，以防止病毒通过园林操作传播。及时清除染病植株。对于菊花矮化病要注意圃地卫生，及时清除枯落叶，因为类病毒能在干燥病落叶中存活。

（4）及时防治刺吸式口器昆虫（详见刺吸式口器害虫防治办法）。

（5）药剂防治。根据实际情况可选用病毒A、病毒特、病毒灵、83增抗剂、抗病毒 1 号等对病毒有效的药剂。

【任务准备】

材料：本省(自治区、直辖市)园林植物主要叶部病害标本及病原物玻片标本。

用具：双目体视显微镜、生物显微镜、放大镜、镊子、解剖针、培养皿等。

场所：校园、校内外教学实训场

【任务实施】

1. 调查叶部病害的种类及症状特征。

2. 识别叶部病害的种类及形态特征。

(1)观察杜鹃饼病标本，了解叶变形类病害的症状特点。

(2)观察月季白粉病标本，了解白粉病类病害的症状特点。

(3)观察海棠锈病标本，了解锈病类病害的症状特点。

(4)观察花木煤污病，了解煤污病类病害的症状特点。

(5)观察仙客来灰霉病标本，了解灰霉病类病害的症状特点。

(6)观察栀子花叶斑病标本，了解叶斑病类病害的症状特点。

(7)观察山茶炭疽病标本，了解炭疽病类病害的症状特点。

(8)观察郁金香碎锦病标本，了解病毒病类病害的症状特点。

3. 拟定某一叶部病害的综合防治方案。

【任务评价】

任务完成后，教师指出学生在任务完成过程中存在的问题，并根据以下 4 个方面进行任务评价。

序号	评价组成	评价内容	参考分值
1	学生自评	是否认真完成任务，上交实训报告，指出不足和收获	20
2	教师测评	现场操作是否规范；常见叶部病害识别的准确率；防治方案的科学性；实训报告的完成情况；学生任务完成情况及任务各个步骤的完成情况	40
3	学生互评	互相学习、协作，共同完成任务情况	10
4	综合评价	学习态度、参与程度、团队合作能力、小组任务完成情况等	30
	合　计		100

【巩固训练】

1. 你所熟知的园林植物叶部病害有哪些？
2. 简述园林植物叶部病害综合防治原则。

任务二　枝干病害识别与防治

【任务目标】

1. 熟悉当地园林植物枝干病害常见的种类。
2. 熟悉园林植物枝干病害发病特点与症状特征。
3. 能够识别当地常见园林植物枝干病害。
4. 掌握常见园林植物枝干病害的防治方法。

【任务分析】

防治园林植物枝干病害，首先要明确枝干病害对园林植物生长发育的危害性，对园林景观及观赏价值的影响。从实际出发，根据教学目标和任务，了解枝干病害的发生特点，识别常见枝干病害的种类和症状特点，根据具体情况科学设计综合防治方案，实施有效的防治措施。本任务要求完成园林植物常见枝干病害的识别及防治。

围绕完成常见园林植物枝干病害的识别和防治任务，分阶段逐一完成，每个阶段按教师讲解→学生训练→实施的顺序进行。以教师讲解指导与学生实训密切配合完成任务的实施过程，4~6人一组分工协作完成任务。

【知识导入】

不论是草本花卉的茎，还是木本花卉的枝干，在生长过程中也会遭受到各种病原的危害，引起各种类型枝干病害。虽然园林植物茎干病害种类不如叶、花、果病害种类多，但其危害性更大，轻者引起枝枯，重者导致整株枯死，严重影响观赏价值和园林景观。

引起园林植物茎干病害的病原包括侵染性病原(真菌、细菌、植原体、寄生性种子植物、线虫等)和一些非侵染性病原(如日灼、冻害等)。其中真菌仍然是主要的病原。

园林植物茎干病害的病状类型主要有：腐烂、溃疡、枝枯、肿瘤、丛枝、黄化、萎蔫、流脂流胶等。

园林植物茎干病害的侵染循环具有以下特点：

①病原物在感病植物的病斑、病株残体、转主寄主上及土壤内越冬。

②病原物的侵入途径因种类而异。真菌、细菌大多通过伤口、坏死的皮孔侵入；寄生性种子植物、锈菌是直接侵入；病毒、植原体只能通过伤口侵入。

③病原物的传播方式为：真菌、细菌性病害多借助风雨和气流传播，植原体、线虫及某些真菌可借助昆虫传播，寄生性种子植物可由土壤和鸟类传播。人类活动是茎干病害长距离传播的媒介。

③茎干病害的潜育期通常较叶、花、果病害长，一般多在半个月以上，少数病害可长达 1~2 年或更长时间。有些腐烂病、腐朽病、溃疡病具有潜伏侵染的特点。

园林植物茎干病害的防治方法为：清除病菌的侵染来源是预防和减少病害发生的关键措施，即刮除病斑，清除病株残体及土壤内越冬的病菌。有些锈病需铲除转主寄主，病毒、植原体病等需消除媒介昆虫，这是减少和控制病害发生的重要手段；改善园林植物生长环境，加强园林植物的养护管理，提高园林植物生长的适应能力，是控制病害发生的根本措施和有效手段；选育抗病品种，提高园林植物的抗病力，是防治危险性茎干病害的良好途径；喷药防治是减轻病害发生和控制园林植物茎干病害扩展蔓延的必要措施。

一、腐烂、溃疡病类

腐烂、溃疡病是园林植物上的一类重要病害，常造成植株死亡。这类病害是指茎干皮层局部坏死的病害。典型的溃疡病是茎干皮层局部坏死，坏死后期因组织失水而稍凹陷，周围为稍隆起的愈伤组织所包围。有的溃疡病病部扩展极快，不待植株形成愈伤组织就包围了茎干，使植株病部以上部分枯死，在枯死过程中，病部组织不断扩大，大部分皮层坏死，这种现象称为腐烂病或烂皮病。当病斑发生在小枝上，小枝迅速枯死，常不表现为典型的溃疡症状，一般称为枝枯病；当病斑发生在苗木根茎部时表现为茎腐。引起茎干腐烂、溃疡病的病原主要是真菌，少数病害也由细菌引起，冻害、日灼及机械损伤也可致病。病菌借风雨传播或借昆虫传播。大部分溃疡病的病菌为兼性寄生菌，经常在寄主的外皮或枯枝上营腐生生活，当有利于病害发生的条件出现时，即侵染危害。腐烂、溃疡病的流行常常是由于寄主受某种原因的影响而生长势减弱。

1. 危害特点、症状识别及发病规律

（1）月季枝枯病

①分布与危害 月季枝枯病又名月季普通茎溃疡病。我国上海、江苏、浙江、湖南、河南、陕西、山东、天津、安徽、广东等地均有发生。危害月季、玫瑰、蔷薇等蔷薇属多种植物，常引起枝条顶梢部分枯死，严重的甚至全株枯死。

②症状 病菌主要侵染枝干。发病初期，枝干上出现灰白、黄或红色小点，后扩大为椭圆形至不规则形病斑，中央灰白色或浅褐色，有小突起，边缘为紫色和红褐色，与茎的绿色对比十分明显。后期表皮纵向开裂，着生有许多黑色小颗粒，即病菌的分生孢子器，潮湿时涌出黑色孢子堆。病斑环绕枝条一周，引起病部以上部分枯死。

③病原 病原菌为蔷薇盾壳霉（*Coniothyrium fucklii*），属半知菌亚门腔胞纲球壳孢目盾壳霉属。分生孢子器生于寄主植物表皮下，黑色，扁球形，具乳突状孔口；分生孢子梗较短，不分支，单胞，无色；分生孢子小，浅黄色，单胞，近球形或卵圆形。

④发病规律 病菌以菌丝和分生孢子器在枝条的病组织中越冬。翌年春天，在潮湿情况下分生孢子器内的分生孢子大量涌出，借雨水融化，风雨传播，成为初侵染来源。病菌为弱寄生菌，主要通过休眠芽和伤口侵入寄主，极少数可直接通过无伤害表皮侵入。管理不善、过度修剪、生长衰弱的植株发病重。潮湿或干旱有利于发病。

（2）菊花菌核性茎腐病

①分布及危害 菊花菌核性茎腐病又名菌核病。我国上海、浙江、四川等地均有发生。危害植株的茎部，发病严重时导致全株性立枯。

②症状 主要在近土表的茎基部发病，而温室栽培时，在茎的中部也可发生。发病初期，病部变色，并逐渐扩大成不规则、呈水渍状软腐大病斑，后变为灰白色。当环境湿度大时，病斑处出现白色菌丝。后期病茎皮层霉烂成丝裂状，内生有鼠粪状黑色菌核，有时茎表面也产生菌核。当病斑环绕茎基一周时，导致叶枯萎、黄化下垂，最后植株呈立枯状。干时菌丝消失，病部变灰白色。病害发生在茎中部时，病斑多出现在分枝处或叶柄基部，病斑暗褐色，其上产生白色菌丝，后期也产生菌核，病部以上的叶逐渐枯萎，也可向下方扩展，导致全株立枯。

③病原 病原为菌核菌（*Sclerotinia sclerotiorum*），属子囊菌亚门盘菌纲柔膜菌目核盘菌属。菌丝无色，有分支，并产生分生孢子梗，分生孢子梗顶端或其分支顶部不规则地簇生一些小瓶梗，上密生无色单胞微小的分生

孢子。菌核鼠粪状，卵圆形或不规则形，初白色，后外部变为黑色。子囊盘盘形，淡红褐色，子囊圆筒形，子囊孢子椭圆形或棱形。

④发病规律　病菌以菌核在土壤中、病残体上或混在堆肥中越冬。越冬菌核在适宜条件下萌发产生子囊盘，子囊成熟后，遇空气湿度变化即将囊中孢子射出，子囊孢子借风雨传播，从伤口侵入寄主。此外，菌核有时直接产生菌丝，病株上的菌丝具强的侵染力，菌丝迅速发展，致病部腐烂。当营养被消耗到一定程度时产生菌核，菌核不经休眠即萌发。阴湿多雨季节发病重。该病发生的适宜温度为 5～20℃，15℃最适。子囊孢子 0～35℃均可萌发，以 5～10℃最有利。菌丝在 0～30℃均能生长，20℃最适。菌核形成的温度与菌丝生长要求温度一致，菌核在 50℃条件下经 5min 处理可致死。病菌对湿度要求严格，在潮湿土壤中，菌核只存活 1 年；土壤长期积水，1 个月即死亡；在干燥的土壤中能存活 3 年多，但不易萌发，菌核萌发要求高湿及阴凉的条件，萌发后子囊的发育需要连续 10d 有足够的水分。连作发病也重，前期作物为十字花科等蔬菜时发病重。

（3）仙人掌茎腐病

①分布与危害　是我国仙人掌类园林植物上普遍且严重发生的病害，危害仙人掌、仙人球、霸王鞭、麒麟掌、量天尺等多种植物，常引起茎部腐烂，最后导致全株枯死。

②症状　病菌主要危害幼嫩植株茎部或嫁接切口组织。多从茎基部开始侵染，向上逐渐蔓延，上部茎节处也能发生侵染。初为黄褐色或灰褐色水渍状斑块，并逐渐软腐。病斑迅速发展，绕茎一周，使整个茎基部腐烂。后期茎肉组织腐烂失水，剩下一层干缩的外皮，或茎肉组织腐烂后仅留髓部。最后全株枯死。病部产生灰白色或紫红色霉状物，或黑色颗粒状物，即病菌的子实体（图6-27）。

图 6-27　仙人掌茎腐病

③病原　仙人掌茎腐病的病原属于半知菌亚门丝孢纲瘤座孢目镰孢霉属（镰刀菌属），主要有 3 种：尖镰孢（*Fusarium oxysporum*）、茎点霉菌（*Phoma* sp.）、大茎点霉菌（*Macrophoma* sp.）。

④发病规律　尖镰孢以菌丝体和厚垣孢子在病株残体上或土壤中越冬，茎点霉及大茎点霉则以菌丝体和分生孢子在病株残体上越冬。尖镰孢可在土壤中存活多年。通过风雨、土壤、混有病残体的粪肥和操作工具传播，带病茎是远程传播源。多由伤口侵入。高温高湿有利于发病。盆土用未经消毒的垃圾土或菜园土，施用未经腐

熟的堆肥，嫁接、低温、受冻以及虫害造成的伤口多时，均有利于病害的发生。

（4）柑橘溃疡病

①分布与危害　柑橘溃疡病是柑橘类园林植物上的危险性侵染病害，在我国普遍发生，但以热带和亚热带地区较严重，受害柑橘落叶、落果、枯梢，影响观赏效果。

②症状　病菌危害叶片、枝条、果实、萼片，形成木栓化突起的溃疡病斑。发病初期，叶片上产生针头大小的黄色或暗绿色油浸状斑点，扩大后成圆形，灰褐色，病斑正反两面木栓化隆起显著，表面粗糙，病斑中央凹陷，似火山口状。病斑周围有黄色或黄绿色的晕圈，但老叶上黄色晕圈不明显。病斑直径4～5mm，有时几个病斑相互愈合，形

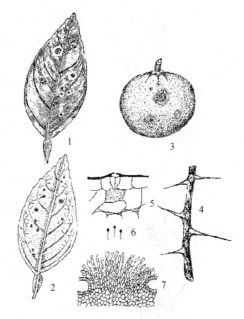

图6-28　柑橘溃疡病
1～2.叶片正、背面症状　3.果实症状
4.枝条症状　5.细胞间隙充满细菌
6.病原细菌　7.寄主细胞过度增殖的状态

成不规则形的大病斑。果实上的病斑和叶片上的相似，木栓化突起更显著，坚硬粗糙，病斑较大，直径4～5mm，最大的可达12mm，中央火山口状的开裂更显著(图6-28)。

③病菌　病原菌为柑橘极毛杆菌(*Xanthomonas citri*)。菌体短杆状，两端圆钝，极生鞭毛，能运动，有荚膜，无芽孢。革兰氏染色阴性，好气，在牛肉汁蛋白胨琼脂培养基上，菌落圆形，蜡黄色，有光泽，全缘，黏稠。

④发病规律　病菌潜伏在病叶、病梢、病果内越冬。翌年春季在适宜条件下，病部溢出菌脓，借风雨、昆虫和枝叶的接触及人工操作等传播，并由自然孔口和伤口侵入。在高温多雨季节，病斑上的菌脓可进行多次再侵染。病菌可随苗木、接穗、果实的调运而远距离传播。种子一般不带病。

（5）银杏茎腐病

①分布与危害　分布于山东、安徽、江苏、浙江、江西、福建、湖南、湖北、广东、广西和新疆等地，以长江流域以南地区发生普遍严重。除危害银杏外，还危害扁柏、香榧、杜仲、鸡爪槭、马尾松、金钱松、水杉、柳杉、板栗、枫香、刺槐、乌桕、桑树等多种阔叶树苗木，其中以银杏、

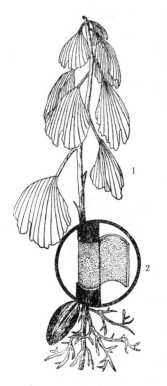

图6-29 银杏茎腐病
1. 病苗症状
2. 病部放大示皮层下的菌核

扁柏、香榧、杜仲、鸡爪槭受害最重。有的地区苗木感病后死亡率达90%。

②症状 一年生苗木发病初期，茎基部近地面处变成深褐色，叶片失绿，稍下垂。后期病斑包围茎基并迅速向上扩展，引起整株枯死，叶片下垂不落。苗木枯死3~5d后，茎上部皮层稍皱缩，内皮层组织腐烂，呈海绵状或粉末状，浅灰色，其中有许多细小的黑色小菌核。病菌侵入木质部和髓部后，髓部变褐色，中空，也生有小菌核。最后病害蔓延至根部，使整个根系皮层腐烂。此时，若拔苗则根部皮层脱落，留在土壤中，仅拔出木质部。二年生苗也感病，有的地上部分枯死根部仍保持健康，当年自根颈部能发出新芽(图6-29)。

③病原 病原菌为菜豆壳球孢菌(*Macrophomina phaseoli*)，属半知菌亚门腔孢纲球壳孢目壳球孢属。菌核黑褐色，扁球形或椭圆形，粉末状。分生孢子器有孔口，埋生于寄主组织内，孔口开于表皮外。分生孢子梗细长，不分枝，无色。分生孢子单胞，无色，长椭圆形。

④发病规律 病菌是一种土壤习居菌，平时在土壤中营腐生生活，在适宜条件下，自伤口侵入寄主。寄主的生长状况、环境条件与病害的发生关系密切。夏季炎热、土温升高、苗木根茎部灼伤，是病害发生的诱因。在南京，苗木一般在梅雨结束后10~15d开始发病，以后发病率逐渐增加，到9月中旬停止发病。因此可以根据梅雨季节的早迟，梅雨期的长短和气温的变化，来预测当年该病害发生的早迟和严重程度。

(6)鸢尾细菌性软腐病

①分布与危害 细菌性软腐病是鸢尾的常见病害，无论是球茎鸢尾或根状茎鸢尾均可发生，分布于美国、加拿大、日本。我国上海、杭州、合肥和青岛等城市均有发生。病害导致球茎腐烂，全株立枯。该菌寄主范围很广，除鸢尾外，还危害仙客来、风信子、百合及郁金香等。

②症状 感病植株，最初叶片先端开始出现水渍状条纹，逐渐黄化、干枯。根颈部位发生，水渍状更明显。球茎初期出现水渍状病斑，逐渐发生糊状腐败，初为灰白色，后呈灰褐色，有时留下一完整的外皮。腐败的

球茎或根状茎，具有恶臭气味。这种恶臭是诊断此病的重要依据。由于基部溃烂，病叶容易拔出地面(图6-30)。

③病原　已知病原的鸢尾软腐病有2种，即胡萝卜软腐欧文氏菌胡萝卜致病变种(*Erwinia carotouora* pv. *carotouora*)和海芋欧文氏菌(*E. aroideae*)，二者均属真细菌目欧文氏菌属。细菌短杆状，以周生鞭毛运动；为革兰氏阴性反应。

④发病规律　病原细菌在土壤中和病残体上越冬。通过伤口侵入寄主，尤其是鸢尾钻心虫的幼虫在幼叶上造成的

图6-30　鸢尾软腐病(林焕章，1999)
1.症状　2.病原细菌

伤口，或分根移栽造成的伤口；病害借雨水、灌溉水和昆虫传播，温度高、湿度大时发病严重；种植过密、绿荫覆盖面积大的地方球茎易发病；连作地发病严重。一般德国鸢尾和澳大利亚鸢尾发病较普遍。

(7)棕榈干腐病

①分布与危害　棕榈干腐病又称枯萎病、腐烂病、烂心病，是棕榈的重要病害。分布于浙江、江西、湖南、福建、上海等地，常造成棕榈枯萎死亡。

②症状　病害多从叶柄基部开始发生。首先产生黄褐色病斑，并沿叶柄向上扩展到叶片，病叶逐渐凋萎枯死。以后病斑扩大到树干并产生紫褐色病斑，致使维管束变色坏死，树干腐烂，树干上叶片枯黄萎蔫下垂，植株渐趋死亡。在棕榈干梢部位发病，其幼嫩组织腐烂，则更为严重。发病后期，在潮湿条件下，枯叶及叶柄基部长出白色菌丝。当地上部分枯死后，地下根系也很快随之腐烂，全部枯死。

③病原　病原菌为拟青霉菌(*Paecilomyces varitoti*)，属半知菌亚门丝孢纲丛梗孢目拟青霉属。该病菌能产生两种不同类型的分生孢子。一种分生孢子梗不分支或有简单分支，另一种分生孢子梗有多次分支呈扫帚状。

④发病规律　病菌在轻病株上过冬。每年5月中旬开始发病，6月逐渐增多，7~8月为发病盛期，至10月底，病害逐渐停止蔓延。人工试验，病害潜育期约4个月。该病对小树和大树均有危害。棕榈树遭受冻伤或剥棕太多，树势衰弱易发病。

2. 防治措施

(1)加强栽培管理，促进园林植物健康生长，增强树势，是防治茎干腐

烂、溃疡病的重要途径。夏季搭荫棚或合理间作或及时灌水降温，可以有效防止银杏茎腐病的发生；适地适树、合理修剪、剪口涂药保护、避免干部皮层损伤、随起苗随移植、避免假植时间过长、秋末冬初树干涂白、防止冻害、防治蛀干害虫等措施，对防治月季枝枯病都十分有效。用无菌土作栽培土、厩肥充分腐熟、合理施肥是防治仙人掌茎腐病的关键。

（2）加强检疫，防止危险性病害的扩展蔓延。茎干溃疡、腐烂病中有些是危险性病害，是检疫对象，如柑橘溃疡病等，要防止带病苗木、种竹、毛竹传入无病区，一旦发现，立即烧毁。

（3）及时清除病死枝条和植株，结合修剪去除其他枯枝或生长衰弱的植株及枝条，刮除老病斑，减少侵染来源，可减轻病害的发生。

（4）树干发病时可用50%代森铵、50%多菌灵可湿性粉剂200倍液，或80%"402"抗菌素200倍液喷，或2°Be的石硫合剂射树干或涂抹病斑。茎、枝梢发病时可喷洒50%退菌特可湿性粉剂800~1000倍液，或50%多菌灵可湿性粉剂800~1000倍液，或70%百菌清可湿性粉剂1000倍液，或65%代森锌可湿性粉剂1000倍液和50%苯来特可湿性粉剂1000倍液的混合液(1∶1)。

二、枝干锈病类

干锈病是园林植物的一类常见病害，是由锈菌侵染引起的，受害树干往往形成瘤肿，有的不甚明显，在一定的时期，病部会出现锈黄色的锈孢子器或鲜黄色的夏孢子堆或锈褐色的冬孢子堆。有的锈病要转主寄生才能完成其生活史。

1. 危害特点、症状识别及发病规律

下面对竹秆锈病进行介绍。

①分布与危害　竹秆锈病又称竹褥病。我国江苏、浙江、安徽、山东、湖南、湖北、河南、陕西、贵州、四川、广西等地均有发生。主要危害淡竹、刚竹、旱竹、哺鸡竹、箭竹、毛竹等16种以上竹。竹秆被侵染处变黑，材质发脆，生长衰退，发笋减少，发病严重的整株枯死，不少竹林因此被毁坏。

②症状　病菌多侵染竹秆下部或近地面的秆基部，严重时也侵染竹秆上部甚至小枝。感病时间为2~3月（有的在上一年11~12月），在病部产生明显的椭圆形、长条形或不规则形，紧密不易分离，呈毡状的橙黄色垫状物，即病菌的冬孢子堆，多生于竹节处。4月下旬至5月，冬孢子堆遇雨后吸水向外卷曲并脱落，在其下面便露出由紫灰褐色变为黄褐色粉质层状的夏孢子堆。当夏孢子堆脱落后，发病部位成为黑褐色枯斑。病斑逐年扩展，当绕竹秆一周时，病竹即枯死(图6-31)。

③病原　病原菌为皮下硬层锈菌（*Stereostratum corticioides*），属担子菌亚门冬孢纲锈菌目硬层锈菌（毡锈菌）属。夏孢子堆生于寄主茎秆的角质层下，后突破角质层外露，圆形或长圆形、褐色，呈粉状；夏孢子近球形或卵形，淡黄褐色或近无色，单细胞，表面有刺。冬孢子堆圆形或椭圆形，生于角质层下，多群生常紧密连接成片，呈毡状，后突破角质层外露，黄褐色。

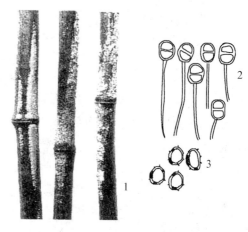

图 6-31　竹子秆锈病症状及病菌形态
1. 竹秆上的症状　2. 冬孢子　3. 夏孢子

④发病规律　病菌以菌丝体或不成熟的冬孢子堆在病组织内越冬。菌丝体可在寄主体内存活多年，每年产生夏孢子堆。每年 9 ~ 10 月开始产生冬孢子堆，翌年 4 月中下旬冬孢子脱落后即形成夏孢子堆。5 ~ 6 月新竹放枝展叶时是夏孢子飞散的盛期。夏孢子是本病的主要侵染源。夏孢子借风雨传播，从伤口侵入当年新竹或老竹，有时也可直接侵入新竹。潜育期 7 ~ 9 个月。病竹上只发现夏孢子堆和冬孢子堆，至今未发现转主寄主。地势低洼、通风不良、较阴湿的竹林发病重。气温 14 ~ 21℃，相对湿度 78% ~ 85% 时，病害发展迅速。不同竹种抗病性也有差异。

2. 防治措施

（1）清除转主寄主，不与转主寄主植物混栽，是防治秆锈病的有效途径。

（2）加强检疫，禁止将疫区的苗木、幼树运往无病区，防止松疱锈病的扩散蔓延。

（3）及时、合理地修除病枝，及时清除病株，减少侵染来源。

（4）用松焦油原液、70% 百菌清乳剂 300 倍液直接涂于发病部位；幼林用 65% 代森锌可湿性粉剂 500 倍液、或 25% 粉锈宁 500 倍液喷雾。

三、丛枝类

丛枝病的典型症状是树冠的部分枝条密集簇生成扫帚状或鸟巢状，故又称扫帚病或鸟巢病。丛枝病通常是由植原体、真菌引起的，大多是系统侵染，病害从局部枝条扩展到全株需数年或十数年。丛枝病是一类危险性病害，常导致植株死亡。

1. 危害特点、症状识别及发病规律

(1)竹丛枝病

①分布与危害 分布于我国竹子产区，江苏、浙江、安徽、福建、上海、湖南、山东均有发生。危害刚竹属、短穗竹属、麻竹属中的部分竹种，以刚竹属中的竹种发生较为普遍。病竹生长衰弱，出笋减少。危害严重者，整株枯死。

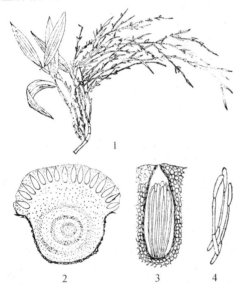

图 6-32 竹丛枝病
1.病枝(丛枝) 2.假菌核和子座切面
3. 子囊壳和子囊 4. 子囊孢子

②症状 发病初期，个别细弱枝条节间缩短，叶退化成小鳞片形，后病枝在春秋季不断长出侧枝，形似扫帚，严重时侧枝密集成丛，形如雀巢，下垂。4～5月，病枝梢端、叶鞘内产生白色米粒状物，为病菌菌丝和寄主组织形成的假子座。雨后或潮湿的天气，子座上可见乳状的液汁或白色卷须状的分生孢子角。6月间假子座的一侧又长出一层淡紫色或紫褐色的垫状子座。9～10月，新长的丛枝梢端叶鞘内，也可产生白色米粒状物。但不见子座产生。病竹从个别枝条丛枝发展到全部枝条丛枝，致使整株枯死(图6-32)。

③病原 病原菌为竹瘤座菌(*Balansia take*)，属子囊菌亚门核菌纲球壳菌目瘤座菌属。病菌的白色假子座内有多个不规则相互连通的腔室，腔室内产生许多分生孢子。分生孢子无色，细长，3个细胞，两端细胞较粗，中间细胞较细。子囊壳埋生于垫状子座中，瓶状，并露出乳头状孔口。子囊圆筒形；子囊孢子线形，无色，8个束生，有隔膜，会断裂。

④发生规律 病菌以菌丝体在竹的病枝内越冬，翌年春天在病枝新梢上产生分生孢子成为初侵染源。分生孢子借雨水传播，由新梢的心叶侵入生长点，刺激新梢在健康春梢停止生长后仍继续生长而表现出症状，2～3年后逐渐形成鸟巢状或扫帚状的典型症状。郁闭度大、通风透光不好的竹林，或者低洼处，溪沟边湿度大的竹林以及抚育管理不善的竹林，病害发

生较为常见。病害大多发生在 4 年生以上的竹林内。

（2）泡桐丛枝病

①分布与危害　泡桐丛枝病在我国泡桐栽培区普遍发生，分布于江苏、浙江、江西、河北、河南、陕西、安徽、湖南、湖北、山东等地。以华北平原危害最严重。发病严重时引起植株死亡。

②症状　病菌危害泡桐的树枝、干、根、花、果。幼树和大树发病，多从个别枝条开始，枝条上的腋芽和不定芽萌发出不正常的细弱小枝，小枝上的叶片小而黄，叶序紊乱，病小枝又抽出不正常的细弱小枝，表现为局部枝叶密集成丛。有些病

图 6-33　泡桐丛枝病病状

树多年只在一边枝条发病，没有扩展，仅由于病情发展使枝条枯死。有的树随着病害逐年发展，丛枝现象越来越多，最后全株都呈丛枝状态而枯死。病树须根明显减少，并有变色现象。1 年生苗木发病，表现为全株叶片皱缩，边缘下卷，叶色发黄，叶腋处丛生小枝，发病苗木当年即枯死。有的病株花器变形，即柱头或花柄变成小枝，小枝上的腋芽又抽出小枝，花瓣变成小叶状，整个花器形成簇生小丛枝状（图6-33）。

③病原　病原物为植原体（Phytop lasma），原称类菌原体（MLO）。植原体圆形或椭圆形，直径 200～820nm，无细胞壁，但具 3 层单位膜，内部具核糖核蛋白颗粒和脱氧核糖核酸的核质样纤维。

④发病规律　植原体大量存在于韧皮部输导组织的筛管内，随汁液流动通过筛板孔而侵染到全株。病害由刺吸式口器昆虫（如茶翅蝽、叶蝉等）在泡桐植株之间传播；带病的种根和苗木的调运是病害远程传播的重要途径。病害的发生与育苗方式、地势、气候因素及泡桐种类有关。种子繁殖的实生苗发病率低；行道树发病率高；相对湿度大、降雨量多的地区发病轻；白花泡桐、川桐、台湾泡桐较抗病。

（3）翠菊黄化病

①分布与危害　黄化病是翠菊种植区普遍而又严重的病害。在北京、上海均有发生。该病寄主范围甚广，除翠菊外还危害瓜叶菊、矢车菊、天

人菊、美人蕉、天竺葵、福禄考、金盏菊、金鱼草、长春花、菊花、非洲菊、百日草、万寿菊、矮雪轮、大岩桐、荷花、香石竹、蔷薇、茉莉、牡丹等 40 个科的 100 多种植物。该病使植株矮小、萎缩，叶片黄化、花瓣变绿、畸形或无花，严重影响切花生产和花坛景观。

②症状　翠菊感病后生长初期幼叶沿叶脉出现轻微黄化，而后叶片变为淡黄色，病叶向上直立，叶片和叶柄细长狭窄，嫩枝上往往腋芽增多，形成扫帚状的丛枝；植株矮小、萎缩；花序颜色减退，花瓣通常变成淡黄绿色，花小或无花。

③病原　翠菊黄化病是由植原体（MLO）引起的。菌体为球形或椭圆形，有时形态变异为蘑菇形或马蹄形，菌体大小为 80～800nm，壁厚 8nm。

④发病规律　病原物主要是在雏菊、春白菊、大车前、飞蓬、天人菊、苦苣菜等各种多年生植物上存活和越冬，并主要通过叶蝉从这些植物传播到翠菊或其他寄主上侵染危害。此外，菟丝子也能传毒；但种子不带毒，汁液和土壤不传毒。潜育期长短与气温有关，温度 25℃时潜育期为 8～9d，气温 20℃时潜育期 18d，10℃以下则不显症状。7～8 月发病严重。

2. 防治措施

（1）加强检疫，防治危险性病害的传播。

（2）栽植抗病品种或选用培育无毒苗、实生苗。

（3）及时剪除病枝，挖除病株，可以减轻病害的发生。清除病原物越冬寄主是防治翠菊黄化病的重要手段。在病枝基部进行环状剥皮，宽度为所剥部分枝条直径的 1/3 左右，以阻止植原体在树体内运行。

（4）防治刺吸式口器昆虫（如蚜、叶蝉等）可喷洒 50% 马拉硫磷乳油 1000 倍液或 10% 安绿宝乳油 1500 倍液、40% 速扑杀乳油 1500 倍液，可减少病害传染。

（5）植原体引起的丛枝病可用四环素、土霉素、金霉素、氯霉素 4000 倍液喷雾。真菌引起的丛枝病可在发病初期直接喷 50% 多菌灵或 25% 三唑酮 500 倍液进行防治，每周喷 1 次，连喷 3 次，防治效果很明显。

四、枯萎病类

枯萎病是由病原物侵入寄主的输导组织而引起的一类病害。枯萎病主要由真菌、细菌、病原线虫引起。病原物借风雨、昆虫传播，自伤口侵入茎干，在植物的输导组织内大量繁殖，以阻塞、毒害或以其他方式破坏植物的输导组织，导致整个植株枯萎，是园林植物上的又一类重要病害。

1. 危害特点、症状识别及发病规律

（1）松材线虫病

①分布与危害　松材线虫病又称松枯萎病，是松树的一种毁灭性病害。该病在日本、韩国、美国、加拿大、墨西哥等国均有发生，但危害程度不一，其中以日本受害最重。此病1982年我国在南京中山陵首次发现，随后在安徽、广东、山东、浙江、台湾、香港等地局部地区发现并流行成灾。主要危害黑松、赤松、马尾松、火炬松、湿地松、白皮松等植物。

②症状　病原线虫侵入树体后，松树的外部症状表现为针叶陆续变色（5~7月），松脂停止流动，萎蔫，而后整株干枯死亡（9~10月），枯死的针叶红褐色，当年不脱落。发病和死亡的时间是该病诊断的重要依据之一。但在寒冷地区，松树当年感染了松材线虫也可能在第二年才枯死。松材线虫侵入树体后不仅使树木蒸腾作用降低，失水，木材变轻，而且还会引起树脂分泌急速减少和停止。病树显露出外部症状之前的9~14d，松脂流量下降，量少或中断，在这段时间内病树不显其他症状，因此泌脂状况还可以作为早期诊断的依据。松材线虫病症状发展过程可分为4个阶段：首先，外观正常，但树脂分泌量减少或停止，蒸腾作用下降；接着针叶开始变色，树脂分泌停止，通常能够观察到天牛或其他甲虫危害和产卵的痕迹；然后，大部分针叶变为淡褐色，萎蔫，可见到甲虫蛀屑；最后，针叶全部变为黄褐色或红褐色，病树整株枯死，此时树体一般有多种次生性的害虫栖居。

③病原　该病由松材线虫（*Bursaphelenchus xylophilus*）引起，属于线形动物门线虫纲垫刃目滑刃科。成虫体细长约1mm，唇区高，缢缩显著，基部略微增厚。中食道球卵圆形，占体宽的2/3以上。食道腺细长，叶状，覆盖于肠背面。排泄孔的开口与食道和肠交接处大致平行。半月体在排泄孔后约2/3体宽处。雌虫尾部亚圆锥形，末端钝圆，少数有微小的尾尖突。卵巢前伸，卵呈单行排列。阴门开口于虫体中后部体长的73%处，上覆以宽的阴门盖。雄虫交合刺大，弓形，喙突显著，远端膨大如盘状。尾部似鸟爪，向腹部弯曲，尾端为小的卵形交合伞包裹（图6-34）。

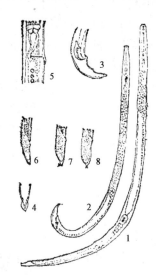

图6-34　松材线虫
1.雌成虫　2.雄成虫　3.雄虫尾部
4.交合器　5.雌虫阴门　6~8.雌虫尾部

④发病规律　松材线虫病多发生在每年5~9月。高温干旱气候适合病害发生和蔓延，低温则能限制病害的发展；土壤含水量低，病害发生严重。在我国，传播松材线虫的主要媒介是松墨天牛（*Monochamus alternatus*）。松墨天牛一般4~5月羽化，从罹病树中羽化出来的天牛几乎100%携带松材线虫，天牛体内的松材线虫均为耐久型幼虫，这阶段幼虫抵抗不良环境能力很强，它们主要分布在天牛的气管中，每只天牛都可携带成千上万条线虫，最高可达28万条。当天牛在树上咬食补充营养时，线虫幼虫就从天牛取食造成的伤口进入树脂道，然后蜕皮为成虫。被松材线虫侵染的松树往往又是松墨天牛的产卵对象。翌年，在罹病松树内寄生的松墨天牛羽化时又会携带大量线虫，"接种"到健康的树上，导致病害扩散蔓延。病原线虫近距离由天牛携带传播，远距离则随调运带有松材线虫的苗木、枝丫、木材及松木制品等传播。松树线虫雌雄虫交尾后产卵，每雌虫产卵约100粒。虫卵在温度25℃下30h孵化。幼虫共4龄。在温度30℃时，线虫3d即可完成一个世代。松材线虫生长繁殖的最适温度为20℃，低于10℃时不能发育，28℃以上繁殖会受到抑制，在33℃以上则不能繁殖。

（2）香石竹枯萎病

①分布与危害　枯萎病是香石竹上发生普遍且严重的病害，天津、广东、浙江、上海等地均有发生，危害香石竹、石竹、美国石竹等多种石竹属植物，引起植株的枯萎死亡。

②症状　植株生长发育的任何时期都可受害。首先是植株下部叶片枝条变色、萎蔫，并迅速向上蔓延，叶片由正常的深绿色变为淡绿色，最终呈苍白的稻草色。整个植株枯萎，有时表现为一侧枝叶枯萎。纵切病茎可看到维管束中有暗褐色条纹，从横断面上可见到明显的暗褐色环纹。

③病原　病原菌为石竹尖镰孢（*Fusarinm oxysporum*），属半知菌亚门丝孢纲瘤座孢目镰孢霉属。它是专一引起香石竹维管束病害的病原。病菌一般产生分生孢子座，分生孢子有两种，即大型分分孢子和小型分生孢子。

④发病规律　病原菌在病株残体或土壤中越冬。在潮湿情况下产生子实体。孢子借风雨传播，通过根和茎基或插条的伤口侵入，病菌进入维管束系统并逐渐向上蔓延扩展。繁殖材料是病害传播的重要来源，被污染的土壤也是传播来源之一。高温高湿有利于病害的发生。酸性土壤以及偏施氮肥有利于病菌的侵染和生长。

（3）山茶枝枯病

①分布与危害　山茶枝枯病又称胴枯病，是当年生枝干主要病害之一，在各种病害中，枯枝病对山茶危害很大，防治较难。应多观察病情，及时

处理，以减少损失。

②症状 病原菌侵入山茶枝叶后，发病初期在中上部半木质化枝干的近基部生浅褐色至褐色长椭圆形病斑，后扩展成环状，稍凹陷。后期病斑上散生黑色小粒点，即病原菌分生孢子器。受害叶色变淡，叶肉变薄，叶脉隆起，并不断扩展下移，引起叶片青枯脱落，叶芽萎缩。这时，在春梢与老枝交界处出现坏死组织，维管束显棕褐色，输导管阻塞。发病重时，营养物质与水分不能正常交换，从而引起致病部以上的枝叶枯死。

③病原 山茶枝枯病病原菌为 *Macrophoma* sp.，属半知菌类真菌。分生孢子器球形至近球形，顶端具孔口，分生孢子器内壁着生分生孢子梗，分生孢子梗单胞无色，线形，其上生有分生孢子，分生孢子长椭圆形，直或稍弯，单胞，无色，透明。

④发病规律 病菌以分生孢子器或菌丝体在山茶病枝部越冬。翌春随着春天气温的回升，分生孢子堆逐渐成熟，产生大量分生孢子，随风散布到附近的山茶植株上，在新芽、嫩枝伤口、脱落叶片的节痕处、嫁接苗的接口处、修剪的伤口等处危害，条件适宜时孢子萌发从新梢侵入，从而引起山茶的萎缩，落叶和枯死。该病多在5月盛发，7~8月出现枝叶枯死。山茶衰老或地势低洼易发病，通风透光不良或偏施、过施氮肥发病重。

2. 防治措施

（1）加强检疫，防治危险性病害的扩展与蔓延。香石竹枯萎病、松材线虫病都属于检疫对象，应加强对传病材料的监控。

（2）加强对传病昆虫的防治是防止松材线虫扩散蔓延的有交手段。防治松材线虫的主要媒介——松墨天牛，可在4月天牛从树体中飞出时用0.5%杀螟松乳剂或乳油。用溴甲烷（40~60g/m³）或水浸100d，可杀死松材内的松墨天牛幼虫。

（3）清除侵染来源。及时挖除病株烧毁并进行土壤消毒可有效控制病害的扩展。

（4）防治香石竹枯萎病可在发病初期用50%多菌灵可湿性粉剂800~1000倍液或50%苯来特500~1000倍液，灌注根部土壤，每隔10d一次，连灌2~3次。防治松材线虫病可在树木被侵染前用丰索磷、克线磷、氧化乐果、涕灭威等进行树干注射或根部土壤处理。

五、寄生性种子植物病害

寄生性种子植物病害是园林植物的一类较常见病害，是菟丝子科和桑寄生科植物寄生园林植物引起的，寄生性种子植物从寄生植物上吸取水分、矿物质、有机物供自身生长发育需要，而导致园林植物生长衰弱，严重的导致植物死亡。

1. 危害特点、症状识别及发病规律

（1）菟丝子害

①分布与危害　菟丝子害在全国各地均有分布，主要危害一串红、金鱼草、菊花、扶桑、榆叶梅、玫瑰、珍珠梅、紫丁香、台湾相思、千年桐、木麻黄、小叶女贞、人面果、红花羊蹄甲等多种园林植物。危害轻者使之生长不良，重者导致园林植物死亡，严重影响观赏效果。

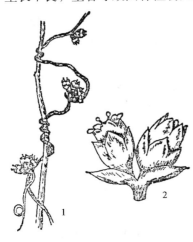

图 6-35　中国菟丝子
1. 缠绕在寄主上的菟丝子
的茎和果　2. 菟丝子的花

②症状　菟丝子为全寄生种子植物。它以茎缠绕在寄主植物的茎干，并以吸器伸入寄主茎干或枝干内与其导管和筛管相连接，吸取全部养分。因而导致被害植物生长不良，通常表现为植株矮小、黄化，甚至植株死亡（图 6-35）。

③病原　菟丝子又名无根藤、金丝藤，园林植物上常见的有：中国菟丝子（*Cuscuta chinensis*）、日本菟丝子（*C. japonica*）、田间菟丝子（*C. campestris*）、单柱菟丝子（*C. monogyne*）。

④发病规律　菟丝子以成熟种子脱落在土壤中或混杂在草本花卉种子中休眠越冬，也有以藤茎在被害寄主上越冬的。以藤茎越冬的，翌春温湿度适宜时即可继续生长攀缠危害。越冬后的种子，翌年春末初夏，当温湿度适宜时种子在土中萌发，长出淡黄色细丝状的幼苗。随后不断生长，藤茎上端部分旋转向四周伸出，当碰到寄主时，便紧贴在其上缠绕，不久在其与寄主的接触处形成吸盘，并伸入寄主体内吸取水分和养料。此后茎基部逐渐腐烂或干枯，藤茎上部与土壤脱离，靠吸盘从寄主体内获得水分、养料，不断分枝生长缠绕植物，开花结果，不断繁殖蔓延危害。夏秋季是菟丝子生长高峰期，11月开花结果。菟丝子的繁殖方法有种子繁殖和藤茎繁殖两种。靠鸟类传播种子，或成熟种子脱落土壤，再经人为耕作进一步扩散；另一种传播方式是借寄主树冠之间的接触由藤茎缠绕蔓延到邻近的寄主上，或人为将藤茎扯断后抛落在寄主的树冠上。

（2）桑寄生害

①分布与危害　桑寄生科植物多分布于热带、亚热带地区，我国西南、华南最常见。通常危害山茶、悬铃木、水杉、石榴、木兰、蔷薇、榆、山毛榉及杨柳科等园林植物，导致生长势衰弱，严重时全株枯死。

②症状　桑寄生科的植物为常绿小灌木，寄生在树木的枝干上，非常明显，尤以冬季寄主植物落叶后更为明显。由于寄生物夺走部分无机盐类和水分，并对寄主产生毒害作用，因而导致受害园林植物叶片变小，提早落叶，发芽晚，不开花或延迟开花，果实易落或不结果。植物枝干受害处最初略为肿大，以后逐渐形成瘤状，木质部纹理也受到破坏，严重时枝条或全株枯死。

③病原　园林植物上的桑寄生科植物主要有桑寄生属（*Loranthus*）和槲寄生属（*Visscum*）。

桑寄生属（*Loranthus*）植物高1m左右，茎褐色；叶对生、轮生或互生，全缘；花两性，花瓣分离或下部合生成管状；果实为浆果状的核果。我国常见的有桑寄生（*L. parasiticu*）和樟寄生（*L. yadoriki*）两种。

槲寄生属（*Viscum*）植物，枝绿色；叶对生，常退化成鳞片状；花单性异株，极小，单生或丛生于叶腋内或枝节上，雄花序聚伞状；雌花子房下位，1室，柱头无柄或近无柄，垫状；果实肉质，果皮有黏胶质。我国有14种，常见的有槲寄生（*V. album*）和无叶枫寄生（*V. articulatum*）。

④发病规律　桑寄生科植物以植株在寄主枝干上越冬，每年产生大量的种子传播危害。鸟类是传播桑寄生的主要媒介。小鸟取食桑寄生浆果后，种子被鸟从嘴中吐出或随粪便排出后落在树枝，靠外皮的黏性物质粘附有树皮上，在适宜的温度和光线下种子萌发，萌发时胚芽背光生长，接触到枝干即在先端形成不规则吸盘，以吸盘上产生的吸根自伤口或无伤体表侵入寄主组织，与寄主植物导管相连，从中吸取水分和无机盐。从种子萌发到寄生关系的建立需10~20d。与此同时，胚芽发育长出茎叶。如有根出条则沿着寄主枝干延伸，每隔一定距离便形成一吸根钻入寄主组织定殖，并产生新的植株。

2. 防治措施

（1）园林措施防治

在菟丝子种子萌发期前进行深翻，将种子深埋在3cm以下的土壤中，使其难以萌芽出土。经常巡查，一旦发现病株，应及时清除。在种子成熟前，结合修剪，剪除有种子植物寄生的枝条，注意清除要彻底，并集中销毁。严禁随手乱扔菟丝子的藤茎。

（2）药剂防治

对菟丝子发生较普遍的园地，一般于 5～10 月，酌情喷药 1～2 次。有效的药剂有：10% 草甘膦水剂 400～600 倍液加 0.3%～0.5% 硫酸铵，或 48% 地乐胺乳油 600～800 倍液加 0.3%～0.5% 硫酸铵。国外报道，防治桑寄生可用氯化苯氨基醋酸、2,4-D 和硫酸铜。

六、膏药病

膏药病是亚热带地区阔叶树的常见病害，危害多种阔叶树树干或枝条。在树干或枝条上形成膏药状病斑。树干受害影响生长，小枝感病后可造成衰弱甚至枯死。

1. 危害特点、症状识别及发病规律

下面对阔叶树膏药病进行介绍。

①分布与危害　阔叶树膏药病在我国江苏、浙江、台湾、福建、湖南、江西、广东、广西、四川、贵州、云南等地均有分布，为亚热带地区常见病害。主要危害构树、桑树、茶、女贞、胡桃、栎类、樱花、梨树、相思树、香樟、柑橘类等。

②症状　病害在树干或枝条上形成圆形或不规则形厚膜状菌丝层，灰白色、茶褐色或淡紫色至紫褐色，有时呈天鹅绒状，菌膜边缘色较淡，中部后生龟裂纹。整个菌膜好像中医所用的膏药。小枝受病后逐渐衰弱终至枯死，树干受害严重时也影响生长。

③病原　病原菌为隔担子菌（*Septobasidium* sp.），属担子菌亚门层菌纲隔担子菌目隔担子菌科隔担子菌属。担子果平伏，革质，长 3～12cm，棕灰色至浅粉灰色，边缘初期近白色，质地疏松，海绵状，厚 650～1200μm。近子实层表面的菌丝产生原担子，原担子梨形或近球形。担子长形，有横隔，担孢子腊肠形，光滑无色。

④发病规律　膏药病菌常与介壳虫或白蚁共生。病菌以它们的分泌物为养料，介壳虫则由于菌膜覆盖而得到保护。菌丝体表生，逐渐扩大成旗状，部分菌丝也能侵入皮层危害。雨季，孢子借介壳虫爬行而传播蔓延。林中阴暗潮湿、通风透光不良，或土壤黏重、排水不良的地方，容易发生膏药病。

2. 防治措施

（1）可刮除树上菌膜后涂以石灰，或 1～3°Be 石硫合剂消毒，也可涂 1:（10～15）的波尔多液浆。

（2）注意防治介壳虫，常用的药剂是松碱合剂：烧碱 2 份，松香 3 份，水 16 份。将水烧开后加入烧碱，待溶化后，慢慢加入研细的松香，边加边

搅拌均匀，然后煮 50min，冷却后加水 15 倍稀释防治蚧类。

【任务准备】

材料：本省(本地区)园林植物主要枝干病害标本及病原物玻片标本。

用具：双目体视显微镜、生物显微镜、放大镜、镊子、解剖针、培养皿等。

场所：校园、校内外教学实训场

【任务实施】

1. 调查枝干病害的种类及症状特征。

2. 识别枝干病害的种类及形态特征。

(1)观察月季枝枯病标本，了解腐烂、溃疡病类病害的症状特点。

(2)观察月季白粉病标本，了解白粉病类病害的症状特点。

(3)观察竹秆锈病标本，了解锈病类病害的症状特点。

(4)观察竹丛枝病标本，了解丛枝病类病害的症状特点。

(5)观察松材线虫病标本，了解枯萎病类病害的症状特点。

(6)观察桑寄生病标本，了解寄生性种子植物病害的症状特点。

(7)观察阔叶树膏药病标本，了解膏药病类病害的症状特点。

3. 拟定某一枝干病害的综合防治方案。

【任务评价】

任务完成后，教师指出学生在任务完成过程中存在的问题，并根据以下 4 个方面进行任务评价。

序号	评价组成	评价内容	参考分值
1	学生自评	是否认真完成任务，上交实训报告，指出不足和收获	20
2	教师测评	现场操作是否规范；常见枝干病害识别的准确率；防治方案的科学性；学生任务完成情况；实训报告的完成情况及任务各个步骤的完成情况	40
3	学生互评	互相学习、协作，共同完成任务情况	10
4	综合评价	学习态度、参与程度、团队合作能力、小组任务完成情况等	30
合　计			100

【巩固训练】

1. 你熟知的枝干病害有哪些?

2. 简述园林植物枝干病害综合防治原则。

任务三　根部病害识别与防治

【任务目标】

1. 熟悉当地园林植物根部病害常见的种类。
2. 熟悉园林植物根部病害发病特点与症状特征。
3. 能够识别当地园林植物根部病害的常见种类。
4. 掌握常见园林植物根部病害的防治方法。

【任务分析】

要防治园林植物根部病害，首先要明确根部病害对园林植物生长发育的危害性，对园林景观及观赏价值的影响。从实际出发，根据教学目标和任务，了解根部病害的发生特点，识别常见根部病害的种类和症状特点，根据具体情况设计综合防治方案，实施有效的防治措施。本任务要求完成园林植物常见根部病害的识别及防治。

围绕完成常见园林植物根部病害的识别和防治任务，分阶段逐步实施，每个阶段按教师讲解→学生训练→实施的顺序进行。以教师讲解指导与学生实训配合完成任务的实施过程，4~6人一组分工协作完成任务。

【知识导入】

园林植物的根部病害虽然种类不多，但其危害性却很大，常常是毁灭性的。染病的幼苗几天即可枯死，可造成幼树在一个生长季节枯萎，大树延续几年后也可枯死。根部病害主要破坏植物的根系，影响水分、矿物质、养分的输送，往往引起植株的死亡，而且由于病害是在地下发展的，初期不容易被发觉，等到地上部分表现出明显症状时，病害往往已经发展到严重阶段，植株也已经无法挽救了。

园林植物根部病害的症状类型可分为：根部及根颈部皮层腐烂，并产生特征性的白色菌丝、菌核、菌索；根部和根颈部肿瘤；病菌从根部侵入并在输导组织定植导致植株枯萎；根部或干基腐朽并可见大型子实体等。根部病害发生后的地上部分往往表现出叶色发黄、放叶迟缓、叶形变小、提早落叶、植株矮化等症状。

引起园林植物根部病害的病原，一类是非侵染性病原，如土壤积水、酸碱度不适、土壤板结、施肥不当等；另一类是侵染性病原，如真菌、细菌、寄生线虫等。

园林植物根部病害的发生特点为：

①病原物主要在土壤、病株残体和病根上越冬。根部病害的病原物大多属土壤习居性或半习居性微生物，寄主范围广，腐生能力强，可在土壤中存活多年，防治困难。

②病原物的传播主要靠雨水、灌溉水、病根与健根之间的相互接触、线虫及菌索的主动传播、远距离传播主要靠种苗的调运。

③病原物通过伤口或直接穿透表皮而侵入根内。

④潜育期长短不一。一般来说，一、二年生草本植物潜育期比多年生木本植物潜育期短。

⑤根部病害的诊断一般较困难，一是因为根部病害早期不易发现，待地上部分表现出明显症状时病害已进入后期，已死的根部有大量的腐生菌；二是因为根部病害的发生与土壤关系密切，直接原因难以确定。

园林植物根部病害的防治方法为：严格实施检疫措施、土壤消毒、病根清除和植前处理，是减少侵染来源的重要措施；加强栽培管理，促进植物健康生长，提高植株抗病力，对土壤习居菌引起的病害有十分重要的意义；应开展以菌治病工作，探索根部病害防治的新途径。

一、根腐、根朽病类

根腐病类是园林植物上的常见病害，包括根腐病、白绢病、白纹羽病、紫纹羽病、苗木立枯病等，主要是由真菌和非侵染性病原引起的，常导致植株的死亡。

1. 危害特点、症状识别及发病规律

（1）幼苗猝倒和立枯病

①分布与危害　园林植物的常见病害之一，全国各地均有发生。寄主范围很广，主要危害杉属、松属、落叶松属等针叶树苗木，并危害杨树、臭椿、榆、枫杨、银杏、桑树等多种阔叶树幼苗和瓜叶菊、蒲包花、彩叶草、大岩桐、一串红、秋海棠、唐菖蒲、鸢尾、香石竹等多种花卉，是育苗中的一大病害。

②症状　自播种至苗木木质化均可能被侵害，但各阶段受害状况及表现特点不同，种子在播种后至幼苗出土前，种子和芽受病菌侵染发生腐烂，表现为种芽腐烂，苗床上出现缺行断垄现象；幼苗出土期，若湿度大或播种量多，苗木密集，或揭除覆盖物过迟，被病菌侵染，幼苗茎叶黏结，表

现为茎叶腐烂；苗木出土后至嫩茎木质化之前，苗木根颈部被害，根颈处变褐色并发生水渍状腐烂，表现为幼苗猝倒，这是本病的典型特征；苗木茎部木质化后，根部被害，皮层腐烂，苗木不倒伏，直立枯死，因此称为苗木立枯病。

③病原　引起本病的原因有非侵染性病原和侵染性病原两大类。非侵染性病原包括：圃地积水，排水不良，造成根系窒息；土壤干旱，土壤黏重，表土板结；覆土过厚，平畦播种揭开草帘子时间过晚；地表温度过高，根茎灼伤；农药污染等。侵染性病原主要是真菌中的腐霉菌（*Pythium* spp. ）、丝核菌（*Rhizoctonia* spp. ）、镰刀菌（*Fusarium* spp. ）。

腐霉菌属鞭毛菌亚门卵菌纲霜霉目腐霉属。菌丝无隔，无性阶段产生游动孢子。有性阶段产生卵孢子。常见的有危害松、杉幼苗的德巴利腐霉（*Pythium debaryanum*）和瓜果腐霉（*P. aphanidermatum*）。

镰刀菌属半知菌亚门丝孢纲瘤座菌目镰孢属。菌丝多隔无色，无性阶段产生两种分生孢子：一种是大型多隔镰刀状的分生孢子，另一种为小型单胞的分生孢子。有性阶段很少发生。常见的是危害松、杉幼苗的腐皮镰孢（*Fusarium solani*）和尖镰孢（*F. oxysporum*）。

丝核菌属半知菌亚门丝孢纲无孢菌目丝核菌属。菌丝分隔，分枝近直角，分枝处明显溢缩。初期无色，老熟时浅褐色至黄褐色。成熟菌丝常呈一连串的桶形细胞，菌核即由桶形细胞菌丝交织而成。菌核黑褐色，质地疏松。常见的是危害松、杉幼苗的立枯丝核菌（*Rhizoctonia solani*）（图6-36）。

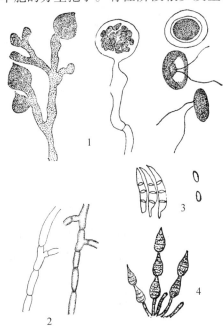

图6-36　杉苗猝倒病病原菌
1.腐霉菌的孢囊梗、孢子囊、游动孢子和卵孢子
2.丝核菌的幼、老菌丝　3.镰刀菌的大、小分生孢子
4.交链孢菌的分生孢子梗和分生孢子

④发病规律　引起幼苗猝倒和立枯病的病原菌都有较强的腐生能力，平时能在土壤的植物残体上腐生且能存活多年，它们分别以卵孢子、厚垣孢子和菌核渡过不良环境。病菌借雨水、灌溉水传播，一旦遇到合适的寄主便侵染危害。病菌主要危害1年生幼苗，尤其是苗

木出土后至木质化之前最容易感病。发病程度与以下因素有关：

前作感病：前作是马铃薯、棉花、茄子、番茄、大豆、烟草、瓜类等感病植物，病株残体多，病菌繁殖快，苗木易于发病。

雨天操作：无论是整地、作床或播种，若在雨天进行，因土壤潮湿、板结，不利于种子生长，种芽容易腐烂。

圃地粗糙：土壤黏重，床面不平，不利于苗木生长，苗木生长纤弱，抗病力差，病害易于发生。

肥料未腐熟：施用未经腐熟的有机肥料，肥料在腐熟过程中，易烧坏幼苗，且肥料中常混有病株残体，病菌会蔓延危害苗木。

播种过迟：幼苗出土较晚，出土后若遇阴雨，湿度大，有利于病菌生长，加上苗茎幼嫩，抗病力差，病害容易发生。

揭草过晚：如果种子质量差，种子发芽势弱，幼苗出土不齐，因而不能及时揭除覆草。因为揭草不及时，幼苗生长细弱，抗病力差，易发病。

苗木过密：育苗时，一般播种量稍多，以预防因病、虫、鸟、兽危害而缺苗，但若间苗过迟，苗木过密，苗间湿度较大，有利于病菌蔓延，病害易发生。

天气干旱：苗木缺水或地表温度过高，根颈烫伤，有利于病害发生。

（2）紫纹羽病

①分布与危害　紫纹羽病又称紫色根腐病。是园林植物、林木、果树、农作物上的常见病害。我国东北，河北、河南、安徽、江苏、浙江、广东、四川、云南等地均有发生。松、杉、柏、刺槐、杨、柳、栎、漆树、橡胶树、杧果等都易受害。苗木受害后，病害发展很快，常导致苗木枯死；大树发病后，生长衰弱，个别严重的植物会因根茎腐烂而死亡。

②症状　从小根开始发病，逐渐蔓延至侧根及主根，甚至到树干基部，皮层腐烂，易与木质部剥离，病根及干基部表面有紫色网状菌丝层或菌丝束，有的形成一层质地较厚的毛绒状紫褐色菌膜，如膏药状贴在干基处，夏天在上面形成一层很薄的白粉状孢子层。在病根表面菌丝层中有时还有紫色球状的菌核。病株地上部分表现为：顶梢不发芽，叶形变小、发黄、皱缩卷曲，枝条干枯，最后全株死亡(图6-37)。

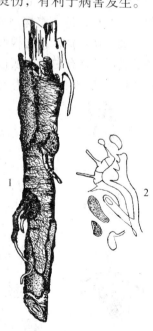

图6-37　紫色根腐病
1.病根症状
2.病菌的担子和担孢子

③病原 病原菌为紫卷担子菌（*Helicobasidium purpureum*），属担子菌亚门层菌纲银耳目卷担子菌属。子实体膜质，紫色或紫红色。子实层向上、光滑。担子卷曲，担孢子单胞、肾形、无色。病菌在病根表面形成明显的紫色菌丝体和菌核。

④发病规律 病原菌利用它在病根上的菌丝体和菌核潜伏在土壤内。菌核有抵抗不良环境条件的能力，能在土壤中长期存活，待环境条件适宜时，萌发菌丝体。菌丝体集结成束，能在土内或土表延伸，接触到健康植物的根后就直接侵入。病害也可以通过病、健根的相互接触而传染蔓延。担孢子在病害传播中不起重要作用。4月开始发病，6~8月为发病盛期，有明显的发病中心。地势低洼、排水不良的地方容易发病。但在北京香山公园较干旱的山坡侧柏干基部也有发现。

（3）白纹羽病

①分布与危害 分布于我国辽宁、河北、山东、江苏、浙江、安徽、贵州、陕西、湖北、江西、四川、云南、海南等地。寄主有栎树、板栗、榆树、槭树、云杉、冷杉、落叶松、银杏、苹果、梨、泡桐、垂柳、蜡梅、雪松、五针松、大叶黄杨、芍药、风信子、马铃薯、蚕豆、大豆等。常引起根部腐烂，造成整株枯死。

②症状 病菌侵害根部，最初须根腐烂，后扩展到侧根和主根。被害部位的表层缠绕有白色或灰白色的丝网状物，即根状菌索。近土表根际处展布白色蛛网状的菌丝膜，有时形成小黑点，即病菌的子囊壳。栓皮呈鞘状套于根外，烂根有蘑菇味。叶片逐渐枯黄、凋萎，最后全株枯死（图6-38）。

③病原 病原菌为褐座坚壳菌（*Rosellinia necatrix*），属子囊菌亚门核菌纲球壳菌目座坚壳属。无性阶段形成孢梗束，具横隔膜，上部分支，顶生或侧生1~3个分生孢子；分生孢子无色，单胞，卵圆形，易从孢子梗上脱落。老熟菌丝在分节的一端膨大，以后形成圆形的厚垣孢子。菌核黑色，近圆形，直径1mm，大的达5mm。有性世代形成子囊壳，不常见。子囊壳黑色，球形，顶端具有乳头状突起；子囊圆柱形，有长柄，子囊内有8个子囊孢子，排成一列；子囊孢子单胞，褐色，纺锤

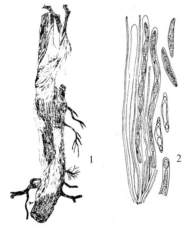

图6-38 根白纹羽病

1. 病根上羽纹状菌丝片
2. 病菌的子囊和子囊孢子

形。繁殖器官要在全株腐朽后才产生。

④发病规律　病菌以菌核和菌索在土壤中或病株残体上越冬。病害的蔓延主要通过病、健根的接触和根状菌索的延伸。病菌的孢子在病害传播上作用不是很大。当菌丝体接触到寄主植物时，即从根部表面皮孔侵入。一般先侵害小侧根，后在皮层下蔓延至大侧根，破坏皮层下的木质细胞，但深层组织不受侵害。根部死亡后，菌丝穿出皮层，在表面缠结成白色或灰褐色菌索，以后形成黑色菌核，有时也形成子囊壳及分生孢子。菌索可蔓延到根皮土壤中，或铺展在树干基部土表。一般 3 月中下旬开始发病，6～8 月为发病盛期，10 月以后停止发生。病害发生较重与土壤条件有密切关系。土质黏重、排水不良、低洼积水地，发病重；土壤疏松、排水良好的地，发病极少。高温有利于病害的发生。

(4) 白绢病

①分布与危害　分布于我国长江以南各地。危害 60 多个科的 200 多种植物。园林植物上常见的寄主有芍药、牡丹、凤仙花、吊兰、美人蕉、水仙、郁金香、香石竹、菊花、福禄考和许多乔、灌木观赏树种如油茶、油桐、楠、茶、泡桐、青桐、梓树、乌桕、柑橘、苹果、葡萄、松等。植物受害后轻者生长衰弱，重者植株死亡。

②症状　白绢病主要发生于植物的根、颈基部。木本植物，一般在近地面的根颈处开始发病，而后向上部和地下部蔓延扩展。病部首先呈褐色，进而皮层腐烂。受害植物叶片失水凋萎，枯死脱落，植株生长停滞，花蕾发育不良，僵萎变红。主要特征是病部呈水渍状，黄褐色至红褐色湿腐，其上被有白色绢丝状菌丝层，多呈放射状蔓延，常常蔓延到病部附近土面上，病部皮层易剥离，基部叶片易脱落。君子兰和兰花等则发生于叶茎部及地下肉质茎处。有球茎、鳞茎的花卉植物，则发生于球茎和鳞茎上。发病的中后期，在白色菌丝层中常出现黄白色油菜籽大小的菌核，后变为黄褐色或棕色(图 6-39)。

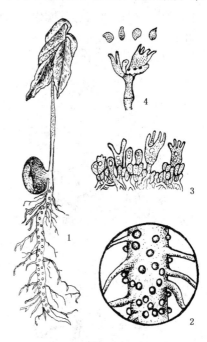

图 6-39　白绢病病株及病原
(仿《园林植物病虫害防治》)
1.病株症状　2.病根放大示病部着生的病菌的菌核　3.病菌的子实层　4.病菌的担子及担孢子

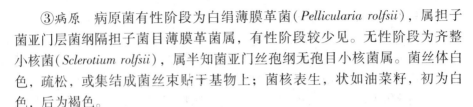

③病原　病原菌有性阶段为白绢薄膜革菌（*Pellicularia rolfsii*），属担子菌亚门层菌纲隔担子菌目薄膜革菌属，有性阶段较少见。无性阶段为齐整小核菌（*Sclerotium rolfsii*），属半知菌亚门丝孢纲无孢目小核菌属。菌丝体白色，疏松，或集结成菌丝束贴于基物上；菌核表生，状如油菜籽，初为白色，后为褐色。

④发病规律　白绢病以菌丝与菌核在病株残体、杂草上或土壤中越冬，菌核可在土壤中存活5～6年。在环境条件适宜时，由菌核产生菌丝进行侵染。病菌可由病苗、病土和水流传播。直接侵入或从伤口侵入。潜育期1周左右。病菌发育的适宜温度为32～33℃，最高温度38℃，最低温度13℃。在江浙一带5～6月梅雨季节为发病高峰，北方地区8～9月为发病高峰。高温、高湿是发病的主要条件。土壤疏松湿润、株丛过密有利于发病；介壳虫危害可加重病害的发生；连作地发病重；酸性砂质土也会促进病害的发生。

（5）根朽病

①分布与危害　根朽病是一种著名的根部病害，可侵害200多种针、阔叶树种，樱花、牡丹、芍药、杜鹃花、香石竹等也能危害。导致根系或根颈部分腐朽，严重的全株死亡。

②症状　病菌侵染根部或根颈部，引起皮层腐烂和木质部腐朽。针叶树被害后，在根颈部产生大量流脂，皮层和木质部间有白色扇形的菌膜；在病根皮层内、病根表面及病根附近的土壤内，可见深褐色或黑色扁圆形的根状菌；秋季在濒死或已死亡的病株干茎和周围地面，常出现成丛的蜜环菌的子实体。杜鹃花被害的初期症状，表现为皮层的湿腐，具有浓重的蘑菇味；黑色菌索包裹着根部；紧靠土表的松散树皮下有白色菌扇；也形成蘑菇。根系及根颈腐烂，最后整株枯死（图6-40）。

③病原　病原菌为小蜜环菌（假蜜环菌）（*Armillariella mellea*），属担子菌亚门层菌纲伞菌目小蜜环菌属。子实体伞状，多丛生，菌体高5～10cm，菌盖淡蜜黄色，上表面具有淡褐色毛状小鳞

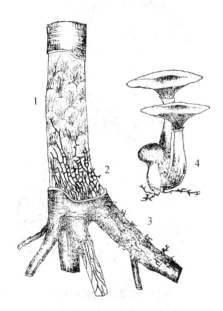

图6-40　根朽病

1.皮下的菌扇　2.皮下的菌索
3.根皮表面的菌索　4.子实体

片；菌柄位于菌盖中央，实心，黄褐色，上部有菌环；菌褶直生或延生；担孢子卵圆形，无色。

④发病规律　蜜环菌腐生能力强，可以广泛存在于土壤或树木残桩上。成熟的担孢子可随气流传播侵染带伤的衰弱木。菌索可在表土内扩展延伸，当接触到健根时，可以以机械、化学的方法直接侵入根内，或通过根部表面的伤口侵入。植株生长衰弱，有伤口存在，土壤黏重，排水不良，有利于病害的发生。

2. 防治措施

（1）育苗技术防治

①选好圃地，要求不积水，透水性良好，不连作，前作不能是茄科等易感病植物。

②圃地深翻、耙平，施好底肥（充分腐熟的农家有机肥），做高床条播，播种沟内撒入75%敌克松 $4\sim6g/m^2$。

③精细选种，播种前用 $0.2\%\sim0.5\%$ 的敌克松等拌种。

④适时播种，使苗木能在雨季发病敏感期之前木质化，增强苗木的抗病能力。

⑤播种后控制灌水，在不影响生长的情况下尽量少灌水，减少发病；出现苗木感病时，在苗木根颈部用75%敌克松 $4\sim6g/m^2$ 灌根。

⑥苗木出圃时严格检查，一经发现带病苗木立即销毁。栽植前，将苗木根部浸入70%甲基托布津500倍溶液中 $10\sim30min$，进行根系消毒处理。

（2）加强栽培管理，提高植株抗病力

选栽抗病品种。注意前作，防止连作；改良土壤，加强水肥管理，增施有机肥，促进根系生长；开好排水沟，雨季及时排涝，降低相对湿度；在病、健树之间开沟，沟深1m，宽40cm，防止病害蔓延。

（3）病树治疗

当地上部初现异常症状如枯萎、叶小发黄时，应及时挖土检查，并采取相应措施。如为白绢病，则先将根茎部病斑彻底刮除，并采取相应措施，用抗菌剂402的50倍液或1.9%的硫酸铜液进行伤口消毒，然后涂保护剂；如为白纹羽病、紫纹羽病、根朽病，则应切除霉烂根。刮下、切除的病根组织均应带出园外销毁。掘出病根周围土壤，换上无病新土。病根周围灌注 $500\sim1000$ 倍的70%的甲基托布津药液，或50%多菌灵可湿性粉剂 $500\sim1000$ 倍液，或50%的代森锌 $200\sim400$ 倍液，或福尔马林400倍液，或2°Be石硫合剂，也可使用草本灰。病株周围土壤用二硫化碳浇灌处理，既消毒了土壤又促进绿色木霉菌（*Trichoderma virid*）的大量繁殖，以抑制蜜环菌的发生。病树处理及施药要避开夏季高温多雨季节，处理后加施腐熟人粪尿或尿素，尽快恢复树势。

幼苗猝倒和立枯病，可在苗木出土后马上喷施青霉素（80万单位注射用青霉素钠一瓶加水10kg配成药液），隔10～15d喷一次，连续喷5～6次，有比较好的防治效果。

（4）挖除重病株和病土消毒

病情严重及枯死的植株，应及早挖除，并做好土壤消毒工作，可于病穴土壤灌浇40%甲醛100倍液，每株（大树）30～50kg。

（5）加强检疫

防止危险性病害的扩展、蔓延。

（6）生物防治

施用木霉菌制剂或5406抗生菌肥料覆盖根系促进植株健康生长。

二、根瘤病类

根瘤病类的典型症状是园林植物的根部或根颈部出现瘤状突起。主要有根癌病和根结线虫病两大类。一般是由细菌、线虫引起的，常导致植物生长不良，植株矮小，叶色发黄，严重的植株因过度消耗营养而死亡。

1. 危害特点、症状识别及发病规律

（1）仙客来根结线虫病

①分布与危害　仙客来根结线虫病在我国发生普遍，其寄主范围很广，除危害仙客来外，还危害六棱柱、桂花、海棠、仙人掌、菊花、石竹、大戟、倒挂金钟、栀子、唐菖蒲、木槿、绣球花、鸢尾、天竺葵、矮牵牛、蔷薇等，使寄主植物生长受阻，严重时可导致植株死亡。

②症状　线虫侵害仙客来球茎及根系的侧根和支根。球茎上形成大的瘤状物，直径可达1～2cm。侧根和支根上的瘤较小，一般单生。根瘤初为淡黄色，表皮光滑，以后变为褐色，表皮粗糙，切开根瘤，在剖面上可见发亮的白色颗粒，即为梨形的雌虫体。地上部分植株矮小，叶色发黄，严重时叶片枯死（图6-41）。

③病原　病原物为南方根结线虫（_Meloidogyne incognita_）。雄虫蠕虫形，细长，长1.2～2.0mm，尾短而圆钝，有两根弯刺状的交合器；雌虫鸭梨形，大小为（0.5～0.69）mm×（0.30～0.43）mm，阴门周围有特殊的会阴花纹，这是鉴定种的重要依据；幼虫蠕虫形；卵长椭圆形，无色透明。

④发病规律　线虫以二龄幼虫或卵在土壤中或土中的根结内过冬。当土壤温度达到20～30℃，湿度在40%以上时，线虫侵入根部危害，刺激寄

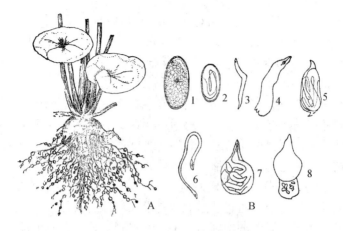

图 6-41　仙客来根结线虫病部被害状及生活史

A. 根部被害状　B. 生活史

1. 卵　2. 卵内孕育的幼虫　3. 性分化前的幼虫　4. 未成熟的雌虫

在幼虫包皮内成熟的雄虫　6. 雄虫　7. 含有卵的雌虫　8. 产卵的雌虫

主形成巨型细胞，并形成根结，从入侵到形成根结大约 1 个月。幼虫几经脱皮发育为成虫，雌雄交配产卵或孤雌生殖产卵。完成 1 代需 30～50d，1 年可发生多代。通过流水、肥料、种苗传播。土壤内幼虫如 3 周遇不到寄主，死亡率可达 90%。温度高湿度大发病严重，在砂壤土中发病也较重。

（2）樱花根癌病

①分布与危害　根癌病在我国分布很广，寄主范围也很广，菊花、石竹、天竺葵、樱花、月季、蔷薇、柳、圆柏、梅、南洋杉、银杏、罗汉松等均能危害，寄主多达 59 科 142 属 300 多种。受害植物生长缓慢，叶色不正，严重的引起死亡。

②症状　本病主要发生在根颈部，也可发生在主根、侧根及地上部的主干和侧枝上。病部膨大呈球形的瘤状物。幼瘤为白色，质地柔软，表面光滑，后瘤状物逐渐增大，质地变硬，褐色或黑褐色，表面粗糙、龟裂。由于根系受到破坏，重者引起全株死亡，轻者造成植株生长缓慢、叶色不正（图 6-42）。

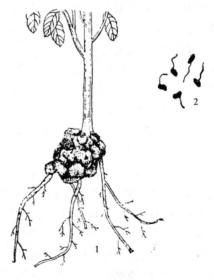

图 6-42　樱花根癌病

1. 症状　2. 病原

③病原 病原菌为根癌土壤杆菌（*Agrobacterium tumefaciens*），又名根癌农杆菌。菌体短杆状，大小为(1.2~5)μm×(0.6~1)μm，具1~3根极生鞭毛。革兰氏染色阴性反应，在液体培养基上形成较厚的、白色或浅黄色的菌膜；在固体培养基上菌落圆而小，稍突起半透明。

④发病规律 病菌在癌瘤组织的皮层内越冬，或在癌瘤破裂脱皮时，进入土壤中越冬，病菌能在土壤中能存活一年以上。雨水和灌溉水是传病的主要媒介。此外，地下害虫如蛴螬、蝼蛄、线虫等在病害传播上也起一定的作用。其中苗木带菌是远距离传播的重要途径。病菌通过伤口侵入寄主。病菌会引起寄主细胞异常分裂，形成癌瘤。从病菌侵入到显现病瘤所需的时间，一般由几周到一年以上。适宜的温湿度是根癌病菌进行侵染的主要条件。病菌侵染与发病随土壤湿度的增高而增加，反之则减轻。癌瘤形成与温度关系密切。土壤为碱性时有利于发病，酸性土壤对发病不利。土壤黏重、排水不良的发病多，土质疏松、排水良好的砂质壤土则发病少。此外，耕作不慎或地下害虫危害使根部受伤，有利于病菌侵入，增加发病机会。

2. 防治措施

(1)改进育苗方法，加强栽培管理

选择无病土壤作苗圃，实施轮作，间隔期为2~3年。苗圃地应进行土壤消毒，防治细菌性根瘤病可每平方米施硫黄粉50~100g，或5%福尔马林60g，或漂白粉100~150g，对土壤进行处理；防治根结线虫可用日光暴晒和高温干燥方法进行处理，或用克线磷、二氯异丙醚、丙线磷（益收宝）、苯线磷（力满库）、棉隆（必速灭）等颗粒剂进行土壤处理。碱性土壤应适当施用酸性肥料或增施有机肥料，如绿肥等，以改变土壤pH值，使之不利于病菌生长。雨季及时排水，以改善土壤的通透性。中耕时应尽量少伤根。凡调出苗木都应在未抽芽之前将根颈部以下部位，用1%硫酸铜溶液浸5min或用3%次氯酸钠液浸泡3min，再放入2%石灰水中浸2min；仙客来根结线虫病可将染病种球在46.6℃水中浸泡60min或在50℃水中浸泡10min。

(2)病株处理

在定植后的果树上发现病瘤时，先用快刀彻底切除病瘤，然后用100倍硫酸铜溶液或50倍抗菌剂402溶液消毒切口，再外涂波尔多液保护；也可用400单位链霉素涂切口，外加凡士林保护；切下的病瘤应随即烧毁。病株周围的土壤可用抗菌剂402的2000倍溶液灌注消毒。防治根结线虫可在生长期对病株可将10%力满库（克线磷）施于根际附近，每公顷施用45~75kg，可沟施、穴施或撒施，也可把药剂直接施入浇水中；此药是当前较理想的触杀及内吸性杀线虫剂。

（3）防治地下害虫

地下害虫危害，造成根部受伤，增加发病机会。因此及时防治地下害虫，可以减轻发病。

（4）生物防治

自 1973 年来，澳大利亚、新西兰、美国等广泛应用 K84 防治核果类和蔷薇根癌病，获得良好的防治效果。K84 只是一种生物保护剂，只有在发病前，即病菌侵入前使用才能获得良好的防治效果。

【任务准备】

材料：幼苗猝倒病、白绢病、茎腐病等根部病害标本，丝核菌和镰刀菌的玻片标本。

用具：双目体视显微镜、放大镜、镊子、解剖针、培养皿、载玻片、盖玻片等。

【任务实施】

1. 调查根部病害的种类及症状特征。

2. 识别根部病害的种类及形态特征。

（1）观察幼苗猝倒病（苗木立枯病）、紫纹羽病、白绢病标本，了解根腐病类病害的症状特点。

（2）观察根朽病标本，了解腐朽病类病害的症状特点。

（3）观察仙客来根结线虫病、樱花根癌病标本，了解根瘤病类病害的症状特点。

3. 拟定某一种根部病害的综合防治方案。

【任务评价】

任务完成后，教师指出学生在任务完成过程中存在的问题，并根据以下 4 个方面进行任务评价。

序号	评价组成	评价内容	参考分值
1	学生自评	是否认真完成任务，上交实训报告，指出不足和收获	20
2	教师测评	现场操作是否规范；常见根部病害识别的准确率；防治方案的科学性；学生任务完成情况；实训报告的完成情况及任务各个步骤的完成情况	40
3	学生互评	互相学习、协作，共同完成任务情况	10
4	综合评价	学习态度、参与程度、团队合作能力、小组任务完成情况等	30
合　计			100

【巩固训练】

1. 你熟知的根部病害有哪些?
2. 简述园林植物根部病害的综合防治原则。

综合复习题

一、填空题

1. 园林植物叶部病害的主要症状类型有: _____ 、_____、_____、_____、_____ 等。

2. 叶斑病是_____的一类病害的总称。叶斑病又可分为_____等种类。这类病害的后期往往在_____上产生各种小颗粒或霉层。

3. 炭疽病其主要症状特点是子实体呈轮状排列,在潮湿情况下病部有_____出现。炭疽病主要是由_____的真菌引起的。

4. 加强对园林工具的消毒,修剪、切花等的园林工具及人手在园林作业前必须用_____、_____或_____消毒,以防止病毒通过园林操作传播。

5. 苗木猝倒和立枯病的侵染性病原主要是真菌中的_____、_____、_____。

6. 花木白纹羽病的病菌侵害根部,最初_____腐烂,后扩展到_____。被害部位的表层缠绕有白色或灰白色的丝网状物,即_____。近土表根际处展布白色蛛网状的菌丝膜,有时形成小黑点,即_____。栓皮呈鞘状套于根外,烂根有_____味。叶片逐渐枯黄、凋萎,最后全株枯死。

二、选择题

1. 以下锈病中无转主寄主的是(   )。
A. 玫瑰锈病   B. 松瘤锈病   C. 海棠锈病   D. 松疱锈病

2. 以下病害中由真菌引起的是(   )。
A. 竹丛枝病   B. 枫杨丛枝病   C. 泡桐丛枝病   D. 翠菊黄化病。

3. 郁金香碎锦病的病原主要是(   )。
A. 真菌   B. 细菌   C. 病毒   D. 植原体

4. 以下园林病害中由担子菌引起的病害有(   )。
A. 花木根癌病   B. 竹秆锈病   C. 桃缩叶病   D. 花木紫纹羽病

5. 以下病害中由线虫引起的病害有(   )。
A. 花木根癌病   B. 白绢病   C. 松材线虫病   D. 香石竹枯萎病

6. 以下病害中不是由细菌引起的病害有(   )。
A. 柑橘溃疡病   B. 花木根癌病   C. 杜鹃疫霉根腐病   D. 香石竹蚀环病

三、简答题

1. 园林植物叶部病害的危害特点是什么?

2. 简述月季白粉病的症状、发病规律及防治方法。
3. 炭疽病的典型症状是什么？如何防治叶斑病？
4. 简述苗木猝倒病和立枯病的症状特点及防治措施。
5. 试述松材线虫病的症状特点。
6. 简述月季枝枯病的症状特点及防治方法。
7. 针对你所在校园的园林植物病害的发生现状，谈谈如何进行防治？

项目七

园林植物其他有害生物识别与防治

【知识目标】

1. 熟悉园林植物杂草的主要种类、发生特点及防治方法。
2. 了解园林植物有害螨类的主要种类、发生规律与防治方法。
3. 了解园林植物软体动物和其他节肢动物的主要种类、发生规律与防治方法。

【技能目标】

1. 能识别园林植物杂草的主要种类，并能进行防治。
2. 能识别园林植物有害螨类，并能进行防治。
3. 能识别园林植物软体动物和其他节肢动物的主要种类，并能进行防治。

任务一 园林植物杂草识别与防治

【任务目标】

熟悉园林植物杂草的主要种类，能够识别园林植物上的杂草并进行防治。

【任务分析】

要防治园林植物杂草，首先必须要认识杂草的种类和特征，并选择合适的除草剂，本任务要求完成园林植物常见杂草的识别及防治。

围绕完成常见园林植物杂草的识别和防治任务，分阶段进行，每个阶段按教师讲解→学生训练→判别的顺序进行。以 4~6 人一组完成任务。

【知识导入】

杂草是指园林生产中除栽培植物以外的其他植物，或者说凡害大于益的植物都是杂草。

一、杂草分类

1. 根据杂草形态学特征分类

（1）禾本科杂草

茎圆或略扁，节和节间区别明显，节间中空。叶鞘开张，常有叶舌。胚具 1 子叶，叶片狭窄而长，平行叶脉，叶无柄。

（2）莎草类

茎三棱形或扁三棱形，节与节间的区别不明显，茎常实心。叶鞘不开张，无叶舌。胚具 1 子叶，叶片狭窄而长，平行叶脉，叶无柄。

（3）阔叶杂草

包括所有的双子叶植物杂草及部分单子叶植物杂草(77 科)。茎圆形或四棱形。叶片宽阔，具网状叶脉，叶有柄。胚常具 2 子叶。

2. 根据杂草生物学特性分类

（1）按不同生活型分类

①一年生杂草　在一个生长季节完成从出苗、生长及开花结实的生活史。如马齿苋、铁苋菜、马唐、稗草、异型莎草和碎米莎草等。

②二年生杂草　在两个生长季节内或跨两个日历年度完成整个生活史。通常是冬季出苗，翌年春季或夏初开花结实。如野燕麦、看麦娘等。

③多年生杂草　一次出苗，可在多个生长季节内生长并开花结实。可以种子以及营养繁殖器官繁殖，并度过不良气候条件。

多年生杂草根据芽位和营养繁殖器官的不同，可分为以下 4 类：

地下芽杂草：越冬或越夏芽在土壤中。其中还可分为地下根茎类如刺儿菜、双穗雀稗等；块茎类如香附子、水莎草、扁秆藨草等；球茎类如野慈姑等；鳞茎类如小根蒜等；直根类如车前草。

半地下芽杂草：越冬或越夏芽接近地表。如蒲公英。

地表芽杂草：越冬或越夏芽在地表。如蛇莓、艾蒿等。

水生杂草：越冬芽在水中。

（2）按生长习性分类

①草本类杂草　茎不木质化或少木质化，茎直立或匍匐，大多数杂草均属此类。

②藤本类杂草　茎多缠绕或攀缘等。如打碗花、葎草等。

③木本类杂草　茎多木质化，直立。多为森林、路旁和环境杂草。

④寄生杂草　多营寄生生活，从寄主植物上吸收部分或全部所需的营养物质。如菟丝子、列当、槲寄生和桑寄生等。

二、禾本科杂草

1. 狗尾草

狗尾草属禾本科一年生杂草。在福建省各地均能见到的常见杂草。常与马唐、画眉草、牛筋草一起遍布各个地块，也常形成单一的群落。是小地老虎的寄主，属世界性恶性杂草。

（1）形态特征

幼苗鲜绿色，基部紫红色，除叶鞘边缘具长柔毛外其余均无毛；叶鞘较松弛，叶舌退化为一圈外纤毛。成株秆丛生，直立或基部膝曲上升，高20～100cm，叶片条状披披针形，叶鞘光滑，鞘口有柔毛，叶舌具长1～2mm的纤毛。圆锥花序紧密呈圆柱状，微弯曲或近直立；小穗椭圆形，长2～2.5mm，2至数枚簇生于缩短的分枝上，基部生有绿色，淡黄色或紫色的刚毛1～6条。

（2）发生特点

种子（颖果）繁殖。种子7～9月成熟，与刚毛分离相继脱落下地，经越冬休眠后得到适合的条件才萌发。从3月中下旬土温达到10℃时种子开始萌发，5～6月土温达到15～30℃，出苗进入高峰期。发芽深度为0～3cm，深层的种子不能发芽。

（3）防除方法

①人工拔除　狗尾草或其他种狗尾草均是一年生的植物。根系很浅，数量不多，可以用人工拔除。如果数量多而面积很大的话，则看其发生所处的位置。若在禾本科草坪之中，可以结合轧剪草坪将其所抽生的穗轧去，阻止它开花结实。

②化学防治　最好选择狗尾草幼苗在4～5叶期以内进行。由于它发芽的周期很长，一次喷药是不够的，一年之中要进行2～3次药剂防治，才可达到控制的目的，药剂可用绿麦隆、茅草枯、百草枯、草甘膦等。

2. 牛筋草

牛筋草属禾本科一年生杂草。广布全球温带地区，为世界恶性杂草之一。在福建省普遍存在，是对园林危害最严重的杂草之一。常与香附子、藜、马齿苋、马唐、双穗雀稗等一起危害，有时亦成单一小片群落。是飞虱的寄主。

（1）形态特征

幼苗淡绿色，无毛或鞘口疏生长柔毛，中脉明显，叶鞘扁而具脊，鞘口边缘膜质，叶舌很短，分蘖多铺散成盘状，坚韧不易拔断。秆扁平，叶条形，叶面有极稀的长毛。叶鞘无毛，鞘口有柔毛。穗有 2 ～ 7 个分枝，呈指状排列于秆顶，有时有 1 或 2 个枝生于略低于顶的下方。

（2）发生特点

种子繁殖，发芽时要求土壤含水量达到 10% ～ 40%，恒温条件下几乎不发芽，一般在 4 月中旬以后，日夜温差在 6 ～ 7℃ 以上的变温条件下才会发芽，5 月中旬至 6 月中旬是发生的高峰期。种子发芽还需有光的条件，无光发芽不良。种子于 7 ～ 10 月成熟，边熟边落，通过风、水、和鸟类的取食后，从粪便排出传播异地，种子在土中越冬。大多数的种子呈休眠状态逐年发芽，这就给防治带来较大难度。

（3）防除方法

①根据牛筋草的生物学特性，必须认真地做到黄土不见天，增加地面的植被覆盖密度。对生长不良的草坪，加强培育，增加密度，使土表的种子得不到日光的照射难以发芽。

②对苗圃地的乔灌木树丛中不宜种植地被之处，也应保持地面的落叶，增加地被覆盖的厚度，同样可以使土地表层无光照。

③已经出苗的牛筋草，可以人工挑除，挑草工作要在 7 月以前进行，阻止新的种子入土，这样保持若干年以后，土壤中的休眠种子，随时间的推移必然逐年减少。

④在数量比较多的情况下，应采用化学除草的手段将其消灭。用药的时间最好选择在 4 叶期前后，牛筋草的组织比较幼嫩，对药敏感，收效快；随着苗龄增大，敏感度会随之下降，除草剂必须使用选择性的除草剂，如 20% 百草枯水剂、12% 恶草灵水剂、72% 都尔乳油、12.5% 盖草能乳油和 41% 农达水剂等。

3. 马唐

马唐属禾本科一年生世界性恶性杂草。常与狗尾草、画眉草等一起危害。有时亦见单一小片群落，是夜蛾类的寄主。

（1）形态特征

幼苗暗绿色，全身披毛，第 1 叶长 6 ～ 8mm，宽 2 ～ 3mm，常带暗紫色；

第2叶渐长，叶鞘松弛，叶舌膜质，无叶耳；5~6叶开始分蘖。成株秆基部倾斜或横卧，着土后节处易生根，高40~100cm以上。光滑无毛。叶片条状披针形，两面疏生软毛或无毛，叶鞘大都短于节间，叶舌膜质。先端钝圆。穗有3~10个分支，基部分枝近轮生，顶端的互生或呈指状排列。除马唐外，外观较相近的还有升马唐、二型马唐、紫马唐、紫马唐、长花马唐等种。

（2）发生特点

种子（颖果）繁殖。颖果于8~10月成熟落地，借风、流水与禽鸟取食后从粪便排出而传播。经越冬休眠后萌发。越冬休眠的颖果在每年的4月上旬，雨后即开始萌芽生长，5月上旬达到发生的高峰期，它往往是在温度条件适宜的雨后出苗，它的出苗高峰期常和雨水相伴。出苗深度在0~3cm的土层内发芽均在50%以上，在6cm的土层中出苗率仅有2%~5%。

（3）防除方法

参考狗尾草的防除方法。

4. 无芒稗

无芒稗属禾本科一年生草本杂草。此草本生于农田湿地，现遍布于荒地、路边、新村、厂矿的绿地之中，危害甚广。是夜蛾、黏虫的寄主。

（1）形态特征

幼苗基部扁平，叶鞘半抱茎，紫红色，基部有极稀的长毛。成株秆丛生，直立或倾斜，高可达40~60cm，叶片条形，长20~30cm，宽6~10mm，无毛，边缘粗糙；叶鞘光滑无毛，无叶舌，基部分蘖8~15。圆锥花序直立，枝腋间常有细长毛。

（2）发生特点

种子（颖果）繁殖。种子在4月上旬出苗，当气温达到20~30℃时（5~6月）为出苗高峰期，发芽深度为1~5cm，但以1~2cm出苗率最高，土层深层未得到发芽条件的种子可存活10年以上。

（3）防除方法

参考狗尾草的防除方法。

5. 狗牙根

狗牙根属禾本科多年生杂草。多见于海塘、路边、荒滩，它既喜湿润，又耐干旱，耐盐碱，生长势又强，是杂草中的强者，常混杂生在其他种类的草坪之中，和栽培种争光、争肥、争水，最终将其淘汰。为世界性的恶性草之一。也有将它作为草坪栽培。为锈病和纹枯病的寄主。

（1）形态特征

叶条形，叶鞘具脊，鞘口常具白色长柔毛；叶舌短，具小纤毛。花、果期6～10月。秆顶簇生3～6枚穗状花序，呈指状排列，灰绿色或略带紫色。匍匐茎圆或略扁，质硬，光滑，具有分枝，每节的节下均能生根，两侧生芽，直立部分可达10～20cm。

（2）发生特点

匍匐茎和种子繁殖。经越冬休眠，种子发芽深度0～1cm，2cm以下即处于休眠状态。匍匐茎年生长量可达1m以上。3月下旬，根茎和匍匐茎从休眠状态苏醒，开始发生新芽，逐渐向四周扩展延伸，重新以绿色覆盖地面。

（3）防除方法

狗牙根可以采用专用除草剂喷杀。可选用草甘膦水剂、农达水剂、茅草枯粉剂、恶草灵乳油或二甲四氯钠盐水剂等。

6. 早熟禾

早熟禾属禾本科一、二年生杂草。常成优势或单一小片群落危害各类草坪和绿地，尤以暖地型草坪为重，常致使草坪空秃。是锈病的越冬寄主。

（1）形态特征

幼苗深绿色，叶片多从主脉处对折，心叶尤为明显，不内卷。成株秆丛生，细弱，光滑无毛。叶片质地柔软，边缘微粗糙。叶鞘自中部以下闭合。叶舌钝圆，膜质。圆锥花序开展，塔形，花序轴上每节生1～3分支，小枝光滑；小穗卵状长椭圆形，含3～5朵小花。小穗成熟时自颖之上脱落。

（2）发生特点

以种子的形式越夏，经过3～4个月的休眠之后，于9～10月出苗，10月中旬至下旬为出苗的高峰期，翌年的3月再次出现一个出苗的小高峰。早熟禾以较湿润的草地危害较重，其种子的寿命较短，早熟禾的种子隔年发芽率仅有8%，这一薄弱环节给消灭该地块的早熟禾提供了可能，只要1～3年内采取措施彻底消除早熟禾，做到无新的种子入地，特别是第一年，做好了就能基本控制该草，只要外面再不带入，就能永无后患。

（3）防除方法

①采用人工拔草，由于它是一、二年生浅根性杂草，比较容易用人工拔除；另外，它种子的萌发期较长，为了减少人工，又不影响暖地型草坪的生长，拔草时间最好安排在暖地型草萌动以前3月底、4月初进行，尽可能不要遗漏，留下后患。

②冷地型的草坪，如密度不够，可以用和草坪草同品种的草籽，在九

月份追补，增加草坪草的密度，以种间竞争的手段排挤杂草。

③在暖地型草坪或是马蹄金草坪中，可采用坪禾净除草剂，喷药宜在1月底2月初进行。

7. 看麦娘

看麦娘属禾本科一年生杂草。在城乡接合部的新建绿地中为多，常与繁缕、猪殃殃、捧头草等一起造成危害，有时亦成单一小片群落。是叶蝉、红蜘蛛等害虫的越冬寄主。

(1)形态特征

幼苗细弱，全体光滑无毛，叶鞘松弛，叶片柔软，叶舌膜质，无叶耳，叶片近直立，3~5叶时开始分蘖。穗细圆柱形灰绿色，长3~8cm，小穗含一花密集于穗轴之上，花药橙黄色。

(2)发生特点

种子(颖果)繁殖。幼苗或种子越冬。8月中下旬开始出苗，10月底当温度为15~20℃时，达到出苗高峰期，发芽深度以表层0~2cm的发芽率最高，种子在土壤中的寿命仅1年。如果在潮湿的环境中能有2~3年。翌年3月分蘖达到高峰期，9月初以前萌发的看麦娘至11月尚能开花，在10℃以下即停止抽穗，故10月萌发的，冬前不能开花结实。如果割除地上部分，还能生出新的分蘖，抽穗结实期并不推迟，仅生育期缩短。夏季休眠3~4个月后在适温条件下萌发。

(3)防除方法

参照早熟禾的防除方法。只要防治到位，一年即可根除。

二、阔叶杂草

1. 空心莲子菜

空心莲子草属苋科多年生宿根植物。据考证原产地在巴西，分布于南美洲热带地区，1940年由日本人引种于上海市郊作为饲料。五十年代后期，为发展养猪事业，在我国淮河以南的地区广泛种植，作为畜牧业的饲料，现变为野生，无论是庭园还是街头绿地，沟渠还是田园和荒地，在石头缝隙、水泥路面的狭缝之中都能见到它的存在。这种生物的益、害并不取决于其本身，而是它在一个时期内或是在一定范围之中对人类的经济生活是否有利用价值或是有害。空心莲子草对园林来说，由于它顽强的生长在它不该生长的地方，打乱了整个布局，只能将其列为有害的对象加以清除。

(1)形态特征

其形态茎基部匍匐，上部上升，或全株偃卧，着地或水面生根，中空、有分枝；叶对生，具短柄，叶长椭圆形或倒卵状披针形，先端圆钝，有尖头，基部渐狭，全缘，有睫毛；头状花序单生于叶腋，具总花梗，苞长和小苞片干膜质；花被片5，白色，光亮。

（2）发生特点

空心莲子草系水陆两栖的多年生植物。它的适应性和无性繁殖的能力极强。它能在任何水域或土壤中生长繁殖，无论是深水、浅水、死水、活水，即使是污水地、人粪塘、臭水沟等也有其踪迹。还能适应 pH 值 3 ~ 10 范围的各种土壤。极度的干旱也不受影响，只要有一小段地上的茎叶或是地下的根茎都能迅速长成一株强有力的植株，并且还具有抑制其他植物生长的排他能力。

（3）防除方法

喷施除草剂。可采用内吸选择性的除草剂，以达到治理效果。对这些多年的空心莲子草，可以采取先养草，后喷药，将地上部分的茎叶面积养到和地下部的根茎基本平衡之后，然后喷洒内吸传导的敏感除草剂。如果一次达不到完全死亡的目的，待它复发生长之后，再施药一次。用 13% 二甲四氯钠盐水剂 650 倍液 + 10% 草甘膦水剂 40 倍液 + 少量洗衣粉，在生长初期喷洒，效果较好。

2. 马齿苋

马齿苋属马齿苋科一年生杂草。在福建省分布很广泛。常和狗尾草、牛筋草、马唐、香附子一起危害，为棉蚜和番茄线虫的寄主。

（1）形态特征

幼苗肉质，光滑无毛，下胚轴较发达，紫红色；子叶2，长圆形，叶背紫红色。成株，茎自基部分枝，平卧或先端斜上。叶互生或假对生，柄极短或近无柄；叶片倒卵形或楔状长圆形，全缘。花无梗，通常 3 ~ 5 朵簇生枝顶；苞片 4 ~ 5，膜质；萼片2；花瓣5，黄色。蒴果圆锥形，果皮光滑，成熟时自果实中部环状开裂，内含种子 12 ~ 23 粒。

（2）发生特点

种子繁殖。4 月中下旬开始出苗，5 月上中旬出现第 1 次出苗高峰，9 月出现第 2 次出苗高峰。种子发芽的最适温度在 20 ~ 30℃，发芽深度在 3cm 以上，种子土壤中存活的年限比较长，到第 7 年仍有 33.3% 的出苗率。马齿苋茎、根的再生能力极强，受到机械切割的残枝只要贴近泥土，即能生长，哪怕是在烈日之下，植株萎蔫之后，也能恢复生长。

（3）防除方法

①由于马齿苋的再生能力极强，人工除草要将残枝、根茎带出原地。

②可以用阔叶除草剂防除。

③治理的措施须在花期以前，防止新生种子落地。

④尽量少翻动表土，减少下层的种子重见天日。

3. 车前

车前属车前草科多年生杂草。在福建省各地均有分布，特别在一些管理不善的地块中，常形成单一的小片群落，是红蜘蛛和蚜虫的越冬寄主。

（1）形态特征

幼苗子叶2，长椭圆形，先端锐尖或钝，基部楔形，具柄；初生叶1，椭圆形至长椭圆形，主脉明显，先端锐尖，基部渐狭至柄，柄长，叶片及叶柄具短柔毛。叶基生，具长柄，叶片卵形或宽卵形，长4~16cm，宽4~9cm，边缘有不整齐的波状疏松钝齿或全缘，两面无毛或有短柔毛，叶脉3~7条，稍突出。花葶数条，直立，高20~40cm，有短柔毛；穗状花序细圆柱形。成株根茎短而肥厚，下面簇生多数须根。

（2）发生特点

种子和根芽繁殖。种子经短期休眠后即可萌发，在9月中下旬又可见幼苗出土。第1年只进行营养生长，不开花结实。

（3）防除方法

①车前虽是多年生杂草，但它的根茎短，须根无再生能力，很容易用人工拔除。

②采用化学除草剂。

③防治之后，仍需注意种子萌芽，在几年内部可能有新苗发生。

4. 一年蓬

小飞蓬属菊科一、二年生杂草。由于它能借风飞扬，作远程传播，这类杂草，不易被人控制在一定范围内，故尽管防治工作很完善的环境中，也会出现这种杂草，在城乡结合部的路边、荒地中就常成为一个优势种，甚至成单一的群落。

（1）形态特征

幼苗除子叶外全身被短毛；子叶2，卵圆形，长2~3mm，宽1.5mm，先端钝圆，基部楔形，具柄。茎直立，高30~70cm上部有分枝。基生叶长圆形或宽卵形，边缘有粗齿，基部渐狭成具翅的叶柄；中上部叶较小，长圆状披针形或披针形，边缘有不规则的齿裂，具短柄或近无柄；最上部的叶条形，全缘，有睫毛。花果期6~8月。头状花序排列成伞房状或圆锥状；边花舌状，白色或淡蓝色；心花筒状，黄色。

（2）发生特点

种子繁殖。幼苗和种子越冬。10月中旬至12月上旬或翌年3～4月出苗，出苗高峰期在10月下旬和4月上旬。种子于6月渐次成熟，果实具有特殊的冠毛，借风飞扬，作远程传播，是不易被人控制的杂草之一。

（3）防除方法

由于一株一年蓬在正常生长的情况下，可结38 000～60 000粒，而且又能远途传播，随风飘飞，很难杜绝种子传入。因此只能在11月和5月两次检查是否有一年蓬发生，如果单纯只有一年蓬的幼苗，人工拔除即可。假如数量多，而且还有其他的阔叶杂草可用除草剂除之。防治必须要选择在4～6叶期，植株过大，对药剂的敏感度会下降。

5. 繁缕

繁缕属石竹科一、二年生草本杂草。是园林绿地常见的杂草之一，常成单一的小片群落或与早熟禾等一起危害。是蚜虫、红蜘蛛的越冬寄主。

（1）形态特征

幼苗淡绿色；子叶2，宽披针形，长4～6mm，宽约2mm，叶柄较叶稍短；初生叶2，对生，三角状卵形，长5～6mm，宽约4mm，柄较长，有毛。茎直立或平卧，高10～30cm，基部多分枝，着土后节处生根，茎的一侧有一列短柔毛（是该草独具的特征），其余部分均无毛。叶对生，卵形，长1.5～2.5cm，宽1～1.5cm，先端急尖，基部渐狭或近心形，全缘，茎下部叶有长柄，上部叶无柄。

（2）发生特点

种子繁殖。幼苗和种子越冬。8月底或9月初开始发生到11月达到发生高峰期。出苗时间拖得很长，至12月以及翌年春季还有发生。种子成熟后渐次落地，经越夏休眠后开始新一代的萌发。其单株的结实数和环境条件、生育期的长短有关，一般有200～20 000粒种子。

（3）防除方法

①该草的种子萌发期从8月底起除严寒的1～2月以外，直至4月，长达6个月之久，而且出苗至开花最短的日程仅35d左右，故治理工作必须经常化。

②可以采用人工拔草。

③也可以采用除草剂作茎叶处理。

6. 酢浆草

酢浆草属酢浆草科多年生草本。此草在草坪中、路边比较常见，全草有毒，禽畜大量取食后会中毒。但人适量取食，是补脑益智的中草药。

（1）形态特征

初生叶1，三出复叶互生，叶柄细长；小叶倒心形，叶片正中叶脉突出，无柄。茎匍匐或斜长，高10～30cm，节部着地生根。伞形花序腋生，有花1至数朵，总花序梗与叶柄近等长；萼片5，长圆形，有毛；花瓣5，黄色，倒卵形；雄蕊10，5长5短，花丝基部合生成筒；柱头5裂。

（2）发生特点

根茎和种子繁殖。种子9月出苗，10月出苗高峰期。蒴果成熟时胞背开裂产生弹力，把种子弹射出去。蒴果内含种子20～30粒。种皮上附有黏汁，可粘附在动物毛皮或触动的工具上带到远地，汁干脱落。

（3）防除方法

①避免将有酢浆草生长地的土壤移入新地块，是杜绝发生的主要办法。

②在开花前认真挖除地下鳞茎，并应反复多次。

③选用对该杂草敏感的除草剂，如恶草灵、草甘膦等喷洒可收到一定效果。

三、莎草类杂草

莎草类杂草主要有香附子。

香附子又名莎草，属莎草科多年生杂草。多生长在草坪、绿地、苗圃、农田、路边、荒地等环境中，常成单一的小群落或与其他植物混生，与之争光、争水、争肥，致使其他植物生长不良。它还是白背飞虱、黑蟑象、铁甲虫等昆虫的寄主。是一种世界性危害较大的恶性杂草之一。其块茎可供药用。

（1）形态特征

香附子具有较长的棋盘式匍匐根状茎和块根，在土层中形成一个网状的群体。秆散生，直立，高20～90cm，锐三棱形，无毛。叶基生，短于秆，叶宽2～5mm，深绿色，有光泽，无毛，叶背中脉突出，叶鞘基部棕色。叶状苞片3～5片，下部的2～3片长于花序，长侧枝聚伞花序简单，或复出，具3～10条，长短不等的辐射枝，每枝具3～12条小穗，排列成伞形。种子发芽的温度为15～35℃。实生苗当年只长叶不抽茎。

（2）发生特点

越冬的块根是翌年主要的繁殖体，每个块根有10～40个潜伏芽，当10cm处的土温到达10℃以上时，潜伏芽开始萌动，萌芽的数量往往和休眠前积累的营养有关。如果所在地的土壤疏松肥沃，而且在光照能充分满足的环境条件下，萌发的芽数可多达7个左右，一般仅萌芽2～3个，余下的潜伏芽继续保持休眠状态，只至新生植株受到损伤终止生长时，块根上的剩余的潜伏芽才会部分萌动，长出匍匐根状茎，伸延出去形成新的植株，继续繁衍后代。如果块根受到机械损伤破碎，经分割破碎的块根，每个碎块上的潜伏芽都会萌动，萌芽的总数会超过破碎前的数量，使香附子植株的密度增大，不利于防除，故采用人工挖除往往难以控制甚至助长它的危害。

（3）防除方法

块根在 −3℃ 以下，经过 5h 会全部冻死，块根含水量减少到块根重的35% 以上时也会使其终生丧失萌发的可能，香附子属于高光呼吸的植物，二氧化碳补偿点较高，在荫蔽的条件下，会自我逐渐衰退而死亡。

①对苗圃等地，冬翻时可以采取深翻，将香附子的块根翻到土面，使之受冻或失水，使块根丧失生命力。

②在绿地中广植能和香附子竞争的地被植物，如麦冬等。高密度的麦冬会使香附子得不到足够的光照而处于负增长的状态下耗尽营养而死亡。

③对路边、荒地等非种植地上的香附子可以采用广谱灭生性的除草剂克无踪、草甘膦杀灭。

④对禾本科草坪中的香附子可以采用专用除草剂。

【任务准备】

材料：各种杂草标本、图片。
用具：各种除草剂、除草器械。

【任务实施】

1. 观察识别实验提供的各种杂草标本。
2. 认识校园内的杂草，选择合适的除草剂并制订防治方案。

【任务评价】

教师指出学生在任务完成过程中存在的问题，并根据以下 4 个方面进行任务评价。

序号	评价组成	评价内容	参考分值
1	学生自评	是否认真完成任务，上交实训报告，指出不足和收获	20
2	教师测评	现场操作是否规范；杂草的识别是否准确；实训报告的完成情况及任务各个步骤的完成情况	40
3	学生互评	互相学习、协作，共同完成任务情况	10
4	综合评价	学习态度、参与程度、团队合作能力、小组任务完成情况等	30
合　计			100

【巩固训练】

校园内主要的园林杂草有哪些？如何进行防除？

任务二　园林植物害螨识别与防治

【任务目标】

1. 了解园林植物有害螨类的主要种类、发生规律与防治方法。
2. 能识别园林植物有害螨类并进行防治。

【任务分析】

要防治园林植物害螨，首先必须要认识螨类的种类和特征，并选择合适的杀螨剂，本任务要求完成园林植物常见害螨的识别及防治。

围绕完成常见园林植物害螨的识别和防治任务，分阶段进行，每个阶段按教师讲解→学生训练→判别的顺序进行。以 4~6 人一组完成任务。

【知识导入】

螨类俗称红蜘蛛，属于节肢动物门蛛形纲蜱螨目。体型微小，体长多在 2mm 以下，体躯柔软，多为红、绿、黄等色，足 4 对，无触角和翅，体躯分为颚体、躯体、前足体、后足体、末体、前半体和后半体等。我国的螨类约有 500 余种，危害严重的约 40 余种，主要种类为叶螨类、瘿螨类。螨类具有体积小、繁殖快、适应性强及易产生抗药性等特点，是公认的最难防治的有害生物。

在园林植物上常见的有朱砂叶螨（*Tetranychus cinnabarinus*）、山楂叶螨（*T. viennensis*）、二点叶螨（*T. urticae*）、柑橘全爪螨（*Panonychus citri*）、史氏始叶螨（*Eotetranychus smithi*）、柏小爪螨（*Oligonychus perditus*）等。

一、常见螨类发生与危害

（1）朱砂叶螨 *Tetranychus cinnabarinus*

①分布与危害 朱砂叶螨又名棉红蜘蛛，属蜱螨目叶螨科。分布广泛，是世界性的害螨，也是许多花卉的主要害螨，危害香石竹、菊花、凤仙花、茉莉、月季、桂花、一串红、鸡冠花、蜀葵、木槿、木芙蓉、桃、万寿菊、天竺葵、鸢尾和山梅花等花木。被害叶片初呈黄白色小斑点，后逐渐扩展到全叶，造成叶片卷曲，枯黄脱落。

②识别特征 雌成螨体椭圆形，一般呈锈红色或深红色，后半体背表皮纹成菱形。螨体两侧常有长条形纵行块状斑纹，斑纹从头胸部开始一直延伸到腹部后端，有时分隔成前后两块。若螨略呈椭圆形，体色较深，体侧透露出较明显的块状斑纹，足4对（图7-1）。

③生活习性 世代数因地而异。一年发生12～20代。主要以成螨、若螨、卵在土块缝隙、树皮裂缝及枯叶等处越冬。越冬时一般几个或几百个群集在一起。翌春温度回升时开始繁殖危害。在高温的7～8月发生严重。10月中下旬开始越冬。高温干燥利于其发生。降雨，特别是暴雨，可冲刷螨体，降低虫口数量。

图7-1 朱砂叶螨
（武三安，2007）
1.雌成螨背面 2.阳具 3.肤纹突

（2）山楂叶螨 *Tetranychus viennensis*

①分布与危害 山楂叶螨又名山楂红蜘蛛，蜱螨目叶螨科。分布于华东、华北、西北部分地区，危害樱花、锦葵、海棠、碧桃、榆叶梅等花木。成、若螨吸食花、芽、叶汁液，造成植物焦叶，严重影响园林植物的观赏价值。

②识别特征 雌成螨体卵圆形，前端隆起，体长0.5 mm，有冬、夏型之分：冬型体色鲜红，有绢丝光泽，体背两侧无黑色斑块；夏型暗红色，体躯背面两侧第2对足后方，各有一黑色不整形斑块。雄成螨体长0.4 mm，浅黄绿色至橙黄色。若螨近圆球形，前期为淡绿色，后变为翠绿色，足4对（图7-2）。

③生活习性 世代数因地区气候条件和其他因素的影响而异。每年发生10～12代，以雌成螨在枝干树皮裂缝、粗皮下或干基土壤缝隙等处越冬。

图 7-2 山楂叶螨
1. 雌成螨　2. 危害状

翌年 3 ~ 4 月，越冬雌成螨危害芽等幼嫩组织。5 月中下旬是产卵盛期。5 月底为第 1 代幼螨和若螨的出现盛期。6 ~ 7 月危害最重。

（3）榆全爪螨 *Panonychus ulmi*

①分布与危害　分布广泛，垂直分布区为海拔 950 ~ 1950m。危害榆树、椴树、刺槐、核桃、山楂、板栗、桑树、苹果、梨、李、樱桃、扁桃、柑橘、葡萄、杏及多种观赏植物。

②识别特征　雌成螨圆形或椭圆形，橘红色或暗红色；须肢端感器端部微膨大，背感器小枝状。雄螨体菱形，末端略尖，橘红色。幼螨柠檬黄至橙红色(图 7-3)。

③生活性　每年发生约 10 代，以滞育卵在 2 ~ 4 年生的侧枝分叉处、果台短枝、叶痕、侧枝、果实萼片等处越冬，越冬卵抗寒能力很强，其致死低温为 -40 ~ -45℃。翌年 4 月下旬至 5 月上旬日均温高于 8℃、有效积温达 50 ~ 55 日度时，越冬卵孵化和幼螨陆续爬往新叶、嫩茎、花蕾、幼果上取食危害，该螨的发育起始温度 7℃，世代有效积温为 195.4 日度；以两性生殖为主，也营孤雌生殖，雄螨可多次交尾；夏螨多产卵于叶背，少数产于叶面，每雌螨约产卵 45 粒，最多 150 粒。

（4）针叶小爪螨 *Oligo-nychus ununguis*

①分布与危害　分布广泛。危害杉木、云杉、水杉、柳杉、雪松、黑松、水松、落叶松、杜松、侧柏、栎等。杉木被害后针叶初现褪绿斑点，后变黄褐色或紫褐色，状如炭疽病斑；栗叶受害后在主脉两侧显苍白斑点，危害严

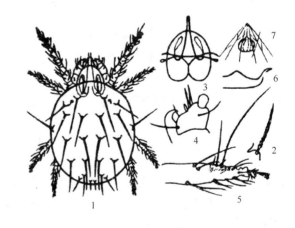

图 7-3 榆全爪螨
1. 雌螨背毛分布　2. 背毛放大　3. 气门沟　4. 须肢跗节
5. 足的跗节爪及爪间突　6. 阳茎　7. 卵

重时叶片黄褐而干枯，影响果实产量及枝条的生长。

②识别特征　雌成螨椭圆形，长 0.42 ~ 0.55mm，宽 0.26 ~ 0.32mm，褐红色。雄体菱形，长 0.32 ~ 0.35mm。卵圆球形，初产淡黄色，后紫红色。半透明，有光。幼螨近圆形，取食后淡绿色。若螨体微红褐色(图7-4)。

③生活习性　每年发生 12 ~ 15 代，以紫红色越冬卵在寄主的针叶、叶柄、叶痕、小枝条及粗

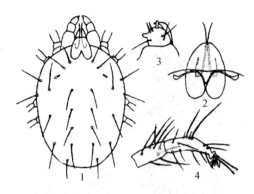

图7-4　针叶小爪螨
1. 雌螨背毛分布　2. 气门沟
3. 须肢跗节　4. 足 I 胫、跗节

皮缝隙等处越冬，极少数以雌螨在树缝或土块内越冬。翌年气温达 10 ℃ 以上或栗芽萌发时越冬卵开始孵化，爬上嫩叶取食危害直至成螨产卵繁殖；越冬雌螨出蛰后爬往新叶取食产卵。该螨喜在叶面取食、繁殖，螨量大时也在叶背危害和产卵。以两性生殖为主，其次为孤雌生殖；雌螨羽化后即交尾，1 ~ 2d 后产卵，每螨产卵 19 ~ 72 粒，平均 43.6 粒。若螨和成螨均具吐丝习性。温暖、干燥对该螨发育和繁殖有利，其适宜温度为 25 ~ 30 ℃；久雨或暴雨能使螨量下降。螨量的多少和危害程度还与坡向、树龄、郁闭度、海拔、品种密切相关，阳坡比阴坡发生早、危害重，中坡比下坡发生早、危害重，东西坡比南北坡发生早、危害重，4 ~ 5 年生的杉木受害重；郁闭度低、海拔低的杉木林比郁闭度高、海拔高的受害重，油杉比芒杉和灰枝杉受害严重。

（5）二点叶螨 *Tetrnychus urticae*

①分布与危害　二点叶螨又名二斑叶螨、白蜘蛛。分布广泛。危害蜡梅、海棠、月季、玫瑰、蔷薇、一串红、香豌豆、木槿、木芙蓉等园林植物。

②识别特征　雌成螨体长 0.53mm，宽 0.32 mm。体椭圆形，淡黄色或黄绿色。体两侧各有 1 块黑斑，其外侧 3 裂形。须肢端感器长约为宽的 2 倍。背毛 26 根，长超过横列间距。各足爪间突裂开为 3 对针状毛。雄成螨体长 0.37mm，宽 0.19mm。须肢端感器长约为宽的 3 倍(图7-5)。

③生活习性　每年发生 20 代，以成螨、若螨在寄主植物表层缝隙间、土缝中及杂草上越冬。翌春 3 月下旬至 4 月上旬开始活动，5 ~ 10 月，虫口密度变化起伏。高温、干旱有利于二点叶螨的发育和扩散。

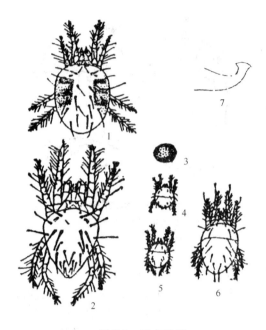

图7-5 二点叶螨

1.雌成虫 2.雄成虫 3.卵 4.幼螨

5.第一龄若螨 6.第2龄若螨 7.阳茎

二、螨类的防治方法

螨类的防治应充分利用其特性，坚持"预防为主，综合防治"的方针，以园林技术防治为主，辅以药剂防治，同时注意保护利用天敌，可收到理想的效果。

（1）园林技术防治法

①加强栽培管理，搞好圃地卫生，及时清除园地杂草和残枝虫叶，集中烧毁，消灭越冬雌成虫、卵等，减少虫源。

②增施有机肥，减少氮肥使用量，以增强树势，提高植株抵抗能力。

③保持圃地和温室通风，避免干旱及温度过高，夏季园地要适时浇水喷雾，尽量避免干旱或高温使害螨生存繁殖。

④在越冬期，对木本植物，刮除粗皮、翘皮，结合修剪除病、虫枝条。树干束草，诱集越冬雌螨，翌春收集烧毁。

⑤对园林植物加强修剪，改变植株生长的环境，增强植株通风透光性，增强树势以减少红蜘蛛发生机会。

（2）生物防治法

叶螨天敌种类很多，注意保护瓢虫、草蛉、小花蝽和植绥螨等捕食天敌。也可利用寄生性天敌虫生藻菌、芽枝霉等，若有条件，可人工释放天敌。

（3）药剂防治法

发现红蜘蛛在较多叶片危害时，应及早喷药。防治早期危害，是控制后期猖獗的关键。

①在早春或冬季，向植株上喷洒 3～5°Be 石硫合剂，并按 0.2%～0.3%加入洗衣粉，增强药剂附着力。此方法可杀死越冬螨，降低虫口基数。

②在 4 月下旬至 5 月上旬，越冬卵孵化盛期，用40%氧化乐果乳油 5～10 倍或 18%高渗氧化乐果乳油 30 倍液根际涂抹、涂干。对盆栽花卉、盆

景，可根际施涕灭威、辛硫磷等颗粒剂。

③在田间出现少量若、成螨时即应喷药防治，喷药重点在叶背，药量要足，用15%扫螨净乳油3000倍液均匀喷洒叶片正反面，也可用73%克螨特乳油1000~1500倍、0.6%海正灭虫灵乳油1500倍，还可兼治蓟马、蚜虫、潜叶蝇。另外可用洗衣粉400倍液或洗衣粉100g加尿素250~500g兑水50kg喷洒，防治效果好，且兼有追肥作用。喷药时，要求做到细微、均匀、周到，要喷及植株的中、下部及叶背等处，每隔10~15d喷1次，连续喷2~3次，有较好效果。

【任务准备】

材料：螨类玻片标本、螨类危害状标本、挂图。
用具：显微镜、放大镜、镊子、挑针、培养皿等。

【任务实施】

1. 观察朱砂叶螨、山楂叶螨各类玻片标本，认识园林植物害螨的种类和特征。

2. 认识校园或周边公园绿地的螨类危害状，并制订防治方案。

【任务评价】

教师指出学生在任务完成过程中存在的问题，并根据以下4个方面进行任务评价。

序号	评价组成	评价内容	参考分值
1	学生自评	是否认真完成任务，上交实训报告，指出不足和收获	20
2	教师测评	现场操作是否规范；害螨的识别是否准确；实训报告的完成情况及任务各个步骤的完成情况	40
3	学生互评	互相学习、协作，共同完成任务情况	10
4	综合评价	学习态度、参与程度、团队合作能力、小组任务完成情况等	30
		合　计	100

【巩固训练】

你所了解的园林植物害螨有哪些？如何进行防治？

任务三 园林植物其他有害动物识别与防治

【任务目标】

1. 了解园林植物其他有害动物的主要种类、发生规律与防治方法。
2. 能识别园林植物其他有害动物的主要种类，并能进行防治。

【任务分析】

要防治园林植物有害软体动物和其他有害生物，首先必须要认识其种类和特征，并选择合适的防治方法，本任务要求完成园林植物有害软体动物和其他动物的识别及防治。

围绕完成常见园林植物有害软体动物和其他有害动物的识别和防治任务，分阶段进行，每个阶段按教师讲解→学生训练→判别的顺序进行。以4~6人一组完成任务。

【知识导入】

一、软体动物

软体动物的共同点是食性杂，即寄主范围广、种类多；昼伏夜出，傍晚或清晨危害。它们的幼、成体取食植物的幼嫩部分，将之咬成大小不等的孔洞，或咬断根部及嫩茎，其爬行过的地方留下白色胶质及绳状粪便，影响园林观赏价值。同时，它们的危害也为一些病原菌侵入植物体提供了便利条件。

1. 常见软体动物识别

（1）蜗牛

①分布与危害 蜗牛俗称蜒蚰螺、水牛，陆生软体动物。常见危害种类有灰巴蜗牛与同型蜗牛（图7-6）。寄主植物有甘蓝、花椰菜、菊花、月季、紫薇、扶桑、大丽花、兰花、蜡梅、八仙

1　　　　2　　　　3　　　　4

图7-6　蜗牛

1. 灰巴蜗牛　2~3. 同型巴蜗牛　4. 灰巴蜗牛成贝

花等。

②识别特征 成体头发达，头上有1对触角，眼在触角顶端，足在身体腹面，外有贝壳，壳面呈黄褐色或红褐色。

③生活习性 一年发生1~2代，以成贝和幼贝于11月下旬在潮湿阴暗处如园地、草堆、石块下及土缝中越冬，4~5月产卵于根际疏松湿润的土中、缝隙中、枯叶或石块下，每个雌成体产卵30~250粒。雨后或浇水后，晚上21：00~22：00或清晨7：00~8：00取食危害，温暖多雨、低洼地有利发生，夏天高温干旱时会隐蔽起来，当环境适宜时又恢复活动，一年中以春、秋两季危害最重。

(2)蛞蝓

①分布与危害 蛞蝓俗称赤膊蜓蚰螺、鼻涕虫，陆生软体动物。危害月季、唐菖蒲、芍药、君子兰、兰花、蝴蝶兰、桂花、瓜叶菊、扶桑等植物。

②识别特征 成虫体长梭形，柔软，全身光滑裸露，无外壳，内壳退化成石灰质盾板，上有明显的同心圆生长线(图7-7)。

图7-7 野蛞蝓

③生活习性 此虫一年发生2~4代，世代重叠，温室内周年有发生，露地则在土缝、石块下和植物根际土中越冬。喜生活于潮湿阴暗的地方，干燥之地不常发生。怕阳光，大多早晚和阴雨天活动取食，日出后潜入土块下和落叶等隐蔽处。活动时最适温度为15~25℃，有很强耐饥力，在恶劣环境下可休眠1~2年不死。

2. 防治方法

利用软体动物喜湿怕光特点，采取以园林技术防治为主的综合防治方法。

(1)地膜覆盖能明显减轻危害，采用高畦栽培，实行地膜覆盖，破膜提苗，以避免虫害，是一种较好的农业防治方法。

(2)施用腐熟的有机肥，不施生肥；及时清除园地附近或温室内植物残体和杂草。使软体动物失去越夏越冬场所，减少越冬基数。

(3)软体动物产卵期可中耕松土，深翻土，使卵充分暴露于土面死亡，减少幼、成虫发生数。

(4)撒施石灰粉：用初化为粉状的新鲜石灰撒在园地四周，能阻碍其活动，甚至死亡，以减轻危害。

（5）人工捕杀：阴雨天软体动物外出活动时易捕捉，将其集中放于一盛器内，上撒食盐，过 5 ～ 10min 即可死掉，或捕捉时直接用手（夹子）捏死。

（6）人工诱杀：在种植场外堆集杂草和树叶进行诱集，然后集中处理，进行焚烧或撒施石灰粉杀死软体动物。

（7）生物防治：有条件时可放鸭子或蛙类等动物，因为这些动物极喜食软体动物，并可捕食土缝中的蛞蝓、蜗牛等，效果很好。

（8）药剂防治：

毒饵诱杀：用蜗牛敌或氧化双三丁基锡等药剂的有效成分 2.5% ～6%，与糠、豆饼粉或玉米粉等做成毒饵，傍晚撒于园地。利用蛞蝓对甜味、腥味等有趋性特点，可在毒饵中加入糖或腐烂物增强杀虫效果。

撒施农药：用 10% 蜗牛敌或 6% 蜗牛克星等颗粒剂每 667m^2 施用 2kg 或 6% 密达颗粒剂每 667m^2 施用 1kg 均匀撒在园地。

喷施药剂：软体动物外出活动时，可喷 90% 快灵或 90% 万灵粉剂 2000 倍喷雾，也可喷灭蛭灵或硫酸铜 800 ～ 1000 倍或 1% 食盐水。

二、其他节肢动物

（1）卷球鼠妇

①分布与危害　卷球鼠妇俗称西瓜虫或潮虫，属甲壳纲动物。可危害仙人掌、仙人球、苏铁等多种园林植物，危害方式为咬断植物根须、球根及地上幼嫩部分。

图7-8　鼠妇

②识别特征　体长约 10mm，背灰色或黑色，宽而扁，有光泽。体分 13 节，第一胸节与颈愈合。有两对触角，其中一对短且不明显。复眼一对，黑色，圆形，微突。初孵出的鼠妇为白色，足 6 对，经过一次蜕皮后有足 7 对（图7-8）。

③生活习性　鼠妇一年发生一代，以成、幼体在土壤中越冬。喜欢在潮阴条件下生活，不耐干旱。当外物碰触时，其身体立即蜷缩呈球形，假死不动。鼠妇再生能力比较强，如果触角、肢足断损，能通过蜕皮再生新的触角、肢足。鼠妇白天潜伏在花盆底部，从盆底排水孔内咬食花卉嫩根，夜间则伤害花卉的茎部，造成花卉茎部溃烂。

④防治方法　保持清洁，及时清除杂草与垃圾；用20％杀灭菊酯2000倍液或25％西维因500倍液喷施盆底或土壤；发生严重时，可将30％久效磷合剂3000倍液喷洒于花盆、地面和植株上。

（2）马陆

①分布与危害　马陆又称千足虫，属节肢动物门多足纲。国内各地均有发生，除危害草坪外，受害植物还包括仙客来、瓜叶菊、铁线蕨、海棠、吊钟海棠、文竹等。种类很多，陆生，喜欢生活在潮湿地方。

②识别特征　体形多样，小的体长仅2mm，大的可有280mm。身体有多节，头部有触角，它们的特点是足多，每一体节各有两对足，比蜈蚣多一倍（图7-9）。

图7-9　马陆

③生活习性　马陆足虽然很多，但行动迟缓，有时突遇惊扰触动，身子会立即卷曲，由于体节两侧有臭腺，能分泌一种难闻的臭液。据文献报道，有数种大的马陆，能将分泌的臭液喷射出数十厘米之外，且能刺激人的皮肤，如沾污到眼内可引起失明。它们通常藏于阴暗潮湿之处，如砖石、木条下，以及落叶和废弃的杂物中，喜食腐殖质。马陆一般情况下是白天隐居，晚间活动频繁，在受外物触碰时，呈"假死"状态，身体蜷缩成一团，间隔一段时间后，就会复原活动。

④防治方法　清除马陆最好的方法是保持干燥清洁；可使用市售特效灭害灵等喷洒，较容易杀灭。

【任务准备】

材料：蜗牛、蛞蝓、鼠妇等标本和挂图。

用具：放大镜、挑针、培养皿等。

【任务实施】

1. 观察有害软体动物和其他有害动物标本，认识它们的种类和特征。

2. 调查校园或周边公园绿地的蜗牛、蛞蝓、鼠妇等的危害情况，并制订防治方案。

【任务评价】

教师指出学生在任务完成过程中存在的问题，并根据以下4个方面进行任务评价。

序号	评价组成	评价内容	参考分值
1	学生自评	是否认真完成任务,上交实训报告,指出不足和收获	20
2	教师测评	现场操作是否规范;有害动物识别是否准确;实训报告的完成情况;本次任务的完成情况及任务各个步骤的完成情况	40
3	学生互评	互相学习、协作,共同完成任务情况	10
4	综合评价	学习态度、参与程度、团队合作能力、小组任务完成情况等	30
		合　计	100

【巩固训练】

1. 调查校园或周边公园绿地蜗牛等有害生物的危害情况,并思考如何进行防治?

综合复习题

一、填空题

1. 园林植物上常见的杂草有 _____ 、_____ 、_____ 、_____ 、_____ 、_____ 等。

2. 园林植物害螨主要有 _____ 、_____ 、_____ 、_____ 。

3. 朱砂叶螨又名 _____ ,它属于 _____ 目 _____ 科。_____ 的气象条件有利于螨类大发生。

4. 危害园林植物的软体动物有 _____ 和 _____ 。

二、问答题

1. 如何防治园林植物上的杂草?

2. 危害园林植物的螨类主要有哪些种类?如何进行防治?

参 考 文 献

陈岭伟 . 2002. 园林植物病虫害防治[M]. 北京：高等教育出版社 .

陈顺立 . 2004. 南方主要树种害虫综合管理[M]. 福建：厦门大学出版社 .

黄少彬，等 . 2000. 园林植物病虫害防治[M]. 北京：中国林业出版社 .

黄少彬 . 2006. 园林植物病虫害防治[M]. 北京：高等教育出版社 .

宋建英 . 2005. 园林植物病虫害防治[M]. 北京：中国林业出版社 .

王善龙 . 2001. 园林植物病虫害防治[M]. 北京：中国农业出版社 .

徐明慧，等 . 1993. 花卉病虫害防治[M]. 北京：金盾出版社 .

徐明慧，等 . 1993. 园林植物病虫害防治[M]. 北京：中国林业出版社 .

郑进、孙丹萍 . 2003. 园林植物病虫害防治[M]. 北京：中国科学技术出版社 .